工业和信息化高等教育“十三五”规划建设教材

计算机与信息技术基础

主　编　杨青雷　王奉民
副主编　李　静　魏钦冰

Windows 7 & Office 2010

電子工業出版社
Publishing House of Electronics Industry
北京 · BEIJING

图书在版编目（CIP）数据
计算机与信息技术基础 / 杨青雷，王奉民主编. —北京：电子工业出版社，2018.8
ISBN 978-7-121-34666-8

Ⅰ. ①计… Ⅱ. ①杨… ②王… Ⅲ. ①电子计算机－高等学校－教材 Ⅳ. ①TP3

中国版本图书馆 CIP 数据核字(2018)第 149809 号

策划编辑：张琳岚
责任编辑：马　杰
印　　刷：北京盛通商印快线网络科技有限公司
装　　订：北京盛通商印快线网络科技有限公司
出版发行：电子工业出版社
　　　　　北京市海淀区万寿路 173 信箱　　　邮编　100036
开　　本：787×1092　1/16　　印张：18　　字数：432 千字
版　　次：2018 年 8 月第 1 版
印　　次：2020 年 9 月第 5 次印刷
定　　价：35.90 元

凡所购买电子工业出版社图书有缺损问题，请向购买书店调换。若书店售缺，请与本社发行部联系，联系及邮购电话：（010）88254888，88258888。
质量投诉请发邮件至 zlts@phei.com.cn，盗版侵权举报请发邮件至 dbqq@phei.com.cn。
本书咨询联系方式：（0532）67772605，邮箱：majie@phei.com.cn。

目录

第1章 计算机科学与计算思维

本章介绍计算机的基础知识，包括计算机的起源和发展，计算机的特点、分类和应用，什么是计算机文化和计算机科学，计算思维的概念和掌握计算思维的必要性，以及影响未来的计算机技术。重点介绍计算思维中的算法思维，为掌握计算机学科的相关知识打下基础。

1.1 计算机的起源和发展

1.1.1 计算机的起源

1642 年，年仅 19 岁的法国数学家帕斯卡成功制造了第一台钟表齿轮式机械计算机，它仅能做加减运算。1678 年，德国数学家莱布尼兹发明了可做乘除运算的计算机。这些机械计算机的功能远远不能满足人们的需要。1847 年，英国数学家布尔(George Boole)创立了布尔代数，奠定了计算机进行逻辑运算的基础。19 世纪中叶，英国数学家巴贝奇(Charles Babbage)最先提出通用数字计算机的基本设计思想，他设计了一种基于计算自动化的程序控制的分析机，提出了较完整的计算机设计方案。1936 年，英国科学家图灵(Alan Mathison Turing)首次提出逻辑机的通用模型，即“图灵机”，建立了算法理论，为电子计算机的诞生提供了重要的理论依据。为此，美国计算机协会特设图灵奖，它有“计算机界诺贝尔奖”之称。

为了解决炮弹弹道的计算问题，急需高速准确的计算工具。在美国陆军部的主持下，1946 年 2 月，宾夕法尼亚大学电工系的埃克特(J.P.Eckert)和物理学家毛希利(J.W.Mauchly)等人制造了一台称为电子数字积分的计算机 ENIAC(Electronic Numerical Integrator and Calculator)，这就是世界上第一台电子计算机。以下简称电子计算机为计算机。

ENIAC 机共使用了 18 000 多个电子管，1 500 多个继电器，耗电约 150 千瓦，占地 170 多平方米，重量超过 30 吨，每秒能进行 5 000 次加法运算。用它计算炮弹弹道只需要 3 秒，而在此之前，则需要 200 个人手工计算两个月。除了常规的弹道计算外，它后来还被用于诸多的科研领域。ENIAC 的问世表明了计算机时代的到来，它的出现具有划时代的意义。

1.1.2 计算机走过的发展道路

半个多世纪以来，计算机得到了迅猛的发展。按照构成计算机的主要逻辑元件和计算机软件区分，通常可以将计算机的发展分为四代。

① 第一代(1946～1957 年)：电子管计算机。它以电子管作为逻辑开关元件，如 ENIAC、EDVAC、EDSAC、UNIVAC 等。这个时期的计算机使用机器语言和汇编语言编写程序，主要用于科学计算。这个时期的计算机体积庞大，工作效率比较低，操作计算机的人员一般都是专业工作者。

② 第二代(1958～1964 年)：晶体管计算机。它使用晶体管代替电子管。与第一代计算机相比，晶体管计算机体积小、成本低、功能强、可靠性高。这个时期的计算机开始使用操作系统，出现了 FORTRAN、COBOL 等高级程序设计语言，应用范围扩展到数据处理、自动控制等方面。

③ 第三代(1965～1970 年)：集成电路计算机。它用中小规模集成电路代替晶体管。所谓集成电路，就是将完整的电子线路制作在一个半导体硅片上形成的电路。与晶体管计算机相比，它的体积、重量、功耗进一步减小，运算速度提高到每秒几十万次甚至几百万次，逻辑运算功能和可靠性进一步提高。操作系统进一步完善，降低了计算机操作人员的入门门槛，同时出现了结构化、模块化的程序设计语言。计算机广泛应用于科学计算、数据处理、事务管理和工业控制等领域。

④ 第四代(1971 年以后)：大规模集成电路计算机。主要逻辑元件是由大规模、超大规模集成电路组成的芯片，这使得计算机朝大型化和微型化发展成为可能。1981 年，IBM 公司用 Intel 公司生产的 8086/8088 CPU(Central Processing Unit)推出了第一台个人计算机，简称 PC(Personal Computer)，又称为微型计算机。微型机的出现是计算机发展史上一个重要的里程碑。

通常人们以微处理器为标志来划分微型计算机，如 286 机、386 机、486 机、Pentium 机等。微型计算机的发展史实际上就是微处理器的发展史。目前先进的芯片上集成的电子元件已经达到亿级，芯片的发展史从一个侧面反映了微处理器和微型计算机的发展史。

1.1.3　计算机的发展趋势

计算机正在向巨型化、专业化、微型化、多媒体化、网络化和智能化方向发展。

① 巨型化：天文、军事、仿真、科学计算等领域需要进行大量的计算，要求计算机有更高的运算速度、更大的存储量，这就需要研制功能更强的巨型计算机。

② 专业化：工业计算机、嵌入式设备在工业上和一些专业领域的应用前景广阔，如车载电脑、工控计算机、银行系统等。

③ 微型化：专用微型机已经大量应用于仪器、仪表和家用电器中。笔记本电脑已经大量进入办公室和家庭，应运而生的便携式互联网设备(MID)、智能手机、平板电脑不断涌现，迅速普及。

④ 网络化：移动通信和互联网成为当今世界发展最快、市场潜力最大、前景最诱人的两大业务，很难想象移动互联网将会创造怎样的经济神话。

⑤ 智能化：目前的计算机已经能够部分地代替人的脑力劳动，但是人们希望计算机具有更多的人的智能，比如：自行思考、智能识别、自动升级等等。

近年来，一些崭新的计算机正在跃跃欲试地加紧研究，这些计算机是：高速超导计算机、纳米计算机、激光计算机、生物计算机、量子计算机、模糊计算机等。人们普遍认为：新一代计算机应该是智能型的，它能模拟人的智能行为，理解人的自然语言，具有推理、联想、判断、决策、学习等功能，并继续向着微型化、网络化发展。

图 1.1　天河二号计算机

我国的计算机技术在世界上处于先进地位。2013 年 5 月，我国研制成功“天河二号”超级计算机，这是国家 863 计划“十二五”高效能计算机重大项目的阶段性成果。天河二号双精度浮点运算峰值速度达到每秒 5.49 亿亿次，Linpack(国际上流行的用于测试高性能计算机浮点计算性能的软件)测试性能达到每秒 3.39 亿亿次。2014 年 11 月 17 日公布的全球超级计算机 500 强榜单中，中国“天河二号”连续第四次获得冠军。2017 年，中国的“神威・太湖之光”超级计算机以每秒 9.3 亿亿次的浮点运算速度荣获冠军。

1.2 计算机的特点、分类和应用

1.2.1 计算机的特点

计算机是一种对信息进行处理的电子设备，它具有以下几个特点。

1. 运算速度快

通常以每秒钟完成基本加法指令的次数来表示计算机的运算速度。现在，计算机的速度以每隔几个月提高一个数量级的速度发展着。

2. 计算精度高

随着硬件技术和计算技术的进步，计算机的计算精度不断提高，可以满足各类复杂计算对计算精度的要求。例如，用计算机计算圆周率 π，目前已经可以达到小数点后数百万位。

3. 存储功能强

目前一般微型机的内存容量都达到 4GB 以上，加上大容量的光盘、U 盘和高达数 TB 容量的硬盘等外部存储器，能够存储大量的信息。

4. 逻辑判断能力强

计算机能进行逻辑分析判断，尽管它目前还不能完全具备人类的思考能力，但是在信息查询等某些领域，计算机能根据要求高速地进行逻辑分析判断，大大了提高工作效率。

5. 适用范围广

无论是复杂的还是简单的问题，都可以分解成基本的算术运算和逻辑运算，并可用程序描述解决问题的步骤。所以在不同的领域中，只要编制和运行不同的应用软件，计算机就能很好地服务于该领域。

6. 自动化程度高

只要将编好的程序输入计算机，计算机就可以不需要人工干预，自动执行程序并对信息进行处理。这是计算机区别于其他信息处理设备的一个特点。

1.2.2 计算机的分类

对于计算机有多种分类方法，下面介绍几种常用的分类方法。

1. 按处理数据的形态分类

可分为数字计算机、模拟计算机和混合计算机。

① 数字计算机：所处理的数据是数字量，处理结果以数字形式输出，其基本运算部

件是数字逻辑电路。数字计算机的优点是精度高、存储量大、通用性强。

② 模拟计算机：所处理的数据是模拟量，对计算机来说，模拟量以电信号（如电压、电流等）的幅值来模拟数值或某个物理量的大小。模拟计算机计算速度快，但不如数字计算机精确，且通用性差。

③ 混合计算机：指输入和输出的数据既可以是数字量，也可以是模拟量的计算机。

2. 按使用范围分类

可分为通用计算机和专用计算机。

① 通用计算机：适用于一般的科学计算、学术研究、工程设计和数据处理。日常所说的计算机就是指通用计算机。

② 专用计算机：为了适应某种特殊应用而设计的计算机，它效率高、速度快、精度高，但通用性差。飞机上的自动驾驶仪、坦克上火控系统中用的计算机等，均属于专用计算机。

3. 按性能分类

这是一种最常用的分类方法，分类依据主要是：字长、存储容量、运算速度、外部设备、允许同时使用一台计算机的用户数量和价格高低等。根据这些性能可将计算机分为超级计算机、大型计算机、小型计算机、微型计算机和工作站五类。

① 超级计算机：又称巨型机，是目前功能最强、速度最快、价格最贵的计算机，一般用于气象、太空、能源、医药等领域尖端科学的研究和战略武器研制中的复杂计算。巨型机的研制开发是一个国家综合国力和国防实力的体现。

② 大型计算机：这种计算机也有很高的运算速度和很大的存储容量，并允许相当多的用户同时使用，但在数量级上不及超级计算机，价格也比巨型机便宜。这类机器通常用于大型企业、商业管理或大型数据库管理系统中，也可用作大型计算机网络中的主机。

③ 小型计算机：其规模比大型机要小，通常能支持十几个用户同时使用。小型计算机价格便宜，适合于中小型企事业单位使用。

④ 微型计算机：也称 PC（Personal Computer）机、个人计算机。特点是小巧、灵活、便宜。除了台式机外，还有体积更小的微型机，如笔记本电脑、便携机、掌上型微机和 PDA 等。

⑤ 工作站：是一种高档的微型机。与一般微型机相比，它有较大的存储容量和较快的运算速度，而且配备大屏幕显示器，主要用于图像处理和计算机辅助设计等领域。

随着计算机技术的发展，各类计算机之间的差别已不再明显。比如，现在高档微机的内存容量比以前的小型机甚至大型机的内存容量还大。

1.2.3 计算机的应用

计算机已经应用到社会生活的各个方面，下面简单介绍几个主要的应用。

1. 科学计算

计算机是因为科学计算的需要而发明的。科学计算要解决的大都是从科学研究和工程技术中提出的一些复杂的数学问题，计算量大而且精度要求高，如气象、航天、核反应、地震探测等领域。“云计算”的出现，使得人们能更容易地使用网络上的资源，达到自己的要求。

2. 信息处理

信息处理是指用计算机对各种形式的信息(如文字、图像、声音、影像等)进行收集、存储、加工、分析和传送，这是计算机应用最广泛的领域之一。利用计算机强大的信息处理功能，能使人们从烦琐的事务性工作中解放出来，去做更多创造性的工作。目前，政府、金融、商业、医疗、交通等领域普遍采用计算机处理各种信息。

3. 自动控制

自动控制是指用计算机对生产过程中所采集到的数据进行处理，然后反馈到执行机构去控制生产过程。它是生产自动化的重要技术和手段。

使用自动控制有以下优点：能够代替人在危险、有害的环境中作业；能克服人不能长时间连续工作、受各种不确定因素干扰的弱点；能以人无法具备的高速度、高精度进行工作。

4. 计算机辅助系统

计算机辅助系统是指通过人机对话，使计算机辅助人们进行设计、加工和学习等工作。

① 计算机辅助设计 CAD(Computer Aided Design)：利用计算机进行工业和工程设计。设计人员在 CAD 系统的帮助下，自动将设计方案转变成生产图纸，提高了设计质量和工作效率，缩短了新产品的设计与试制周期。

② 计算机辅助制造 CAM(Computer Aided Manufacturing)：利用 CAD 的输出信息，控制、指挥生产和装配产品。目前，从复杂的飞机制造到一般的家电产品生产都广泛使用了 CAD/CAM 技术。将 CAD、CAM 和数据库技术集成在一起形成的 CIMS(计算机集成制造系统)技术，可以实现设计、制造和管理的完全自动化。

③ 计算机辅助教育 CBE(Computer Based Education)：是指用计算机管理学生的学习、训练和教学事务，它又包括计算机辅助教学 CAI(Computer Assisted Instruction)、计算机管理教学 CMI(Computer Managed Instruction)和计算机辅助测试 CAT(Computer Aided Test)三个方面。

5. 人工智能

人工智能 AI(Artificial Intelligence)技术是将人进行演绎推理过程中所采用的策略、技巧及推理规则，编成程序输入计算机，让计算机自己去探索解决问题的方法。语音输入、自然语言对话、手写汉字输入、机器翻译、机器证明以及各种专家系统都属于这个范畴。

6. 网络通信

利用网络通信技术，将处于不同地理位置的计算机互联，可以实现世界范围内的信息资源共享、即时交流信息，还可以在网络上传递各种计算机文件，这是传统通信手段难以达到的。网络通信技术正在改变着人们的生活方式，现在人们坐在家里就可以了解世界大事、购物、缴纳各种费用，还可以和远方的亲人通过视频、语音、文字进行交流。

7．家庭管理与娱乐

计算机可以从不同方面为家庭生活和事务提供服务，如家庭理财、家庭教育、家庭娱乐、家庭信息管理等。近年来，许多人通过专用软件和计算机网络在家里办公。多媒体技术的日益发展，使人们享受到越来越多的娱乐方式。

1.3　计算机文化和计算机科学

1.3.1　计算机文化

1．对文化的理解

文化的产生和发展与人类社会的发展几乎是同步的，都有一个从低级到高级的发展过程。关于文化的定义，众说纷纭，但是有一点得到公认，即：文化是人类社会的特殊现象。

可以从不同的角度对文化进行描述。

有学者指出："文化是一种复合体，包括知识、信仰、艺术、道德、法律、习惯即作为社会一分子所获得的任何其他能力。"也就是说，文化是人类在物质和精神两方面整体性的创造力的表现，是人类把握客观世界的一种整体性的能力，也是人类进步的一种标志。

也可以把文化视为人类在社会历史发展过程中创造的物质财富和精神财富的总和，它是一个群体(国家、民族、团体、家庭等)在一定时期内形成的思想、理念、行为、风俗、习惯、代表人物，以及这个群体的整体意识所辐射出来的一切活动。不同的群体有不同的文化，优良的文化能促进人类社会和个体的发展和进步。

2．计算机文化

人类在解决应用需求的时候，认识到人脑和感觉器官的局限性，促成了计算机这种工具的诞生。人类社会的生存生活方式，也因为计算机日益广泛和深入的应用发生了深刻的变化，从而产生了一种新的文化形态——计算机文化。

从传授知识的角度看，文化教育主要是使受教育者掌握和提高"能读会写能算"的本领。信息化社会的到来，要求人们具备在计算机上"能读会写能算"的本领，掌握使用计算机的能力，会使用计算机处理日常生活、工作、学习中的问题。过去的文盲是指不识字，进入21世纪，不掌握计算机知识则会被认为是新时代的文盲。

计算机文化这一提法最早出现在20世纪80年代初，在瑞士洛桑召开的第三届世界计算机教育大会上，科学家们提出了计算机教育是文化教育的观念，呼吁人们要高度重视计算机文化教育，此后，“计算机文化”这一提法被各个国家接受。

所谓计算机文化，就是以计算机为核心，集网络文化、信息文化、多媒体文化为一体，并对社会生活和人类行为产生广泛、深远影响的新型文化。计算机文化在“文化”之前冠以“计算机”这个限定词，旨在表明，这种文化和计算机是密不可分的，它因为计算机而产生，以计算机为核心和动力，随着计算机的发展而发展。

思维方式和行为方式是由文化衍生的，不同的文化决定了不同的思维和行为模式。计算机是人类发明的，因此计算机文化不可能完全脱离人类传统文化的窠臼，但是计算机的使用也带来了人类思维习惯的新变化，各种计算机软件中反映着软件创作者的思维和智能，从这个角度讲，计算机软件中也蕴含着文化，它们也会给软件使用者带来文化的潜移默化的改变。

今天，计算机文化已经成为人类文化的重要组成部分。纵观现代社会，你会发现，计算机技术正在对人类社会生活产生着巨大的几乎是不可逆转的作用，人们的生活、学习、工作都随着计算机技术的发展而发生了变化。生活在信息时代的人们，一定要认识计算机文化的作用，主动地接受它带来的积极影响，同时也要抵制它产生的负面影响。

1.3.2 计算机科学

计算机处理的对象是信息，因而也可以说，计算机科学是研究信息处理的科学。

计算机科学分为理论计算机科学和实验计算机科学两个部分。通常所说的计算机科学，是指理论计算机科学；而实验计算机科学还包括有关开辟计算机新的应用领域的研究。

从字面上看，计算机科学会被认为是专门研究计算机的科学，实际上计算机科学家也研究其他种类的机器，如在实际层面上的并行计算机和在理论层面上概率计算机等。从这个意义上讲，计算机只是一种计算工具，著名的计算机科学家 Dijkstra 有一句名言：“计算机科学对计算机的关注并不甚于天文学对望远镜的关注。”

计算机科学家认为，当一个问题及其求解方法或求解过程可以用数学语言描述，而且该问题所涉及的领域为有穷过程或虽然为无穷过程但存在有穷表示时，就一定能用计算机来解决。从这个意义上说，计算机科学的研究目标主要有两个：一是研究计算机，二是研究计算机能干什么以及应该怎样干的问题。它既研究真实的计算机的构造和特征，也研究抽象的计算机的能力和局限。

计算机科学的研究领域十分广泛，涉及计算理论、信息编码理论、算法和程序设计理论、数据库和信息检索理论、人工智能、计算机体系结构与工程等。

1.4 计算思维

每个学科都需要使用计算机进行大量的计算：气象预报需要用计算机对大量天气因素进行分析计算；生物学需要用计算机发现基因组的奥秘；经济学家需要用计算机分析众多因素，确定如何进行宏观调控……

计算的可行性理论，也称为可计算理论是计算机科学的理论基础之一，它确定了哪些问题可能用计算机解决，哪些问题不可能用计算机解决。

1.4.1 计算思维的概念

2006年3月，美国卡内基·梅隆大学计算机系周以真教授提出了计算思维的概念。她认为：计算思维是运用计算机科学的基础概念求解问题、设计系统以及理解人类行为的思维活动。计算思维不仅仅属于计算机科学家，这种思维方式对于从事任何事业都是有益的。简言之，计算思维就是用计算机科学解决问题的思维。

信息技术的迅猛发展引发了各个学科领域革命性的变革，与此同时，计算思维成为人们认识问题和解决问题的一项基本能力。

计算思维的特性如下。

① 计算思维是人的思维，是用人的思维操纵以计算设备为核心的工具解决问题的一种思维方式，它以人的思维为主要源泉，而计算设备仅仅是求解问题的一种必要的物质基础。所以，计算思维是人在解决问题的过程中所反映的思想、方法，并不是计算机或其他计算设备的思维。

② 计算思维属于思维的一种，具有归纳和演绎的双向性。计算思维中的归纳和演绎更多地表现为“抽象”和“分解”：“抽象”是把待解决的问题进行符号标识或系统建模的一种思维过程，算法便是抽象的典型代表；而“分解”是将一个较大的复杂问题合理地分解为若干个待解决的小问题，逐个击破，进而解决整个问题的一种思维过程。用抽象和分解的方法解决浩大复杂的任务，可以选择合适的方式去陈述一个问题，或者对一个问题的相关方面进行建模使其易于处理。

③ 计算思维具有计算机学科独有的“可计算”特性。采用计算方法求解问题的计算思维要求解决问题的步骤具备确定性、有效性、有限性、机械性等可计算特性。计算思维中的“计算”并不仅限于信息加工处理，而是指依据一定法则对有关符号串进行变换的过程，即：从已有的符号开始，一步一步地改变符号串，经过有限步骤，最终得到一个满足预定条件的符号串。基于此，可以说计算的本质就是递归。

计算思维解决问题的过程，包括确认问题、分析数据、抽象表示、设计算法、评估方案、概括迁移等六个环节。

计算思维综合了数学思维(求解问题的方法)，工程思维(设计评价大型复杂系统)，科学思维(理解可计算性、智能、心理和人类行为)。使用计算思维，通过约简、嵌入、转化和仿真的方法，把一个看起来困难的问题重新阐述成一个我们知道应该怎样解决的问题。

使用计算思维评价一个程序时，不仅仅看其准确性和效率，还有美学的考量，而对于系统的设计，还要考虑简洁和优雅。

计算思维通过冗余、堵错，纠错的方式，在最坏情况下进行预防、保护和恢复。计算思维利用启发式推理寻求解答，在不确定情况下规划学习和调度，通过搜索、搜索、再搜索，最后得到的是一系列的网页、一个赢得游戏的策略，或者一个反例。计算思维在时间和空间、处理能力和存储容量之间进行权衡，利用海量的数据来加快计算。

可以用日常生活中的事例类比计算思维：当一个工程技术人员绘制设计图纸前，把所需要的绘图工具材料准备好，这相当于预置和缓存；当一个人丢了东西时，他会回想自己刚才到过的地方，这相当于回推；在超市付账时确定自己去排哪个队，相当于多服务器系统的性能模型。

计算思维在其他学科中也正在产生着影响。例如：计算生物学改变着生物学家的思考方式；计算博弈理论改变着经济学家的思考方式；纳米计算改变着化学家的思考方式，量子计算改变着物理学家的思考方式。计算思维是人类除了理论思维、实验思维以外，应具备的第三种思维方式，它应该成为每一个人的技能。

人类解决问题的方式和计算机解决问题的方式有许多不同，例如：人类的思维是用有限的步骤去解决问题，讲究优化与简洁；而计算机可以任劳任怨地从事大量重复精确的运算。

计算思维要解决的最基本的问题是：什么是可计算的？即弄清楚哪些事情人类比计算机做得好，哪些事情计算机比人类做得好，它着重于解决人类与机器各自的计算优势以及问题的可计算性。

下面举例说明用计算思维解决问题的案例。

汉诺塔问题：古印度贝纳勒斯圣庙中有一块铜板，其上有编号为 A、B、C 的三根柱子，A 柱上自上而下、按从小到大的顺序串了 64 个金盘，庙中的僧侣们进行一种称为汉诺塔的游戏，把 A 柱上的金盘移到 C 柱上，仍然按原来的顺序叠好，移动过程中可以用 B 柱当中介柱，但是不允许大盘叠在小盘上。可以算出，移动次数高达 18 446 744 073 709 551 615，按 1 秒移动一次计算，需要约 5 845 亿年才能完成。这样的问题在现实中无法实现，但借助计算机的超高速特性，可以在计算机中模拟实现，这里就用到了计算思维中的递归思想。

更典型的案例是四色问题的解决。四色问题的表述是：“任何一张地图只用四种颜色就能使具有共同边界的国家着上不同的颜色。”四色问题又称四色猜想，它是近代世界三大数学难题之一。用数学语言表示，四色问题就是：“将平面任意地细分为不相重叠的区域，每一个区域总可以用 1、2、3、4 这四个数字之一来标记，而不会使相邻的两个区域得到相同的数字。”这里所指的相邻区域，是指有一整段公共边界的区域，如果两个区域只交于一点或有限多点，就不是相邻的，因为用相同的颜色给它们着色不会引起混淆。

四色猜想来自英国。1852 年，毕业于伦敦大学的弗南西斯•格思里在一家科研单位搞地图着色工作时，发现了一个有趣的现象：每幅地图都可以用四种颜色着色，使得有共同边界的国家都有着不同的颜色。这个现象能不能从数学上加以严格证明呢？他和在大学读书的弟弟格里斯决心试一试，可是研究工作没有进展。

1913 年，美国著名数学家、哈佛大学的伯克雀夫利用肯普的想法，结合自己的设想，证明了某些大的构形可约。1939 年，美国数学家富兰克林证明了 22 国以内的地图都可以用四色着色。1950 年，有人从 22 国推进到 35 国。1960 年，有人又证明了 39 国以下的地图可以只用四种颜色着色；随后又推进到了 50 国。推进速度十分缓慢。

可以进行高速运算的电子计算机的问世，促使更多数学家开始研究“四色问题”。从 1936 年就开始研究四色猜想的海克说：四色猜想可以用寻找可约图形的不可避免组来证明。他的学生丢雷写了一个计算程序，海克用这程序产生的数据来证明构形可约，他把每个国家的首都标出来，然后用一条越过边界的铁路把相邻国家的首都连接起来，除首都(称为顶点)及铁路(称为弧或边)外，擦掉其他所有的线，剩下一个称为原图对偶图的图形。到了 20 世纪 60 年代后期，海克引进了一个类似于在电网中移动电荷的方法来求构形的不可避免组。在海克的研究中第一次以颇不成熟的形式出现了“放电法”，它成了证明四色定理的中心要素。

由于电子计算机的运算速度迅速提高，加上人机对话的出现，大大加快了对四色猜想证明的进程。美国伊利诺伊大学哈肯在 1970 年着手改进“放电过程”，后与阿佩尔合作编制了一个很好的程序，1976 年 6 月，他们在美国伊利诺伊大学的两台不同的电子计算机上，用 1200 个小时，做了 100 亿次判断，终于完成了四色定理的证明，这一结果轰动了整个世界。这是 100 多年来吸引许多数学家与数学爱好者的大事，当两位数学家发表他们的研究成果时，当地邮局在当天发出的所有邮件上都加盖了“四色足够”的特制邮戳，庆祝这一成果。

正是利用了计算机不怕重复、枯燥和快速高效的优势，才使得四色问题得以解决。

四色问题的证明，不仅解决了一个历时 100 多年的难题，而且成为数学史上一系列新思维的起点。在四色问题的研究过程中，不少新的数学理论随之产生，也发展了很多数学计算技巧，如将地图的着色问题转化为图论问题，丰富了图论的内容。四色问题在设计航空班机日程表、设计计算机的编码程序上也起到了推动作用。但是不少数学家并不满足于计算机取得的成就，他们认为应该有一种简捷明快的书面证明方法，直到现在，仍有不少数学家和数学爱好者在寻找更简洁的证明方法。

1.4.2 计算思维中的思维方式

当我们使用计算机时，经常会为程序设计得如此精妙而感叹。一个程序之所以如此完善，这其中当然不乏程序设计者辛勤的劳动和高度的智慧，但是更重要的是，贯穿其中的各种计算思维理论的指导。掌握计算思维，可以让我们变得更聪明。

计算思维主要包括数学思维、工程思维以及科学思维中的逻辑思维、算法思维、网络思维和系统思维。运用逻辑思维精准地描述计算过程，运用算法思维有效地构造计算过程，运用网络思维有效地组合多个计算过程。

1. 逻辑思维

逻辑思维是人们运用概念、判断、推理等思维方式，反映事物本质与规律的认识过程。逻辑思维属于抽象思维，其特点是以抽象的概念、判断和推理作为思维的基本形式，以分析综合、比较、抽象概括和具体化作为思维的基本过程，从而揭示事物的本质特征和规律性联系。

下面用一个例子说明逻辑思维的思考过程。

某个团队去旅游，游览了主要景点后，还有 3 个景区 A 湖、B 湖、C 山可供选择，去这些景区的路线有甲路线、乙路线、丙路线。综合考虑后有以下要求：

① A 湖和 B 湖，至少要去一处。

② 如果不经过甲路线或者不经过乙路线，则不能去 A 湖游览。

③ 如果经过甲路线，就不能去 C 山游览。

④ 只有经过丙路线，才能到达 B 湖。

如果由于气候原因，这个团队不能经过丙路线，以下哪一项一定为真?

A. 该团经甲路线去 B 湖游览。

B. 该团经甲路线而不经过乙路线。

C. 该团去 A 湖和 C 山游览。

D. 该团经乙路线去 A 湖游览。

答案：D。

逻辑分析：

由条件①有 A 或 B；

由条件②有非甲或非乙→非 A，即 A→甲且乙；

由条件③有非甲→非 C；

由条件④有 B→丙，即非丙→非 B。

已知：非丙，根据条件④，非 B，再根据条件①，非 B，则 A，根据条件②，A 则甲且乙，根据条件③，C 不确定。所以：必须经过甲、乙去 A，必不经过丙且不去 B，是否去 C 不定。

2. 算法思维

算法思维具有非常鲜明的计算机科学特征。

算法思维是学习编写计算机程序时需要掌握的核心技术。2016 年 3 月，谷歌公司的围棋人工智能机 Alphago 以总比分 4:1 战胜李世石，标志着这次人机围棋大战，最终以机器的完胜结束。Alphago 的胜利，就是深度学习的胜利，是算法的胜利。我们操作计算机时，每单击一次鼠标，在手机上每一次点击购物，都会启动一个程序，而这些程序都构筑在各种各样的算法之上。

解决任何一个问题都有它的方法和步骤，使用计算机解决问题也是如此。比如向一个包含 3×3 个方格的图形的每一个方格中，分别填入 1~9 中的不同的数字，要求三个横向、三个纵向、两条对角线方向上的三个数字之和相等(俗称九宫格问题)。可以将这 9 个数字分别填入不同的方格进行试验，最后得到答案，这是一种常用的算法——枚举法，完成这项工作要进行较多的试验。可以让计算机用这个方法去做，因为它具有高速运算的特点。

3. 网络思维

网络思维强调构成网络的核心是对象之间的互动关系，包括基于机器的人机互动（“人-机-人”）关系，涉及以虚拟社区为基础的交往模式、传播模式、搜索模式、组织管理模式、科技创新模式等，如社交网络、自媒体、人肉搜索、专业发展共同体；也可以包括机器间的互联（“机-人-机”）关系，涉及因特网、物联网、云计算网络等的运作机制，如网络协议、大数据。

互联网在人们日常生活中正在起着越来越重要的作用，建设这样的网络就贯穿着网络思维的思想。

4. 系统思维

系统思维就是把认识对象作为系统，从系统与要素、要素与要素、系统与环境的相互联系和相互作用中，综合地考察认识对象的一种思维方法。简单地说，就是对事情全面思考，不就事论事，把想要达到的结果、实现该结果的过程、过程优化以及对未来的影响等一系列问题，作为一个整体进行研究。

计算机系统是一个庞大的系统，它由硬件、软件组成，硬件中包括各个部分，需要相互协同；软件中有操作系统、各种程序设计语言、各种应用软件，它们在不同层面上向人们提供使用计算机的方法，也需要相互协同。此外还要实现硬件和软件间的协同，这就需要从系统整体考虑，这里面就贯穿着系统思维的思想。

在编制一个较大项目的系统程序时，软件设计者通常采用“自顶向下、逐层求精”的方法进行：在设计了总体目标后，对它逐层进行分解，最后分解为一个个单独的小任务，由几个小组各个击破。每个小任务都有明确的输入输出接口，即完成任务前需要接受哪些数据，完成任务后给出哪些数据；小任务之间尽量减少耦合，即每个小任务是相互独立的，其内部结构的调整和执行过程，不影响其他小任务的执行。这也是一种系统思维的方式，它能保证各个小组完成小任务后，实现大任务的完成，从而提高团队工作的效率和准确率。

1.4.3 计算思维的本质

计算思维的本质是抽象（Abstraction）和自动化（Automation）。

1. 抽象

在计算思维中，抽象思维最重要的用途是产生各种各样的系统模型，以此作为解决问题的基础。抽象思维是对同类事物去除其现象的次要方面，抽取其共同的主要方面，从个别把握一般，从现象把握本质的认知过程和思维方法。

在计算机科学中，抽象思维具有“分离→提纯→区分→命名→约简”这种科学抽象的一般过程和方法。

① 分离：暂时不考虑研究对象与其他事物的总体联系。任何一种对象与其他事物都

有着千丝万缕的联系，都是整体的一部分。一项具体的科学研究不可能对事物间各种各样的关系都加以考察，必须将研究对象临时“隔离”出来。

② 提纯：观察分析隔离出来的现实事物，“从共性中寻找差异，从差异中寻找共性”，提取出淹没在各种现象和差异中的“共性”要素。

③ 区分：对研究对象各方面的要素进行区分，并考虑这种区分的必要性和可行性。

④ 命名：恰当地对每个需要区分的要素给予命名，以反映“区分”的结果。命名体现的是“抽象化是现实事物的概念化”，以概念的形式命名和区分所理解的要素。

⑤ 约简：撇开非本质要素，以简略的形式(如模型)表述前面提到的“区分”和“命名”的要素及其之间的关系，形成“抽象化”的最终结果。

2. 自动化

自动化包括自动执行和自动控制两个方面。

① 自动执行：可以按预先设计好的程序或系统自动运行。这需要一组预定义的指令及预定义的执行顺序，一旦执行，这组指令就可根据安排自动完成某个特定任务。

② 自动控制：自动执行体现了程序执行后的必然效果，但这种执行并非总是线性的，往往因时而变，程序应能随时响应用户的需要。

比较直观地体现自动控制中人工干预的是面向对象程序设计，这种程序中提出了“触发—响应”的事件驱动机制。程序通过事件接收用户发出的指令或响应系统环境的变化。以屏幕上的对象为例，对于命令按钮来说，“单击”是它的一个事件，就是说用单击这一动作启动命令按钮对应的程序从而完成一项操作；对于文本框来说，“单击”(把插入点光标移到文本框当中)和“改变内容”都是它的事件，都可以用来启动相应的程序，从而完成一定的操作。这里所说的“触发”不一定都是用户做出的行动，也可能是系统环境的变化(如测试到的时间的变化)。在程序中，规定每类对象上可能发生的事件，并针对它们编写相应的事件处理程序，一旦特定事件发生，将执行相应的事件处理程序，这个过程称为“事件驱动”。

在现实生活中，“触发—响应”不一定是纯机械的，自动控制及智能控制的发展使得系统的事件触发机制更加智能化、人性化。具体来说，自动控制是在无人直接参与的情况下，利用外加设备装置(即控制装置或控制器)，使机器设备(统称为被控对象)的某个工作状态或参数(即被控制量)自动按照预定规律运行。例如，一个装置能自动接收所测得的过程物理变量(如通过传感器获得外界的温度、湿度数据)而进行自动计算，对过程进行自动调节(如增温、除湿)。

20 世纪 80 年代以来，随着人工智能技术的发展，自动控制开始走向智能控制。智能控制是指不用人干预，能独立驱动智能机器自主实现其目标的过程，即智能化的自动控制。自动控制不仅体现在计算机程序中，在社会事物的处理方面也很常见，例如各种应急预案就是针对特定事件的产生而“自动执行”的快速反应机制。自动化技术的发展将人类从复杂、耗时、烦琐、机械、危险的劳动环境中解放出来，并大大提高了工作效率，自动化技术正在改变人们的生产、生活和学习方式，也正改变着人们的思维方式。理解自动化的必要性、实现自动执行和自动控制的基本思想方法，能够辨识自动化的限度，理解人类在自动执行和控制系统中的功能和价值，让人类在高科技面前保持人类自信。这种思维能力必将成为新时代公民的重要素养之一。

符号化、计算化、自动化思维，以组合、抽象和递归为特征的程序及其构造思维，是计算技术与计算系统的重要思维。对计算思维能力进行训练，不仅可以使我们理解计算机的实现机制和约束、建立计算意识、形成计算能力，有利于发明和创新，而且有利于提高信息素养，也就是利用计算机解决问题时应有的思维方法、表达形式和行为习惯，从而更有效地利用计算机。

1.5 问题求解与算法

为了更好地理解计算思维，本节着重介绍在计算思维中占有重要地位的算法思维。

1.5.1 算法的概念和特征

1. 什么是算法

做任何一项工作，都要有一定的方法和步骤，这种为解决一个问题而确定的方法和步骤就称为算法。这是算法的一般定义，本节介绍的算法特指计算机科学中的算法。

编制计算机程序的核心问题是设计算法，而程序代码只是算法的具体实现。

2. 算法的特征

和通常所说的一般的解决问题的方法不完全相同，计算机科学中的算法有以下 5 个重要的特征。

① 确定性：算法的每个步骤必须有确定的定义，不能有二义性。

② 可行性：算法中的每一个步骤都是计算机在有限的时间内可以执行完成的。

③ 有输入：每一个算法都有 0 个或多个输入项，用来描述执行算法的初始状态，这里所说的 0 个输入，是指算法本身就设置了初始条件。

④ 有输出：一个算法必须有输出，表示对数据进行加工的结果，没有输出的算法是没有意义的。

⑤ 有穷性：一个算法必须保证经过有限的步骤，在有限的时间内得到问题的结论。

1.5.2 数学建模

使用计算机解决现实问题，首先要建立这个问题的数学模型；其次要解决输入输出问题，指的是将人类能够理解的描述转化为数学模型的数据，转化为计算机能够处理的数据，并将计算机的处理结果转化为人类能理解的形式；再次才是根据数学模型和输入输出的要求，设计算法，对数据进行操作并得出结果，在设计算法时，要进行分析，找出最优的解决问题的方法。

数学建模就是用数学语言对实际问题进行精确的定义和描述。其过程是：找出问题涉及的对象，确定对象间的关系，进而用数学语言进行精确的描述。许多看起来比较复杂的问题，经过数学建模后，可以变得清晰和便于算法设计。

【例 1.1】建立以下问题的数学模型，设计算法。

派出所抓到甲、乙、丙、丁四个偷窃犯罪嫌疑人，其中只有一个人是小偷。审问记录为：

甲说：我不是小偷。

乙说：丁是小偷。

丙说：乙是小偷。

丁说：乙在胡说。

已知这四句话中，有三句话为真，有一句话为假，请判断谁是小偷？

可以用下述方法解决这个问题：依次假设某个人是小偷，然后一一对照四句话进行检验，看在哪种情况下可以得到“三句话成立，一句话不成立”这一结论，最后找出小偷。

数学建模：

① 对甲、乙、丙、丁四个人分别用 1、2、3、4 编号。

② 用变量 x 表示小偷的编号。

③ 将审问记录中的四句话分别用含 x 的数学关系式表示。

④ 将 x=1、2、3、4 这四种情况分别代入四个关系式，进行检验，能使关系式成立的，结果为 1；不能使关系式成立的，结果为 0。

⑤ 将 4 种情况所得的结果分别相加求和，哪种情况下结果的和为 3，即为真实情况。见下表：

	x=1	x=2	x=3	x=4
甲说：x≠1	0	1	1	1
乙说：x=4	0	0	0	1
丙说：x=2	0	1	0	0
丁说：x≠4	1	1	1	0
合 计	1	3	2	2

由上表可知，x=2 时结果的和为 3，因此可以得出结论：乙是小偷。

1.5.3 算法描述

可以直接用程序设计语言编写的程序描述算法，但是程序设计语言种类较多，又有各自的语法规则，不易表述清楚。通常情况下，人们用下述几种方法描述算法。

1. 用自然语言描述算法

自然语言是人们的日常用语，用来描述算法容易被一般人接受，但是表述不直观，容易产生歧义，而且当情况比较复杂时不利于思考，不便于转换成程序代码。

【例 1.2】用自然语言描述求 18 和 24 的最小公倍数的算法。

方法 1：用下面的算式对 18 和 24 分解质因数。

2	18	24
2	9	12
2	9	6
3	9	3
	3	1

将算式左侧和下方的质因数乘起来 $2\times2\times2\times3\times3=72$，就是 18 和 24 的最小公倍数。

方法 2：用 1，2，3……分别乘以 24，检验每次乘积能否被 18 整除，第 1 个能被 18 整除的乘积就是 18 和 24 的最小公倍数。

第 1 种方法称为短除法，是我们很熟悉的、手工计算时常用的方法，但是很难将这种方法描述成计算机能够执行的计算步骤。

而第 2 种方法很容易在计算机上实现，具体来说可以这样做：

① 设置一个变量 x，给 x 赋值 24；设置一个变量 y，给 y 赋值 18。

② 设置一个变量 i，给 i 赋值 1。

③ 检验 x 能否被 y 整除，如果不能整除，执行第④步；否则转向第⑥步。

④ 让 i 的值加 1。

⑤ 用 x 和 i 相乘，再放入变量 x 中，转向第③步。

⑥ 输出 x 的值，它就是 18 和 24 的最小公倍数。

好的算法具有通用性，例如对例 1.2 所示的算法进行适当修改，就不仅可以用来求 18 和 24 的公倍数，还可以用来求两个任意正整数的最小公倍数，只要在算法的第①步中，给变量 x 和 y 输入需要检验的正整数值就行了。

2. 用流程图描述算法

用流程图描述算法简洁、清晰、直观，利于思考，但有时过于烦琐，层次不清晰。

【例 1.3】用流程图描述求 18 和 24 的最小公倍数的算法，如图 1.2 所示。

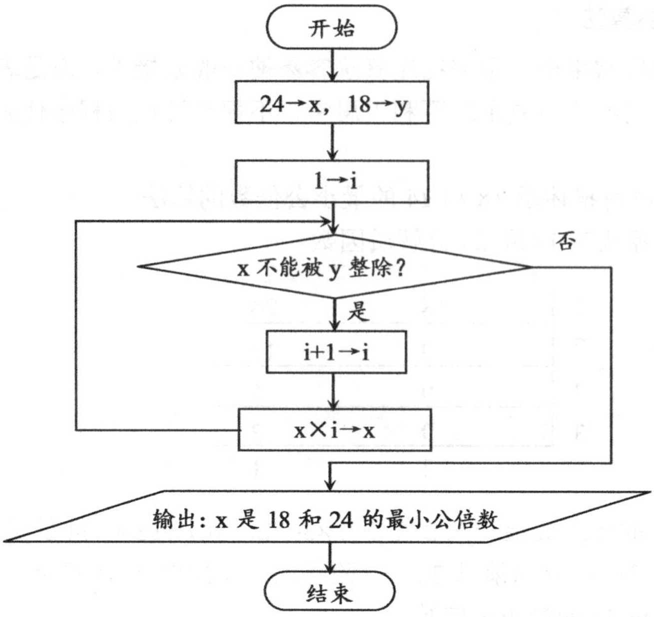

图 1.2　求 18 和 24 最小公倍数的流程图

3. 三种程序结构的流程图描述

计算机程序中有以下 3 种基本结构，这 3 种基本结构是表示一个算法的基本单元。

① 顺序结构。如图 1.3 所示，虚线框内是一个顺序结构。其中 A 和 B 两个框是顺序执行的。顺序结构是最简单的一种程序结构。

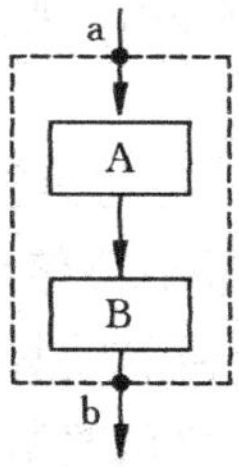

图 1.3　顺序结构

② 选择结构。选择结构又称分支结构，如图 1.4 的左图所示。虚线框内是一个选择结构，此结构中必须包含一个判断框，根据给定的条件 p 是否成立而选择执行 A 框或 B 框。A 或 B 两个框中可以有一个是空的，即不执行任何操作，如图 1.4 的右图所示。

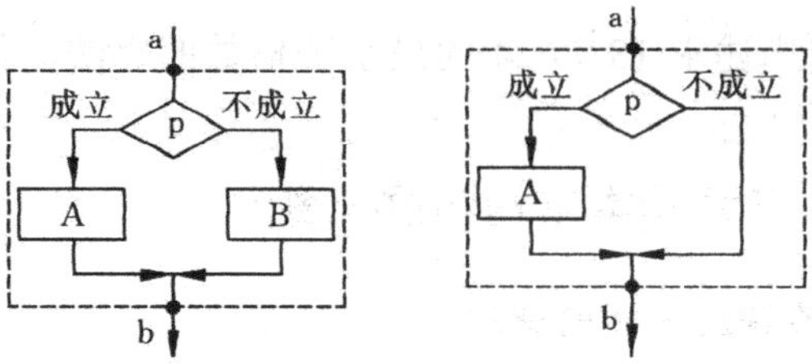

图 1.4　选择结构

③ 循环结构。又称重复结构，即反复执行某一部分的操作，有两类循环结构。

当型（while 型）循环结构，如图 1.5 的左图所示。它表示当给定的条件 p 成立时，执行 A 框操作，执行完 A 框后，再判断条件 p 是否成立，如果仍然成立，再执行 A 框，如此反复执行 A 框，直到某一次 p 条件不成立为止，此时不执行 A 框，从 b 点脱离本循环结构。

直到型（until 型）循环结构，如图 1.5 的右图所示。它表示先执行 A 框，然后判断给定的 p 条件是否成立，如果 p 条件不成立，再执行 A 框，然后再对 p 条件做判断，如果 p 条件仍然不成立，又执行 A 框…… 如此反复执行 A 框，直到给定的 p 条件成立为止，此时不再执行 A 框，从 b 点脱离本循环结构。

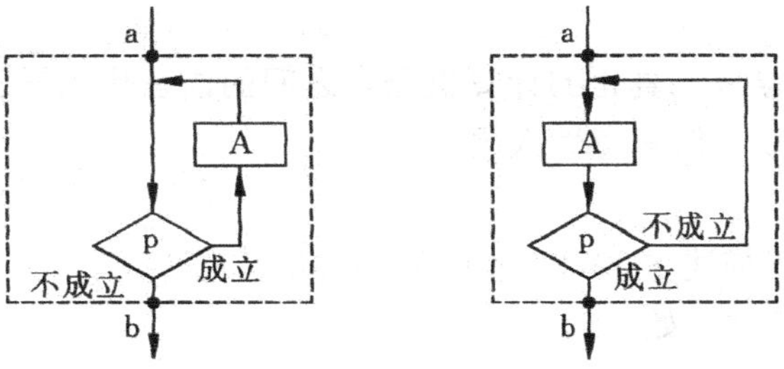

(a) while 型　　(b) until 型

图 1.5　循环结构

由以上 3 种基本结构组成的算法结构，可以解决许多复杂的问题。由基本结构所构成的算法属于“结构化”的算法。

4. 用 N-S 图描述算法

N-S 图用图 1.6 所示的方式表示程序的三种结构。

① 顺序结构：用图（a）的形式表示，A 和 B 两个框组成一个顺序结构。

② 选择结构：用图（b）的形式表示，当 p 条件成立时执行 A 操作，p 条件不成立执行 B 操作。

③ 循环结构：当型循环结构用图（c）的形式表示，当 p 条件成立时反复执行 A 操作直到 p 条件不成立为止；直到型循环结构用图（d）的形式表示。

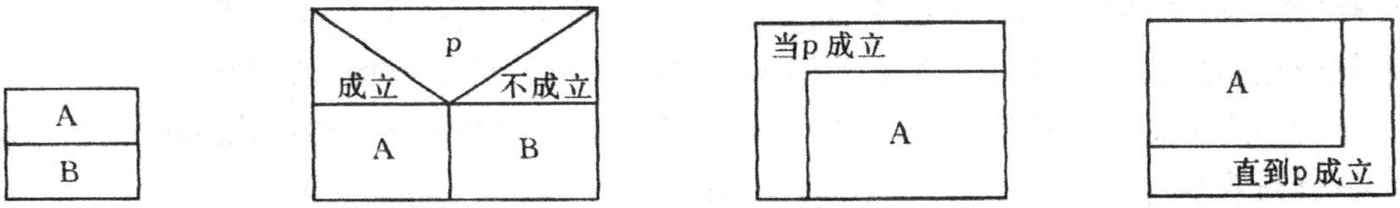

(a)　(b)　(c)　(d)

图 1.6　用 N-S 图表示三种程序结构

用 N-S 图描述算法层次感强，容易转换成程序语言，但是不易扩充和修改。

【例 1.4】用 N-S 图描述求 18 和 24 的最小公倍数的算法，如图 1.7 所示。

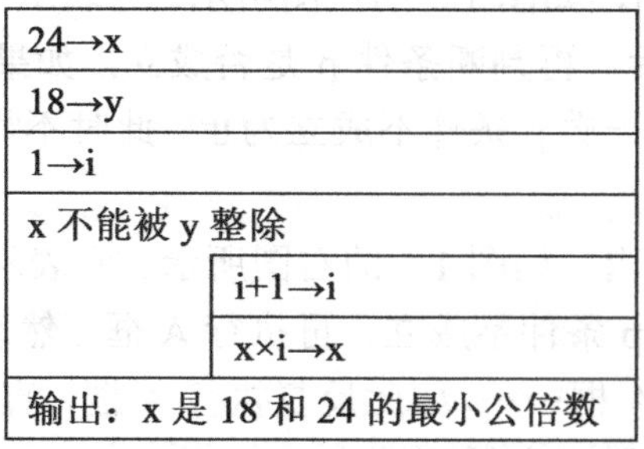

图 1.7　求 18 和 24 最小公倍数的 N-S 图

5. 用伪代码描述

伪代码用介于自然语言和真正的计算机语言之间的语言代码描述算法，书写方便，而且比自然语言更加直观，但随意性太强。

【例 1.5】用伪代码描述求 18 和 24 的最小公倍数的算法。

```
begin                  (算法开始)
    24→x
    18→y
    while  int(x/y)≠x/y         (int(x/y)表示 x 除以 y 的整数商)
     { i+1→i
       x*i→x
     }
    print  x
end                    (算法结束)
```

1.5.4　几种常用的典型算法

本节只介绍一些比较简单的典型算法，而且不涉及实际的程序，因此不具体说明实现方法。

1. 枚举法

枚举法的思路是列举出待解决问题的所有情况，一一进行判断，找出符合要求的解。列举中既不能重复也不能遗漏，但是应该注意充分利用限制条件，尽可能减少枚举的范围，以提高效率。

前面提到的九宫格问题的解决方法，就是枚举法的一个典型例子。

在根据实际问题建立数学模型时，常常会得到包含若干个未知数的方程组，当方程组中未知数的个数多于方程的个数时，方程组往往有许多个解，这类方程组称为不定方程组。解决这类问题时经常使用枚举法，列出所有可能情况下未知数的值，代入方程组检验，能满足方程组的未知数的值，就是方程组的解。

2. 递推法

递推是按一定的规律，通过前面一些项的值来推出后面一些项的值的方法。它又称为迭代法，是一种把复杂运算转化为简单运算的方法。递推法充分利用了计算机运算速度快、适合重复计算的特点。

【例 1.6】用辗转相除法求两个自然数的最大公约数。

假设两个自然数是 a 和 b，其计算过程如下：计算 a÷b，如果余数 r=0，则除数 b 为最大公约数；如果余数 r≠0，则用上次的除数 b 作被除数，除以上次的余数 r(计算 b÷r)；然后看新的余数是否等于 0？就这样一直除下去，直到余数等于 0 为止，而此次相除时的除数就是这两个数的最大公约数。

例如：求 80 和 56 的最大公约数的过程是：

① 80÷56　　　余数 24

② 56÷24　　　余数 8

③ 24÷8　　　余数 0，8 就是 80 和 56 的最大公约数。

我们用 Mod 运算符表示相除求余，用“辗转相除法”求最大公约数的过程为：

$r = a \text{ Mod } b$

$r_1 = b \text{ Mod } r$

$r_2 = r \text{ Mod } r_1$

……

$r_{n-1} = r_{n-3} \text{ Mod } r_{n-2}$

$r_n = r_{n-2} \text{ Mod } r_{n-1}$

如果 $r_n = 0$，则 r_{n-1} 就是 a 和 b 的最大公约数。

在这个过程中，后一项 r_n 根据前两项 r_{n-2} 和 r_{n-1}，按一定的规律递推得出。

3. 冒泡排序法

在实际生活中，经常需要对一些杂乱无章的数据按一定的规律排序，比如任何一种字典都会按一定的规则、对字典中所出现的词条进行排序。排序是计算机程序中经常要执行的操作，它是许多操作的基础。

有许多种排序算法，冒泡法是一种简单直观的排序方法。假定有 n 个数，要求按递增的次序排列，冒泡法的算法步骤是：首先将第 1 个数和第 2 个数比较，若第 1 个数大于第 2 个数，则交换这两个数的位置，否则维持两个数的原来位置；然后比较第 2 个数和第 3 个数，按照比较结果做类似的操作…… 依次类推，直到对第 n−1 个数和第 n 个数进行比较和处理为止。上述过程称为第 1 遍冒泡排序，其结果是值最大的数被安置到最后的位置上。接着进行第 2 遍冒泡排序，对前 n−1 个数进行同样的操作，其结果是值第 2 大的数被安置在倒数第 2 的位置上…… 经过 n−1 遍冒泡排序后，这一组数据将按值的大小有序排列。在冒泡法排序的过程中，值较小的数好比水中的气泡逐渐上升，而值较大的数则好比石头逐渐往下沉。

4. 对分查找法

在一组数据中查找一个数据所在的位置，是经常遇到的问题。可以对这组数据按顺序从头开始与被查找数据进行比较，如果数据组中共有 n 个数据，最少要比较 1 次，最多要比较 n 次，平均比较 $\frac{n+1}{2}$ 次。在一组无序的数据中查找一个指定的数据，一般情况下只能按顺序查找，但如果这组数据已经按一定顺序排列，可以采用效率更高的对分查找法进行查找。

假设有 n 个已经按升序排好序的数据 A(1)，A(2)…A(n)，被查找的数据为 Key。对分查找法的过程如下：

① 设查找范围的下界与上界分别为 low 和 high，刚开始查找时，设置 low=1 和 high=n。

② 求出 low 和 high 的中间位置 mid = $\frac{low+high}{2}$。

③ 比较 Key 和 A(mid)的大小。

❖ 如果 Key=A(mid)，表示查找成功，退出查找。

❖ 如果 Key <A(mid)，表示应该在 A(low)和 A(mid−1)之间查找 Key，此时重新设置查找范围的下界和上界；下界仍然为 low，而上界应为 mid −1，按 high = mid − 1 重新为 high 赋值，改变查找范围的上界。新的查找范围比原来的一半少 1。

❖ 如果 Key>A(mid)，表示应该在 A(mid+1)和 A(high)之间查找 Key，此时将查找范围的下界和上界分别设置为 mid+1 和 high，按 low = mid + 1 重新为 low 赋值，改变查找范围的下界。新的查找范围也比原来的一半少 1。

④ 对于③中的后两种情况，返回到第②步继续查找。直到出现 Key = A(mid)或者 low>high 的情况为止，前者表示查找成功，后者表示查找失败(即未找到欲查找的值)。

由于对分查找法每一次的查找范围都比原来的一半还少 1，因此可以大大提高查找的速度。但要注意的是，只能对已经排好序的数据使用对分查找法。

5. 递归法

看一个计算 n!的例子，如果用一个函数 fac(n)表示 n!，可以得到下述表达式：

$$fac(n)=\begin{cases} n\times fac(n-1) & n>1 \\ 1 & n=1 \end{cases}$$

(在数学中还有 n=0 时，n!=1 等于 1 的情况，为简单计，这里忽略该情况。)

这个式子表明，计算 fac(n)值的问题可以归结为计算 fac(n−1)值的问题，这种用 fac 函数自身定义 fac 的方法称为递归定义，用递归定义求解问题的这一类算法称为递归法。

6. 回溯法

在玩迷宫游戏探索前进的时候，遇到岔路会先选择一条路试着前进，如果此路不通，则顺原路退回到岔路处，选择另一个方向的路继续试验，如此试探，直到走出迷宫或无路可走为止。这种“枚举—试探—失败返回—再枚举—试探”的求解问题的方法称为回溯法。

回溯法是一种基于枚举法的方法，但并不是盲目地枚举，如果某个状态已探寻到底还没有解，则返回上一种状态继续枚举。

1.6 影响未来的计算机技术

1.6.1 云计算

云计算(cloud computing)是分布式计算技术的一种，其最基本的概念是通过网络将庞大的计算处理程序自动拆分成无数个较小的子程序，再交由多部服务器组成的庞大系统，经搜寻、计算分析之后将处理结果回传给用户。通过这项技术，网络服务提供者可以在数秒内，处理数以千万计甚至亿计的信息，实现具有和“超级计算机”同样强大功能的网络服务。

图1.8 云计算

通过云计算，用户可以利用自己的计算机或手持设备，访问由基于因特网的服务器(而非他们自己的本地设备)提供的应用程序、存储空间和其他计算资源。

云计算的范围正在不断拓展，目前已涵盖了大多数因特网服务，比如Web邮件、搜索引擎、社交网络、照片共享等。

如果说个人运用云计算是为了方便，那么企业运用云计算则可以大大节约成本。很多年前，当因特网刚刚兴起时，维密(Victoria’s Secret)公司的公关人员就有了举办在线时装秀的想法，然而，在这场时装秀仅仅开始几分钟之后，维密网站的主服务器就因为数百万观看者试图访问它而崩溃。

云计算可按需提供基于因特网的资源，如服务器、软件和存储空间。有了云计算，维密公司再举办网上时装秀时，就可以按需签约互联网资源，并在不需要这些资源时解除合约。

1.6.2 大数据

大数据技术是指从各种各样类型的数据中，快速获得有价值信息的能力。适用于大数据的技术，包括大规模并行处理(MPP)数据库，数据挖掘，分布式文件系统，分布式数据库，云计算平台，互联网和可扩展的存储系统。大数据有大量(Volume)、高速(Velocity)、多样(Variety)、低价值密度(Value)、真实性高(Veracity)5 大特点。

图 1.9 大数据

1. 数据体量巨大

大型数据集一般在 10TB 规模左右。在实际应用中，很多企业用户把多个数据集放在一起，形成了 PB(1PB=1024TB)级的数据量。

2. 类型多样

大数据来自多种数据源，数据种类和格式日渐丰富，现在的数据类型不仅有文本，更多的是图片、视频、音频、地理位置信息等，个性化数据占绝对多数。

3. 处理速度快

在数据量非常庞大的情况下，也能够做到数据的实时处理。数据处理遵循“1 秒定律”，在极短的时间内就可以得到结果的反馈，从而可从各种类型的数据中快速获得高价值的信息。

4. 低价值密度

大数据有低价值密度的特点。以视频监控为例，在不间断的视频监控信息中，有价值的数据可能仅仅只有一两秒。

5. 真实性高

大数据最大限度地削弱了因数据不足而得出的结论的片面性，大大提高了数据的真实性与安全性。

大数据的应用深刻改变了零售、金融、医疗、农牧、交通、城市管理等领域，并将在未来更深刻地改变社会与人们的生活。

1.6.3 人工智能

人工智能是指能够根据对环境的感知，做出合理的行动，并获得最大收益的计算机程序。

图 1.10 人工智能与人对弈

1950 年 10 月，图灵发表了一篇名为《计算机与智能》的论文，试图探讨到底什么是人工智能。在文章中，图灵提出一个有趣的实验：

假如有一台宣称自己会“思考”的计算机，人们该如何辨别计算机是否真的会思考呢？一个方法是让测试者和计算机通过键盘和屏幕对话，测试者并不知道与之对话的是一台计算机还是一个人。如果测试者分不清幕后的对话者是人还是机器，即如果计算机能在测试中表现出与人等价，或至少无法区分的智能，那么，就可以说这台计算机通过了测试并具备了智能。

目前，人工智能远远超过了与人对话的水平。多年来，围棋一直是人工智能无法攻克的壁垒，究其原因，是因为围棋的计算量太大了。对于计算机来说，每一个位置都有黑、白、空三种可能，那么棋盘对计算机来说就有 3^{361} 种可能，而宇宙的原子数只有 10^{80}，所以穷举法在这里行不通了。2016 年 3 月，AlphaGo(阿尔法狗)与围棋世界冠军、职业九段棋手李世石进行围棋人机大战，以 4 比 1 的总比分获胜；2017 年 5 月，在中国乌镇围棋峰会上，它与排名世界第一的世界围棋冠军柯洁对战，以 3 比 0 的总比分获胜。围棋界公认，AlphaGo 围棋的棋力已经超过人类围棋顶尖棋手的水平。

AlphaGo 的成功，让人类对人工智能有了深刻的危机意识。第一次工业革命，机器替代了人的体能，使人类更多地从事脑力劳动。而在不久的将来，人工智能有可能替代人类的脑力劳动，那么人类将何去何从。

在未来，有许多工作将会转换形式，也有许多工作将被人工智能替代。计算机学家李开复对未来可能消失的行业提出了著名的“五秒准则”：一项本来由人从事的工作，如果人可以在 5 秒钟以内对工作中需要思考和决策的问题做出相应的决定，那么，这项工作就很可能被人工智能技术部分或全部取代。

依此准则，翻译、新闻报道、助理、保安、销售、客服、司机、家政等工作，将可能会被人工智能取代。我们每一个人现在学习的知识与技能，将会对我们的未来造成巨大的影响。

1.6.4 区块链技术

所谓区块链技术，也被称之为分布式账本技术，是一种互联网数据库技术，其特点是去中心化、公开透明，让每个人均可参与数据库记录。

区块链的基本原理理解起来并不难。基本概念包括：

交易(Transaction)：一次操作，导致账本状态的一次改变，如添加一条记录；

区块(Block)：记录一段时间内发生的交易和状态结果，是对当前账本状态的一次共识；

链(Chain)：由一个个区块按照发生顺序串联而成，是整个状态变化的日志记录。

区块链要求每个联结点在共同的账本上对每一笔交易进行分布式记账，每当交易发生之后，信息会通知到所有的“点”，各个“点”(即人)按照预设的规则独立地对交易进行确认。整个过程中，信息透明统一，参与者资格权限完全对等。多数“点”确认的结果就是最终的结论，系统会自动将你的数据修正为大家认可的结果。除非你能让超过51%的“点”都同时认可你的结论，你才能作弊或者坚持不同的观点。当参与的“点”多到一定程度时，这事实上是不可能的。一次交易得到确认之后，交易的记录和各种数据打包成块，加上时间戳，编入链中，然后启动下一轮交易(块)，新旧区块前后为继形成“链”。各个区块所存储的交易记录可以无限追溯，随时备查且无法更改，想要作假、撒谎、隐瞒真相，根本无机可乘。区块链技术从技术上建立了人与人之间的信任。

图 1.11　区块链技术

比特币是目前区块链技术的最成熟的应用。比特币(BitCoin)的概念最初是由中本聪在2009年提出的，是一种点对点形式的数字货币。点对点的传输意味着一个去中心化的支付系统。比特币的本质其实就是一堆复杂方程组所生成的特解。特解是指方程组所能得到有限个解中的一组。每获得一组特解，比特币网络会新生成一定量的比特币作为赏金，奖励获得特解的人。用计算机求得特解的过程称为“挖矿”，根据其设计原理，比特币的总量会持续增长，直至100多年后达到2100万的那一天。但比特币货币总量后期增长的速度会非常缓慢。事实上，87.5%的比特币都将在头12年内被“挖”出来。被挖出来的比特币，采用区块链技术在网络上交易。

图1.12 比特币

区块链技术目前仍处于起步阶段，在金融、医疗、娱乐、贸易等方面有着广阔的应用潜力。因为它的去中心化与可追溯性等特点，能将许多繁杂的事情变得简单高效化，但要让其真正使用，还需要解决许多技术与社会难题。

1.6.5 物联网

物联网是新一代信息技术的重要组成部分，也是“信息化”时代的重要发展阶段，其英文名称是“Internet of things(IoT)”。顾名思义，物联网就是物物相连的互联网，这有两层意思：其一，物联网的核心和基础仍然是互联网，是在互联网基础上的延伸和扩展；其二，其用户端延伸、扩展到了任何物品与物品之间进行交换和通信。物联网通过智能感知、识别技术、普适计算等通信感知技术，广泛应用于网络的融合中，也因此被称为继计算机、互联网之后信息产业发展的第三次浪潮。

图1.13 物联网

在物联网应用中有三项关键技术：

① 传感器技术。这也是计算机应用中的关键技术。到目前为止，绝大部分计算机处理的都是数字信号。自从有计算机以来，就需要传感器把模拟信号转换成数字信号，计算机才能处理。

② RFID 标签。也是一种传感器技术，它融合了无线射频技术和嵌入式技术，在自动识别、物品物流管理方面有着广阔的应用前景。

③ 嵌入式系统技术。是综合计算机软硬件、传感器、集成电路、电子应用等技术为一体的复杂技术。经过几十年的演变，以嵌入式系统为特征的智能终端产品随处可见，小到人们身边的 MP3，大到航天航空的卫星系统，嵌入式系统正在改变着人们的生活，推动着工业生产以及国防工业的发展。

如果把物联网用人体做一个简单的比喻，传感器相当于人的眼睛、鼻子、皮肤等感觉器官，网络就是用来传递信息的神经系统，嵌入式系统则是人的大脑，它对接收到信息进行分类处理。目前，物联网已经应用于从家庭到城市的各个方面，为人们创造着越来越宜居的生活环境。

① 智能家居。智能家居是利用先进的计算机技术，运用智能硬件、物联网技术、通信技术，将与家居生活有关的各种子系统有机地结合起来，通过统筹管理，让家居生活更舒适、方便、有效和安全。

② 智慧交通。智慧交通是将以物联网、互联网、云计算为代表的智能传感技术、信息网络技术、通信传输技术和数据处理技术等有效地集成起来，应用到整个交通系统中，在更大的时空范围内发挥作用的综合交通体系。智慧交通是以智慧路网、智慧出行、智慧装备、智慧物流、智慧管理为重要内容，以信息技术高度集成、信息资源综合运用为主要特征的大交通发展新模式。

③ 智能电网。智能电网是在传统电网的基础上构建起来的，集传感、通信、计算、决策与控制为一体的综合数物复合系统，通过获取电网各层节点资源和设备的运行状态，进行分层次的控制管理和电力调配，实现能量流、信息流和业务流的高度一体化，提高电力系统运行的稳定性，从而最大限度地提高设备利用率，提高安全可靠性，节能减排，提高供电质量，提高可再生能源的利用率。

④ 智慧城市。智慧城市就是运用信息和通信技术手段，感测、分析、整合城市运行核心系统的各项关键信息，从而对包括民生、环保、公共安全、城市服务、工商业活动在内的各种需求做出智能响应。其实质是利用先进的信息技术，实现城市智慧式管理和运行，进而为城市中的人创造更美好的生活，促进城市的和谐、可持续成长。

习题 1

1. 电子计算机的发展经历了哪几代？

2. 请结合本书的讲解查阅有关资料，说明计算机的发展趋势。

3. 结合本书的讲解，根据你自己的亲身经历，说一说计算机有哪些特点？

4. 按使用范围和性能分类，计算机可分为哪几种类型？

5. 结合本书的讲解，根据你的所见所闻，举例说明计算机有哪些应用？你主要用计算机做什么？

6. 什么是计算机文化？结合生活实际，说一说你对计算机文化的认识，计算机技术对你的生活产生了哪些影响？你的生活是否已经离不开计算机了？

7. 谈谈你对计算机科学的认识？计算机科学认为计算机能解决什么样的问题？

8. 什么是计算思维？举例说明计算思维和人类习惯思维的异同。

9. 理解和掌握计算思维对我们的生活能产生什么影响？

10. 说明抽象包括的过程，自动化包含那两个方面的含义？

11. 什么是事件驱动？举一两个生活中常见的事件驱动的例子。

12. 什么是算法？计算机科学中的算法有哪些特征？

13. 用自然语言表示把 a、b、c 三个数按从小到大的顺序进行排列的算法。

14. 设计算法并用流程图表示，把 n 元人民币分成 5 角、2 角、1 角，共有多少种不同的分法？

【提示】列出不定方程，用枚举法解决此问题。

15. 如果 A(1)，A(2)，…，A(n) 为 n 个已经排好序的一组数据，从中查找数据 Key 所在的位置(Key 不一定在这一组数据中)，用流程图表述对分查找算法。

16. 可以用下述方法计算一个正数 x 的平方根 $\sqrt{x}$ ：

任意选定一个正数 x_1，令

$$x_2 = \frac{1}{2}(x_1 + \frac{x}{x_1})$$

$$x_3 = \frac{1}{2}(x_2 + \frac{x}{x_2})$$

……

$$x_n = \frac{1}{2}(x_{n-1} + \frac{x}{x_{n-1}})$$

当 n 的值相当大时，即可求出 $\sqrt{x}$ 的近似值，这种方法属于什么算法？根据上述方法，以前后两个数字的绝对值小于 0.0001 为终止条件，用 N-S 图表示这种算法。

17. 举例说明什么是数学建模？数学建模有什么作用？

18. 云计算的概念是什么？云计算机的应用有哪些？

19. 大数据的特点是什么？当今生活的哪些方面应用了大数据？

20. 你认为什么样的机器具有智能？你觉得未来10年哪些工作会因为人工智能的应用而消失？

21. 简述比特币交易的过程。请设计一款你认为有前景的比特币产品。

22. 什么是物联网？物联网中的关键技术有哪些？

第2章 0与1——语义符号化与符号计算化

本章介绍了信息、数据与信息技术的基本概念，二进制与各种进制数值间的转换，计算机的信息存储单位、字符编码的各种方式，以及与多媒体技术有关的各种技术。其中数值与非数值信息的表示是本章重点。

2.1 信息与信息技术

2.1.1 信息与数据

信息(information)是现代社会中广泛使用的一个概念。我们生活在一个充满信息的环境中，每天都在接触各种各样的信息。清晨的阳光送来黎明的信息，鸟语花香带来春天的信息，电视里播放的各种新闻，收音机里广播的天气预报，报纸上刊登的各种消息，十字路口的红绿灯…… 都在向我们传递着各种各样的信息。

从不同的角度和不同的层次，对信息的概念有着不同的说法，被大多数人认可的定义是：信息是在自然界、人类社会和人类思维活动中普遍存在的一切物质和事物的属性，是对事物的状态、特性和运动变化，以及事物之间相互作用和联系的客观描述。它可以借助文字、图形、图像、数字、声音、影像等载体来呈现和传播。

所谓数据，是指存储在某种媒体上可以鉴别的符号资料，包括文字、字母、数字、图形、图像、视频等。从信息科学的角度来看，数据是信息的具体表现形式，是信息的载体，而信息是对数据进行加工处理后得到的结果。

2.1.2 信息技术

信息技术的概念，因使用的目的、范围、层次不同而有不同的表述。

广义而言，信息技术是指能充分利用与扩展人类感觉器官功能的各种方法、工具与技能的综合。该定义强调的是从哲学上阐述信息技术与人的本质关系。

中义而言，信息技术是对信息进行采集、传输、存储、加工、表达的各种技术之和。该定义强调的是人们对信息技术功能与过程的一般理解。

狭义而言，信息技术是指利用计算机、网络、广播电视等各种硬件设备、软件工具与科学方法，对文图声像各种信息进行获取、加工、存储、传输与使用的技术之和。该定义强调的是信息技术的现代化与高科技含量。

综合以上表述可以认为，信息技术的内涵包括两个方面：一方面是手段，即各种信息媒体，例如印刷媒体、电子媒体、计算机网络等，是一种物化形态的技术；另一方面是方法，即对各种信息进行采集、加工、存储、交流、应用的方法，是一种智能形态的技术。信息技术是由信息媒体和信息媒体应用的方法两个要素组成的。

2.2 数值的表示

计算机内部为什么要用二进制表示信息呢？原因有以下四点。

① 电路简单。计算机是由逻辑电路组成的，逻辑电路通常只有两个状态，例如，电流的“通”和“断”，电压的“高”和“低”等。这两种状态正好表示成二进制数的两个数码 0 和 1。

② 工作可靠。用两个状态代表的两个数码在数字传输和处理中不容易出错，因此电路更加可靠。

③ 简化运算。二进制运算法则简单。

④ 逻辑性强。计算机的工作是建立在逻辑运算基础上的，二进制数只有两个数码，正好表示逻辑代数的“真”和“假”。

因此，数字式电子计算机内部处理数字、字符、声音、图像等信息时，是以 0 和 1 组成的二进制数的某种编码形式与之对应。

2.2.1 数制的基本概念

人类创造了多种表示数的方法，这些数的表示规则称为数制。在计算机科学中，计算机内部用二进制表示各种数据，但在输入、显示或打印输出时，仍使用人们习惯的十进制。

1. 进位计数制

下面以人们最常用的十进制(Decimal)为例介绍数制中的几个术语。十进制的特点是：逢十进一，借一当十。

① 数码：用来表示某种数制的符号。比如十进制的 0，1，2，3，4，5，6，7，8，9。

② 基数：数制中使用的数码个数称为该数制的基数。十进制的基数为 10。如果数制中使用的数码个数为R，则称为 R 进制，R 进制的基数是 R，数码分别为 0，1，…，R−1。

③ 位权：多位数不同位置上的数码 1 所表示的数值，记作 R^i(R 是基数，i 代表位置)。例如在十进制中，个位数上的位权为 10^0，十位数上的位权为 10^1，百位数上的位权为 10^2。十进制数 125.39 可以写成：$125.39=1\times10^2+2\times10^1+5\times10^0+3\times10^{-1}+9\times10^{-2}$。上式称为数值的按权展开式。

2. 常用的进位计数制

除了十进制外，计算机中还使用以下几种进位计数制。

① 二进制(Binary)：数码为 0 和 1，基数为 2，位权为 2^i，特点为：逢二进一，借一当二。二进制数 1011.01 的按权展开式为：

$$1011.01=1\times2^3+0\times2^2+1\times2^1+1\times2^0+0\times2^{-1}+1\times2^{-2}$$

相关知识

计算机中采用二进制，主要是因为它具有以下优点：

❖ 简单可行，容易实现。因为二进制仅有两个数码 0 和 1，可以用两种不同的稳定状态(如有磁和无磁、高电位和低电位)来表示，不仅容易实现，而且稳定可靠。

❖ 运算规则简单。加法规则：0+0=0，1+0=1，0+1=1，1+1=10。减法规则：0−0=0，10−1=1，1−0=1，1−1=0。乘法规则：0×0=0，0×1=0，1×0=0，1×1=1。除法规则：0/1=0，1/1=1。

❖ 适合逻辑运算。二进制中的 0 和 1 正好分别表示逻辑代数中的假值(False)和真值(True)。如逻辑与运算(AND)：$0\wedge0=0$，$0\wedge1=0$，$1\wedge0=0$，$1\wedge1=1$。

② 八进制(Octal)：数码为 0，1，2，3，4，5，6，7，基数为 8，位权为 8^i，特点为：逢八进一，借一当八。八进制数 127.56 的按权展开式为：

$$127.56=1\times8^2+2\times8^1+7\times8^0+5\times8^{-1}+6\times8^{-2}$$

③ 十六进制(Hexadecimal)：数码为 0，1，2，3，4，5，6，7，8，9，A，B，C，D，E，F；其中 A，B，C，D，E，F 分别表示十进制中的数 10，11，12，13，14，15。基数为 16，位权为 16^i，特点为：逢十六进一，借一当十六。十六进制数 A2B 的按权展开式为：

$$A2B=10\times16^2+2\times16^1+11\times16^0$$

为了区分不同数制的数，约定任一 R 进制的数 N 记作 $(N)_R$。比如：$(1101.1)_2$ 表示二进制数 1011.1；$(703)_8$ 表示八进制数 703；$(A2B)_{16}$ 表示十六进制数 A2B。不用括号及下标的数默认为十进制数，如 256。

人们也用在一个数的后面加上字母 D(十进制)、B(二进制)、O(八进制)、H(十六进制)的方法，来表示其前面的数是什么进位制，如：1101.1B 表示二进制数 1011.1；A2BH 表示十六进制数 A2B。

二进制和十六进制也是计算机中常用的进制，经常需要直接写出它们之间的对应表示，表 2.1 列出了四种进制数之间的对应关系。

表 2.1　四种进制数的对应关系

十进制	二进制	八进制	十六进制	十进制	二进制	八进制	十六进制
0	0000	0	0	8	1000	10	8
1	0001	1	1	9	1001	11	9
2	0010	2	2	10	1010	12	A
3	0011	3	3	11	1011	13	B
4	0100	4	4	12	1100	14	C
5	0101	5	5	13	1101	15	D
6	0110	6	6	14	1110	16	E
7	0111	7	7	15	1111	17	F

2.2.2　各种进制数之间的转换

1. 非十进制数转换成十进制数

利用按权展开的方法，可以把任意进制的数转换成十进制数。下面是将二进制、八进制和十六进制数转换为十进制数的例子。

【例 2.1】将二进制数 1010.101B 转换成十进制数。

$$1010.101B = 1\times2^3+0\times2^2+1\times2^1+0\times2^0+1\times2^{-1}+0\times2^{-2}+1\times2^{-3}$$
$$=8+2+0.5+0.125=10.625D$$

【例 2.2】将八进制数 210O 转换成十进制数。

$$210O = 2\times8^2+1\times8^1+0\times8^0=128+8+0=136D$$

【例 2.3】将十六进制数 2BAH 转换成十进制数。

$$2BAH = 2\times16^2+11\times16^1+10\times16^0=512+176+10=698D$$

2. 十进制数转换成二进制数

通常一个十进制数包含整数和小数两部分，对整数部分和小数部分的处理方法不同。

① 把十进制整数转换成二进制整数采用“除二取余”法。

具体步骤：把十进制整数除以 2 得一商数和一余数；再将所得的商除以 2，得到一个新的商数和余数；这样不断地用 2 去除所得的商数，直到商等于 0 为止。每次相除所得的余数便是对应的二进制整数的各位数字。第一次得到的余数为最低有效位，最后一次得到的余数为最高有效位。

【例 2.4】将十进制整数 215 转换成二进制整数。

按上述方法运算，每次的被除数、商和余数如下：

被除数	215	107	53	26	13	6	3	1
商	107	53	26	13	6	3	2	0
余数	1	1	1	0	1	0	1	1
	最低位						最高位	

解得　　　　215D＝11010111B

在以上 8 次运算中，除了第 1 次外，每次除法运算的被除数都是上次除法所得的商。

② 把十进制小数转换成二进制小数采用“乘二取整”法。

具体步骤：把十进制小数连续地乘以 2，每次乘后取积的整数部分，直到小数部分为零或达到给定的精度为止。第一次取得的整数为最高有效位，最后一次得到的整数为最低有效位。

【例 2.5】 将十进制数 0.375 转换成二进制数。

按上述方法运算，每次的运算结果及积的整数部分如下：

	0.375	0.750	0.500
	× 2	× 2	× 2
	0.750	1.500	1.000
积的整数部分	0	1	1

解得　　　　0.375D=0.011B

相关知识　一般地，将十进制整数化为 R 进制数采用“除 R 取余”；将十进制小数化为 R 进制数采用“乘 R 取整”，步骤和上述的“除二取余”“乘二取整”相同，只不过将除数和乘数由 2 变为 R。

3. 二进制数与十六进制数间的相互转换

从表 2.1 可以看出，四位二进制数对应表示一位十六进制数。利用这一规则，可以很方便地进行二进制数与十六进制数之间的转换。

① 把二进制整数转换成十六进制整数：从个位数开始向左，将每四位二进制数划分为一组，不足四位的在左面以 0 补足，然后将每组二进制数用一位十六进制数表示。

【例 2.6】 将二进制整数 1111101011011B 转换成十六进制整数。

将 1111101011011 按上述方法分组得

0001 1111 0101 1011

解得　　　　11111010110111B＝1F5BH

② 把十六进制整数转换成二进制整数：过程与二进制数转换成十六进制数相反，即将每一位十六进制数字用与其等值的四位二进制数代替。

【例 2.7】 将 2AFH 转换成二进制数。

十六进制数	2	A	F
对应的二进制数	0010	1010	1111

解得　　　　2AFH＝1010101111B

4. 二进制数与八进制数间的相互转换

二进制数与八进制数的转换和二进制数与十六进制数的转换方法类似，只是用三位二进制数对应表示一位八进制数，对应关系也参照表 2.1。

【例 2.8】将二进制数 1111010.11 转换成八进制数。

二进制数 3 位分一组	001	111	010.	110
对应的八进制数	1	7	2.	6

解得　　1111010.11B=172.6O

请注意

在二进制与八进制、十六进制之间进行转换时，以小数点为界，整数部分从右向左分组(从低位到高位)，小数部分从左向右分组(从高位到低位)。

二进制转换八进制时，每三位一组；不足三位，整数部分从左面补 0，小数部分从右面补 0。二进制转换十六进制时，每四位一组；不足四位，整数部分从左面补 0，小数部分从右面补 0。

2.2.3 计算机的信息存储单位

1. 位(bit)

一个二进制位称为一位，简记为 b，也称为比特。它是计算机存储数据的最小单位，只能表示 0 或 1。

2. 字节(Byte)

一个字节为 8 个二进制位(1Byte=8bit)，简记为 B，它是存储信息的基本单位。微型机的存储器由一个个存储单元组成，每个存储单元的大小就是一个字节。在计算机技术中还经常使用其他度量单位，即 KB(千字节)、MB(兆字节)、GB(吉字节)、TB(太字节)，它们之间的换算关系是：

$$1KB = 1024B = 2^{10}B$$

$$1MB = 1024KB = 2^{10}KB = 2^{20}B$$

$$1GB = 1024MB = 2^{10}MB = 2^{20}KB = 2^{30}B$$

$$1TB = 1024GB = 2^{10}GB = 2^{20}MB = 2^{30}KB = 2^{40}B$$

3. 字(Word)

计算机处理数据时，通过数据总线一次存取、加工和传送的数据称为字。一个字所包含的二进制位数称为字长。一个字通常由若干个字节组成。由于字长是计算机一次所能处理的实际位数，所以字长是衡量计算机性能的一个重要指标。一般来说，字长越长，运算速度越快，计算精度就越高，处理能力就越强。字长取决于计算机的类型，常见的有 16 位、32 位、64 位等。

2.3 计算机中非数值信息的表示

前面讨论了把十进制数转换成其他进制数的方法。为了表示数值数据，还要解决数的正、负和小数点位置等问题，为此又引入了原码、反码、补码等编码方法以及定点数、浮点数等概念，这些超出本教材的范围，故略去不讲。本节将重点讲述字符和汉字的编码。

2.3.1 字符编码

表 2.2 标准 ASCII 码字符集

$b_6b_5b_4$ / $b_3b_2b_1b_0$	000	001	010	011	100	101	110	111
0000	NUL	DLE	SP	0	@	P	、	p
0001	SOH	DC1	!	1	A	Q	a	q
0010	STX	DC2	“	2	B	R	b	r
0011	ETX	DO3	#	3	C	S	c	s
0100	EOT	DC4	$	4	D	T	d	t
0101	ENQ	NAK	%	5	E	U	e	u
0110	ACK	SYN	&	6	F	V	f	v
0111	BEL	ETB	‘	7	G	W	g	w
1000	BS	CAN	(	8	H	X	h	x
1001	HT	EM	)	9	I	Y	i	y
1010	LF	SUB	*	:	J	Z	j	z
1011	VT	ESC	+	;	K	[	k	{
1100	FF	FS	,	<	L	\	1	|
1101	CR	GS	-	=	M	]	m	}
1110	SO	RS	.	>	N	^	n	~
1111	SI	US	/	?	O	_	o	DEL

【说明】

① 表中的前两列以及 SP(空格)、DEL(删除)是控制符。

② 除去前两列和 DEL 控制符外的其余 95 个字符是可打印字符。

③ 字母的 ASCII 码值按 A~Z，a~z 字母顺序依次递增。

④ 对于同一个字母，其小写字母的 ASCII 码值比大写字母的 ASCII 码值大 32，如：A 的 ASCII 码值为 65，a 的 ASCII 码值为 65+32=97。

用来表示字符的二进制编码称为字符编码。目前计算机中常用的字符编码是 ASCII 码，它是 American Standard Code for Information Interchange（美国标准信息交换码）的缩写，已被国际标准化组织(ISO)指定为国际标准。ASCII 码有 7 位码和 8 位码两种版本。国际通用的 7 位 ASCII 码称为 ISO-646 标准 ASCII 码，它用 7 位二进制数 $b_6b_5b_4b_3b_2b_1b_0$ 表示一个字符的编码，编码范围从 0000000B~1111111B，共有 2^7=128 个不同的编码值，可以表示 128 个不同的字符，8 位 ASCII 码称为扩展 ASCII 码。

表 2.2 为 7 位 ASCII 码表，表中每个字符都对应一个数值，称为该字符的 ASCII 码值。如数字“0”的 ASCII 码值为 0110000B（记作 48D 或 30H），字母“A”的码值为 1000001B（记作 65D 或 41H），“a”的码值为 1100001B（记作 97D 或 61H）等。在计算机内部用一个字节（8 位二进制位）存放一个 7 位 ASCII 码，最高位 b_7 置 0。

2.3.2 汉字编码

所谓汉字编码，就是为每一个汉字编一个唯一的代码，以便计算机辨认、接收和处理。汉字的输入和编码曾经是信息技术领域的一大难题，20 世纪 80 年代，我国科学家在这方面取得了突破，使得输入汉字基本上像输入英文一样方便。

我国在 1980 年颁布了第一个汉字编码标准“信息交换用汉字编码字符集—基本集(GB2312-80)”，简称 GB 码或国标码，共收录了 6 763 个汉字和 682 个符号，6763 个汉字分成两级，一级 3755 个，按汉语拼音字母排序；二级 3 008 个，按偏旁部首排序。一个国标码用两个字节表示，每个字节最高位都是 0。

1995 年 12 月，我国又发布了汉字扩展内码规范——GBK1.0 汉字编码方案。2000 年，GBK18030 取代 GBK1.0 成为正式的国家标准。GBK18030 编码方案完全兼容 GB2312-80 标准但有很大扩展，共收录了 27 484 个汉字，同时收录了藏文、蒙文、维吾尔文等主要的少数民族文字。现在的 Windows 平台都支持 GBK 编码方案。

2.3.3 汉字处理过程

计算机处理汉字信息时，在不同的环节需要使用不同的编码，主要有以下几种。

1. 汉字输入码

将汉字通过一般的英文打字键盘输入到计算机中采用的代码称为汉字输入码（又叫外码）。汉字输入码已有上千种，大致可分成以下 4 类。

① 流水码：将汉字和符号按一定规则排序编号而成的编码，例如电报码、国标码、区位码等。流水码的最大优点是没有重码，但编码难以记忆。

GB2312-80 中的 6 736 个汉字分为 94 行 94 列，由区号（行号）和位号（列号）构成区位码，用 4 位十进制数表示，前两位是区号，后两位是位号。区位码与国标码的转换方法是，将区号、位号分别转成十六进制数，然后按以下关系转换：

国标码=区位码+2020H

② 音码：根据汉字的读音进行编码，例如微软拼音、搜狗拼音等。这种编码以汉语拼音为基础，容易掌握和普及，缺点是重码率高。

③ 形码：根据汉字的字形和结构特征进行编码，例如五笔字型、大众码、郑码、表形码等。形码的优点是重码少、输入速度快，缺点是需要专门学习才能掌握。

④ 音形码：将汉字读音和字形相结合进行编码，如自然码、首尾码等。音形码的特点是形码部分较简单，记忆量较形码少，重码少，输入速度快，但也需要专门学习才能掌握。

2. 汉字机内码

为了与表示英文的 ASCII 码相区别，把汉字国标码的两个字节的最高位都改成“1”，就变成了汉字机内码，简称为汉字内码。

汉字内码=汉字国标码+8080H

汉字机内码是计算机内部对汉字进行处理时使用的编码。它用以下办法判别一个字节中存储的是 ASCII 码还是汉字：当某个字节的最高位是 0 时，说明它是一个 ASCII 码；当某个字节的最高位是 1 时，它需要和下一个最高位也是 1 的字节合起来，共同表示一个汉字。

3. 汉字字形码

汉字字形码(又叫输出码或字模)是描述每个汉字形状的编码，把字形码传送到屏幕或打印机上，才能够显示或打印出汉字。字形码通常用点阵法或矢量法来描述，它们分别对应两种字形编码：点阵码和矢量码。用点阵法描述汉字字形码的方法如图 2.1 所示。

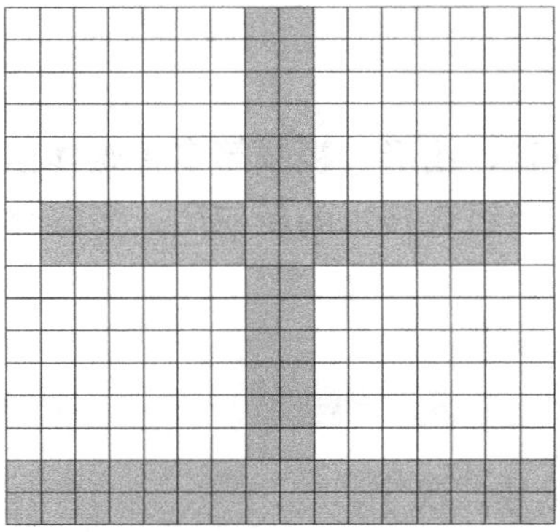

00000001	10000000
00000001	10000000
00000001	10000000
00000001	10000000
00000001	10000000
00000001	10000000
01111111	11111110
01111111	11111110
00000001	10000000
00000001	10000000
00000001	10000000
00000001	10000000
00000001	10000000
00000001	10000000
11111111	11111111
11111111	11111111

图 2.1 “土”字的 16×16 点阵码

常用的汉字点阵规格有 16×16，24×24，32×32，48×48 等。点阵码占用的存储空间较大而且在放大时会产生失真。一个 16×16 点阵的汉字要占用 32 个字节，一个 24×24 点阵的汉字要占用 72 个字节，一个 32×32 点阵的汉字要占用 128 个字节，一个 48×48 点阵的汉字要占用 288 个字节。

矢量码使用一组数学矢量来记录汉字的外形轮廓，矢量码记录的字体称为矢量字体或轮廓字体。这种字体占用的存储空间较小，可以任意缩放而不产生失真，如图 2.2 所示。

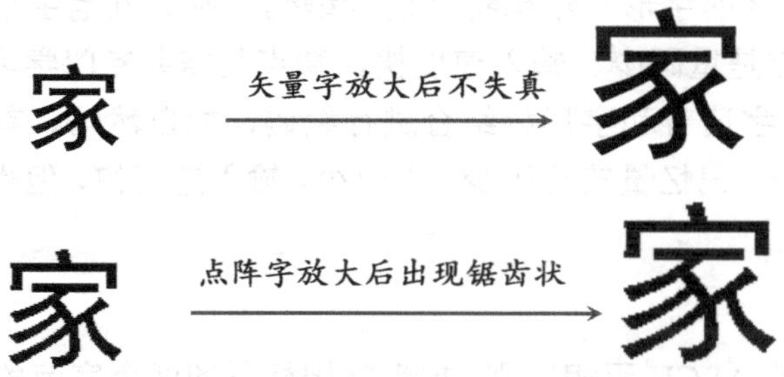

图 2.2　点阵字与矢量字比较

4. 汉字地址码

汉字库(主要指点阵式汉字库)中,字形信息多数按汉字交换码中汉字的排列顺序连续存放在存储介质中。汉字地址码指的是汉字库中存储汉字字形信息的逻辑地址。输出汉字时，要通过地址码访问汉字库。

5. 汉字处理过程

输入汉字时，通过键盘按某种汉字输入码输入汉字，计算机将其转换为相应的汉字国标码，然后转换成内码，就可以进行处理了。

输出汉字时，先通过对应关系，将汉字内码转换成相应的汉字地址码，然后对汉字库进行访问，从中提取汉字字形码，根据字形显示或打印出汉字。

2.3.4　多媒体信息的表示

1. 多媒体的概念

多媒体是一种以交互方式将文字、声音、图形、视频等多种媒体信息和计算机技术集成到一个数字环境中，并能扩展利用这种组合技术的新应用。多媒体技术就是对多种媒体形式的信息进行处理和加工的技术。

2. 多媒体的信息

多媒体的信息主要包括以下几种。

① 文本(Text)：包括数字、字幕、符号、汉字。

② 声音(Audio)：包括语音、歌曲、音乐和各种声音。

③ 图形(Graphics)：由点、线、面、体组合而成的几何图形。

④ 图像(Image)：主要指静态图像，例如照片、图片等。

⑤ 视频(Video)：指录像、电视、视频光盘播放的连续动态图像。

⑥ 动画(Animation)：由多幅静态图片组合而成，它们在形体动作方面有连续性，从而产生动态效果，包括二维动画(2D、平面效果)、三维动画(3D、立体效果)。

3. 多媒体技术的主要特征

① 多样性。多媒体技术把声音、动画、图形、图像等多种形式的信息引入计算机中，使人们可以通过多种方式与计算机交流。

② 数字化。多媒体技术是“全数字”技术，各种信息媒体都是以数字形式生成、存

储、处理和传送。

③ 集成性。集成性是将多种媒体有机地组织在一起，共同表达一个完整的事物，做到图、文、声、像一体化。

④ 交互性。交互性不仅包括人机交互，也包括通过多媒体技术与互联网技术实现的人与人之间的交互。

⑤ 实时性。对于需要实时处理的信息，能够及时处理。例如新闻报道、视频会议等，可以及时采集、处理和传送信息。

2.3.5 多媒体处理的关键技术

多媒体技术是对多种载体(媒介)上的信息和多种存储体(媒质)上的信息进行处理的技术，包括各种信息的录入、压缩、存储、交换、传送、播放等。多媒体技术的核心是“视频、音频的数字化”和“数据的压缩和解压缩”。

1. 视频、音频的数字化

原始的视频、音频的模拟信号经过采样、量化和编码后，就可以转换为便于计算机进行处理的数字符号，然后再与文字等其他媒体信息进行叠加，构成多种媒体信息的组合。

2. 数据的压缩和解压缩

① 数据压缩的目的。数字化后的视频、音频信号的数据量非常大，不进行合理的压缩根本就无法传输和存储。例如，一帧中等分辨率的彩色数字视频图像的数量约为7.37MB，100MB 的硬盘空间只能存储 100 帧，若按 25 帧/秒的标准(PLA 制式)传送，则要求 184MB/s 的传送速率。对于音频信号，如果采样频率为 44.1KHz，采样数据为 16 位，双通道立体声，此时 100MB 的硬盘空间仅能存储 10 分钟的录音。

因此，视频、音频信息数字化后，必须再进行压缩才有可能存储和传送。播放时则需解压缩以实现还原。

数据压缩的目的就是用最少的代码表示信息源，减少所占的存储空间，并利于传输。

② 数据压缩的思路。数据压缩的思路是将图像中的信息，按某种关联方式进行规范化并用这些规范化的数据描述图像，以大量减少数据量。例如，某个正方形为红色，这时只要保存四个顶点的坐标和红颜色代码就行了，如此规范化后，就不必存储每个像素的信息了。

③ 数据压缩的分类。按照压缩后丢失信息的多少，分为无损压缩和有损压缩两种。

无损压缩也称冗余压缩法。它去掉数据中的冗余部分，在以后还原时可以重新插入，信息不丢失。因此，这种压缩是可逆的，但压缩比很小。

有损压缩是在采样过程中设置一个门限值，只取超过门限的数据，即以丢失部分信息达到压缩目的。例如，把某一颜色设定为门限值后，则与其十分相近的颜色便被视为相同，而实际存在的细微差异都被忽略了。由于丢失的信息不能再恢复，所以这种压缩是不可逆的，图像质量较差，但压缩比很大。

3. 高速运算

多媒体信息的数字化处理，需要进行大量的计算且实时完成。目前一般采用高速CPU或利用先进的大规模集成电路技术生产多媒体专用芯片(如音频/视频数据压缩和解压缩芯片、图像处理芯片、音频处理芯片等)技术来实现。

4. 虚拟现实技术

虚拟现实(Virtual Reality，VR)集成了计算机多媒体技术、计算机仿真技术、人工智能、传感技术、显示技术、网络并行处理等技术的最新发展成果，是一种由计算机生成的高技术模拟系统，它最早源于美国军方的作战模拟系统，20 世纪 90 年代初逐渐为各界所关注并且在商业领域得到了进一步的发展。

虚拟现实技术的特点在于计算机产生一种人为虚拟的环境，这种虚拟的环境是通过计算机图形构成的三维数字模型，并编制到计算机中去生成一个以视觉感受为主，包括听觉、触觉的综合可感知的人工环境，从而使人在视觉上产生一种沉浸于这个环境的感觉，人可以直接观察、操作、触摸、检测周围环境及事物的内在变化，并能与之发生“交互”作用，使人能够“身临其境”，并能通过语言、手势等自然的方式与之进行实时交互，创建了一种多维信息空间，比如汽车驾驶室、作战模拟系统等。

习题 2

1. 什么是信息？什么是信息技术？
2. 进行以下数制转换：

   213D=(　　　)B=(　　　)H=(　　　)O

   3E1H=(　　　)B=(　　　)D=(　　　)O

   10110101101011B=(　　　)H=(　　　)O=(　　　)D
3. 什么是 ASCII 码？“A”与“a”的 ASCII 码分别是什么？
4. 汉字的输入码有哪些种类？
5. 对于 16×16 的汉字点阵，一个汉字的存储需要多少字节？
6. 多媒体的概念及其特征是什么？常用的媒体元素有哪些？
7. 多媒体处理的关键技术有哪些？

第3章 冯·诺依曼计算机

本章介绍计算机硬件的基本结构、计算机硬件的组成与各自的功能，以及微型计算机的主要技术指标。计算机是信息技术的基础设备，了解计算机硬件知识是学习信息技术的基础之一。

计算机系统由硬件(Hardware)和软件(Software)两大部分组成。硬件是构成计算机的物理器件，如主机箱、硬盘、显示器、打印机等。软件则是计算机工作时所需要的程序、数据等。计算机系统的组成如图 3.1 所示。

- 计算机系统
  - 硬件系统
    - 主机
      - 中央处理器 CPU
        - 运算器 ALU
        - 控制器 CU
      - 内存储器
        - ROM
        - RAM
    - 外部设备
      - 外部存储器：硬盘、软盘、光盘、磁带、优盘
      - 输入设备：键盘、鼠标、扫描仪
      - 输出设备：显示器、打印机、绘图仪
      - 其他设备：调制解调器
  - 软件系统
    - 系统软件
      - 操作系统
      - 程序语言处理系统
      - 数据库管理系统
      - 服务程序：检查、诊断、排错
    - 应用软件
      - 通用应用软件：如 Office 办公软件等
      - 专用应用软件：用户程序

图 3.1 计算机系统的组成示意图

3.1 冯·诺依曼计算机的基本结构

数学家冯·诺依曼(John.von Neumann)在分析、总结毛希利小组研制的 ENIAC 计算机的基础上，撰文提出了一个名为存储程序的通用电子计算机 EDVAC(Electronic Discrete Variable Automatic Computer)的方案。在这个方案中，他总结并提出了如下三点：

① 计算机由输入、存储、运算、控制和输出 5 个部分组成。

② 在计算机内部，程序和数据采用二进制代码表示。二进制只有“0”和“1”两个数码，可简化计算机的结构，提高计算机的可靠性和运算速度。

③ 存储程序工作原理。所谓存储程序，就是把程序和处理问题所需要的数据，以二进制编码的形式按一定顺序存放到计算机的存储器里。计算机运行时执行程序，不需要人工干预，中央处理器依次从内存储器中逐条取出指令，按指令的规定自动连续地执行一系列操作，最后完成一个复杂的工作。

存储程序实现了计算机的自动工作，同时也确定了冯·诺依曼型计算机的基本结构。当前的计算机基本上采用的就是这种结构，冯·诺依曼也因此被称为现代计算机之父。

下面分别介绍计算机的 5 个功能部件。

1. 运算器(Arithmetic and Logical Unit，ALU)

运算器也称为算术逻辑部件(ALU)，它是计算机处理数据形成信息的加工厂，主要功能是对二进制数码进行算术运算或逻辑运算。参加运算的数(称为操作数)全部是在控制器的统一指挥下从内存储器中取到运算器里，绝大多数运算任务由运算器来完成。

运算器主要由一个加法器、若干个寄存器和一些控制线路组成，它的核心是加法器(adder)，为了能暂时存放操作数，运算器还需要若干个寄存数据的寄存器(register)。有的寄存器既保存本次运算的结果又参与下次运算，它的内容是多次累加的和，这样的寄存器又称为累加器(AccumuLator，AL)。

运算器的性能是整个计算机性能的重要指标，运算器的性能主要由字长和运算速度决定。字长的作用见 2.2.3 节的有关叙述；运算速度通常指的是计算机每秒钟执行加法指令的速度，常用百万次/秒(Million Instructions Per Second，MIPS)表示。

2. 控制器(Control Unit，CU)

控制器是计算机的神经中枢，就像人的大脑指挥躯体一样，它指挥全机各个部件自动、协调地工作。控制器的主要部件有：指令寄存器、译码器、时序节拍发生器、操作控制部件和指令计数器(也叫程序计数器)。控制器是计算机的核心部件，指示程序如何执行，即决定在哪些时间根据哪些条件进行什么操作。具体功能是根据指令计数器中指定的地址从内存取出一条指令，对其操作码进行译码，再由操作控制部件有序地控制各部件完成操作码规定的功能。

通常把控制器和运算器合称为中央处理器(Central Processing Unit，CPU)。

CPU 的主频指的是 CPU 的时钟频率，它是决定计算机运算速度高低的重要指标，通常以吉赫兹(GHz)为单位，我们日常使用的微型计算机的主频目前已达到 5GHz。

3. 存储器(Memory)

存储器是计算机的记忆装置，主要用来保存程序和数据，因而具备存数和取数的功能。存数是指往存储器里“写入”数据；取数是指从存储器里“读取”数据。读写操作统称对存储器的访问。存储器分为内存储器(简称内存)和外存储器(简称外存)两类。

中央处理器(CPU)只能直接访问存储在内存中的数据。外存中的数据只有先调入内存后，才能被中央处理器访问和处理。

4. 输入设备(Input Devices)

输入设备是计算机接收信息(包括操作者给它下达的命令和要求它处理的数据)的设备。主要功能是把接收的信息转换为计算机能够识别的二进制代码，通过输入输出接口输入到计算机的存储器中，供 CPU 调用和处理。目前常用的输入设备有键盘、鼠标、扫描仪、数码相机、模数转换器(A/D)等。

5. 输出设备(Output Devices)

输出设备的主要功能是将计算机处理后的各种内部格式的信息，转换为人能识别的形式(如文字、图形、图像、视频和声音等)，然后将其输出。常见的输出设备有显示器、打印机、绘图仪、音箱、数模转换器(D/A)等。

3.2 认识计算机的硬件

微型计算机是最普及的一种计算机，和一般的计算机系统一样，它也包括五大组成部分，但其结构更为集中紧凑。下面分别介绍常见的微型计算机的硬件设备。

3.2.1 中央处理器

中央处理器(Central Processing Unit，CPU)也称为微处理器，主要包括运算器(ALU)和控制器(CU)两大核心部件。此外，CPU 中还包括若干个寄存器和高速缓冲存储器(Cache)，它们用内部总线连接。

CPU 是一个功能强大的芯片，它体积不大但元件的集成度非常高，如图 3.2 所示。计算机的所有操作都受 CPU 控制，所以它的品质直接影响着整个计算机系统的性能。我们平常说的 Core(酷睿)、Ryzen(锐龙)等就是指 CPU 的型号。

图 3.2 CPU 芯片

CPU 的性能指标主要有以下两个。

① 字长：表示 CPU 每次处理数据的能力。当前流行的四核处理器酷睿 i7 的字长为 64 位。

② 时钟频率（主频）：以 MHz（兆赫兹）或 GHz（吉赫兹）为单位来度量。通常，时钟频率越高，处理数据的速度相对也就越快。随着 CPU 主频的不断提高，它对内存 RAM 的存取更快了，当 RAM 的响应速度达不到 CPU 的速度时，就可能成为限制整个系统的“瓶颈”。为了协调 CPU 与 RAM 之间的速度差问题，在 CPU 芯片中集成了高速缓冲存储器（Cache），简称缓存，缓存容量的大小对计算机性能也有着很大的影响。

3.2.2 内存储器

存储器（Memory）分为两大类：一类是设在主机中的内部存储器（简称内存），也叫主存储器，用于存放当前运行的程序和程序所用的数据，是 CPU 可以直接访问的存储器，属于临时存储器；另一类是属于计算机外部设备的存储器，叫外部存储器（简称外存），也叫辅助存储器（简称辅存），属于永久性存储器。

存储器由许许多多字节组成，每个字节都有一个号码，称为地址（Address）。

存储器可容纳的二进制信息量称为存储容量。目前，描述存储容量的基本单位是字节（Byte）。此外，常用的存储容量单位还有 KB、MB、GB、TB 等。

内存储器分为随机存储器、只读存储器和高速缓冲存储器三类。

1. 随机存储器（Random Access Memory，RAM）

随机存储器也叫读写存储器。目前，计算机大都使用半导体 RAM 存储器。依据存储元件结构的不同，RAM 又可分为静态 RAM（Static RAM，SRAM）和动态 DRAM（Dynamic RAM，DRAM）。实际的内存是由多个存储器芯片组成的插件板（俗称内存条），如图 3.3 所示。

图 3.3 内存条

RAM 有两个主要特点：一是其中的信息随时可以读出或写入，当写入时，原来存储的数据将被冲掉；二是一旦断电(关机或意外掉电)，RAM 中存储的数据就会消失。由于 RAM 的这一特点，所以也称它为临时存储器。目前常用的内存是 DDR3 SDRAM(Double Data Rate 3 SDRAM)与 DDR4 SDRAM(Double Data Rate 4 SDRAM)。

2. 只读存储器(Read Only Memory，ROM)

ROM 主要用来存放固定不变的系统程序和数据，如：常驻内存的监控程序、基本 I/O 系统、各种专用设备的控制程序和有关计算机硬件的参数表等。

对 ROM 只能做读出操作而不能做写入操作，其中的信息是在制造时用专门的设备一次写入的，存储的内容是永久性的，即使关机或断电也不会丢失。

3. 高速缓冲存储器(Cache)

Cache 也就是我们平时所说的一级缓存(L1 Cache)、二级缓存(L2 Cache)、三级缓存(L3 Cache)。它介于 CPU 与内存之间，是一个读写速度比内存更快的小容量存储器。当 CPU 向内存中写入或读出数据时，这个数据也被存储进高速缓冲存储器中。当 CPU 再次需要这些数据时，CPU 就从高速缓冲存储器中读取数据，而不是访问较慢的内存，这对提高程序运行速度有很大的帮助。高速缓冲存储器的设计既缓解了内存读取速度赶不上 CPU 速度的问题，又节约了整个计算机的成本。

3.2.3 外存储器

外存储器的特点是存储量大、价格较低，而且在断电后也可以长期保存信息。外存按存储介质的不同可分为磁表面存储器(硬盘)、半导体存储器(闪存)和光盘存储器。磁表面存储器主要是磁盘和磁带，其中磁盘可分为硬盘和软盘。目前，以优盘为代表的闪存已成为移动存储的主要方式。

1. 硬盘(Hard Disk)

硬盘是计算机主要的存储媒介之一，主要有固态硬盘、机械硬盘、混合硬盘三类。

① 固态硬盘。固态硬盘(Solid State Disk，SSD)是用固态电子存储芯片阵列制成的。在笔记本电脑中常用固态硬盘来代替常规硬盘。

固态硬盘的特点如下：

❖ 读写速度快。采用闪存作为存储介质，读取速度比机械硬盘快。

❖ 功耗低、无噪音、抗震动、发热低、体积小、重量轻、工作温度范围大。

❖ 容量通常比机械硬盘小，价格比机械硬盘高。

② 机械硬盘。机械硬盘(Hard Disk Driver，HDD)是传统的常规硬盘，主要由一个或者多个铝制或者玻璃制的碟片组成，碟片外覆盖有铁磁性材料，如图 3.4 所示。

机械硬盘的容量较大，常见的容量有 1TB、2TB、4TB 等，转速一般为 7200rpm。机械硬盘的盘片和硬盘驱动器密封在一起放在主机箱中，不能随便取出，因而也不便携带。

③ 混合硬盘。混合硬盘(hybrid hard Disk，HHD)是把磁性硬盘和闪存集成到一起的一种硬盘。混合硬盘兼具了固态硬盘速度快与机械硬盘容量大的特点。

2. **移动存储器**

目前常见的移动存储设备主要是优盘和移动硬盘。

① 优盘。优盘使用闪存(Flash Memory)芯片作为存储部件，它不用驱动器，不需要外接电源，体积小，容量大，抗震性能强，有些优盘还具有加密、杀毒等功能，见图3.5。由于性能优越，优盘的应用很广泛。优盘需要插在计算机的USB接口上才能工作，容量有32GB、64GB、128GB等。如图3.5所示，有些优盘上有一个用来设置和取消“写保护”状态的开关，当优盘处于“写保护”状态时，只能从优盘读取数据而不能向优盘存入数据。

② 移动硬盘。移动硬盘(Mobile Hard disk)是以硬盘为存储介质，在计算机之间交换大容量数据的便携式存储产品。移动硬盘多采用USB、IEEE1394等传输速度较快的接口，能够以较高的速度与系统进行数据传输。移动硬盘的容量有1TB、2TB、4TB等。常见的尺寸有2.5英寸与3.5英寸两种。

图3.4 硬盘

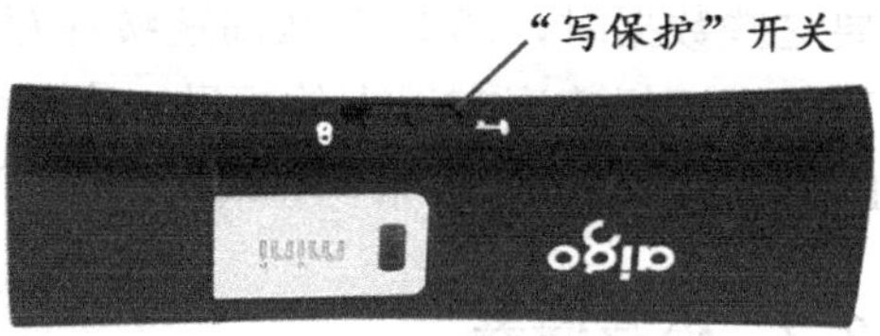

图3.5 优盘

3. **光盘及光盘驱动器**

光盘需要用光盘驱动器(简称光驱)来读写。光驱的结构如图3.6所示。

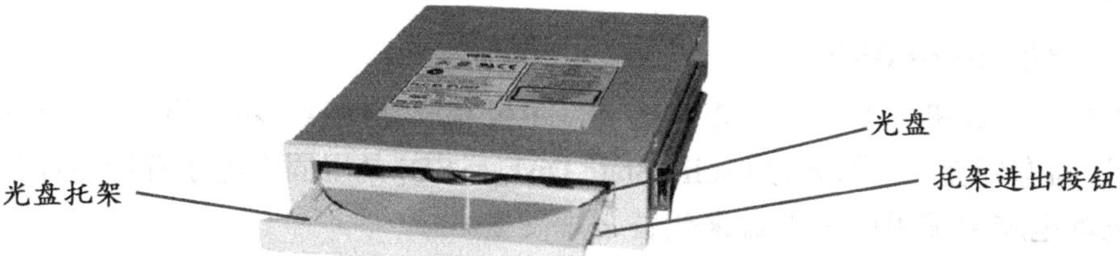

图3.6 光盘驱动器结构示意图

光驱的一个重要技术指标是数据传输速度，早期光驱的数据传输速度为150Kbps(千字节/秒)，后来就以这个速度为标准来描述光驱的数据传输速度，如：32倍速(32×150 Kbps)、44倍速(44×150 Kbps)、50倍速(50×150 Kbps)、52倍速(52×150 Kbps)等。

光盘分为只读型光盘、刻录(又称为追记)型光盘和可擦除型光盘三种。

只读型光盘中的数据由生产厂家预先写入，用户只能读取其中的数据而无法修改。这类光盘如CD-ROM、DVD-ROM。

刻录型光盘又称为只写一次式光盘，用户可以向这类光盘中写入数据，但只能写入一次。一经写入可多次读取，如CD-R(CD-Recordable)和DVD-R光盘。

可擦除型光盘指用户可以自己写入信息，也可对写入的信息进行擦除和改写。目前计算机上使用的是变相型可擦除型光盘，简称 CD-RW。CD-RW 可反复使用，用户可以多次对其进行读和写。

3.2.4 输入设备

1. 键盘(Keyboard)

键盘是组装在一起的一组按键矩阵。当按下一键时，就产生与该键面字符对应的二进制代码，并通过接口送入计算机，同时将该键面字符显示在屏幕上。目前广泛采用 104 键的键盘，如图 3.7 所示。

2. 鼠标器(Mouse)

鼠标器简称鼠标，主要用来给计算机下达命令，指挥计算机工作。鼠标按工作原理可分为机械鼠标、光电鼠标、无线遥控式鼠标，如图 3.8 所示。一般来说，光电鼠标比机械鼠标更灵敏。按照鼠标的接口类型又可分为 PS/2 接口的鼠标、串行接口的鼠标、USB 接口的鼠标、无线鼠标。

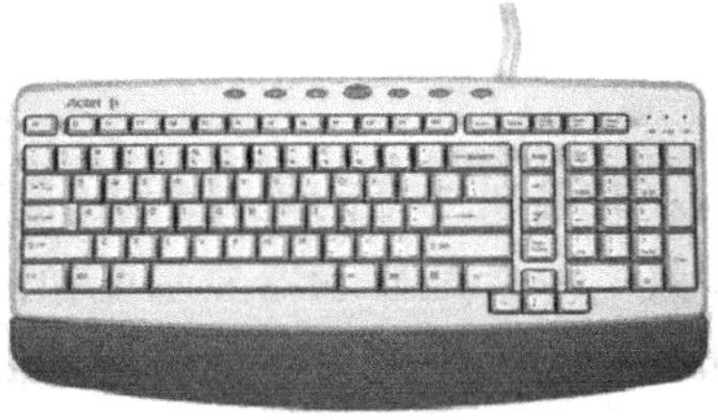

图 3.7 键盘

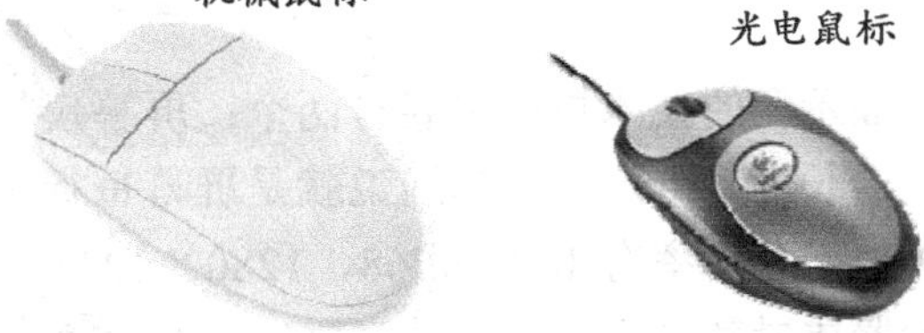

图 3.8 鼠标

3. 其他输入设备

除了键盘和鼠标外，微型机上常用的输入设备还有扫描仪、条形码阅读器、手写笔、声音输入设备(麦克风)、图像输入设备(数码相机)、触摸屏等。

扫描仪是一种将图像或文本输入计算机的输入设备，它可以直接将图形、图像、照片或文本输入到计算机中。

条形码阅读器是一种能够识别条形码的扫描装置，连接在计算机上使用。当阅读器扫描条形码时，就把不同宽窄的黑白条纹翻译成相应的编码供计算机使用，许多自选商场和图书馆里用它来管理商品和图书。

数码相机是采用光电子技术摄取静止图像的照相机。分辨率是数码相机最重要的性能指标，目前专业数码相机的分辨率可达到 2500 万像素以上，家用数码相机分辨率一般在 1600 万像素以上。

触摸屏由显示器和安装在显示器前面的检测部件和触摸屏控制器组成，当手指或其他物体接触到触摸屏时，触摸屏控制器能检测到触摸的位置，并通过接口将位置信息送到主机。触摸屏将输入和输出合成在一个设备上，比传统的键盘和鼠标器更直观和易操作。

3.2.5 输出设备

1. 显示器(Monitor)

显示器用来显示文字、图形或影像，是人机交互必不可少的设备，如图 3.9 所示。目前常用的显示器是液晶显示器(LCD)与发光二极管显示器(LED)，LCD 显示器与 LED 显示器在外观上差不多，但是 LED 显示器在亮度、功耗、刷新速率、可视角度等方面都优于 LCD 显示器，目前已被广泛应用于笔记本电脑和台式电脑，成为 PC 机的主流显示设备。

图 3.9 显示器

显示器的技术指标主要有两个：屏幕尺寸和分辨率。屏幕尺寸指的是显示器屏幕对角线的长度。分辨率简单地说就是屏幕每行每列的像素数，像素是显示器显示图像的最小单位。分辨率有 1024×768、1280×1024、1920×1080 等，一般来说，分辨率越高，显示器质量就越好。

2. 打印机(Printer)

根据工作原理，可将打印机分为针式打印机、喷墨打印机和激光打印机，如图 3.10 所示。

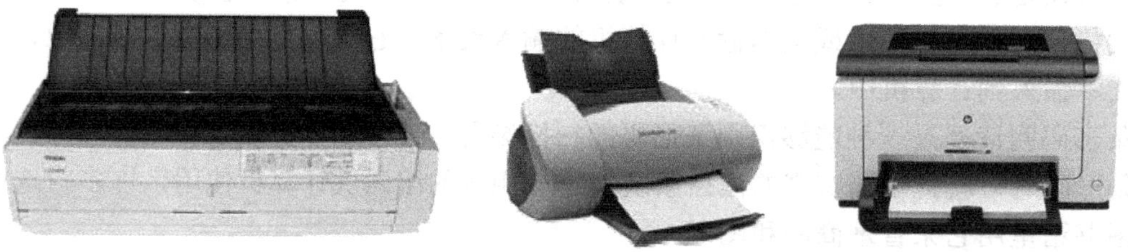

针式打印机　　喷墨打印机　　激光打印机

图 3.10 打印机

针式打印机又称点阵打印机，是利用打印头内的点阵撞针，撞击色带在打印纸上产生打印效果。这类打印机的优点是耗材(包括色带和打印纸)便宜，缺点是打印速度慢、噪声大、打印质量较差(字符的轮廓有锯齿形)。

喷墨打印机的工作原理是：喷嘴朝着打印纸不断喷出极细小的带电的墨水雾点，当它们穿过两个带电的偏转板时受到控制，然后落在打印纸的指定位置上形成痕迹。喷墨打印机的优点是设备价格低廉、可彩色打印、无噪声，缺点是打印速度慢、耗材(主要指墨盒)贵。

激光打印机属于非击打式打印机，它是激光扫描技术与电子照相技术相结合的产物。优点是无噪声、打印速度快、打印质量好，缺点是设备价格高、耗材贵。

3. 其他输出设备

在微型计算机上使用的其他输出设备还有绘图仪、音频输出设备(如音箱)、视频投影仪等。

3.2.6 总线、设备接口和主板

1. 总线

在微型计算机中，使用系统总线把 CPU、存储器、输入设备和输出设备(通过各种设备接口，简称为I/O 接口)连接起来，实现信息交换，如图3.11 所示。

总线(Bus)是系统部件之间传送信息的公共通道，各部件均由总线连接并通过它传递数据和控制信号。总线技术是目前微型机中广泛采用的连接方法，在发展过程中总线形成了许多标准，如ISA、EISA、PCI、AGP、USB 总线等。

根据所连接部件的不同，总线可分为内部总线和系统总线两种。

内部总线是指同一部件(如 CPU)内部连接控制器、运算器和各寄存器之间的总线。

系统总线是连接同一台计算机的各部件，如 CPU 与内存、I/O 接口之间的总线。系统总线又分为数据总线(DB)、地址总线(AB)和控制总线(CB)，它们分别传递数据、地址和控制信号。

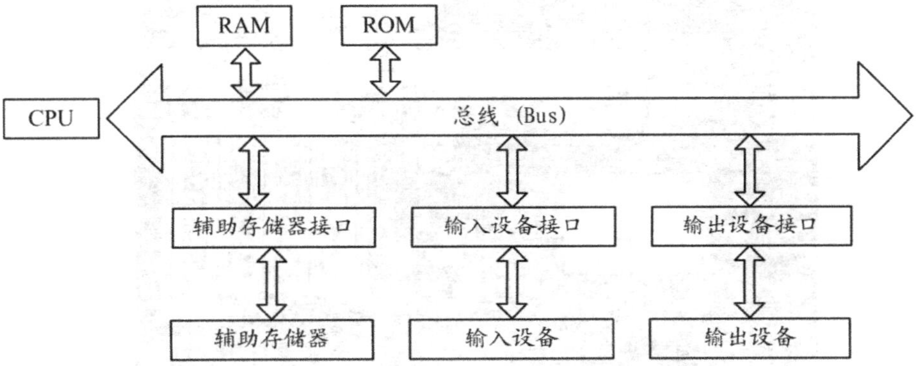

图3.11 微机总线结构示意图

① 数据总线：用来在 CPU 和存储器、I/O 接口间传输数据信息的双向公共通路。数据总线的位数是计算机的重要指标，通常和 CPU 的位数相对应。

② 地址总线：CPU 向内存和 I/O 接口传送地址信息的单向公共通路。地址是信息存放位置编号，可以是内存储器的地址，也可以是I/O 接口的地址，它的位数决定了 CPU 可以直接寻址的范围。

③ 控制总线：用来在 CPU 和存储器、I/O 接口间传输控制信号的双向公共通路。控制总线是 CPU 向内存、I/O 接口发出命令信号和外界向 CPU 传送状态信号的通道。

系统总线在微机的发展过程中不断发展。由于集成电路技术的迅速发展，组成微机的每块电路板已分别具有独立的功能，这便于各生产厂家利用各模板灵活地组成系统。在各模板之间应该有一种标准，即总线标准，用于规定插件尺寸、插头线路、各引线的定义和时序。现在流行的总线标准是ISA、PCI、AGP、EISA总线等。

2. 设备接口

外部设备不直接连在总线上，而要通过设备接口和总线相连接，这样做的原因如下：

① CPU只能处理数字信号，而外设输入输出的可能是数字信号也可能是模拟信号，因此需要接口设备进行转换。

② CPU只能接受和发送并行数据，而外设的数据可能是并行的，也可能是串行的，所以需要接口实现串行数据和并行数据间的转换。

③ 外设的工作方式大多是机械式的，而CPU的工作方式是电子式的，因此外设的工作速度远远低于CPU的工作速度，接口设备可以在它们之间起缓冲作用和联络作用。

3. 主板

总线体现在硬件上是计算机主板(Main Board)，主板上有许多插槽，用来安装CPU、内存储器以及控制输入输出设备工作的各种插件板，如显示卡、声卡、网络卡等，只要把它们插入到主板的扩展槽中，就与系统总线接通了，如图3.12所示。

主板的主要指标包括：所用的芯片组，工作的稳定性和速度，提供的插槽种类和数量等。其中芯片组是主板的核心。目前市面上常见的芯片组有Intel、AMD、VIA等几家公司的产品。

图3.12 主板

3.2.7 适配器

适配器(Adapter)是外部设备与总线和微处理器连接的接口，根据它们连接的设备和功能不同，也常称它们为“某某卡”，如网卡、显示卡、声卡等。

1. 显示卡

与电视机不同的是，计算机显示器的大部分控制电路都安装在显示卡(简称显卡)上，显示器必须配接合适的显卡才能正常工作，显卡如图3.13所示。

图 3.13　显示卡

显卡的主要性能指标包括显示芯片的类型、显示内存(简称显存)的大小、支持的分辨率、图形加速性能等。一般来说，显示芯片的性能决定了显卡的性能，显存越大，支持的分辨率越高，色彩显示能力就越强。

相关知识

显卡有集成显卡和独立显卡两种。集成显卡是将关键性的电子元件集成到主板上；独立显卡则将所需的电子元件固定在一块独立于主板之外的板卡上，使它起到显示各种图像和颜色的作用。

使用集成显卡可以降低成本、节省主板空间；使用独立显卡以性能第一为原则，它尽量采用功能较强的相关的电子元件。在台式机中，集成显卡通常只用于一些中低档的机器里，高档一些的机器用的都是独立显卡。

2. 声卡

声卡是实现声波/数字信号相互转换的硬件电路，如图 3.14 所示。好的声卡需要配上同等档次的音箱，才能有好的音效输出。

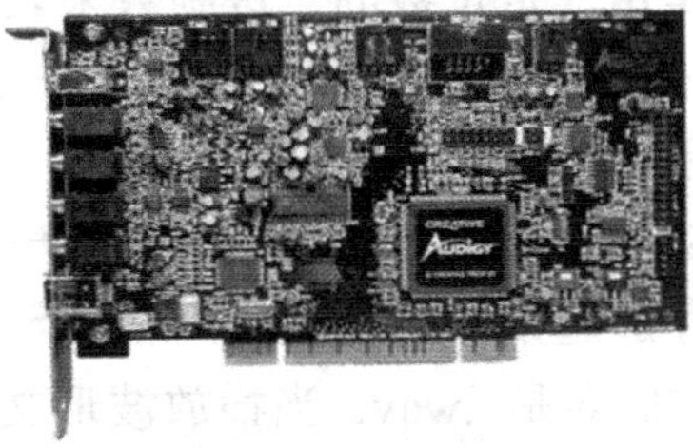

图 3.14　声卡

声音是一种波，如图 3.15 所示，声波信号随时间连续变化，称为模拟信号。声波的振动幅度越大，声音就越响；声波的振动频率越高，声音就越尖。一般正常人的耳朵只能分辨 20Hz~20kHz 之间的声音。

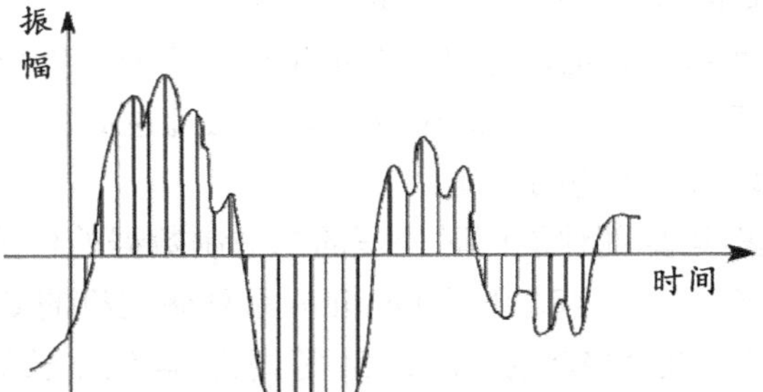

图 3.15　声波

在计算机中，由声卡完成声音的采集和编码工作，这些工作包括采样、量化与编码两个步骤。

第 1 步是采样，就是每隔很短的一段时间，采集声波的一个振幅值(电压或电流)，称为采样值。当采样频率较高时，把这些采样值按原来的顺序依次排列，就基本上可以表示原来的声波波形，如图 3.16 所示。这就好比用描点法绘制函数图像，只要取的点足够多，看上去就是连续的曲线。

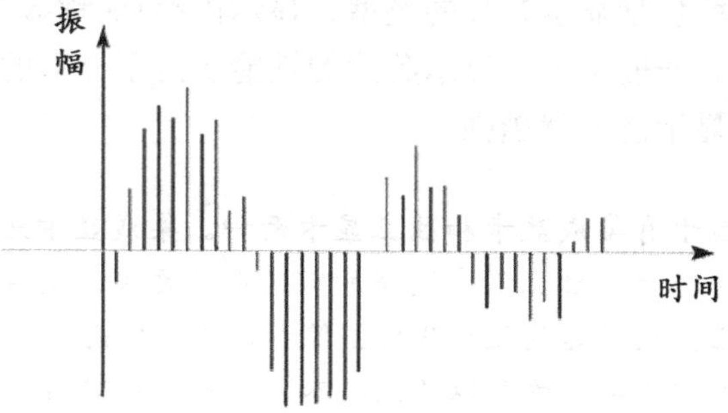

图 3.16　采样值

采样频率至少应该是原信号最高频率的两倍，才不会产生大的失真。目前有以下 3 个标准：电话音质采用 11.025kHz 的采样频率，调频广播音质采用 22.05kHz 的采样频率，高品质的 CD 音质采用 44.1kHz 的采样频率。

第 2 步是量化与编码，就是用一定位数的二进制数来表示采样值。目前的计算机通常使用 16 位声卡，就是将采样值从最小值到最大值划分成 2^{16}=65536 个等级，每一个采样值分别用对应的二进制数表示。

对于一段声音，每隔固定的时间 T(采样频率的倒数)采集一个采样值，然后把这些采样值转换成二进制数按先后顺序存放起来，就是这段声音的数字化表示。用这种方法得到的声音文件称为波形文件，其扩展名是 .wav。当播放波形文件时，由声卡将它们还原为声波。

3.2.8　微型计算机的主要技术指标

微型计算机的外形基本类似，但性能的差别可能很大。要衡量一台微型机的性能高低，通常从以下几个主要的技术指标进行评价。

① 主频：主频即时钟频率，是指计算机在单位时间内发出的脉冲数，它很大程度上决定了计算机的运算速度，主频的单位是赫兹(Hz)。目前主频在 3.2GHz 以上的 Intel 和 AMD Athlon 的 CPU 已经成为市场的主流。

② 字长：指计算机的运算部件能同时处理的二进制数据的位数。一般来说，计算机的字长越长，功能就越强。386、486 以及 Pentium 系列微型机的 CPU 字长多为 32 位。Intel 630 系列以后的产品以及 AMD 的 Athlon64 等则为 64 位字长的 CPU。

③ 内核：随着人们对 CPU 处理效率要求的提高，尤其是对多任务处理速度要求的提高，Intel 和 AMD 分别推出了双内核处理器 Pentium D 和 Athlon 64 X2，现在又陆

续推出了三内核、四内核处理器。所谓双内核处理器就是在一个处理器上集成两个处理器核心，通过并行总线将各处理器连接起来。目前四核乃至八核处理器已经成为市场的主流。

④ 内存容量：当前的计算机应用涉及很多图像、声音、影视等多媒体信息，要求的内存容量越来越大。目前微机的内存容量一般为 4GB～16GB。

⑤ 存取周期：指 CPU 从内存储器中存取数据所需要的时间。目前，内存的存取周期在 7ns~70ns 之间。

⑥ 运算速度：前面说过，计算机的运算速度是指每秒钟能执行加法指令的次数。影响计算机运算速度的因素很多，一般来说，主频越高，运算速度越快；字长越长，运算速度越快；内存容量越大，运算速度越快；存取周期越小，运算速度越快。

衡量一台微型机性能的指标很多，除上面列举的几项主要指标外，还应考虑机器的兼容性(包括数据和文件的兼容、程序兼容、系统兼容和设备兼容)，系统的可靠性(平均无故障工作时间)，系统的可维护性(平均修复时间)，机器允许配置的外部设备的最大数目以及性能价格比等。

习题 3

1. 微型计算机的硬件系统主要包括哪几个部分？CPU 的主要性能指标是什么？
2. 主存储器包括哪几类，它们之间的区别在哪里？
3. 鼠标按工作原理分为哪几类？
4. 打印机按工作原理分为哪几类？它们的工作原理分别是什么？
5. 显卡和声卡的功能是什么？声卡中的采样值和采样频率分别指什么？
6. 微机的主要性能指标有哪几个？

第4章 计算机操作系统

计算机软件是用户能使用计算机的关键。本章介绍了系统软件与应用软件的基础知识，操作系统的发展、特性、分类等知识以及安装 Windows 7 操作系统的方法。

4.1 软件与软件系统

软件系统是为运行、管理和维护计算机而编制的各种程序、数据和文档的总称。没有软件系统的计算机是无法工作的。

4.1.1 软件

软件是计算机的灵魂，是用户与硬件之间的接口，用户通过软件使用计算机的硬件资源。

1. 指令

指令(Instructions)就是给计算机下达的命令，它告诉计算机要做什么操作、参与此项操作的数据来自何处、操作结果又将送到哪里。指令一般包括操作码和地址码两部分，操作码指出该指令要完成什么操作，如加、减、乘、除、传送等；地址码指出参与操作的数据和操作结果存放的位置。

一条指令只完成一个简单的动作，一个复杂的操作是由许多简单的动作组合而成的。一台计算机能够完成多种类型的操作，而且允许使用多种方法表示操作数的地址，因此，一台计算机会有多种多样的指令，这些指令的集合称为该计算机的指令系统。

指令系统具体而集中地体现了计算机的基本功能。当一台计算机的指令系统确定之后，硬件设计师根据指令系统构造硬件结构，全面实现指令系统的功能。

2. 程序

程序由一系列指令组成，它是为解决某一问题而设计的一系列排列有序的指令的集合。程序送入计算机后存放在存储器中，计算机运行某一个程序，就是自动地按序执行其中的一条条指令。通常情况下所说的软件主要就是指程序。

3. 程序设计语言

像人们交往需要语言一样，人与计算机交往也要使用能相互理解的语言，以便人把自己的意图告诉计算机，而计算机则把工作结果告诉人。人与计算机交往时使用的语言叫作程序设计语言。程序设计语言通常分为机器语言、汇编语言和高级语言三类。

① 机器语言(Machine Language)：机器语言也称指令系统，每条指令对应一串二进制数码，它是计算机唯一能够识别并直接执行的语言。

用机器语言编写的程序叫机器语言程序，它的优点是执行效率高，无须翻译计算机就可以直接执行；缺点是可读性差、不易记忆，编写程序既难又繁、容易出错，程序的调试和修改难度也很大，可移植性差。

② 汇编语言(Assemble Language)：汇编语言不再使用难以记忆的二进制代码，而是使用比较容易识别记忆的助记符号，所以汇编语言也叫符号语言。如：用“ADD”表示加法，“SUB”表示减法，“MOVE”表示传送，用字符表示的变量代表内存地址等。

汇编语言是符号化了的机器语言，其指令基本上与机器语言一一对应。与机器语言相比，汇编语言在编写、修改和阅读程序等方面都有了相当大的改进，但与自然语言仍然有一段距离。

用汇编语言编写的程序称为汇编语言源程序，计算机不能直接识别和执行它，必须先把汇编语言源程序翻译成机器语言程序(称为目标程序)后才能被执行。这个翻译过程是由存放在机器里的“汇编程序”完成的。

③ 高级程序设计语言：是一种用表达各种意义的“词”和“数学公式”，按照一定的“语法规则”编写程序的语言，也称算法语言。这里的“高级”是指这种语言与自然语言和数学式子相当接近，而且不依赖于计算机的型号，通用性好。

用高级语言编写的程序称为高级语言源程序，计算机也不能直接识别和执行，也需要把高级语言源程序翻译成目标程序后才能执行。把高级语言源程序翻译成机器语言程序的方法有“解释”和“编译”两种。

➢ “解释”：早期的 BASIC 源程序的执行就采用这种方式。机器中配备了一个 BASIC“解释程序”，在执行 BASIC 源程序时，“解释程序”逐条对 BASIC 源程序的语句进行解释并执行。由于是边解释边执行，运行速度较慢。它不保留目标程序代码，因此不产生可执行文件。

➢ “编译”：需要调用相应语言的编译程序，先把源程序变成目标程序(以.OBJ 为扩展名)，然后再用连接程序把目标程序与库文件连接形成可执行程序。尽管编译的过程复杂一些，但它形成的可执行程序(以.exe 为扩展名)可以反复执行，速度较快。目前流行的高级语言 C、C++、Visual C++等都采用了编译的方法。图 4.1 给出了编译的过程。双击可执行程序的文件名，即可运行程序。

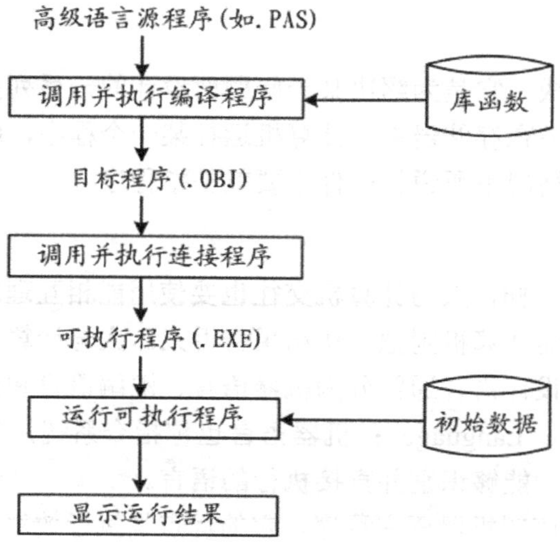

图 4.1　源程序的编译和执行过程

4.1.2　计算机软件系统的组成

一个完整的计算机系统由硬件和软件组成。没有配置任何软件的计算机称为裸机。如果把硬件看成工厂的厂房与设备，软件就是材料(数据)和对材料进行加工的工艺流程(程序)。一台计算机能做什么工作，取决于它安装了什么软件。对于绝大多数人来说，学习计算机实际上就是学习各种软件的用法。软件系统可以分为系统软件和应用软件两大类。

1. 系统软件

系统软件由一组控制计算机系统并管理其资源的程序组成，主要包括操作系统、语言处理程序、服务程序、数据库管理系统等。

① 操作系统(Operating System，OS)：操作系统是管理、控制和监督计算机软、硬件资源协调运行的程序系统，由一系列具有不同控制和管理功能的程序组成，它是直接运行在计算机硬件上的、最基本的系统软件，是系统软件的核心。

操作系统的作用有两个：一是管理计算机的软硬件资源，使它们协调有效地工作；二是为用户提供一个方便的操作环境，使人们可以很容易地使用计算机。

一台计算机必须安装了操作系统之后才能正常工作，其他软件必须在操作系统的支持下才能运行，计算机硬件、操作系统、其他系统软件、应用软件之间的关系如图 4.2 所示。

② 语言处理系统(翻译程序)：机器语言是计算机唯一能直接识别和执行的程序语言，如果要在计算机上运行高级语言程序就必须配备程序语言翻译程序(简称翻译程序)。翻译程序本身是一组程序(如编译程序和连接程序)，不同的高级语言有不同的翻译程序。

③ 服务程序：服务程序能够提供一些常用的服务性功能，它们为用户开发程序和使用计算机提供了方便，像微机上经常使用的诊断程序、调试程序、编辑程序等。

④ 数据库管理系统：数据库系统(DataBase System，DBS)是指按照一定联系存储的数据集合，可为多种应用共享，如工厂中职工的信息、医院的病历、人事部门的档案

等，都可以分别组成数据库。数据库管理系统（Data Base Management System，DBMS）则是对数据库进行加工、管理的系统软件。如 Access，Visual FoxPro，Sybase，Oracle 等都属于数据库管理系统，从某种意义上讲，它们也是编程语言。

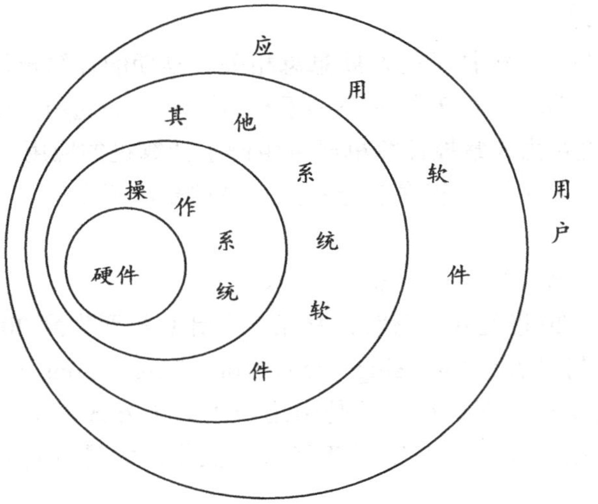

图 4.2　操作系统作用示意图

2. 应用软件

应用软件是为了解决各类实际问题而设计的程序系统。可分为通用软件和专用软件两类。

① 通用软件：这类软件通常是为解决某一类问题而设计的。如在生活中经常遇到的文字处理、表格处理、电子邮件收发、Internet 网络使用等问题，WPS Office 办公软件、Microsoft Office 办公软件、各种浏览器软件和网络下载软件等，就是针对上述问题而开发的。

② 专用软件：指具有特殊功能、满足特殊需求的软件，比如某个工程项目的数据处理程序、某个部门的事务管理程序、某个商店的商品进销库存管理程序等。这些专用软件一般要组织人力自己开发。

4.2 操作系统概述

4.2.1 操作系统的概念和发展

1. 操作系统的概念

操作系统是每一台计算机必须安装的一个最基本的系统软件，尽管操作系统还没有一个被普遍接受的定义，但人们一般认为：

① 操作系统管理计算机软硬件资源、控制程序执行、合理组织计算机的工作流程。

② 操作系统改善了人机界面、为用户使用计算机提供良好的运行环境。

在图 4.2 中显示了用户、操作系统和计算机硬件之间的关系。

2. 操作系统的发展

操作系统的发展与计算机技术的发展息息相关。早期的计算机没有操作系统，人们通过操作按钮来控制计算机，既麻烦又不利于设备与程序的通用。随着计算机越来越复杂和功能越来越强，直接由人掌控计算机严重阻碍了计算机的应用。为了解决这些问题，人们编写了许多程序，随着这些程序功能的完善与扩充，逐步形成了较为实用的系统软件——操作系统。

操作系统的发展大致经历了以下 6 个阶段。

① 人工操作方式(20 世纪 40 年代)：从第一台计算机诞生到 20 世纪 50 年代中期，采用单一操作员和控制端的 SOSC(Single Operator，Single Console)操作系统。这个时期，计算机不能自我安排程序运行，而是由用户用人工方式直接控制计算机硬件运行一个个程序，单用户独占全机，CPU 因等待人工操作，大量时间处于空闲中，因此效率极低。

② 单道批处理操作系统(20 世纪 50 年代)：将每个人要做的作业事先输入到磁带中，由专门的监督程序控制运行一个个作业，以减少 CPU 空闲时间的操作系统称为批处理系统。这个时期，计算机内存中只能存放一道作业，所以称为单道批处理系统。这种系统较之人工操作方式提高了计算机运行效率，但是由于 CPU 和 I/O 设备串行执行，而 CPU 比 I/O 设备工作速度快得多，因此 CPU 必须等待一道作业 I/O 读写结束后，才能执行下一道作业。

③ 多道批处理操作系统(20 世纪 60 年代)：使用多道批处理操作系统可以同时将多个程序加载到内存中，当一个程序执行 I/O 读写时，计算机可以运行另一个程序。这种操作系统能实现多个程序间的切换，提高了计算机工作效率。由于这种操作系统既要管理程序也要管理内存，还要管理 CPU 调度，因此复杂程度大大提高。

④ 分时操作系统(20 世纪 70 年代)：在批处理系统中，程序的运行只能由系统控制，执行结果也只能由系统告知，用户无法监管程序运行。分时操作系统给每个用户分配一段时间，时间一到，就将 CPU 交给另一个用户使用。这种系统把机器等人变为人等机器，由于计算机运行速度快，如果时间段分配合理，各个用户会觉得自己在独占计算机资源。由于分时操作系统要实现公平分配时间和更好地管理资源，因此操作系统变得更加复杂。

⑤ 实时操作系统(20 世纪 70 年代)：当计算机技术被用于工业控制领域后，要求计算机必须及时响应生产现场或用户的实时要求，并以足够快的速度进行处理，这时出现了实时操作系统。如：导弹发射实时控制系统，飞机自动导航系统，机票订购实时信息处理系统等。

⑥ 现代操作系统(20 世纪 80 年代至今)：网络的出现促进了网络操作系统和分布式操作系统的发展，合起来称为分布式系统。这种系统把多台计算机虚拟成一台计算机，把一个复杂的任务划分成若干子任务分配给多台计算机执行。

4.2.2 操作系统的资源管理功能

就资源管理来说，操作系统具有以下几个主要功能。

① 处理机管理：主要有两项工作，一是处理中断事件，二是处理器调度。由于操作系统对处理器的管理策略不同，其提供的作业处理方式也不同，例如常见的作业处理方式就有批处理方式、分时处理方式、实时处理方式等。

② 存储管理：主要任务是管理存储器资源，为多道程序运行提供有力的支持。存储管理的主要功能包括：存储分配、存储共享、存储保护和存储扩充。

③ 设备管理：主要任务是管理各类外围设备，完成用户提出的 I/O 请求，加快 I/O 信息的传送速度，发挥 I/O 设备的并行性，提高 I/O 设备的利用率，提供每种设备的驱动程序和中断处理程序，向用户屏蔽硬件使用细节。设备管理具有以下功能：外围设备的控制与处理、缓冲区的管理、外围设备的分配、共享型外围设备的驱动和实现虚拟设备。

④ 文件管理：主要任务是提供文件的逻辑组织方法、物理组织方法、存取方法、使用方法，实现文件的目录管理、存取控制和存储空间管理。

⑤ 网络与通信管理：随着计算机网络的飞速发展，操作系统必须具备网络管理能力，至少应具备网上资源管理功能、数据通信管理功能和网络管理功能。

⑥ 提供用户接口：为了使用户能灵活、方便地使用计算机，操作系统还提供了一组友好的用户接口，包括程序接口、命令接口和图形接口。

4.2.3 操作系统的主要特性

操作系统主要有四种特性：并发性、共享性、虚拟性和异步性。

1. 并发性

并发性是指两个或两个以上的程序在同一时间段内同时执行。并发性是操作系统的重要特性，它能消除计算机系统中部件与部件之间的相互等待，有效提高系统资源的利用率，从而提高计算机的效率。

2. 共享性

共享性是操作系统的另一重要特性。共享是指操作系统中的资源（包括硬件资源和软件资源）可被多个并发执行的应用程序共同使用。

3. 虚拟性

操作系统中所谓的“虚拟”，是指通过某种技术把一个物理实体变成若干个逻辑上的对应物。物理实体是实际存在的，而后者是虚的，是用户感觉上的东西。例如，在多道分时系统中，虽然只有一个 CPU，但每个终端用户却都认为有一个 CPU 在专门为他服务。利用多道程序技术和分时技术，可以把一台物理 CPU 虚拟为多台逻辑上的 CPU，也称为虚拟处理器。

4. 异步性

操作系统的异步性也称为随机性。操作系统的随机性处处可见，例如：用户发出命令的时刻是随机的；程序运行发生错误或出现异常的时刻是随机的；各种硬件和软件的中断事件发生的时刻也是随机的等等。操作系统内部产生的事件序列有许许多多可能，而操作系统的一个重要任务是必须确保捕捉到任何一种随机事件，正确处理可能发生的随机事件，正确处理任何一种事件序列，保证计算机正确运行。

4.2.4 操作系统的分类

操作系统按其侧重面的不同有很多分类方法。

1. 按运行环境分类

① 实时操作系统(Real Time Operating System)：某些应用领域要求计算机对数据能进行迅速处理。如自动订票系统、情报检索系统、银行业务系统、超级市场销售系统等。

② 分时操作系统(Time Sharing Operating System)：是一个主机(CPU)连接多个终端，CPU 按照优先级给各个终端分配时间片，轮流为各个终端服务的系统。由于计算机的高速性，每个用户都感到自己在独占这台计算机。

③ 批处理操作系统(Batch Processing Operating System)：以作业为处理对象，连续在计算机系统中处理运行的作业流。

2. 按用户数量分类

① 单用户操作系统(Single User Operating System)：主要特征是同时只为一个用户服务。

② 多用户操作系统(Multi-user Operating System)：一台计算机连接多个终端，每个终端为一个用户服务，多个用户共享计算机的软、硬件资源。

3. 按作业数量分类

① 单用户单任务操作系统：一次只能管理一个运行作业，如 DOS 操作系统。

② 单用户多任务操作系统：允许一个用户同时处理多个程序或多个作业，如 Windows 操作系统。

③ 多用户多任务操作系统：允许多个用户同时处理多个程序或多个作业，如 UNIX 操作系统。

相关知识

人们通常说 Windows 也是多用户操作系统，其真实含义是：使用 Windows 可以创建多个用户账户，各个账户有自己的使用权限。但是实际运行时，不同账户不能同时使用计算机。

4.2.5 微型计算机上典型的操作系统

微型机上早期运行的操作系统主要是 DOS。DOS 是 Disk Operating System 的缩写，意思是磁盘操作系统，它是美国微软公司开发的一种单用户单任务的微型机操作系统。在 DOS 环境下，人们通过键盘按一定格式输入由字符组成的命令指挥计算机工作。命令不对或格式不符合要求，计算机都无法顺利工作。DOS 操作系统需要用户记忆大量 DOS

命令，使用起来很不方便。

随着软、硬件技术的不断发展，1985 年，微软公司推出了 Windows 1.0 版本，经过不断改进和扩充，陆续推出了 Windows 3.x、Windows NT、Windows 95、Windows 98、Windows 2000、Windows XP、Windows 7、Windows 8 等版本，版本越高，功能越强。

Windows 操作系统的显著特点是，操作者通过显示在屏幕上的一个个“窗口”，与计算机进行交流并指挥计算机工作。“窗口”中安排了各种形状的图形(称为图标或按钮)，操作者利用鼠标直观地指挥计算机完成各种操作，不必再去记忆各种命令。

由于 Windows 操作系统采用形象直观的图形界面，简单易学，因此一问世就受到计算机用户的欢迎。特别是 1995 年 Windows 95 版本推出后，迅速取代 DOS 而跃升为计算机的主流操作系统。

除了前面介绍的 DOS 与 Windows 操作系统外，在微型机中还经常使用以下操作系统。

① Unix 操作系统：Unix 操作系统是一个通用、交互型分时操作系统。它的优点是具有较好的可移植性，可运行于多种不同类型的计算机上；具有较好的可靠性和安全性；支持多任务、多用户、网络管理和网络应用。缺点是应用程序不够丰富，不易学习，这些都限制了 Unix 的普及和应用。

② Linux 操作系统：Linux 操作系统是一种源代码开放的操作系统。用户可以免费得到它的源程序，并可以通过修改源程序代码来开发自己的 Linux 版本。现在流行的各种 Linux 版本就是无数计算机用户集体智慧的结晶。Linux 这种集思广益、“打人民战争”的策略，使得它的性能不断发展和提高。目前，Linux 正在强有力地冲击着 Windows 的“霸主”地位。

③ Mac OS 操作系统：Mac OS 操作系统是美国 Apple 公司推出的操作系统，运行在 Macintosh 计算机上。Mac OS 操作系统拥有全新的窗口系统，强有力的多媒体开发工具和操作简便的网络结构，是专业多媒体设计人员常用的操作系统。

4.2.6 文件系统简介

文件系统是指文件命名、存储和组织的总体结构。MS-DOS 和旧版本的 Windows 使用专门的 FAT16 文件系统，Windows 98 同时支持 FAT16、FAT32 两种文件系统，Windows NT 支持 FAT16、NTFS 两种文件系统，Windows 2000 和 Windows XP、Windows 7 则支持 FAT16、FAT32、NTFS 三种文件系统。

1. 基本文件系统(FAT16)

FAT(File Allocation Table)是“文件分配表”的意思，FAT16 文件系统 1982 年开始应用于 MS-DOS 中。FAT 文件系统的主要优点是它可以被多种操作系统访问，不过，FAT 文件系统不支持长文件名，它受到 8.3 命名规则的限制(即：文件主名最多 8 个字符，扩展名最多 3 个字符)，同时也不支持系统高级容错特性，不具有内部安全特性等。

2. 增强的文件系统(FAT32)

在 Windows 95 中，通过对 FAT16 文件系统的扩展，长文件名的问题得到了妥善解决，文件名可长达 255 个字符，这也就是所谓的扩展 FAT 文件系统(FAT32)。与 FAT16

相比，FAT32 文件系统提供了较大的分区和较小的簇。

注意：FAT16 不支持大于 2GB 的分区；FAT32 不支持小于 512MB 的分区。

3. 高性能文件系统(HPFS)

HPFS 是 OS/2 的高性能文件系统，它主要克服了 FAT 文件系统不适合于高档操作系统这一缺点，而且 HPFS 同样支持长文件名，比 FAT 文件系统有更强的纠错能力。Windows NT 也支持 HPFS，使得从 OS/2 到 Windows NT 的过渡更为容易。

4. NTFS 文件系统

NTFS 是专用于 Windows NT/2000/XP/7 等操作系统的高级文件系统，它支持文件系统故障恢复，尤其是大存储媒体、长文件名和 POSIX 子系统。NTFS 文件系统具有如下优势：

- 安全性。
- 容错性。
- 稳定性。
- 向下的可兼容性。
- 动态分区功能。

5. ext2 文件系统

ext2 文件系统是 Linux 所使用的文件系统，它设计了崩溃恢复机制，当崩溃发生后，可以很容易地确定哪些数据丢失了，以便及时恢复。不过，ext2 文件系统在处理过大的文件时不是很有效率，无法处理超过 2GB 的文件，这对服务器用户和使用磁盘阵列技术的用户来说就显得力不从心了。

4.3 操作系统的安装

4.3.1 准备工作

① 准备好 Windows 7 旗舰版安装光盘。

② 将安装光盘的产品密匙(安装序列号)记录在纸上。

③ 准备好所有计算机配件的驱动程序，如主板驱动程序、显卡驱动程序等。

4.3.2 通过 BIOS 设置程序对 CMOS 参数进行设置

在安装系统软件之前，需要进行一些相关的设置，例如：调整系统启动项，调整硬盘分区以及格式化硬盘等。正所谓“磨刀不误砍柴工”，正确、恰当地调整这些设置，将为我们顺利安装系统乃至日后方便地使用系统，打下良好的基础。

如果要从光盘安装操作系统，需要将光驱设置为第一启动项，操作方法如下：

① 将操作系统光盘插入光驱，按下主机电源按钮启动计算机，很快看见屏幕上出现如图 4.3 所示开机画面。

图 4.3 开机画面

② 按下Del键(有的主板是按F2键，开机画面上会有提示)，进入 CMOS 参数设置界面，如图 4.4 所示。

图 4.4 CMOS 参数设置主界面

③ 点击右上角的模式切换按键，选择“高级模式”，用键盘的“左右方向键”切换到“启动”子菜单中，如图 4.5 所示。

图 4.5 “启动”设置界面

④ 用键盘上下方向键切换到“启动选项#1”，按“回车”确认，在弹出的启动介质的选择菜单上，按键盘上下方向键切换到“DVD-ROM”，切换完成后，启动选项#1 会显示成“DVD-ROM”光盘。

⑤ 按F10键，在出现的窗口中选“是”，保存并退出 CMOS 参数设置，重启计算机。

相关知识

安装操作系统时设置 CMOS 参数以调整启动顺序，但是装完系统后需将 CMOS 参数还原，否则每次开机都会先按设置的启动顺序检测光驱、U 盘等，因此会慢上 1～2 秒。其实有一种更简单的光盘或 U 盘启动方法，省去设置 CMOS 参数的步骤。

现在大多数计算机开机的时候按F8键(有一部分主板是F12或Esc键)会出现启动项选择界面，从中可以选择计算机从什么介质启动，一般可供选择的有光驱、硬盘、网络、优盘(U 盘)，如图 4.6 所示；在弹出的选择启动菜单中，选择 DVD-ROM 启动选项，按“回车”从光盘启动。

图 4.6 启动方式选择

4.3.3 硬盘分区和硬盘格式化

尚未使用过的一块新硬盘在使用之前必须先进行分区，然后分别对各个分区进行格式化，经过分区和格式化的硬盘才能存储数据，进行正常的数据读写操作。

使用 Windows 7 旗舰版安装盘可以初步对硬盘进行分区和格式化，操作方法如下。

① 将 Windows 7 旗舰版安装盘插入光驱，启动计算机。

② 光盘自启动后就开始安装 Windows 文件，即“Windows is loading files…”，装载完成后，首先出现的是选择安装的语言版本界面，如图 4.7 所示，按系统默认方式单击“下一步”按钮，出现图 4.8，直接单击“现在安装”。

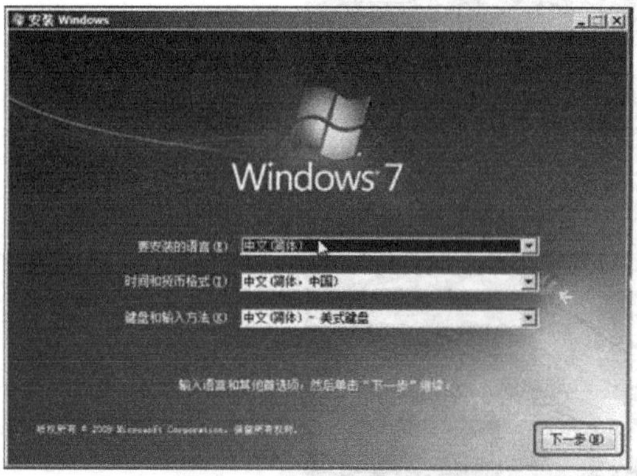

图 4.7 选择安装的语言

图 4.8 现在安装

③ 出现图 4.9 所示的许可协议信息界面，阅读许可条款后选中“我接受许可条款”，然后单击“下一步”按钮，选择安装模式。由于我们是全新安装，单击“自定义(高级)”选项，如图 4.10 所示。

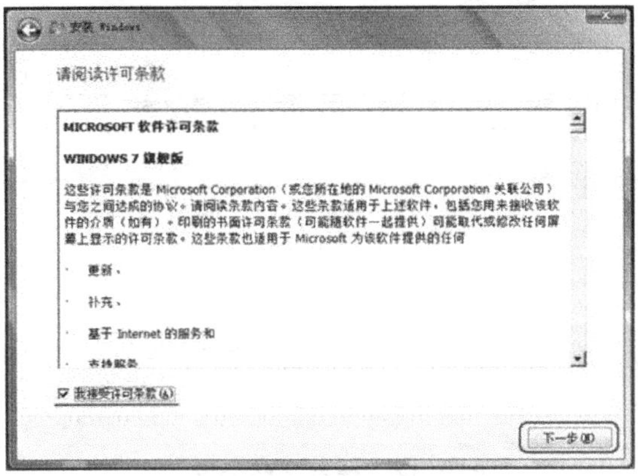

图 4.9　许可协议信息

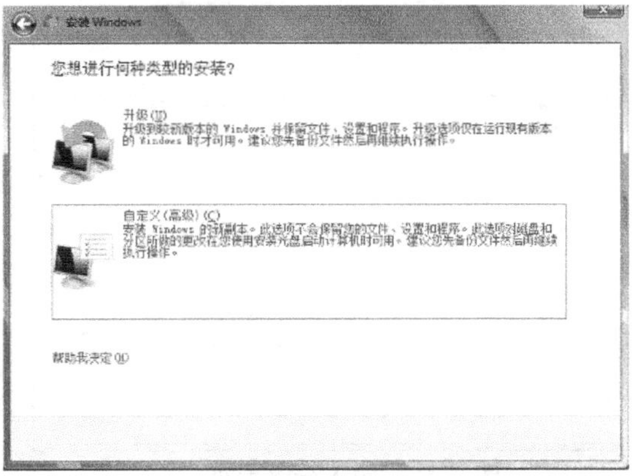

图 4.10　安装模式选择

④ 安装程序开始加载信息文件，加载完成后出现计算机的硬盘分区情况页面，如图 4.11 所示；选中要进行分区的硬盘驱动器，单击“驱动器选项(高级)”按钮，出现删除分区、格式化分区、新建分区等按钮，如图 4.12 所示；这时选择“磁盘 0 未分配空间”，再单击“新建”按钮，开始新建分区。

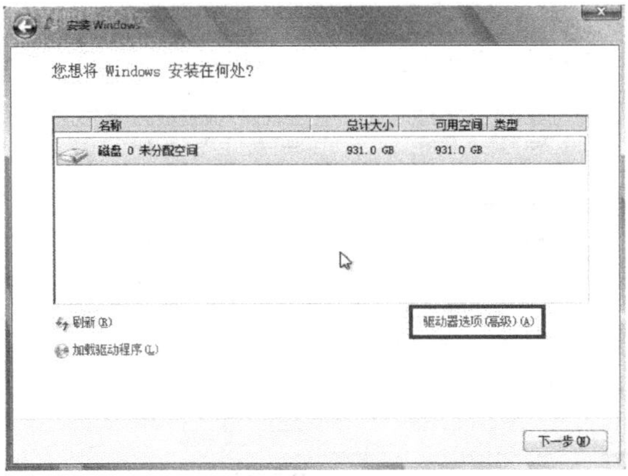

图 4.11　硬盘分区情况

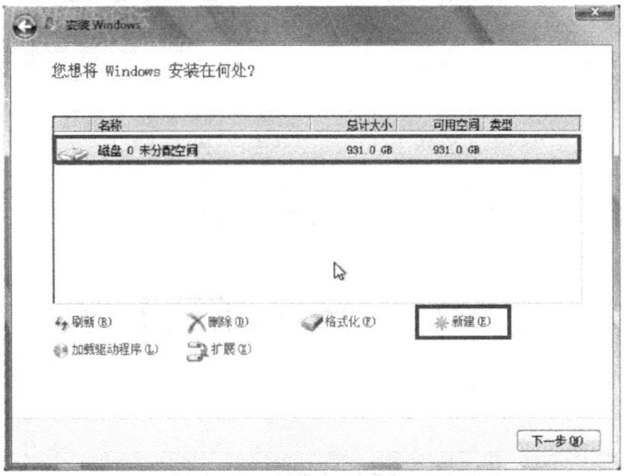

图 4.12　新建硬盘分区

相关知识

此处可以看到，该计算机只有一块 1TB 的磁盘，实际大小是 931.0GB。由于此硬盘是新的，所以显示出来的是“未分配空间”，这时是不能存取文件的。要安装 Windows 7，需要先对硬盘进行分区和格式化。如果把新硬盘看成是一张白纸，那么分区就是给这张白纸规定可以书写文字的范围，格式化则是为磁盘划分出各种方格，只有这样才可以书写内容。

⑤ 现在首先要创建 100GB 的 C 盘分区，如图 4.13 所示(单位是 MB，1G=1024MB，100*1024MB＝102400MB)；第一次创建分区时，Windows 7 会自动为系统文件创建

100MB 的额外分区(102400MB+100MB＝102500MB)，所以在“大小”后面输入“102500”，输入完毕后单击“应用”按钮，出现图 4.14 所示的提示框。

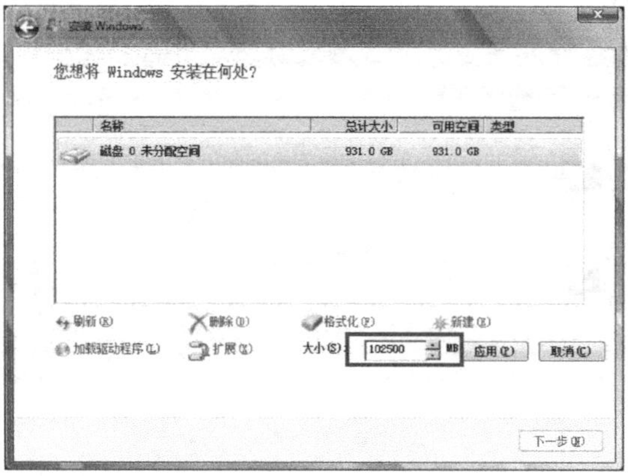

图 4.13　输入分区大小

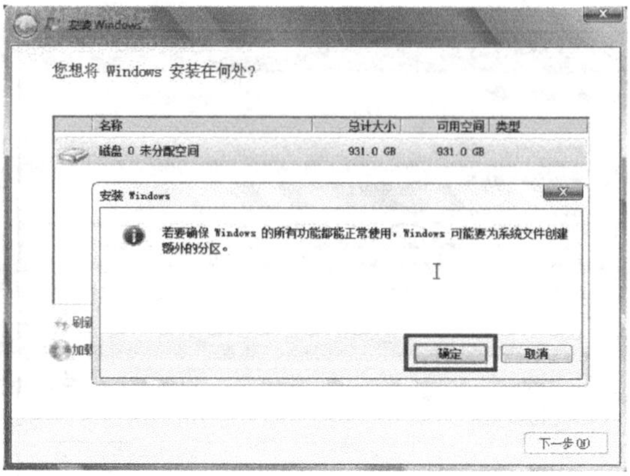

图 4.14　建立系统分区

⑥ 单击“确定”按钮，分区完成，自动回到硬盘分区情况页面。从图 4.15 中可以看出：现在硬盘有分区 1(系统保留)，分区 2(C 盘)两个分区，还剩下 830.9GB 的未分配空间；可以用同样的方法创建 D 盘 400GB、E 盘 430.9GB 两个分区，将硬盘分区完毕。最后的分区结果如图 4.16 所示。

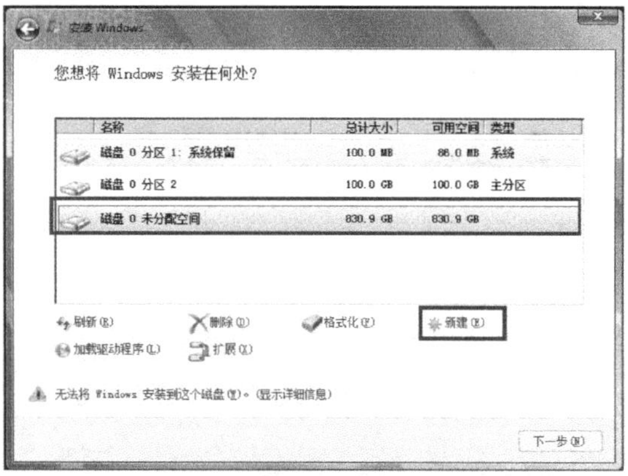

图 4.15　硬盘分区情况界面

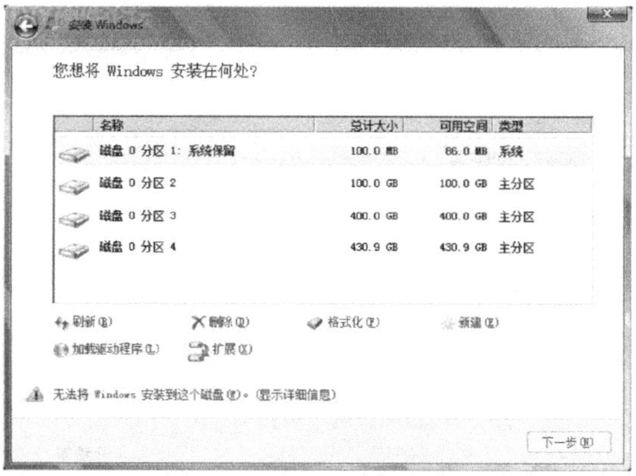

图 4.16　硬盘分区结果

相关知识　在操作过程中，如果出现误操作，比如某一个分区的容量过小或过大，需要调整，可以先将该分区删除然后重建。方法是：首先用鼠标选择需要删除的分区，然后再单击“删除”。

⑦ 分区完成后需要格式化分区。在磁盘分区列表页面中，选择分区 2，如图 4.17 所示；单击“格式化”按钮，在接下来出现的警告提示框中单击“确定”，开始格式化，如图 4.18 所示。在格式化工作进行的过程中，“格式化”按钮是灰色的，不能点击，当它再变为蓝色时，表示格式化工作完成，可以选择新的分区格式化了。

用同样的步骤格式化其它两个分区。

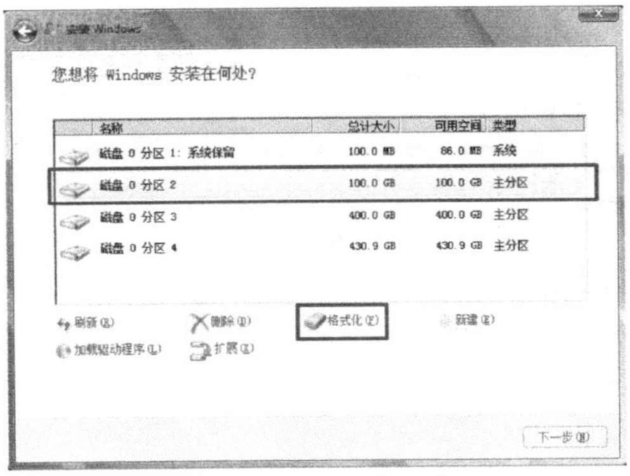

图 4.17　磁盘格式化

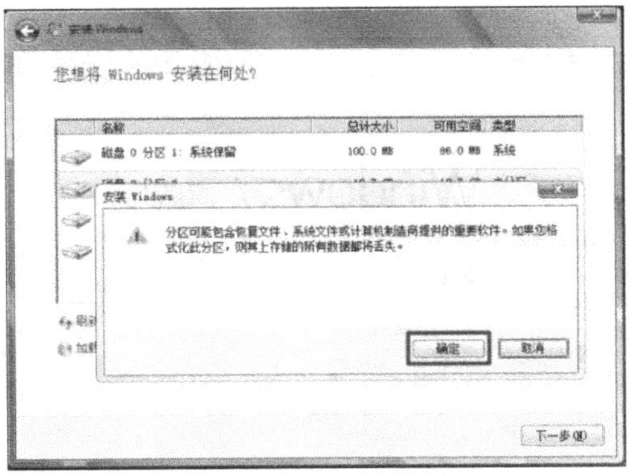

图 4.18　格式化确认

相关知识　出于安全考虑，在新安装 Windows 7 系统时，如果利用光盘的分区工具给硬盘分区时，系统默认将一部分空间(100～200M)划分出来，不分配盘符(在系统下看到的诸如 C、D、E……之类的字母)，用于存放系统引导文件(计算机启动时，需要首先读取的具有特殊功能的文件)。

4.3.4　Windows 7 的安装

分好硬盘分区后，就可以为计算机安装操作系统并设置用户信息和计算机信息了，操作方法如下。

① 格式化分区完成后，在分区 2 上单击，选择分区 2 为 Windows 7 的安装位置，如图 4.19 所示；单击“下一步”，进入自动安装 Windows 7 操作系统的过程，如图 4.20 所示。这个过程大概需要 15 至 20 分钟，过程中计算机会自动重新启动数次。

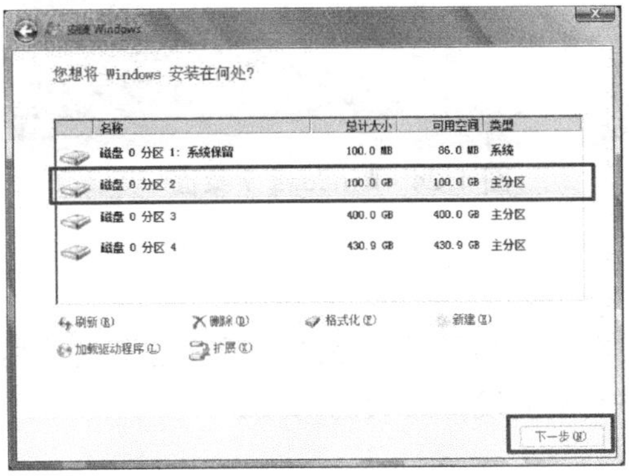

图 4.19　选择安装分区

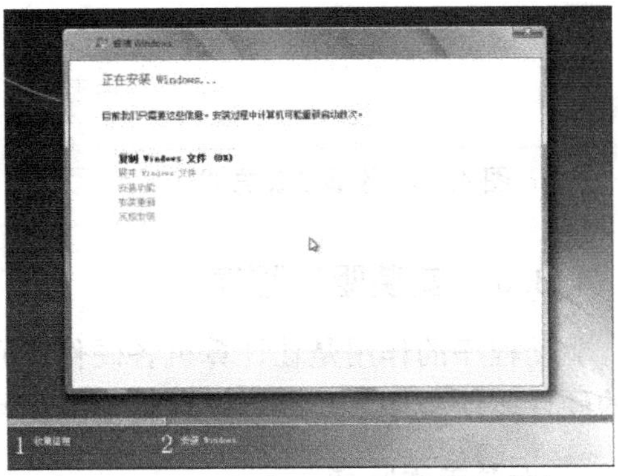

图 4.20　安装 Windows 7 操作系统

② 最后一次重启进入系统后，用户需设置并保存计算机信息和用户信息，如：设置计算机名、设置用户名和密码、输入序列号、更新配置、配置日期和时间、设置网络连接等，图 4.21 为设置用户和计算机名，图 4.22 输入序列号，图 4.23 设置更新方式。

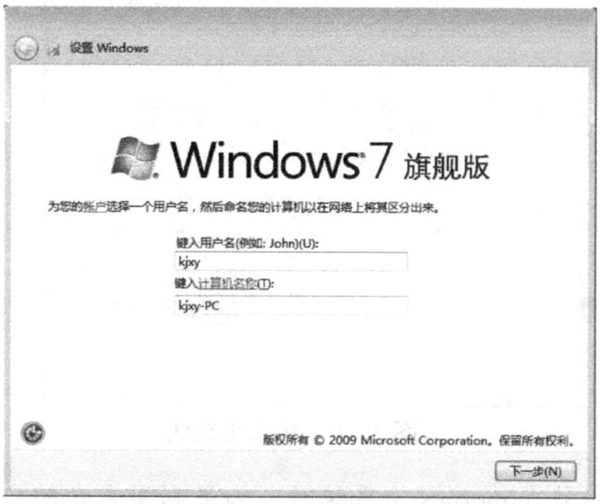

图 4.21　设置用户和计算机名

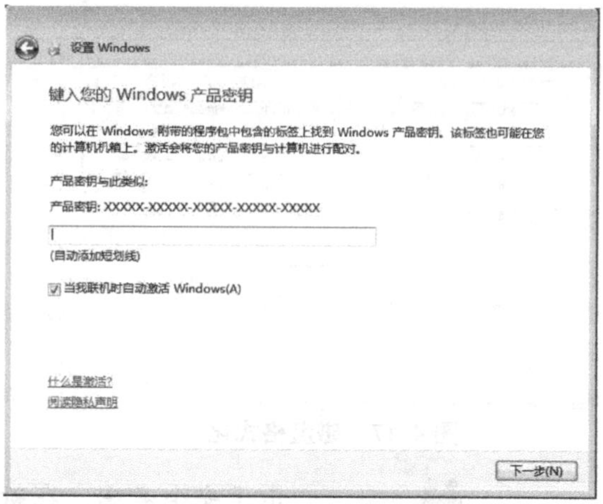

图 4.22　输入序列号

③ 设置完成后，计算机自动重启，开始准备一些用户设置信息和桌面配置等，完成后出现 Windows 7 登录界面，输入安装时设置的密码，出现 Windows 7 桌面，如图 4.24 所示。至此，Windows 7 操作系统就安装完毕了。

图 4.23　设置更新方式

图 4.24　Windows 7 桌面

4.3.5　安装驱动程序

驱动程序的作用是让计算机各硬件能正常工作。安装了操作系统之后，若不安装相应的硬件驱动程序，那么该硬件将不能正常工作或不能发挥最大的功效。

1. 安装主板驱动

在所有的驱动程序中，主板驱动是重点。这是由主板在所有硬件中的地位所决定的。通常是先安装主板驱动，然后安装显卡驱动等。

① 将主板驱动光盘插入光驱，光盘自动播放，显示如图 4.25 所示的安装界面。

② 单击“ASUS instALL”选项，自动安装所有驱动。

③ 安装过程中保持默认设置，安装完成后，重启计算机。

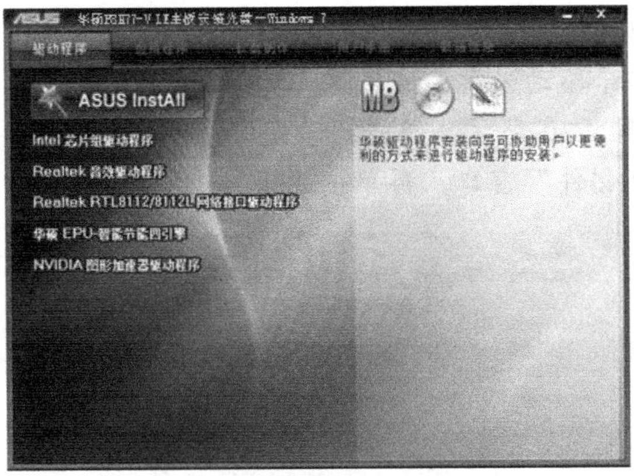

图 4.25　主板驱动程序的安装界面

图 4.26　设备管理器

2. 安装显卡驱动

主板驱动安装完毕后，如果微机是独立显卡，还需要安装显卡驱动程序。如果没有安装显卡驱动，计算机的显示效果很差，而且当拖动窗口时，还会出现刷新速度慢，刷新效果差的情况。

① 用鼠标右击桌面上的“计算机”图标，在弹出的快捷菜单中选择“属性”，在打开的窗口的左侧选择“设备管理器”，如图 4.26 所示。

② 在“设备管理器”窗口中，发现视频控制器(显卡)的前面有标识，如图 4.27 所示，这表明显卡的驱动程序没有被正确安装。在该设备上右击，在弹出的快捷菜单中单击“更新驱动程序软件”命令，弹出“您想如何搜索驱动程序软件”窗口，如图 4.28 所示。

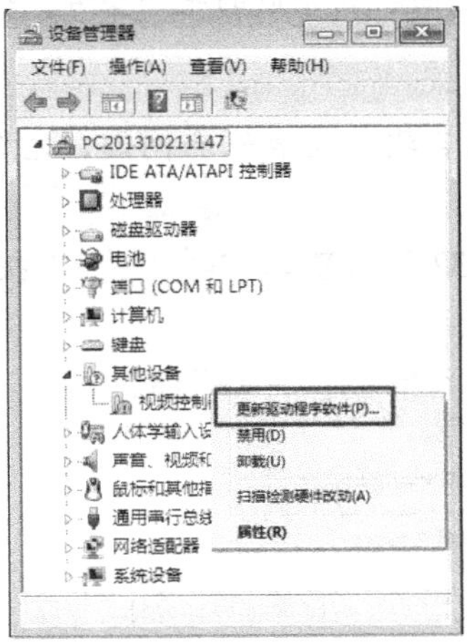

图 4.27　“设备管理器”窗口

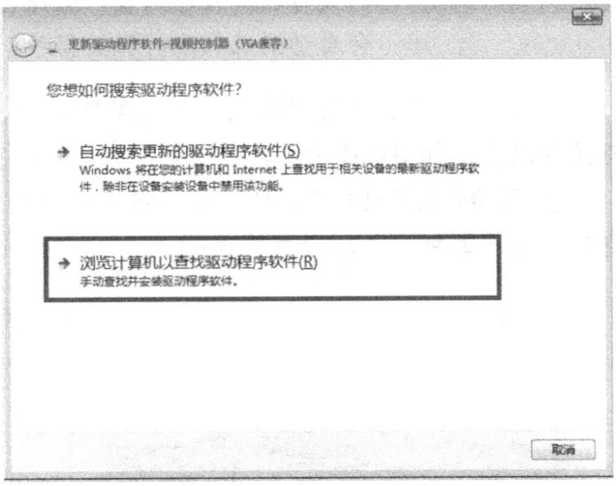

图 4.28　“您想如何搜索驱动程序软件”窗口

相关知识

设备管理器上的黄色问号和黄色感叹号各代表什么意思？

前者表示该硬件未能被操作系统所识别；后者指该硬件未安装驱动程序或驱动程序安装得不正确。

③ 在图 4.28 中，直接选择“浏览计算机以查找驱动程序软件(R)”，出现图 4.29 所示“浏览计算机上的驱动程序文件”窗口，将显卡驱动光盘放进光驱，单击“浏览”按钮。

④ 找到显卡驱动程序所在的文件夹，如图 4.30 所示，单击“确定”按钮，就会自动回到图 4.29 所示“浏览计算机上的驱动程序文件”窗口，再单击“下一步”按钮。

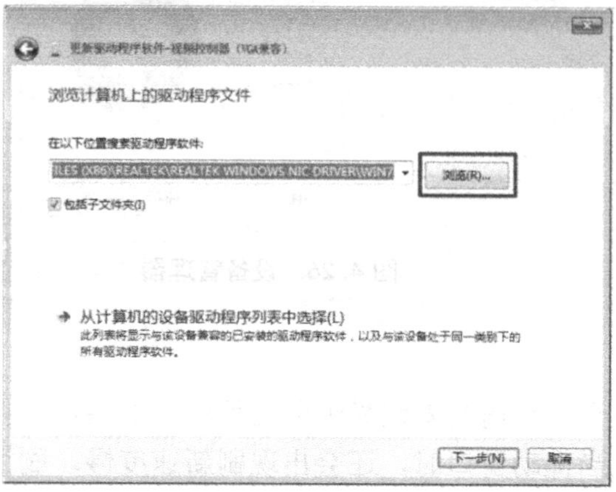

图 4.29 “浏览计算机上的驱动程序文件”窗口

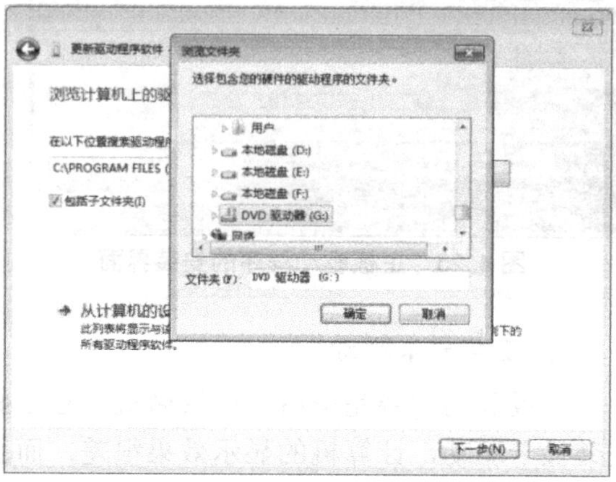

图 4.30 指定驱动程序文件所在文件夹

相关知识

在“您想如何搜索驱动程序软件”窗口中选择“自动搜索更新的驱动程序软件(S)”，系统将直接在计算机和互联网上搜索更新的驱动程序；如果已经将新的驱动程序下载到本地计算机或者有安装光盘，则需要选择“浏览计算机以查找驱动程序软件(R)”，系统将找到驱动程序然后安装。

Windows 7 系统自带了一些常用硬件的驱动程序，如果是这些型号的硬件，只需要在“浏览计算机上的驱动程序文件”窗口中选择“从计算机的设备驱动程序列表中选择(L)”，再从里面找到相应的硬件型号，系统就会自动安装相应的驱动程序。

⑤ 这时可能会出现“防火墙”之类的提示，如果你确认软件没有安全问题，允许安装就可以了，如图 4.31 所示。

⑥ 开始安装驱动程序，驱动程序安装完毕后，弹出图 4.32 所示窗口，单击“关闭”按钮，重新启动计算机，使驱动程序生效。

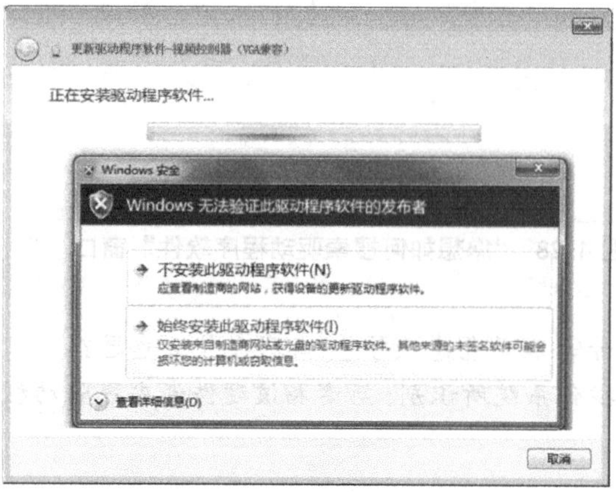

图 4.31 防火墙提示

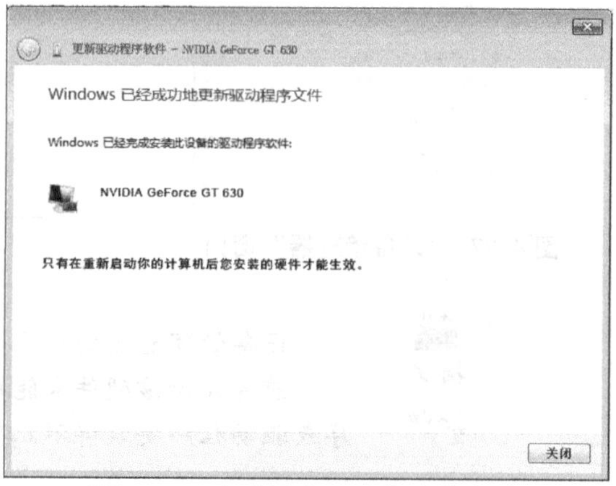

图 4.32 完成显卡驱动程序的安装

4.4 操作系统与 APP

手机操作系统的功能与计算机操作系统类似，是运行在手机上，管控智能手机软硬件资源，与用户进行交互的系统软件。目前常用的手机操作系统有 Android、iOS、WP、Symbian 等，其中前两个是目前常用的手机操作系统。

Android 系统是谷歌联合多家公司开发的一款开源手机操作系统，Android 系统最大优势是开放性，它提供的宽泛自由的开发环境，允许任何移动终端厂商、用户和应用开发商加入 Android 联盟中来，推出功能各具特色的应用产品，由此诞生了许多实用性好、新颖别致的应用。

iOS 系统是苹果公司开发的手持设备操作系统。它的界面更友好，对软硬件资源的管理更优化，设计更安全可靠。

APP 是运行在手机操作系统上的应用程序。苹果智能手机专用的手机安装程序是 IPA 文件，安卓智能手机专用的手机安装程序是 PAK 文件。

习题 4

1. 操作系统有哪些主要的资源管理功能？
2. 操作系统经历了哪几个发展阶段？
3. 有哪些常用的微型机操作系统？
4. 按运行的环境、管理用户的数量、同时处理的作业数，操作系统各可以分成哪几类？
5. 操作系统有哪几个主要特性？
6. 常见的文件系统有哪些？
7. 常见的手机操作系统有哪些？

第5章 计算机网络体系结构、网络协议、互联网与局域网

当今社会，人们依赖网络传递与获取信息，利用网络资源进行学习和工作。本章主要介绍网络的基本概念和组成；网络的通信协议、拓扑结构、能组建简单的局域网；了解常见的因特网接入方式，会组建无线局域网。

5.1 计算机网络基础

世界经济正从工业经济转向知识经济，知识经济的主要特征是信息化和全球化。要实现信息化和全球化，就必须依赖由电信网络、广播电视网络和计算机网络组成的网络体系，其中起核心作用的是计算机网络。计算机网络的发展水平不仅反映了一个国家的计算机科学和通信技术水平，而且已经成为衡量一个国家国力及现代化程度的重要标志之一。

5.1.1 计算机网络的定义

把处于不同地理位置、具有独立功能的多台计算机和外部设备，利用传输介质和通信设备相互连接起来，在相应软件的支持下实现数据通信和资源共享的信息系统，称为计算机网络。计算机网络是计算机技术和通信技术紧密结合的产物，两者的迅速发展及相互渗透，形成了计算机网络技术。

5.1.2 计算机网络的发展历程

1. 以数据通信为主的第一代计算机网络

20 世纪 60 年代中期，世界上出现了以单个计算机为中心、面向终端设备的网络结构。其典型应用是美国的飞机订票系统，它由一台计算机和全美范围内的 2000 多个终

端组成。终端是一台计算机的外部设备，有显示器和键盘，无 CPU 和内存。当时，人们把计算机网络定义为“以传输信息为目的而连接起来，实现远程信息处理或进一步达到资源共享的系统”，严格地说，这种网络结构只是一种联机系统，但它已具备了网络的雏形。

2. 以资源共享为主的第二代计算机网络

20 世纪 60 年代末期，美国国防高级研究计划局（ARPA，Advanced Research Projects Agency）将分散在不同地区的 4 台计算机连接起来，建成了 ARPA 网。建立该网的最初动机是：在现代化的战争情况下，仍能够利用具有充分抗故障能力的网络进行信息交换，确保军事指挥系统发出的指令畅通无阻。到了 1972 年，有 50 多家大学和研究所与 ARPA 网连接，1983 年入网计算机达到 100 台。ARPA 网的建成标志着计算机网络的发展进入了第二代，它也是 Internet 的前身。

第二代计算机网络与第一代计算机网络最明显的区别在于：一是网络中的通信双方都是具有自主处理能力的计算机，而不再是一端只是终端机；二是计算机网络的功能以资源共享为主，而不是以数据通信为主。

3. 体系结构标准化的第三代计算机网络

由于 ARPA 网的成功，到了 20 世纪 70 年代，不少公司推出了自己的网络体系结构，最著名的有 IBM 公司的 SNA（System Network Architecture）和 DEC 公司的 DNA（Digital Network Architecture）。这时，不同体系结构的网络很难互联的矛盾日益凸显，国际标准化组织（ISO）在 1977 年设立了一个委员会，专门研究网络通信的体系结构。1983 年，该委员会提出的开放系统互联参考模型（OSI-RM）各层的协议被批准为国际标准，给网络的发展提供了一个可以共同遵守的规则。从此，计算机网络的发展走上了标准化的道路，人们把体系结构标准化的计算机网络称为第三代计算机网络。

4. 以 Internet 为核心的第四代计算机网络

进入 20 世纪 90 年代，随着计算机网络技术的迅猛发展，特别是 1993 年美国宣布建立国家信息基础设施 NII（National Information Infrastructure）后，许多国家纷纷制定和建立本国的 NII，从而使计算机网络进入一个高速互联的崭新阶段。

目前，以 Internet 为核心覆盖全球的高速计算机互联网络已经形成，Internet 已经成为人类最重要的、最大的知识宝库。高速互联、智能化与更广泛地应用，已成为第四代计算机网络最显著的特点。

5.1.3 计算机网络的功能

目前，计算机网络已经广泛应用于社会生活的各个方面，它给我们带来了巨大的方便和乐趣，而且已经或正在改变着我们的工作、学习和生活方式。归纳起来，计算机网络主要有以下几个功能。

1. 数据通信

网络中的计算机与计算机之间、计算机与终端设备之间，可以很方便地相互传送数据、交换信息。

电子邮件(E-mail)是一个典型的例子。使用电子邮件时，通信双方可以不受时间和空间的限制，随时随地交流信息；不仅可以传递文字信息，而且可以传递声音、图像甚至影视信息；还可以将一个信息同时传送给许多人，效率高而且费用很低。

2. 资源共享

计算机接入网络后，用户就能在自己的计算机上部分或全部地使用网络中的各种共享资源。共享资源包括硬件、软件、数据等。

硬件资源是指网络中一些大型机、巨型机的 CPU 处理能力，大容量存储设备或一些外部设备。软件资源是指各种高级语言程序、工具软件和应用程序。数据资源是指各种数据文件、数据库等，例如图书馆的藏书信息、购物网站的商品信息等。

3. 分布式处理

将原来需要用大中型计算机才能解决的一些较大课题，分解成若干个小课题，分配给网络中的不同计算机来分别完成。这种做法实际上是将多台普通的计算机，组合成一个高性能的计算机系统，从而降低了解决大型复杂问题需要的费用。

4. 提高系统的可靠性

在网络控制中心的管理下，网络中的计算机可以相互成为后备机。如果某台计算机出现故障，它的工作可以由其他计算机代为完成；如果网络中的某台计算机负担过重，可以将部分任务转交给“不忙”的计算机代为处理。这些措施可以大大提高计算机系统的可靠性。

5.1.4 数据通信

通信是指在两个计算机或终端之间经信道(如电话线、同轴电缆、光缆等)传输数据或信息的过程，有时也叫数据通信、远程通信或网络通信等。随着通信技术的不断发展，这些术语的区别已经日趋模糊，事实上，人们把任何类型的数据传输都统称为通信。下面介绍有关通信的几个常用术语。

1. 信源、信宿和信道

在一次通信过程中，产生和发送信号的一端称为信源，接收信号的一端称为信宿。

传送信息的通道称为信道。信道由传输介质及其两端的通信设备组成。传输介质分有线和无线两大类，信道也分为有线信道和无线信道两大类。

2. 基带传输和频带传输

在计算机网络中，数据传输的方式分为基带传输和频带传输两种。

在计算机等数字设备中，数据是用二进制形式表示的。在信道上，直接传送二进制信号的方法称为基带传输。二进制信号的“1”和“0”分别用高、低电平(例如+5V 和-5V)来表示，因此二进制信号是一串脉冲波形(见图 5.1)，这种脉冲波形信号称为基带信号，也叫数字信号。

基带传输是一种最简单的数据传输方式，一般用在传输距离较近的数据通信中。局域网通常采用这种传输方式。

在发送端把数字信号叠加到一个正弦波上(称为调制)，然后送到信道上进行传输，到接收端再把数字信号从正弦波上分离出来(称为解调)。这种传送数据的方法称为频带传输。承载数字信号的正弦波称为载波。

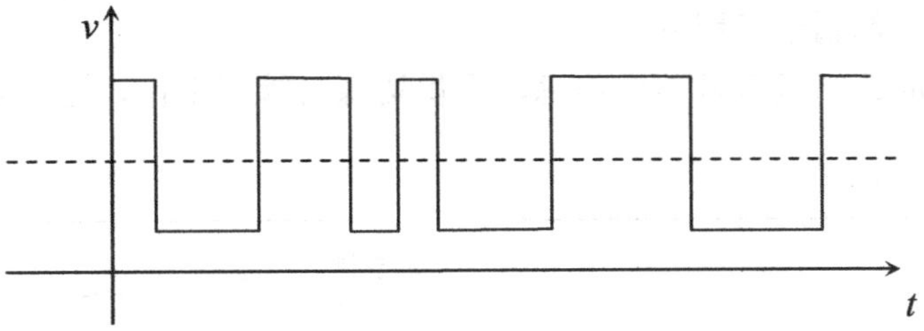

图 5.1　数字信号

频带传输在信道上传送的是连续变化的高频信号，称为载波信号或者模拟信号(见图 5.2)。

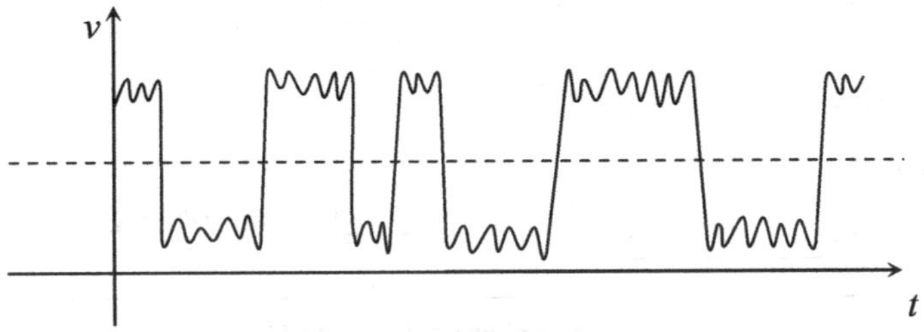

图 5.2　模拟信号

载波信号传输时衰减很慢，因此远距离通信时都采用频带传输。利用调制解调器(Modem)拨号上网时，就是采用频带传输的方式传送数据。

3. 带宽与数据传输速率

在模拟信道中，以带宽表示信道传输信息的能力。它用传送信号的高频率与低频率之差表示，以 Hz、KHz、MHz 或 GHz 为单位。如电话信道的带宽为 300～3400Hz。

在数字信道中，用数据传输速率(比特率)表示信道的传输能力，即每秒传输的二进制数的位数(bit/s)，单位为 bps，Kbps，Mbps 或 Gbps。例如：采用电话拨号上网时，数据传输速率最高可达 56Kbps；利用双绞线上网时，数据传输速率可达 10M～100Mbps；利用光缆上网时，数据传输速率可达 1Gbps。

带宽与数据传输速率是通信系统的主要技术指标之一。

4. 误码率

误码率是指在信息传输过程中的出错率，是通信系统的可靠性指标。在计算机网络系统中，一般要求误码率低于百万分之一。

5.1.5　计算机网络的分类

计算机网络可以按照不同的标准进行分类。最常见的是按照计算机网络的覆盖范围分类，将计算机网络分为局域网、城域网和广域网。

1. 局域网(LAN)

把一个或几个房间、一个建筑物、一个工厂或一个部门里的计算机，利用双绞线或同轴电缆连接起来而形成的小型计算机网络，称为局域网(Local Area Network，简称LAN)。局域网的传输距离通常不超过10千米。同学们熟悉的校园网以及商场、医院等部门的计算机网络，都属于局域网。

在网络中，有的计算机负责传递信息、提供资源与管理工作，这一类计算机称为服务器，如图5.3所示。

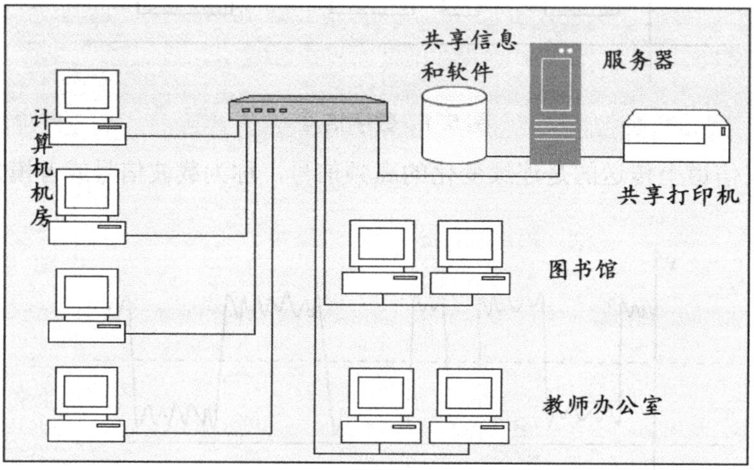

图5.3 某学校的校园网示意图

2. 城域网(MAN)

把一个城市中的多个局域网利用同轴电缆或光纤连接起来，以便在整个城市范围内进行数据通信和资源共享的计算机网络，称为城域网(Metropolitan Area Network，简称MAN)。

现在，几乎所有的大中城市都建立了自己的城域网，政府机关通过这个网向有关部门发布指示、传送文件；企事业单位通过这个网向上级部门汇报工作、了解情况。城域网是本地公共信息的服务平台。

3. 广域网(WAN)

广域网(Wide Area Network，简称WAN)又称远程网，它利用公共通信设施或光纤、卫星等传输信息，覆盖范围可以跨越城市、地区和国家。邮政、民航、铁路等行业的计算机网络就属于广域网。

因特网(Internet)是目前世界上最大的广域网，它就像一个覆盖全球的大“蜘蛛网”，把分布在世界各地的不同类型的广域网、城域网、局域网连接在一起，如图5.4所示。借助这个大“蜘蛛网”，可以把信息传送到网络中的各个角落。

相关知识

除了以上分类方法外，还可以按照其他标准对计算机网络进行分类，例如：按传输介质分为有线网、无线网；按服务范围分为公共网、专用网；按网络的控制方式分为集中式网络和分布式网络；按网络的拓扑结构分为总线型网络、星形网络、环形网络、树状网络和混合型网络等。

图 5.4　因特网示意图

5.1.6　计算机网络的组成

1. 计算机网络的物理组成

从物理连接上讲，计算机网络由计算机系统、网络节点和通信链路组成。

计算机网络中的计算机系统主要担负信息的采集、加工处理和存储，它可以是具有强大功能的大型计算机，也可以是一台微机。

网络节点主要负责网络中信息的发送、接收和转发。网络节点是计算机与网络的接口，计算机通过网络节点向其他计算机发送信息，鉴别和接收其他计算机发送来的信息。在大型网络中，网络节点一般由一台通信处理机或通信控制器来担当，此时的网络节点还具有存储转发和路径选择的功能，在网络中使用的网络适配器也属于网络节点。

通信链路是连接两个节点之间的通信通道，包括通信线路和相关的通信设备。通信链路可以是双绞线、同轴电缆和光纤等有线介质，也可以是微波、红外等无线介质；相关的通信设备包括中继器、调制解调器等。

2. 计算机网络的逻辑组成

从逻辑功能上看，计算机网络可以分成通信子网与资源子网两个子网。

通信子网提供计算机网络的通信功能，由网络节点和通信链路组成。通信子网是由节点处理机和通信链路组成的一个独立的数据通信系统。

通常把计算机网络中实现资源共享的设备及软件的集合称为资源子网，它主要包括联网的计算机、终端、外部设备、网络协议及网络软件，其主要任务是收集、存储和处理信息，为用户提供网络服务和资源共享功能等。

5.1.7　计算机网络中的传输介质

传输介质是网络中传送数据的通道。传输介质分有线和无线两大类，有线传输介质主要有双绞线、同轴电缆、光缆等；无线传输介质主要有微波、红外线、无线电波等。

1. 有线传输介质

① 双绞线。双绞线由两根互相绝缘的铜导线绞合而成，如图 5.5 所示。常见的电话线就是一种双绞线。UTP-5 非屏蔽双绞线是目前局域网中广泛使用的传输介质，它采用 RJ-45 接头(俗称“水晶头”)，直接传输距离一般不超过 100 米。

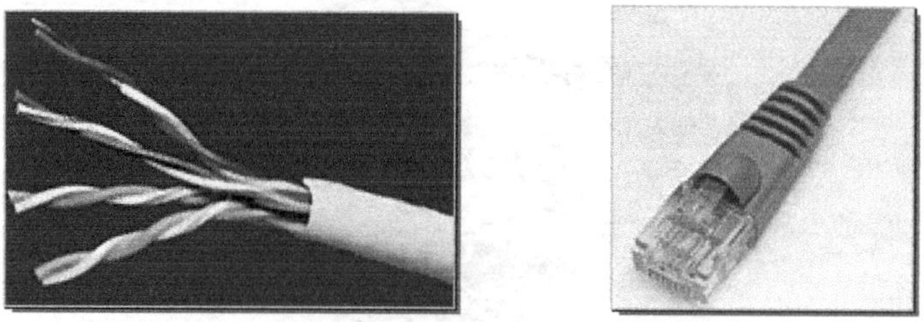

图 5.5　UTP-5 双绞线及 RJ-45 接头

② 同轴电缆。如图 5.6 所示，同轴电缆由导线、绝缘层、屏蔽层、保护层组成，使用 BNC 接头。由铜丝网组成屏蔽层能防止电磁干扰，减少信息在传输过程中的损失。同轴电缆的价格比双绞线高，直接传输距离可达 500 米。

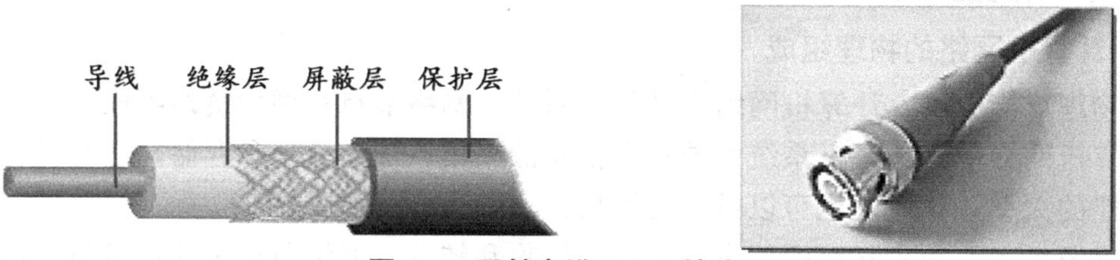

图 5.6　同轴电缆及 BNC 接头

③ 光缆。光缆是由若干条光导纤维(Optical Fiber，简称光纤)作为芯线加上防护外皮做成的，如图 5.7 所示。它利用光纤的全反射原理传送承载了数字信息的光束，信号在传输过程中基本上没有损耗，直接传输距离可达几十千米，而且信号不会受到电磁干扰。

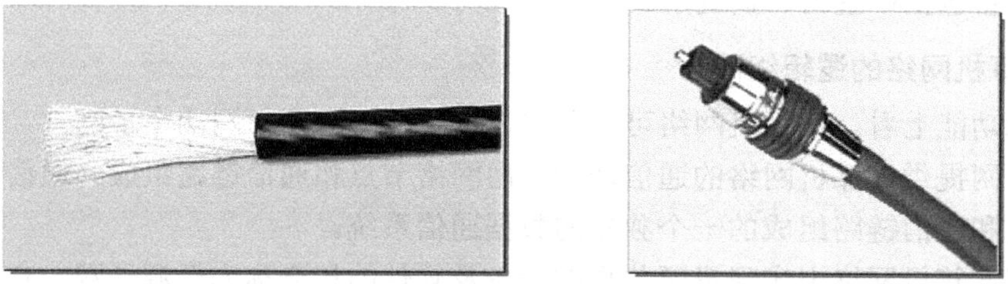

图 5.7　光缆及光缆接头

2. 无线传输介质

① 微波。微波是一种被广泛应用的无线传输介质。微波通信主要有地面微波通信和卫星微波通信两种。由于微波只能直线传输，因此远距离传输信号时，必须通过中继站进行传递，才能将信号传送到目的地。

WiFi 属于微波通信。WiFi 信号是由有线网提供的，只要接一个无线路由器，就可以把有线信号转换成 WiFi 信号。在这个无线路由器的电波覆盖的有效范围，都可以采用 WiFi 连接方式进行联网。

② 红外线。红外线通讯是一种廉价的近距离无线通信方式。多用于无线上网和近距离遥控，许多笔记本电脑上也有红外线接口，可使用红外线来传递数据。

③ 无线电波。蓝牙(Blue Tooth)技术是 1998 年由东芝、爱立信、IBM、Intel、诺基亚共同提出的一种近距离无线数据通信技术，传输距离约为 10 米。采用蓝牙技术，可以将各种通信设备、计算机甚至家用电器用无线方式连接起来(一台蓝牙设备可以同时与其他七台蓝牙设备建立连接)，而且在有效范围内可以越过障碍物进行传输，具有很好的应用前景。

5.1.8　计算机网络中的连接设备

连接设备用来把网络中的各种设备连接起来，或者把网络和网络连接起来。常用的网络连接设备有以下几种。

1. 网络接口卡

局域网中的计算机都要安装一块网络接口卡 NIC(Network Interface Card，简称网卡)，如图 5.8 所示。网卡的作用一方面是接收网络上传过来的数据，另一方面是把计算机中的数据送入网络。为了与不同的传输介质连接，网卡分为 RJ-45 接口(连接双绞线)、BNC 接口(连接细同轴电缆)、AUI 接口(连接粗同轴电缆)、光缆接口等多种型号，购买时务必要看清楚。

网卡的主要技术指标是传输速度，目前有 10Mbps，10/100Mbps，100Mbps，1000Mbps 几种。

2. 调制解调器(Modem)

由于电话线路传输的是模拟信号，而计算机处理的是数字信号，为了让计算机能使用电话线路发送数字信号，就需要把数字信号转换成模拟信号，这个过程叫调制；当模拟信号输入到计算机时，为了能让计算机处理这些模拟信号，又必须把模拟信号转换成数字信号，这个过程叫解调。调制解调器(如图 5.9 所示)兼有调制与解调的功能，能够满足计算机通过电话线发送数据与接收数据的要求。

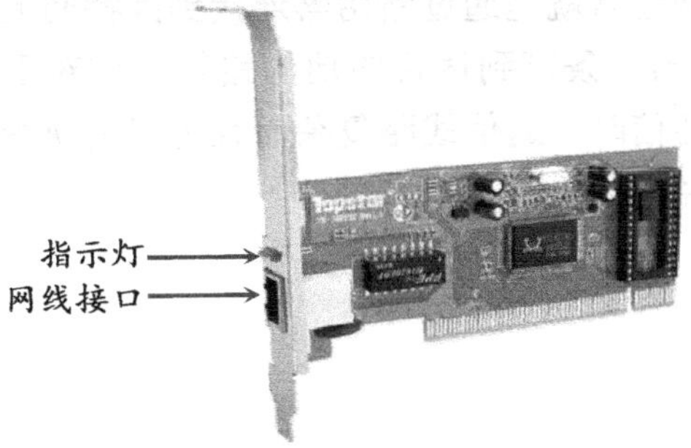

图 5.8　网卡

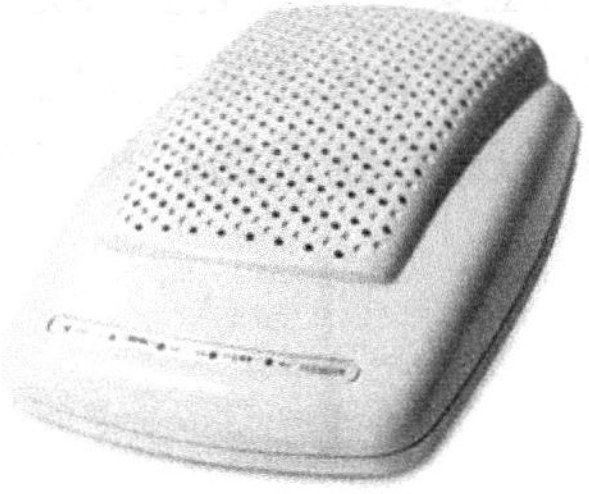

图 5.9　调制解调器

3. 集线器

集线器是组建局域网时常用的连接设备，如图 5.10 所示，它的每一个端口可以连接一台计算机，网络中的计算机通过它来交换信息。集线器是一个局域网的中心连接点。

4. **交换机**

交换机(如图 5.11 所示)的外形和作用与集线器相似，但其性能要比集线器好得多，而且价格也不太贵，所以人们在实际组网时，往往用交换机取代集线器。

图 5.10　集线器

图 5.11　交换机

5. **中继器**

中继器的作用是将经过长距离传输后衰减的数据信号，放大整形恢复成原样后继续传输，如图 5.12 所示。有些集线器也兼有中继器的功能，称为有源集线器。中继器是远距离传输数据时必需的设备。

图 5.12　中继器

6. **网桥**

网桥用来将两个局域网连接起来，从而扩展数据的传输距离。位于不同局域网中的两台计算机交换信息时，需要通过网桥进行通信，如图 5.13 所示。

7. **路由器**

路由器(如图 5.14 所示)主要用于不同网络之间的连接，例如：局域网与城域网的连接，局域网、城域网与广域网的连接。校园网通常就是通过路由器连接到因特网上的。

路由器的主要工作是为要传送的数据找出一条可到达目的地的路径。这对于广域网中的数据远程通信是非常重要的。在远程通信时，通信线路复杂而且可能出现种种问题，路由器可以根据情况随时找到可行的路径。

图 5.13　网桥

图 5.14　路由器

可以这样来比喻：要从北京到天津，乘汽车沿着京津高速公路走是比较好的路线，但是如果高速公路不通了，还可以向北或向南绕道或者乘火车走。这就是当有些地方发生地震等灾难时，电话、电报等传统的通信手段都不通了，而网络仍然能开通并提供服务的原因。

8. 无线 AP（Access Point）

无线 AP 也称为无线访问点或无线桥接器，是传统的有线局域网与无线局域网之间的桥梁。单纯的无线 AP 就是一个无线交换机，仅仅提供无线信号的发射功能，其工作原理是将通过双绞线传送过来的无线信号转换成无线电信号发送出来，形成无线网的覆盖。通过无线 AP，任何一台装有无线网卡的主机都可以连接有线局域网络。实际上，无线 AP 含义较广，不仅提供单纯性的无线接入点，也同样是无线路由器等设备的统称，兼具路由、网管等功能。不同的无线 AP 型号具有不同的功率，可以实现不同程度、不同范围的网络覆盖，一般无线 AP 的最大覆盖距离为 300 米，非常适合于在建筑物之间、楼层之间等不便于架设有线局域网的地方构建无线局域网。

5.2 组建局域网

5.2.1 局域网的通信协议

1. 通信协议的概念

数据交换、资源共享是计算机网络的主要功能。要保证有条不紊地进行数据交换，合理地共享资源，各个独立的计算机系统之间必须达成某种默契，严格遵守事先约定好的一整套通信规则，包括严格规定要交换的数据格式、控制信息的格式和控制功能、通信过程中事件执行的顺序等。这些通信规则称为网络协议（Protocol）。

事实上，人与人相互交流时同样也要遵循一定的规则。比如在打电话时，需要先拨电话号码（如果遇到忙音，只能等一会儿再拨）；电话接通后，需要先自我介绍并确认对方是要找的人；讲话时要用双方都能听懂的语言，而且只能一个人讲完后，另一个人再讲；听话的一方要不时地应答一声，让对方知道这个通话过程仍在进行等。如果把这些规则整理出来，可能要写出好几个约定，比如说电话拨号规则、通话语言规则、通话应答规则等。显然，一个人只有遵守相应的规则，才能够与其他人正常交流。

同样，网络中的计算机必须在遵守网络协议的前提下，才能与网络中的其他计算机进行正常的通信。但计算机毕竟是机器，它们只能完成人们预先编排好的事情，所以网络协议必须规定得非常严格、详尽，才能避免出现差错。此外，由于计算机之间的通信涉及多方面的技术，像通信线路、传输技术、计算机软硬件、通信安全等，非常复杂，人们很难设计一个统一的、全面的协议来规范通信活动中的各种细节，所以网络协议设计者把网络通信划分为许多个小问题，然后为每个小问题设计一个单独的协议。这样就使每个协议的设计、分析、测试和修改都变得比较容易。

有了这么多的网络协议，该如何管理它们呢？人们采用了分层次的方法，把网络协议分为几个层，每层中又可以包含多个协议。为了理解网络协议的分层，我们先举一个简单的例子。

如果一个美国人要和一个中国人交流，通常要考虑3个方面：一是交流内容，也就是要确定谈什么；二是所用语言，要使用双方都能听懂的语言，比如使用英语；三是通信手段，也就是如何实现通信，可选择打电话、发传真、发送电子邮件、网上聊天等。如果把这个交流过程分层的话，可以分为3层，分别是内容层、语言层和传输层，如图5.15所示。

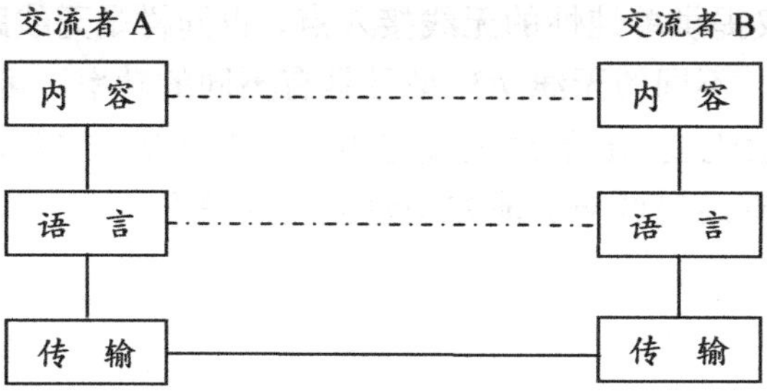

图5.15 人与人交流过程分层示意

如果选择用打电话的方式来交流，那么，电话拨号规则属于传输层的规则，通话语言规则属于语言层的规则，而通话应答规则属于内容层的规则。分层的方法有两个显著优点：一是每一层都相对独立，分别实现不同的功能，容易管理；二是各层可以相对独立地制订规则，而不影响其他层的规则。比如在上面的例子中，如果美国人懂得汉语，只需要在语言层的规则中稍做变化，将所用语言改为汉语即可，而不用修改内容层和传输层的规则。

2. TCP/IP 协议

传输控制协议/网际协议（Transmission Control Protocol/Internet Protocol）是由100多个协议组成的协议组，简称TCP/IP协议。最初它是为美国的ARPA网络设计的，目的是使不同厂家生产的计算机能在共同的网络环境下运行，后来成为因特网采用的一种网络协议。由于因特网的普及和巨大影响，使TCP/IP协议成为事实上的国际标准，它是目前最常用的一种通用网络协议。TCP/IP协议体系也采用了分层的思想，如图5.16所示。

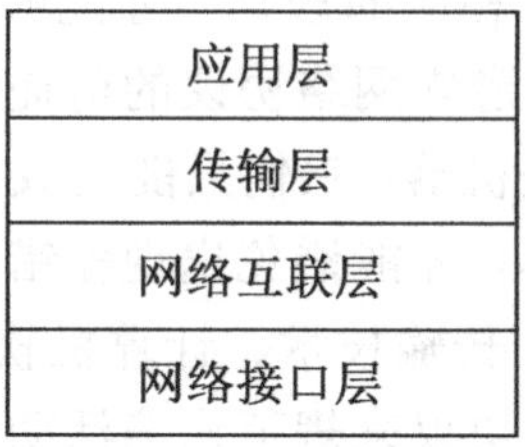

图5.16 TCP/IP 协议示意

① 网络接口层：网络接口层可以构建在不同的数据线路上，负责正确地传输数据。

② 网络互联层：它的主要功能是路由选择，根据接收方计算机的 IP 地址，确定数据传输的路径，也就是下一个路由器或计算机的 IP 地址。网络互联层的主要的协议有 IPv4（网际网协议版本 4）、ICMP（网际网控制报文协议）以及 IPv6（网际网协议版本 6）等。

③ 传输层：它负责对要传输的数据进行分组并保证正确传输，其基本思想如下：发送方把要传送的数据分成较小的数据块，在每一块中加上发送方、接收方、数据块的编号——称为一个分组，然后交给网络互联层传送；这些分组可能会沿着不同的路径到达接收方，接收方要检查所有的分组是否都已收到以及有没有差错，如果发现有丢失的或有差错的，则要求发送方重发；最后接收方根据数据块的编号，把数据重新组合在一起交给应用层。如果要传输的数据比较短，不需要分块，则使用 UDP 用户数据报协议（User Datagram Protocol）。网上聊天软件 QQ 就是使用 UDP 协议发送和接收信息的。

④ 应用层：应用层定义了面向实际应用的许多协议，例如：用于电子邮件服务的 SMTP（Simple Mail Transfer Protocol）简单邮件传输协议和 POP（Post Office Protocol）邮局协议，FTP（File Transfer Protocol）文件传输协议，Telnet 远程登录协议，HTTP 超文本传输协议等。

5.2.2 局域网的拓扑结构

网络的拓扑（Topology）结构是指网络中各节点之间的相互连接关系。较常用的网络拓扑结构有总线结构、星形结构、环形结构。

1. 总线结构

在总线（Bus）结构中，所有的计算机都通过网卡直接连到一条公共传输线路上（通常是同轴电缆），这条公共传输线路称为“总线”。在这种结构中，任何一台计算机发送的信号都沿着总线传输，而且能被连在总线上的所有计算机接收，如图 5.17 所示。

总线结构的优点是结构简单、成本较低；缺点是任何时候只允许一台计算机发送信息，当有两台以上计算机要进行通信时就会发生“冲突”。

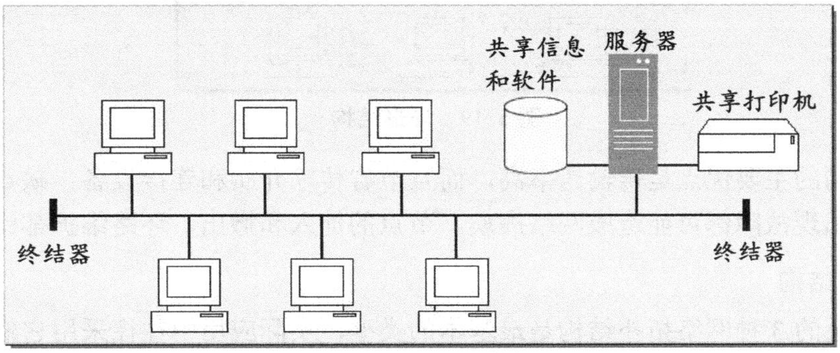

图 5.17 总线结构

2. 星形结构

在星形（Star）结构中，用集线器或交换机作为网络的中央节点，网络中的每一台计算机分别连接到集线器或交换机的一个端口上，计算机之间通过中央节点进行信息交换，如图 5.18 所示。

星形结构是目前比较流行的一种局域网结构。其优点是每台计算机与中央节点单独连接，因此当某个节点出现故障时，不会影响网络中的其他设备；缺点是需要的连接网线较多，而且当中央节点发生故障时，会使整个网络瘫痪。

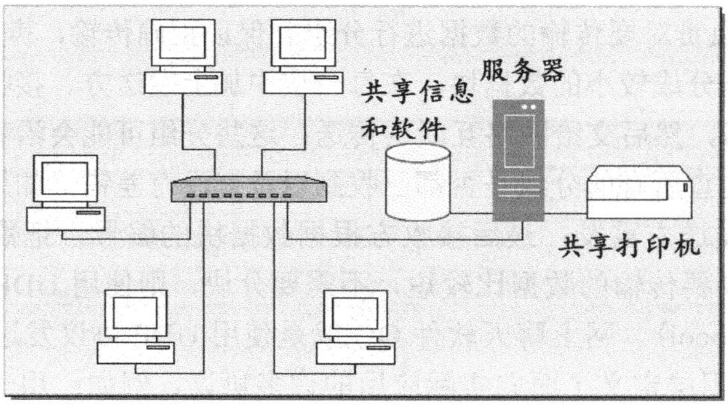

图 5.18 星形结构

3. 环形结构

环形(Ring)结构是指网络中的计算机通过网卡连接在一条首尾相接的闭合环形通信线路中，如图 5.19 所示。环形结构的数据传输通过“令牌”来控制，“令牌”在环中依次传递，只有获得“令牌”的节点才能发送数据；发送出去的数据沿着一个方向在闭合环路中传输，当数据的目的地址与环上某个节点的地址相符时，数据被该节点处的计算机接收。

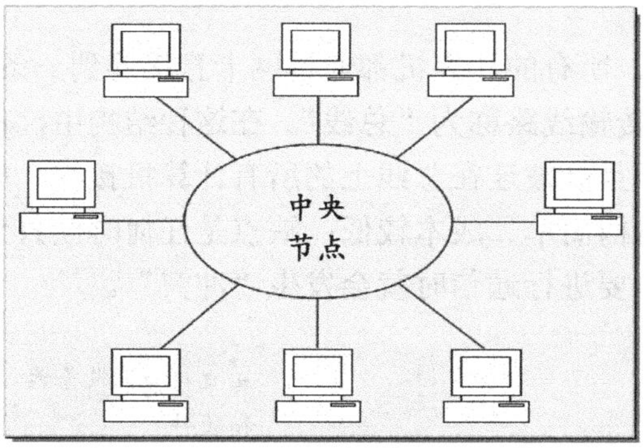

图 5.19 环形结构

环形结构的主要优点是传输速率高，而且节省传输介质和连接设备；缺点是环中任何一个节点出现故障都可能造成网络瘫痪，节点的加入和撤出、环路维护都比较困难。

4. 综合结构

前面介绍的 3 种网络拓扑结构是最基本的类型，实际应用中往往采用它们的某种组合形式，即综合拓扑结构。典型的如树形结构、星形环结构、网状结构等。

5.2.3 局域网的工作模式

局域网通常有对等模式和客户机/服务器模式两种工作模式。

局域网中的计算机以完全平等的身份进行连接，相互通信，共享资源。这种网络工作模式称为对等模式，这种局域网称为对等网。对等网的组网成本低、网络配置和维护简单，但网络性能较低、数据保密性差、文件管理分散不易查找。

采用客户机/服务器模式时，局域网中有一台计算机具有向网络用户提供共享资源和相关服务的功能，这台计算机称为服务器；而局域网中的其他计算机称为客户机，客户机接收服务器提供的共享资源或服务。

5.2.4　组建一个简单的对等网

大学生一般都是几个人住一个宿舍，现在我们把一个寝室里的几台计算机连成一个对等网，以此为例了解组建局域网的方法。

1. 确定局域网的组建方案

要组建一个局域网，首先要明确以下几个问题：

① 局域网中要连入几台计算机。

② 局域网要具备哪些功能。

③ 采用何种拓扑结构。

④ 最远的传输距离是多少，传输率是多少。

我们要组建一个寝室对等网，假定局域网中共连入 4 台计算机；功能是使网络中的计算机能相互通信并共享资源；采用星形结构；传输距离约为10米，对传输率没有过高要求。

根据以上方案，可画出这个局域网的拓扑结构(见图 5.20)。所需要的设备如表 5.1 所示。

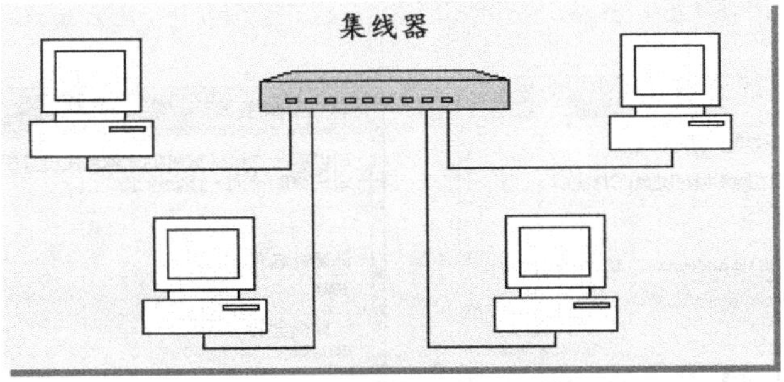

图 5.20　局域网的拓扑结构

表 5.1　局域网所需设备明细

设备名称	计算机	网卡	集线器	带 RJ-45 插头的双绞线	操作系统
数　量	4台	4个	1个	4条	Windows 7

2. 硬件连接

① 将网卡插入每一台计算机中并安装网卡驱动程序。同一网卡在不同操作系统下的驱动程序可能不同，在安装时注意不要搞错。

② 用双绞线把4台计算机都连到集线器上。

③ 检查网卡是否能正常工作。方法是：在“计算机”图标上单击鼠标右键，在弹出的快捷菜单中单击 属性(R)，打开“系统”窗口，单击 设备管理器，打开“设备管理器”窗口，如图 5.21 所示。从“网络适配器”项中可以检查网卡是否已经正确安装。

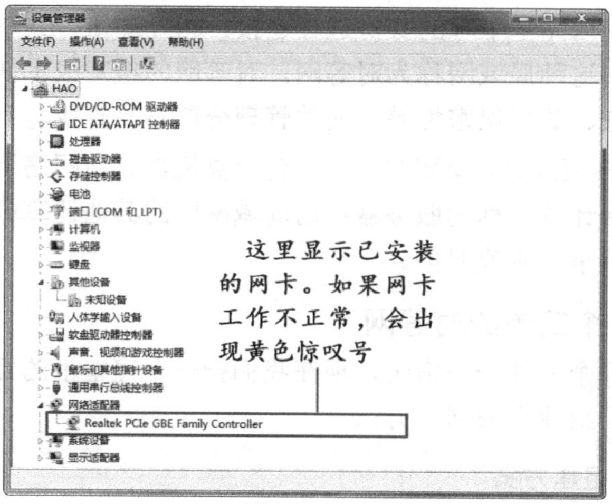

图 5.21 “设备管理器”窗口

④ 用右键单击已安装的网卡，在弹出的快捷菜单中单击 属性(R)，打开网卡属性对话框，查看该网卡的相关属性，如是否正常工作、所使用的驱动程序等。

3. 设置网络标识

① 在“系统”窗口的“计算机名称、域和工作组设置”区中，单击 更改设置，打开“系统属性”对话框，如图 5.22 所示。

② 单击 更改(C)...，打开“计算机名称/域更改”对话框，在“计算机名”框中输入你的计算机名称(如 HAO)，在“工作组”框中输入本局域网的名称(如 WORKER)，如图 5.23 所示。

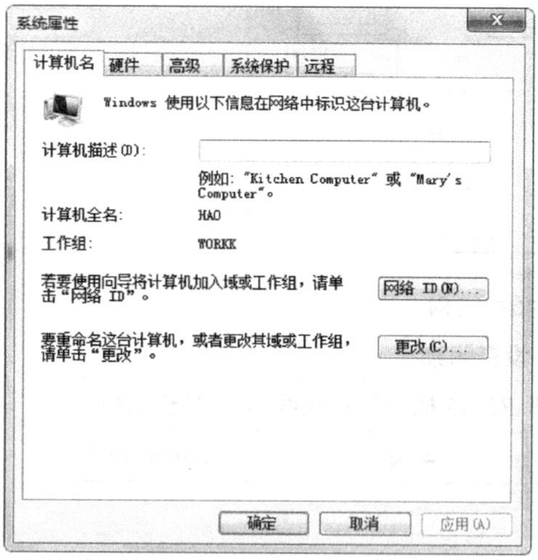

图 5.22 “计算机名”选项卡

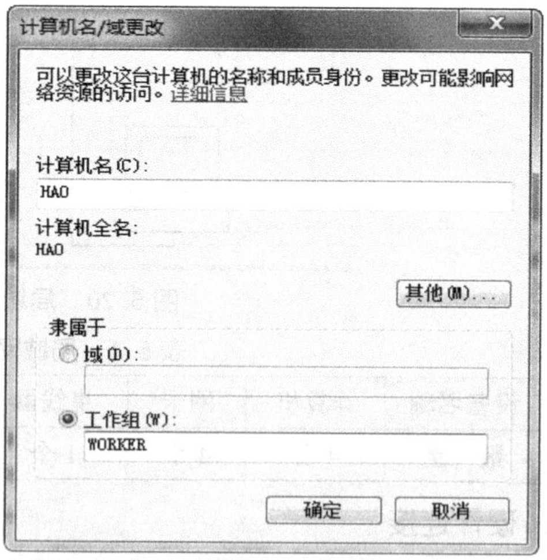

图 5.23 “计算机名/域更改”对话框

请注意

计算机名称可以随意命名，将来在“网络”窗口中看到的就是在“计算机名”对话框中设置的计算机名。

为了避免将来把局域网连入校园网时，与其他局域网名称冲突。在设置工作组名(也就是你的局域网的名称)时，尽量不要用“WORKGROUP”、“WORK”等常见工作组名。

4. 设置网络协议

① 检查网络组件。用鼠标右键单击桌面上的“网络”图标，在弹出的快捷菜单中单击 属性(R)，打开“网络和共享中心”窗口，如图 5.24 所示。在“查看活动网络”区中单击 本地连接 ，打开“本地连接 状态”对话框，单击 属性(P) 按钮，打开“本地连接属性”对话框，如图 5.25 所示。在该对话框中可以看到系统已经安装的网络组件。

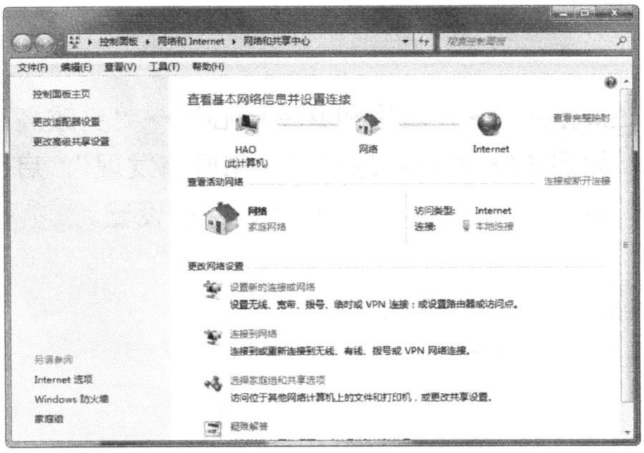

图 5.24 “网络和共享中心”窗口

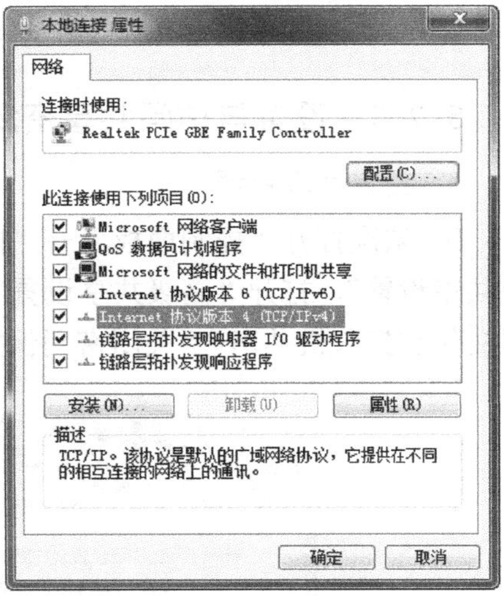

图 5.25 “本地连接 属性”对话框

要正常访问局域网与因特网，至少需要安装三个网络组件：“Microsoft 网络客户端”组件，使计算机能够访问局域网资源；“Microsoft 网络的文件和打印机共享”，使计算机能够向网络提供文件和打印机共享服务，否则本机资源将不能共享出去；如果计算机需要连接到因特网，则必须安装“Internet 协议版本 4 (TCP/IPv4)”组件并进行设置。如果哪个组件没有安装，可以单击 安装(N)... 按钮打开图 5.26 所示“选择网络功能类型”对话框，分别从客户端、服务、协议中选择添加相应的项目。

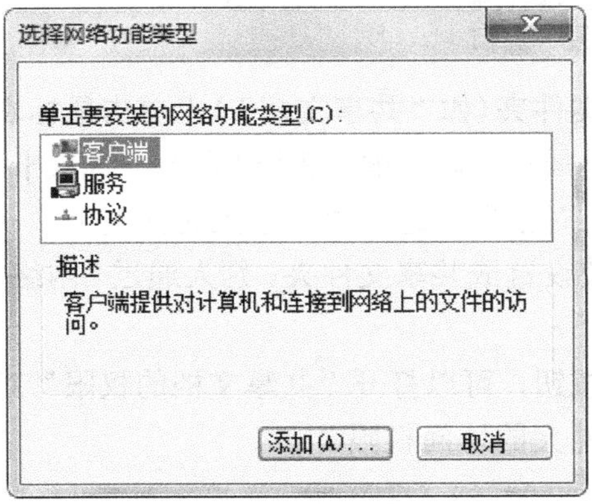

图 5.26 “选择网络功能类型”对话框

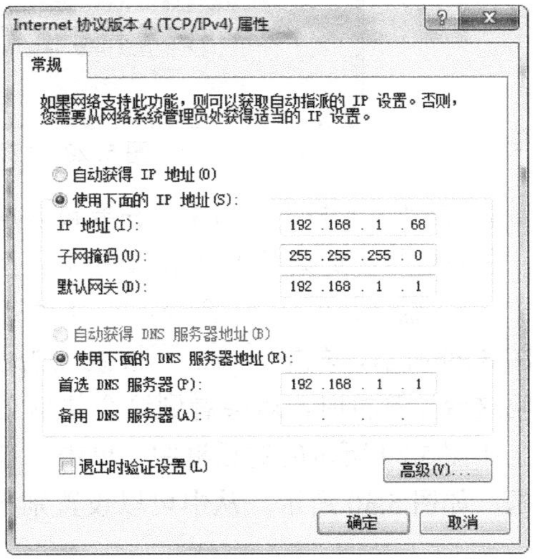

图 5.27 “Internet 协议版本 4 (TCP/IPv4)”对话框

② 设置 IP 地址。在“本地连接 属性”对话框中双击 ☑ Internet 协议版本 4 (TCP/IPv4)，在打开的“Internet 协议版本 4(TCP/IPv4)属性”对话框中输入你的 IP 地址、子网掩码、默认网关与 DNS 服务器，如图 5.27 所示。

请注意 在局域网中，每台计算机的子网掩码、默认网关和首选 DNS 服务器的地址是一样的。局域网中每台计算机的 IP 地址不能相同，在本例中四台计算机的 IP 地址可以是：192.168.1.X，X 为 1～254 中的任意一个数。

5.2.5 设置与访问共享资源

1. 设置共享资源

① 依次打开“控制面板”→“网络和 Internet”→“网络和共享中心”→“更改高级共享设置”，打开“高级共享设置”窗口，如图 5.28 所示；选择“启用网络发现”“启用文件和打印机共享”“关闭密码保护共享”项，单击 保存修改 按钮，保存设置。

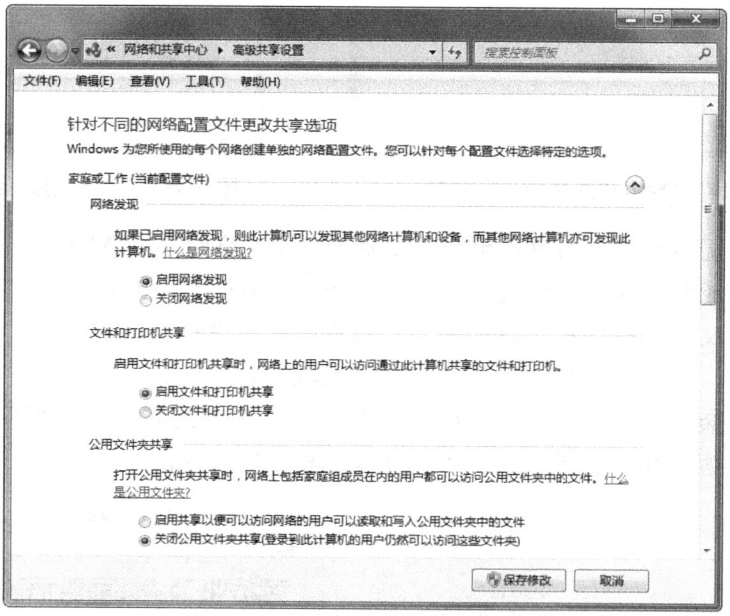

图 5.28 “高级共享设置”窗口

② 在“计算机”窗口中，在要设置成共享的文件夹(如“共享文档”)上单击鼠标右键，在弹出的快捷菜单中单击 属性(R)，打开“文档属性”对话框；选择“共享”选项卡，单击 高级共享(D)... 命令，打开“高级共享”对话框；选中“共享此文件夹”项，如图 5.29 所示，单击 确定 按钮，则此文件夹被设置成共享文件夹。别人通过“网络”访问这台计算机时，就会看到这个共享文件夹。

在图 5.29 所示的对话框中，单击 权限(P) 按钮，可以打开“共享文档的权限”对话框，如图 5.30 所示。从中可以设置别人对该文件夹的访问权限。

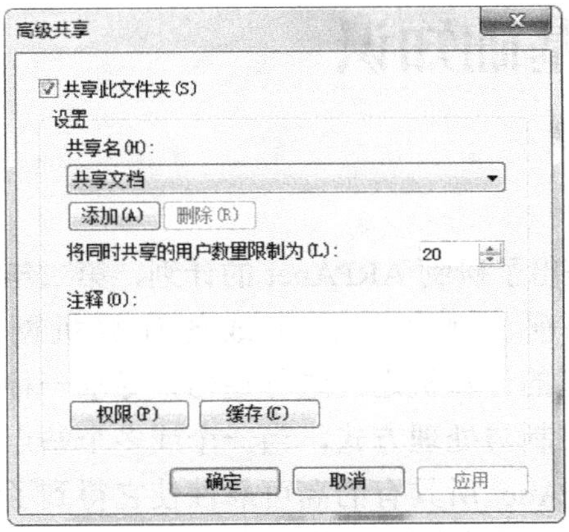

图 5.29　“高级共享”对话框

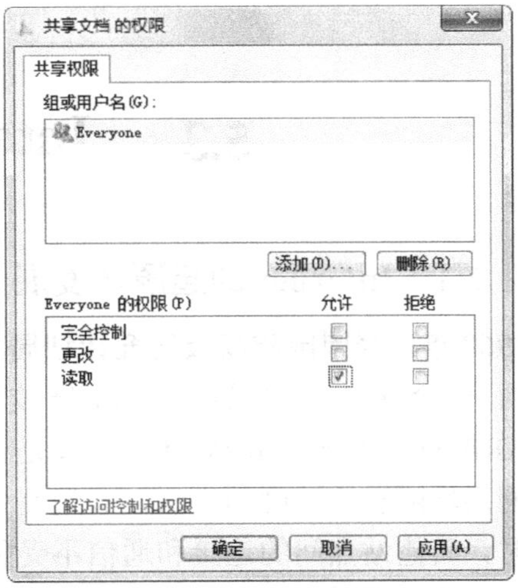

图 5.30　“共享文档的权限”对话框

如果你的计算机上安装了打印机，可用类似的方法将它设置为共享打印机。

2. 访问共享文件夹

① 双击“网络”图标，打开“网络”窗口。可以看到我们组建的寝室对等网中的四台计算机，如图 5.31 所示。

② 双击局域网中的某台计算机(如 MJ)，如果该计算机也使用 Windows 7 操作系统，会弹出“Windows 安全”对话框，输入正确的用户名与密码，就可以进入 MJ 的计算机了。

③ 在图 5.32 所示的窗口中，显示了 MJ 计算机提供的共享资源。双击“mj 的共享文档”文件夹，可以看到该文件夹内的共享资源。

图 5.31　局域网中的计算机

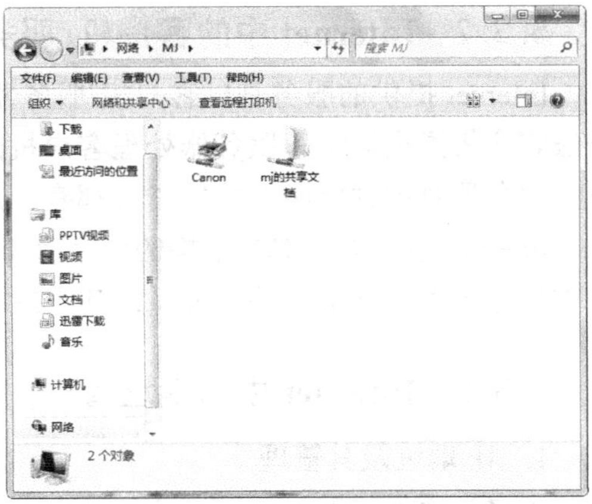

图 5.32　MJ 计算机上的共享资源

5.3 Internet 基础知识

5.3.1 Internet 的起源与发展

1968 年，美国国防高级研究计划局(ARPA)提出了研制 ARPAnet 的计划，第二年就建成了一个由加州大学洛杉矶分校和斯坦福研究所等站点组成的计算机网络——ARPAnet。创建 ARPAnet 的初衷是在不同类型的计算机之间进行通信，寻求一种连接不同局域网和广域网的方法。它采用分布式的控制与处理方式，当一个或多个站点被破坏时，其他站点间的连接和通信不受影响。ARPAnet 所具有的高可靠性使它得到了迅速发展，随着新团体的不断加入，规模越来越大，功能也逐渐完善起来，1983 年，人们正式称以 ARPAnet 为核心的互联网络为 Internet，也叫因特网或国际互联网。

1985 年，美国国家科学基金会 NSF (National Science Foundation)决定建立美国国家科学基金网 NSFnet，该网络成为 Internet 的第二个骨干网。

20 世纪 80 年代以来，由于世界各个国家和地区纷纷加入 Internet 的行列，Internet 成为一个全球性的网络。目前，因特网已经覆盖了全球大部分地区。

我国于 1994 年 4 月正式接入因特网，从此中国的网络建设进入了大规模发展阶段。到 1996 年初，中国的 Internet 已经形成了中国科技网(CSTNET)、中国教育和科研计算机网(CERNET)、中国公用计算机互联网(CHINANET)和中国金桥信息网(CHINAGBN)四大具有国际出口的网络体系。前两个网络主要面向科研和研究机构，后两个网络向社会提供 Internet 服务，以经营为目的，属于商业性质。

5.3.2 Internet 中的客户机/服务器体系结构

Internet 提供的服务是以客户机/服务器模型(Client/Server)为基础的，简称 C/S 结构。一般客户机提出请求，服务器处理客户机的请求，并将处理结果返回给客户机。相对而言，服务器对硬件资源及软件资源都有一定的要求，而对客户机的要求相对简单。

Internet 中常见的 C/S 结构的应用有 Telnet 远程登录、FTP 文件传输服务、HTTP 超文本传输服务、电子邮件服务、DNS 域名解析服务等。

5.3.3 Internet 中的地址管理

1. IP 地址及其管理

为了使连入网络的每一台计算机在通信时能够相互识别，网络中的每一台计算机都分配有一个地址，该地址称为 IP(Internet Protocol)地址。IP 地址用 32 位二进制数表示，例如：

11001010011001101000011001000100

为了便于书写，将每 8 位二进制数用一个十进制数表示，一个 IP 地址用 4 个十进制数表示，各数之间用下圆点隔开。上面这个 IP 地址记为：

202.102.134.68

IP 地址中每个十进制数的取值范围在 0~255 之间。每个 IP 地址占 4 个字节。

一个 IP 地址由网络号和主机号两部分组成。网络号标识该计算机所在的网络，主机号标识网络中的某一台计算机。在上例中，202.102.134 是网络号，68 是主机号。

常用的 IP 地址可分为 3 类，用 IP 地址中的第一个数来区分：

A 类地址的第一个数为 1~127。第一个数是网络号，后三个数是主机号，每个网络可容纳 256×256×256=16 777 216 台主机，适用于大型网络。

B 类地址的第一个数为 128~191。前两个数是网络号，后两个数是主机号，每个网络可容纳 256×256=65 536 台主机，适用于中型网络。

C 类地址的第一个数为 192~223。前三个数是网络号，最后一个数是主机号，每个网络可容纳 256 台主机，适用于小型网络。

在因特网中，所有主机的地位都是平等的，与处于哪一类网络中无关。主机的功能取决于本身的软硬件配置、信息资源和通信能力，与所在网络的级别无关。

为了保证因特网中每台主机的 IP 地址的唯一性，IP 地址必须向有关的管理机构申请才能取得。IP 地址的分配管理机构分为以下三级：

中央管理机构 IANA（Internet Assigned Number Authority）：负责全球因特网上的 IP 地址编号分配并制定政策。

地区级的因特网注册机构：IANA 将部分 IP 地址分配给地区级的因特网注册机构，由它负责本地区 IP 地址的登记注册服务。目前全世界共有 3 个地区级的因特网注册机构：位于美国的 ARIN，主要负责北美地区；位于荷兰的 RIPE NIC，主要负责欧洲地区；位于澳大利亚的 APNIC，主要负责亚太地区。

本地级的因特网注册机构：一般是以国家为单位设立的，它为本国的因特网服务机构（简称 ISP）或用户服务，向地区级的因特网注册机构申请 IP 地址。

一般的企业或部门可通过当地的 ISP 申请 IP 地址。

相关知识

用 32 位二进制数表示 IP 地址是 IP 协议第 4 版（简称 IPv4）规定的，大约可标识 1 亿个 IP 地址。IPv4 从 1970 年开始被因特网采用，至今已使用了 40 多年。由于因特网用户不断增加，IP 地址变得不够用了。为了解决这个问题以及 IPv4 的一些缺陷（例如很难根据 IP 地址确定主机的物理位置和在网络中的位置，不利于路由选择），IP 协议的第 6 版（简称 IPv6）已经颁布并开始实施。IPv6 用 128 位二进制数表示 IP 地址，大大扩充了 IP 地址空间，而且把 IP 地址和主机在网络中的位置联系起来，方便了数据传输时的路由选择。

2004 年，我国第一个采用 IPv6 协议的主干网 Cernet2 已经正式开通并提供服务。

2. 域名系统及域名解释

对用户来说，直接使用由一串数字组成的 IP 地址既不方便，也不容易记忆。因此人们用具有一定含义的、容易记忆的一串字符来代替 IP 地址，这串字符称为主机域名(Domain Name)或主机名，简称域名。例如，北京大学 WWW 网站主机的 IP 地址是：124.205.79.6，它对应的主机域名是：www.pku.edu.cn。

主机域名与邮政地址很相似。当我们邮寄一封国际信件时，邮件地址中包括国家、省(或州)、城市、单位名称(或街道门牌号)等几部分，每个部分表示一定的地域范围。因特网中的主机域名也是由几个表示不同地域范围或行业范围的域名组成的，各级域名之间用下圆点分隔。例如：

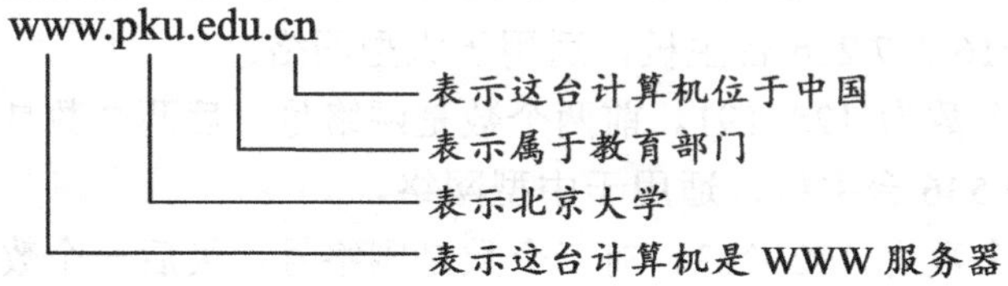

组成主机域名的各级域名，按照它所代表的地域范围或行业范围的大小，从右向左排列。排在最右侧的域名称为顶级域名。顶级域名有“地区域名”和“行业域名”两种。

“地区域名”用两个字母代表国家或地区，见表 5.2。

表 5.2 地区域名(部分)

域 名	国家或地区	域 名	国家或地区
au	澳大利亚	it	意大利
be	比利时	jp	日本
br	巴西	kr	韩国
ca	加拿大	mo	中国澳门
cl	智利	my	马来西亚
cn	中国	nl	荷兰
de	德国	pl	波兰
dk	丹麦	pt	葡萄牙
es	西班牙	ru	俄罗斯
fr	法国	sg	新加坡
gr	希腊	tw	中国台湾
hk	中国香港	uk	英国
in	印度	us	美国

“行业域名”一般用 3～4 个字母代表所从事的行业，见表 5.3。

表 5.3 行业域名

域 名	含 义	域 名	含 义
com	商业机构	net	网络服务机构
edu	教育机构	org	各种非营利机构
gov	政府机构	int	国际组织
mil	军事部门	info	信息机构

目前有许多网站用“行业域名”作为顶级域名，这些网站的服务范围通常是国际性的，例如：

中央电视台的主机域名是 www.cctv.com

中国青少年新世纪读书网的主机域名是 www.cnread.net

一个主机域名只能对应唯一的 IP 地址，因此主机域名不能重复。当一个部门或组织需要在因特网上拥有自己的主机域名时，必须向因特网管理机构登记、申请。

自 1998 年起，全球域名的管理职责由 ICANN（Internet Corporation for Assigned Names and Numbers）承担，它是国际性的因特网域名与地址管理机构，其网址为 http://www.icann.org。

中国互联网络信息中心 CNNIC（China Internet Network Information Center）是中国的因特网管理和服务机构，它的主要职责是域名注册、IP 地址分配、目录数据库服务、互联网调查及相关的信息服务、网站访问流量认证等。CNNIC 的网址为 http://www.cnnic.net.cn。

上网时，人们通常都不使用 IP 地址，而是使用主机域名。但计算机只能识别用二进制表示的 IP 地址，对于用户输入的主机域名，需要由域名服务器将它翻译成 IP 地址，这个翻译过程称为域名解析。

域名解析是由域名服务器完成的，在域名服务器中存放了域名与 IP 地址的对照表。各域名服务器只负责其主管范围的解析工作。当用户输入主机的域名时，负责管理的计算机就把域名送到域名服务器上，由域名服务器把域名翻译成相应的 IP 地址，然后连接到该主机。同一个 IP 地址可以有若干个不同的域名，但每个域名只能有一个 IP 地址与之对应，就像每个人可以有一个以上电话号码，但一个电话号码只对应一个人。

相关知识

在 MS-DOS 方式下，输入

Ping 主机域名

按回车键后，从返回信息中即可得到该主机域名对应的 IP 地址，如图 5.33 所示。

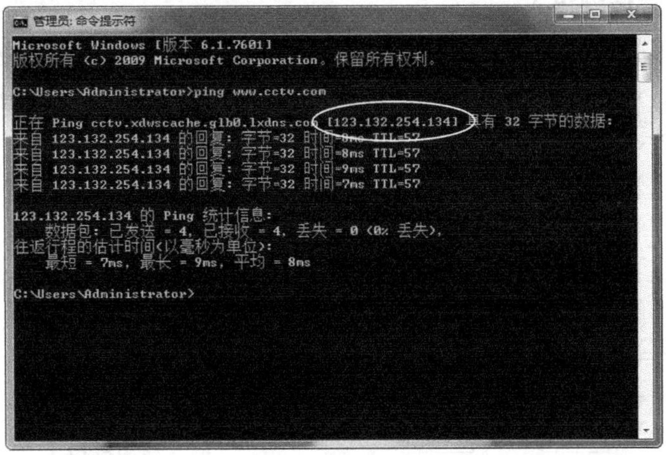

图 5.33　获取主机域名对应的 IP 地址

5.3.4 接入因特网的方式

灵活多样的接入方式是因特网获得高速发展的重要原因。目前常见的接入因特网的方式有以下几种。

1. ADSL 接入

ADSL 的中文名称是非对称数字用户线路(Asymmetric Digital Subscriber Line)。采用这种方式接入时，客户机上要安装语音分离器和 ADSL-Modem 等客户端设备，连接方法见图 5.34。

ADSL 是一种利用普通电话线实现高速上网的方法，上行(从客户机到服务器)传输速率在 640Kbps~1Mbps 左右，下行(从服务器到客户机)传输速率为 1M~8Mbps，而且可以一边上网一边打电话。

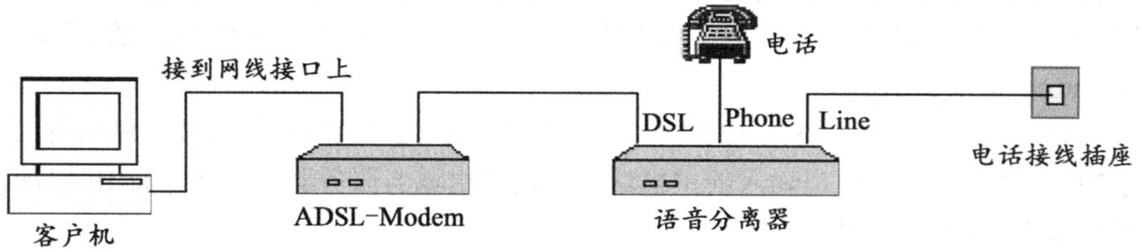

图 5.34　ADSL 接入因特网

2. 利用有线电视网接入

中国有线电视网(CATV)非常普及，其用户已达到几千万户。通过 CATV 接入 Internet，速率可达 10Mb/s。这种入网方式也可以是不对称的，下行速率可以高于上行速率。

CATV 接入 Internet 采用总线拓扑结构，多个用户共享给定的宽带，所以当共享信道的用户数增加时，传输性能会下降。

采用 CATV 接入需要安装 Cable Modem(电缆调制解调器)。

3. 局域网接入

如果用户位于某个局域网的覆盖范围内，并且该局域网已经通过路由器接入 Internet，用户计算机可以通过接入该局域网来获得 Internet 接入。对于上网需求比较密集的园区、居民区等环境，局域网接入是最理想的接入方式，如图 5.35 所示。

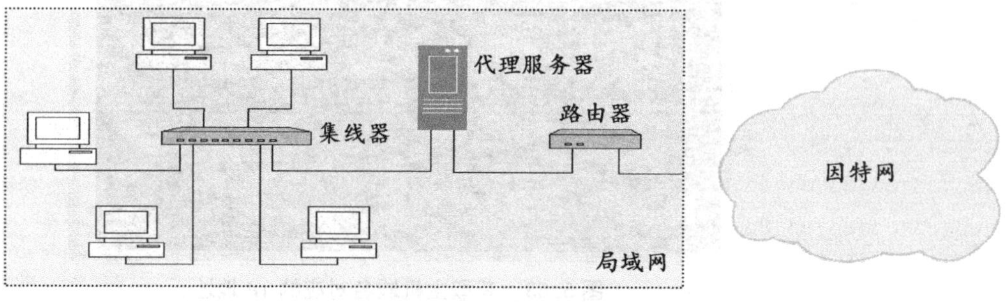

图 5.35　局域网接入

这种接入方式可以充分利用 Internet 线路资源，局域网中所有用户的 Internet 访问请求通过各级交换机汇聚到核心交换机上，再经路由器通过一条由上级 ISP 提供的带宽较高的 Internet 线路(光纤、数字专线等)，进入 Internet。由于所有局域网用户共享一条出口线路，出口带宽和同时在线用户的数量是影响 Internet 访问速度的两个重要因素。

目前，联通、电信、长城宽带等网络运营商管理的居民区局域网(也就是俗称的小区宽带)考虑到计费的需求，大多数都是通过使用 PPPoE(虚拟拨号)软件来进行用户名、密码验证以及 TCP/IP 参数动态分配。随着中国城镇化水平的提高和上网用户数目的快速增长，光纤到楼、交换机到单元、网线入户的小区宽带上网方式已经逐渐普及，成为性价比最高的首选 Internet 接入方式。

4. 无线方式

无线接入方式是指从计算机到 ISP 交换节点之间，部分或全部采用无线传输的接入技术。无线接入的最大好处是可移动性，配合笔记本电脑等移动数字设备可以实现随时随地方便地接入 Internet。

目前，个人用户通过无线接入 Internet 的方式主要有两类。一类是通过移动通信网络，例如 3G 上网，只要在计算机 USB 接口上插一个放置了 USIM 卡的 3G 上网卡即可。另一类则是 WiFi 上网，通过周边的无线 AP(Access Point，即无线接入点)上网，这其实也是一种局域网接入方式：计算机通过无线网卡、无线 AP 或无线路由器组成无线局域网(WLAN)，无线局域网再通过 ADSL 等有线接入方式或者 3G 等无线接入方式接入 Internet，如图 5.36 所示。

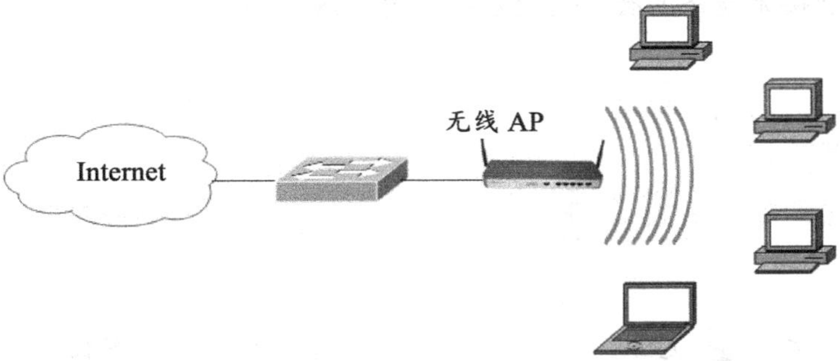

图 5.36 通过无线局域网接入 Internet

以上介绍了几种较为常用的 Internet 接入方式，此外还存在一些特定运营商使用的接入技术，如使用有线电视线路上网的 Cable Modem 接入，利用光纤、微波或卫星传输信息的 DDN(数字数据网)接入，使用电话线路的 ISDN(综合业务数字网)接入，等等。

5.3.5 通过路由器接入因特网

路由器可以为计算机、手机等终端提供有线和无线网络服务，路由器连接宽带线路后，所有的终端就可以通过路由器上网。首次安装路由器后要对它进行设置，设置前必须把计算机与路由器用网线连接起来，还要知道两个参数：一个是路由器的 IP，另一个是路由器的用户名和密码。一般路由器默认的 IP 是 192.168.1.1 或者 192.168.0.1，用户名和密码都是 admin。

1. **无线路由器的接线方式**

路由器虽然有许多不同的种类，但是接线方式基本都相同，下面简单介绍路由器、计算机和外部网线的几种接线方式。

① 电话线入户。网络运营商提供的入户线路为电话线，需要先连接 ADSL 调制解调器(俗称 ADSL 猫)，再连接无线路由器，接线方式如图 5.37 所示。

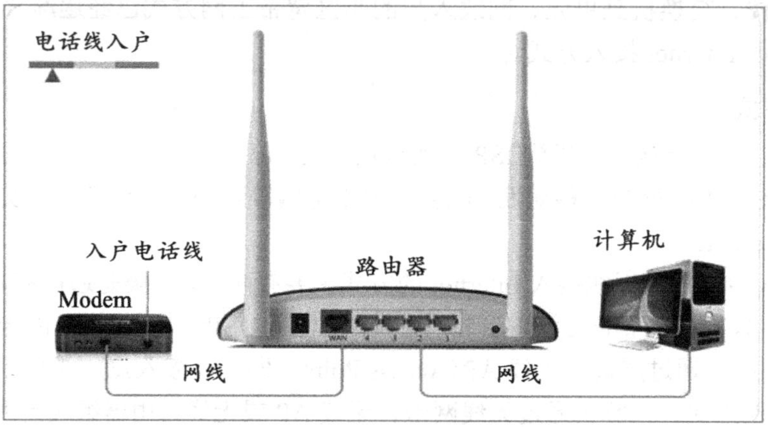

图 5.37 电话线入户接线方式

② 光纤入户。网络运营商提供的入户线路为光纤，需要先连接光纤调制解调器(俗称光纤猫)，再连接无线路由器，接线方式如图 5.38 所示。

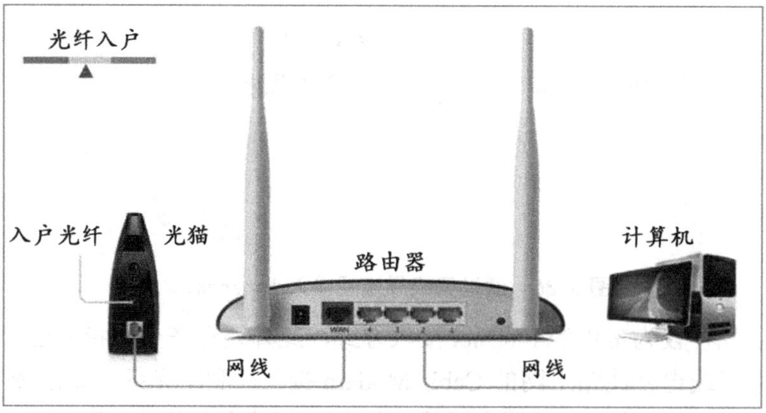

图 5.38 光纤入户接线方式

③ 网线入户。网络运营商通过网线直接提供宽带服务，接线方式如图 5.39 所示。

线路连好后，路由器的 WAN 口和网线连接计算机的 LAN 口对应的指示灯都会常亮或闪烁，如果相应端口的指示灯不亮或计算机桌面上的网络图标上显示叉号，则表明线路连接有问题，这时应进行检查，确认网线连接是否牢固或换一根网线试一试。

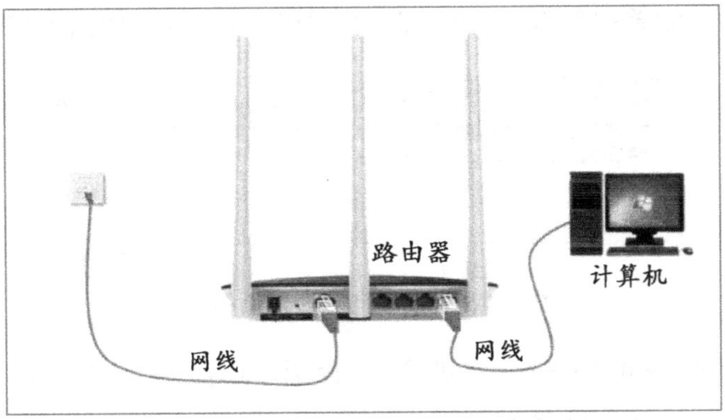

图 5.39　网线入户接线方式

2. 设置无线路由器

下面以 TP-LINK 路由器的设置为例，了解如何设置路由器。假设路由器已和计算机及外部网线接好，路由器的 IP 是 192.168.1.1，用户名和密码是 admin。

① 启动 IE 浏览器，在地址栏中输入“192.168.1.1”后敲 Enter 键，弹出登录界面，输入用户名和密码，如图 5.40 所示。

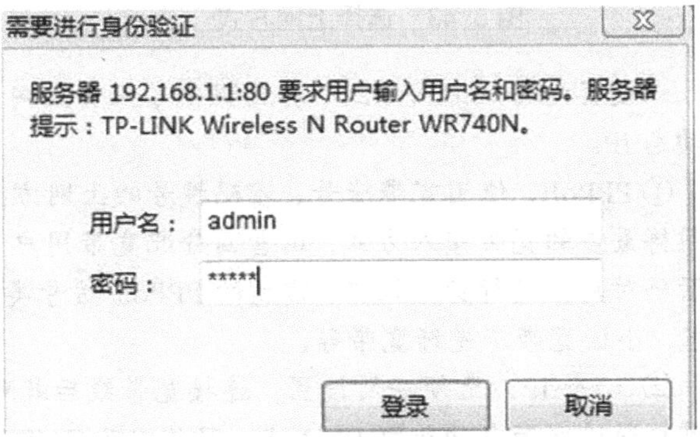

图 5.40　登录界面

② 单击 登录 ，进入路由器的管理界面，如图 5.41 所示。

图 5.41　路由器管理界面

③ 单击左侧的“设置向导”，弹出“设置向导”对话框，如图 5.42 所示。

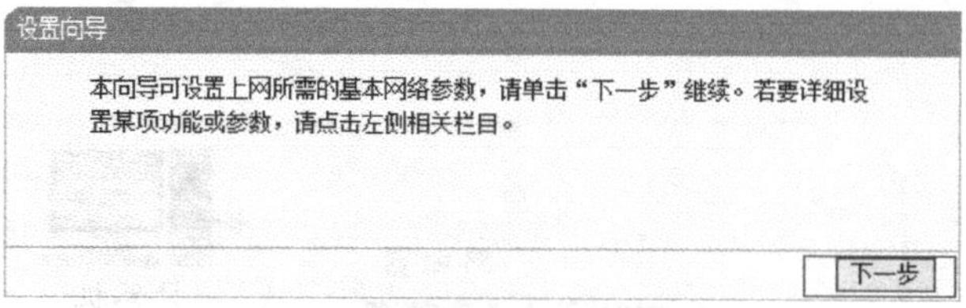

图 5.42 “设置向导”对话框

④ 单击对话框中的 下一步 ，进入“设置向导—上网方式”界面，选择 ◉PPPoE（ADSL虚拟拨号），如图 5.43 所示。

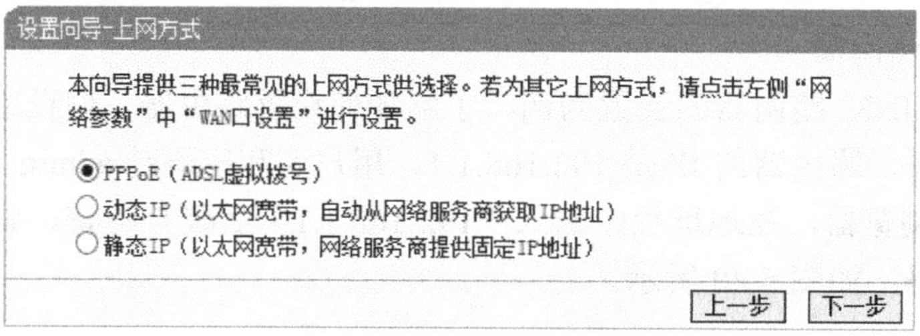

图 5.43 选择上网方式

相关知识

“设置向导—上网方式”界面提供了三种上网方式：PPPoE、静态 IP 和动态 IP。

① PPPoE：使用宽带账号、密码拨号的上网方式。宽带拨号接入是当前用得最多的宽带接入方式，运营商分配宽带用户名和密码，通过用户名和密码对用户进行身份认证。常见的 PPPoE 拨号类型宽带有 ADSL、我的 E 家、小区宽带、光纤宽带等。

② 动态 IP：无须任何设置，连接宽带线后就可以上网的上网方式。计算机通过宽带自动获取 IP 地址、网关以及 DNS 地址。

③ 静态 IP：需要在计算机上手动设置 IP 地址等参数的上网方式，由运营商提供固定的 IP 地址、子网掩码、网关及 DNS 地址。

⑤ 单击 下一步 ，进入图 5.44 所示的界面，在此输入运营商提供的宽带账号和密码（口令）。

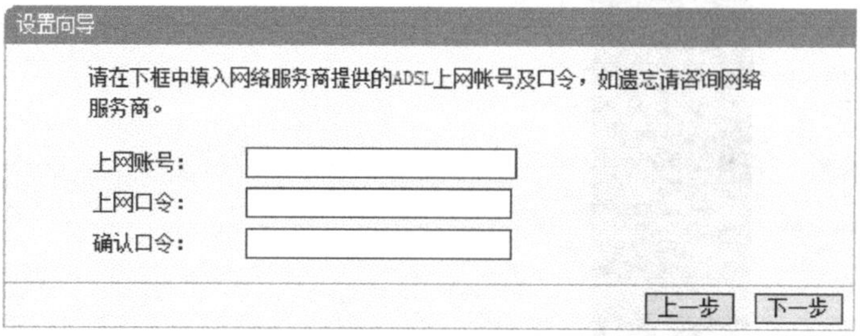

图 5.44 输入上网账号和密码（口令）

⑥ 单击 下一步 ，进入“设置向导—无线设置”界面，在“无线安全选项”栏中选

择“WPA-PSK/WPA2-PSK”加密方式，填入密码(本例填入 19751102)，如图 5.45 所示。

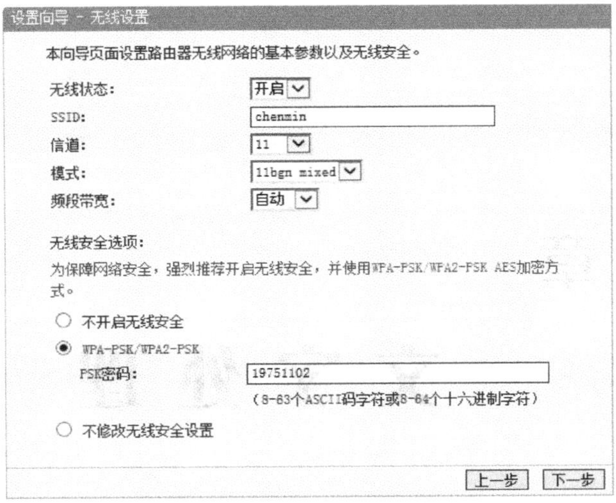

图 5.45 “无线设置”对话框

⑦ 单击下一步，弹出“设置完成”提示框，如图 5.46 所示，单击完 成，路由器自动重启，就完成了设置。

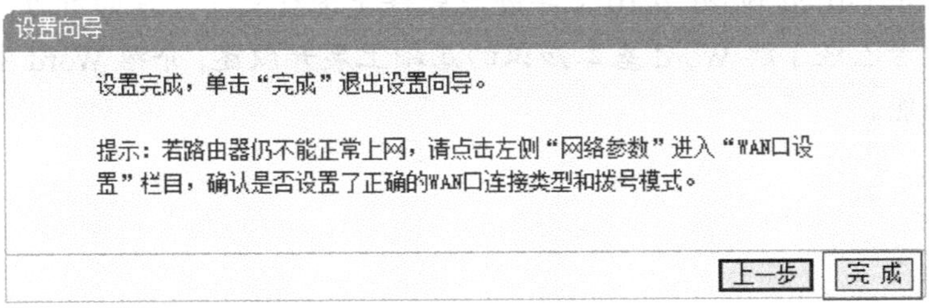

图 5.46 “设置完成”提示框

习 题 5

1. 什么是计算机网络？计算机网络的最基本功能有哪些？
2. 按照网络的覆盖范围划分，计算机网络可分为几类？校园网属于哪一类网络？
3. 什么是调制与解调？在计算机网络中什么设备兼有调制与解调的功能？
4. 简述通信子网与资源子网的概念。
5. 计算机网络中的主要传输介质有哪些？
6. 路由器的作用是什么？无线 AP 的作用是什么？
7. TCP/IP 协议分几层，各层的功能是什么？
8. 局域网的基本拓扑结构有哪些？星形结构的优缺点是什么？

第6章 文字处理

Microsoft Office Word 2010 文字处理软件是进行文字处理的有力工具。本章在一般读者已经了解 Word 基本知识的基础上展开叙述，介绍 Word 中一些相对高级的功能。

6.1 制作求职自荐信

6.1.1 新建文档

1. 创建空白文档

Word 启动后，会自动新建一个名为“文档 1.docx”的空白文档，这时就可以在插入点光标处输入文字了。还可以选择以下方法新建空白文档。

① 在 Word 窗口中单击“文件”选项卡中的新建命令，如图 6.1 所示；在“可用模板”窗格中单击“空白文档”，再单击“创建”按钮。

② 按键盘上的 Ctrl+N 键。

2. 使用模板新建文档

利用模板可以快速创建出外观精美、格式专业的文档。方法是：

① 打开“文件”选项卡，单击新建命令，在“可用模板”窗格中单击“样本模板”

命令，在打开的“样本模板”列表框中列出了 Word 提供的模板类型，选择一种所需要的模板(这里选择“基本简历”)，在窗口右侧会出现此模板的预览效果，如图 6.2 所示。

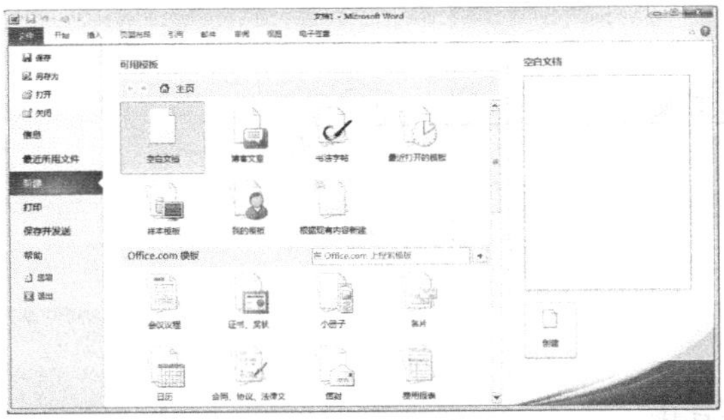

图 6.1　“可用模板”界面

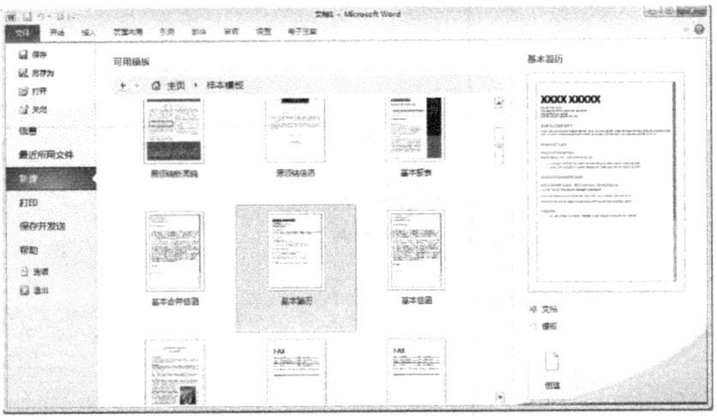

图 6.2　选择模板类型

② 单击“创建”按钮，即可生成一个新的文档，在此模板文档的基础上进行修改，可以形成自己的文档，如图 6.3 所示。

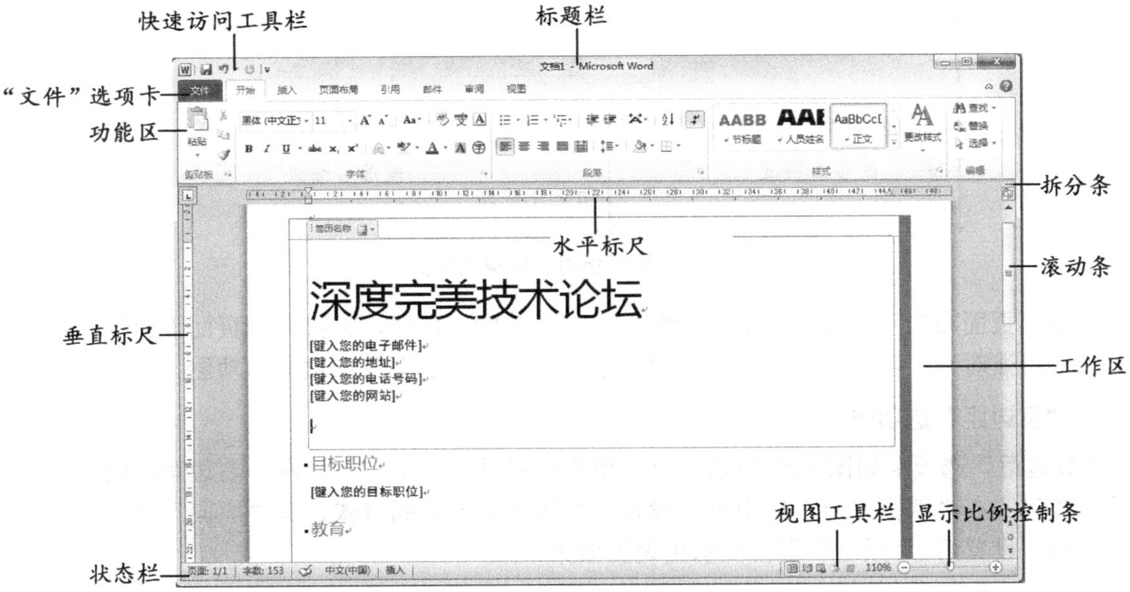

图 6.3　根据模板生成的文档

Word 预设的样本模板数量有限，要想找到更多的模板，可以在“可用模板”窗格的 office.com 模板中下载。

6.1.2　页面设置

在创建文档时，Word 会预设一个默认的页面，也可以按照自己的要求设置页面，设置页面时涉及的各种数据的含义如图 6.4 所示。

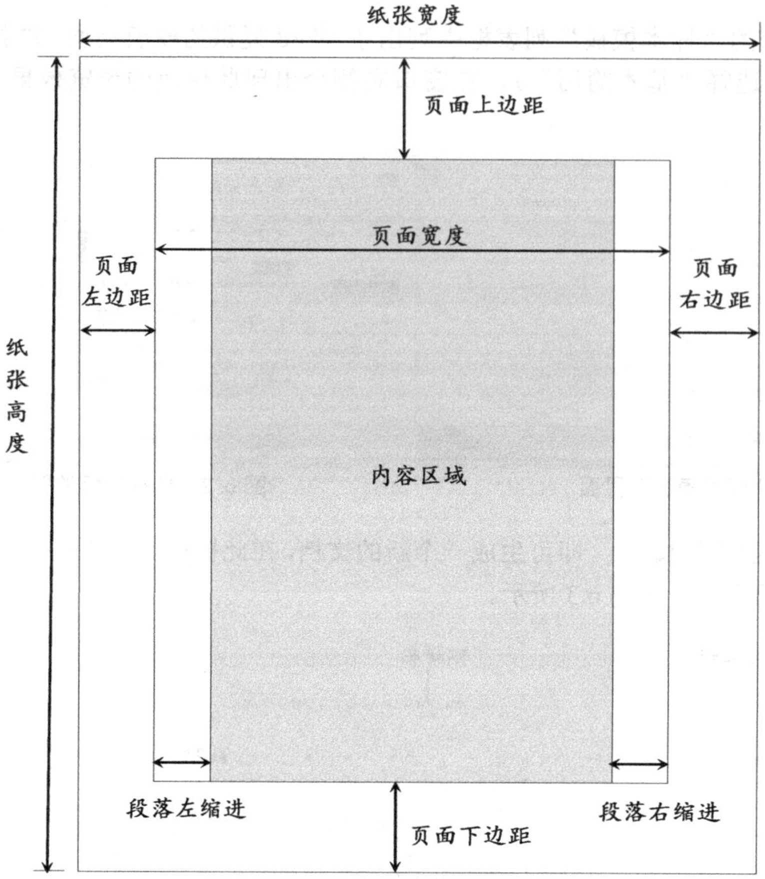

图 6.4　设置页面时各数据的含义

单击“页面布局”选项卡“页面设置”组右下方的 按钮，将打开“页面设置”对话框，使用该对话框可以对页面进行设置。下面介绍对话框中各选项卡的功能。

1. “页边距”选项卡

“页边距”选项卡如图 6.5 所示，可以用来设置页面的上、下、左、右边距，装订线的位置等。在“纸张方向”栏中可以设置页面所采用的布局方式，有“纵向”和“横向”两种。设置后，“预览”栏会显示出设置效果。

2. “纸张”选项卡

“纸张”选项卡如图 6.6 所示，可以在“纸张大小”框中设置纸张大小。除了 Word 提供的现成的纸张格式外，打开“纸张大小”下拉列表，选中“自定义大小”选项后，可以在“宽度”“高度”框中进行设置，自定义纸张大小。

3. “版式”选项卡

“版式”选项卡如图 6.7 所示。如果在“页眉和页脚”栏选中“奇偶页不同”，可以分别设置奇数页和偶数页的页眉页脚，使它们呈现不同的效果；在“距边界”右面的“页眉”或“页脚”框中，可以设置页眉、页脚和边界的距离，页眉、页脚和边界的距离应小于上、下页边距，否则，页眉、页脚的内容会进入正文范围。

使用“垂直对齐方式”框，可以设置页面对齐方式；单击 边框(B)... 按钮，可以打开“边框和底纹”对话框，设置页面的边框和底纹。

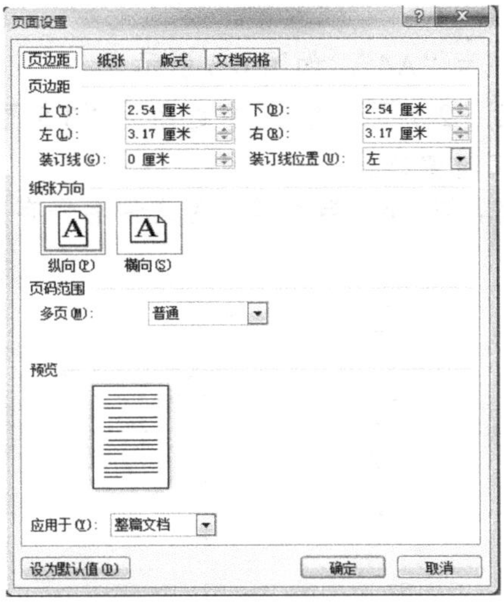

图 6.5 “页边距”选项卡

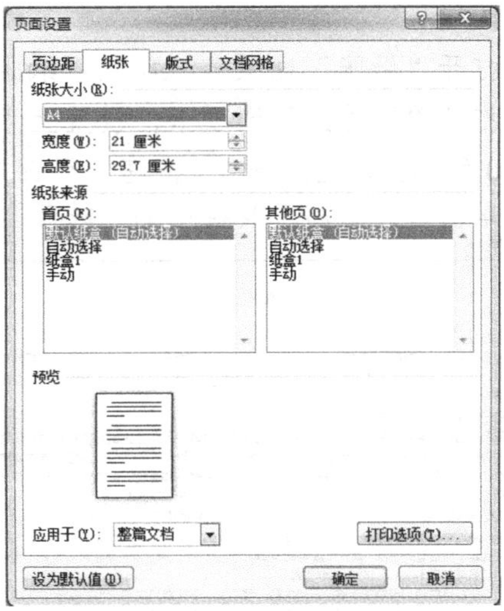

图 6.6 “纸张”选项卡

4. “文档网格”选项卡

“文档网格”选项卡如图 6.8 所示。在“文字排列”栏可以设置正文文字的排列方向和分栏数。选中“指定行和字符网格”单选项，可以设置每行有多少个字符，每页有多少行；选中“只指定行网格”单选项，可以设置每页包含多少行。设置了每行字数和每页行数后，Word 会自动调整字距和行距以适应要求。

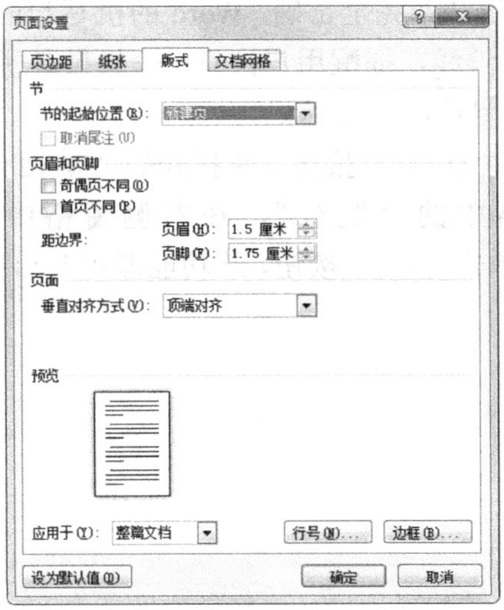

图 6.7 “版式”选项卡

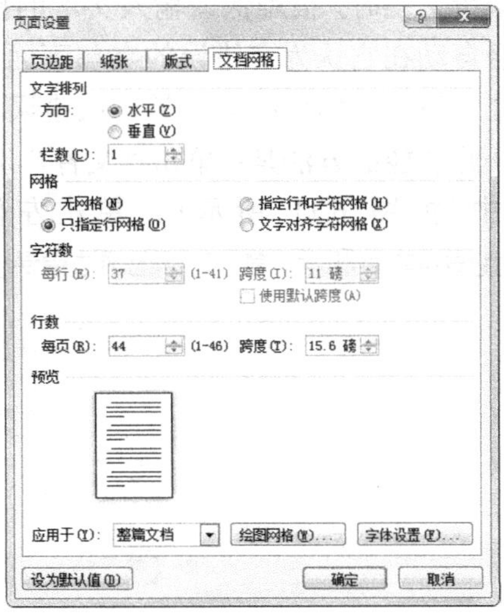

图 6.8 “文档网格”选项卡

【例 6.1】新建“自荐信”文档，对文档进行版面设置，要求：“纸张大小”为“A4”，上下页边距为“2.3 厘米”，左右页边距为“3.5 厘米”，以“6.1 自荐信”为文件名保存文档。

① 启动 Word，在文档中输入“自荐信”的内容，如图 6.9 所示。

② 单击“页面布局”选项卡“页面设置”组右下方的按钮，打开“页面设置”对话框。

③ 打开“纸张”选项卡，设置“纸张大小”为“A4”，如图 6.6 所示。

④ 打开“页边距”选项卡，设置上下边距为“2.3 厘米”，左右边距为“3.5 厘米”，如图 6.10 所示；单击 确定 按钮，返回 Word 编辑窗口。

⑤ 单击快速访问工具栏中的“保存”按钮，以“6.1 自荐信”为文件名保存文档。

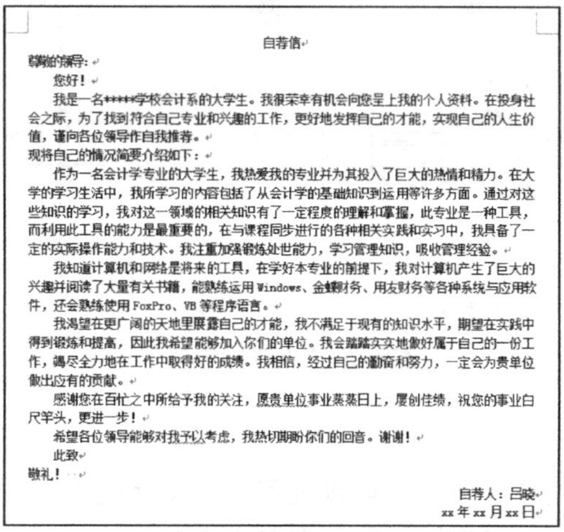

自荐信

尊敬的领导：

您好！

我是一名*****学校会计系的大学生。我很荣幸有机会向您呈上我的个人资料。在投身社会之际，为了找到符合自己专业和兴趣的工作，更好地发挥自己的才能，实现自己的人生价值，谨向各位领导作自我推荐。

现将自己的情况简要介绍如下：

作为一名会计学专业的大学生，我热爱我的专业并为其投入了巨大的热情和精力。在大学的学习生活中，我所学习的内容包括了从会计学的基础知识到运用等许多方面。通过对这些知识的学习，我对这一领域的相关知识有了一定程度的理解和掌握，此专业是一种工具，而利用此工具的能力是最重要的，在与课程同步进行的各种相关实践和实习中，我具备了一定的实际操作能力和技术。我注重加强锻炼处世能力，学习管理知识，吸收管理经验。

我知道计算机和网络是将来的工具，在学好本专业的前提下，我对计算机产生了巨大的兴趣并阅读了大量有关书籍，能熟练运用 Windows、金蝶财务、用友财务等各种系统与应用软件，还会熟练使用 FoxPro、VB 等程序语言。

我渴望在更广阔的天地里展露自己的才能，我不满足于现有的知识水平，期望在实践中得到锻炼和提高，因此我希望能够加入你们的单位。我会踏踏实实地做好属于自己的一份工作，竭尽全力地在工作中取得好的成绩。我相信，经过自己的勤奋和努力，一定会为贵单位做出应有的贡献。

感谢您在百忙之中所给予我的关注，愿贵单位事业蒸蒸日上，屡创佳绩，祝您的事业白尺竿头，更进一步！

希望各位领导能够对我予以考虑，我热切期盼你们的回音。谢谢！

此致

敬礼！

自荐人：吕晓

xx 年 xx 月 xx 日

图 6.9　输入文档

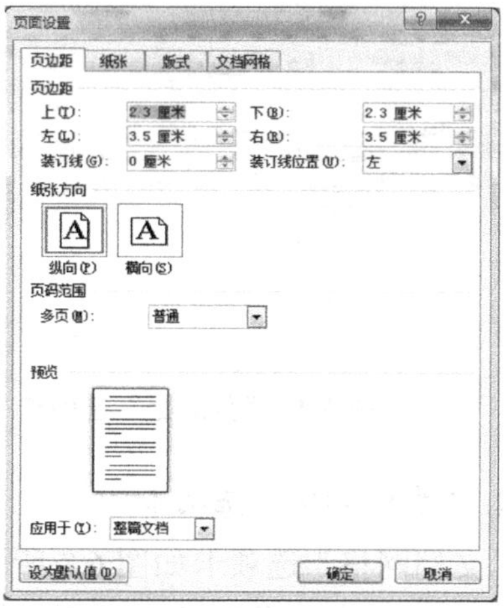

图 6.10　设置页边距

6.1.3　拼写和语法检查

在编辑文档时，很难保证输入文本的拼写和语法都完全正确，Word 的拼写和语法检查功能会自动在它认为有错误的字句下面加上波浪线，提醒用户注意——如果是拼写错误，用红色波浪线标记；如果是语法错误，则用绿色波浪线标记。

打开此功能的方法是：单击“文件”选项卡中的 选项 按钮，在打开的“Word 选项”对话框中（如图 6.11 所示），单击左侧窗格中的“校对”，在右侧窗格中选中 ☑ 键入时检查拼写(P) 和 ☑ 键入时标记语法错误(M) ，单击 确定 按钮，此功能即可开启工作。

图 6.11　“Word 选项”对话框

6.1.4 设置文字和段落格式

1. 设置文字格式

使用“开始”选项卡“字体”组中的相应按钮，可以设置文字的字体、字号、加粗、倾斜、加下划线等。

单击“开始”选项卡“字体”组右下角的按钮，在弹出的“字体”对话框中也可以设置文字的格式，如图6.12所示。

2. 设置段落格式

段落格式主要是指段落前后间距的大小、行距大小、段落的缩进方式、段落编号和项目符号等。段落结束标记↵中包含本段落格式的设置要素，如果删除了某一段的段落标记，则该标记对应段落的格式将和下一段的段落格式一致。

一般情况下，在设置段落前应先选定段落，包括该段的段落结束标记，这样可以避免复制移动文本时丢失格式。如果没有选定段落，则只对当前段落(插入点光标所在的段落)进行格式设置。

单击“开始”选项卡“段落”组中的按钮，可以将选定段落分别设置为左对齐、居中、右对齐、两端对齐、分散对齐；用按钮可以设置段落间距和行间距；用按钮可以减少或增加段落的缩进量，每单击一次，将减少或增加一个字符的缩进量。

还可以通过以下两种方法设置段落格式：

① 单击“开始”选项卡“段落”组右下角的按钮，在弹出的“段落”对话框中也可以设置段落的格式，如图6.13所示。

② 在“页面布局”选项卡的“段落”组中，单击“缩进”和“间距”框右侧的微调按钮，也可以设置段落缩进方式和段落前后间距。

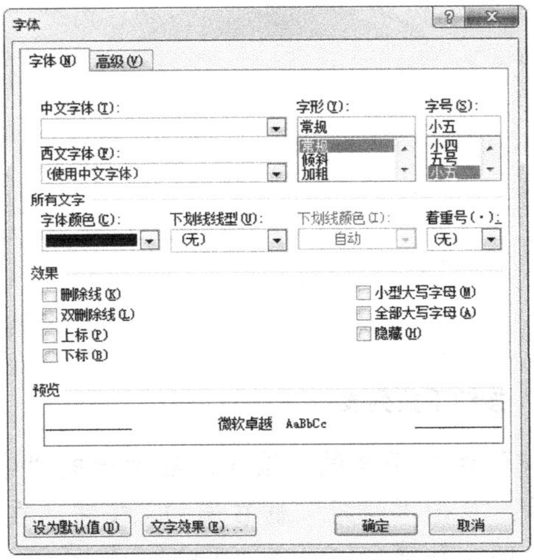

图6.12 “字体”对话框

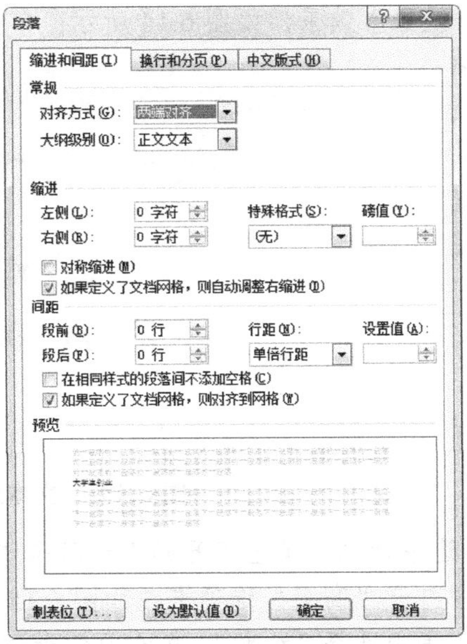

图6.13 “段落”对话框

3. 使用格式刷设置格式

如果已经对某段文字设置了格式，可以使用“开始”选项卡“剪贴板”组中的格式刷按钮，快速地将其他文字也设置成相同的格式。具体做法如下：

① 选定已设置了格式的文本。

② 单击格式刷按钮，鼠标指针变为形。

③ 将鼠标指针移到要设置格式的文本开始处，拖动鼠标直到要设置格式的文本结束处松开左键，就可以把相关文字设置成选定文字的格式。

按上述方法操作，格式刷只能使用一次。如果想多次使用格式刷，应双击格式刷按钮，此时“格式刷”就可以使用多次。如果要取消“格式刷”功能，只要再次单击格式刷按钮或按Esc键即可。

4. 清除格式

按Ctrl+Shift+Z组合键，或单击“开始”选项卡“字体”组中的“清除格式”按钮，可以清除选定文字的格式。

【例 6. 2】打开“6.1 自荐信”文档，将标题“自荐信”设置为华文中宋、小初号、深红色，文本效果为“渐变填充－紫色，强调文字颜色 4，映像”，居中对齐，字符间距加宽 2 磅；将称呼设置为隶书、小二号、加粗；将信的正文设置为华文新魏、四号；段落格式为：每段首行缩进 2 个字符，段前 0.2 行，行距为固定值 16 磅；“此致，敬礼！”的格式为黑体、四号；落款的格式为黑体、四号、右对齐。

① 启动 Word，执行“文件”→“打开”命令，打开“自荐信”文件。

② 选定标题“自荐信”，单击“开始”选项卡“字体”组宋体右端的按钮，在字体下拉列表中选择“华文中宋”，单击五号右端的按钮，在字号下拉列表中选择“小初”，单击“文本效果”按钮，在下拉列表中选择“渐变填充－紫色，强调文字颜色 4，映像”效果，如图 6.14 所示；单击“段落”组中的“居中”按钮，设置标题居中对齐。

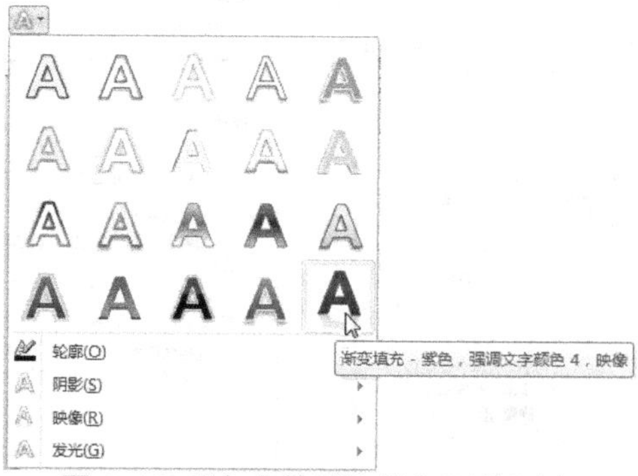

图 6. 14 “文本效果”按钮下拉列表

③ 选中标题，单击“开始”选项卡“字体”组右下角的按钮，在弹出的“字体”对话框中打开“高级”选项卡，如图 6.15 所示；单击“间距”框右端的按钮，在打开的下拉列表中选择“加宽”，在右边的微调框中输入加宽的磅值为“2 磅”，单击确定按钮。

④ 选定“尊敬的领导:”几个字，仿照步骤②，设置其文字格式为隶书、小二号，单击“字体”组中的“加粗”按钮 **B**，设置文字加粗显示。

⑤ 选定信的正文，设置文字格式为华文新魏、四号；单击“段落”组右下角的 按钮，打开“段落”对话框，在“常规”栏的“对齐方式”下拉列表中选择“两端对齐”，在“缩进”栏的“特殊格式”下拉列表框中选择“首行缩进”，在其右面的“磅值”框中选择“2 字符”；在“间距”栏的“段前”框中输入“0.2 行”，在“行距”框中选择“固定值”，在其右面的“设置值”框中输入“16”，如图 6.16 所示；单击 确定 按钮。

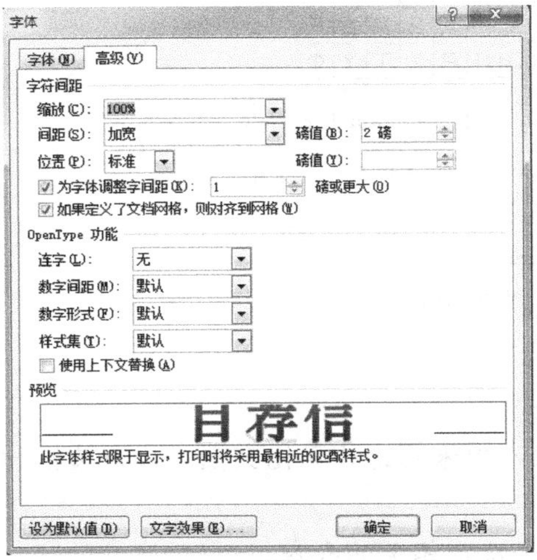

图 6.15　设置字符间距

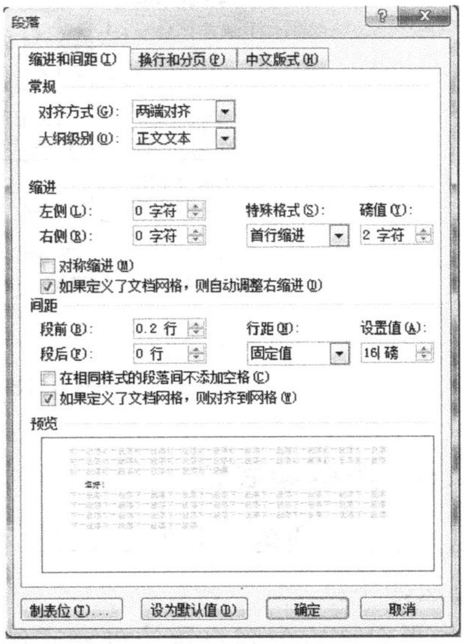

图 6.16　设置段落格式

⑥ 用同样的方法，设置“此致，敬礼!”和落款的格式，效果如图 6.17 所示。

⑦ 以“6.2 自荐信”为文件名保存文档。

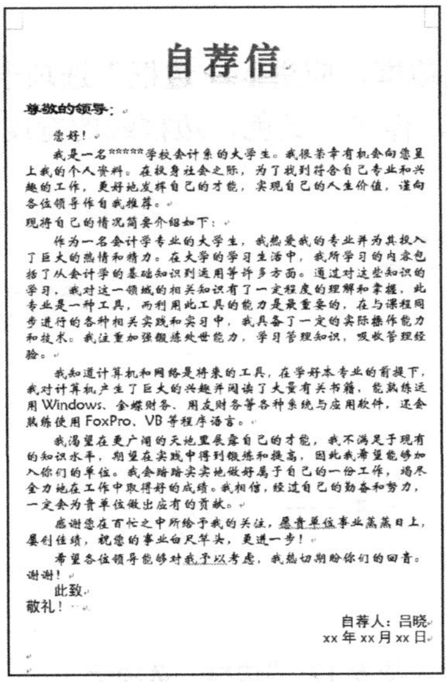

自荐信

尊敬的领导:

您好!

我是一名*****学校会计系的大学生。我很荣幸有机会向您呈上我的个人资料。在投身社会之际，为了找到符合自己专业和兴趣的工作，更好地发挥自己的才能，实现自己的人生价值，谨向各位领导作自我推荐。

现将自己的情况简要介绍如下:

作为一名会计学专业的大学生，我热爱我的专业并为其投入了巨大的热情和精力。在大学的学习生活中，我所学习的内容包括了从会计学的基础知识到运用等许多方面。通过对这些知识的学习，我对这一领域的相关知识有了一定程度的理解和掌握，此专业是一种工具，而利用此工具的能力是最重要的，在与课程同步进行的各种相关实践和实习中，我具备了一定的实际操作能力和技术。我注重加强锻炼处世能力，学习管理知识，吸收管理经验。

我知道计算机和网络是将来的工具，在学好本专业的前提下，我对计算机产生了巨大的兴趣并阅读了大量有关书籍，能熟练运用 Windows、金蝶财务、用友财务等各种系统与应用软件，还会熟练使用 FoxPro、VB 等程序语言。

我渴望在更广阔的天地里展露自己的才能，我不满足于现有的知识水平，期望在实践中得到锻炼和提高，因此我希望能够加入你们的单位。我会踏踏实实地做好属于自己的一份工作，竭尽全力地在工作中取得好的成绩。我相信，经过自己的勤奋和努力，一定会为贵单位做出应有的贡献。

感谢您在百忙之中所给予我的关注，愿贵单位事业蒸蒸日上，屡创佳绩，祝您的事业白尺竿头，更进一步!

希望各位领导能够对我予以考虑，我热切期盼你们的回音。谢谢!

此致

敬礼!

自荐人：吕晓

xx 年 xx 月 xx 日

图 6.17　设置格式后的文档

6.1.5 插入符号

如果要输入键盘上没有的符号，可以在“插入”选项卡“符号”组中单击“符号”按钮 Ω 符号，打开一个列表，表的上方列出最近使用过的符号，单击某符号，可以将其插入文档中；单击列表中的 Ω 其他符号(M)... 命令，可以打开图 6.18 所示的“符号”对话框，双击对话框中的某个符号，即可在插入点光标处输入该符号。

图 6.18 “符号”对话框

6.1.6 边框和底纹

可以为字符、段落、页面设置边框和底纹，用来修饰和美化文档。设置边框和底纹的操作方法如下：

① 如果对选定内容设置边框和底纹，应先选定相关的内容。

② 单击“页面布局”选项卡“页面背景”组中的“页面边框”命令(或单击“开始”选项卡“段落”组 按钮右边的下拉箭头，在打开的下拉列表中单击 边框和底纹(O)...)，打开“边框和底纹”对话框。

③ 设置边框与底纹。

➢ 如果要对选定内容设置边框，应进入“边框”选项卡，如图 6.19 所示；在该选项卡中可以设置边框线的类型、样式、颜色、边框线的宽度等。

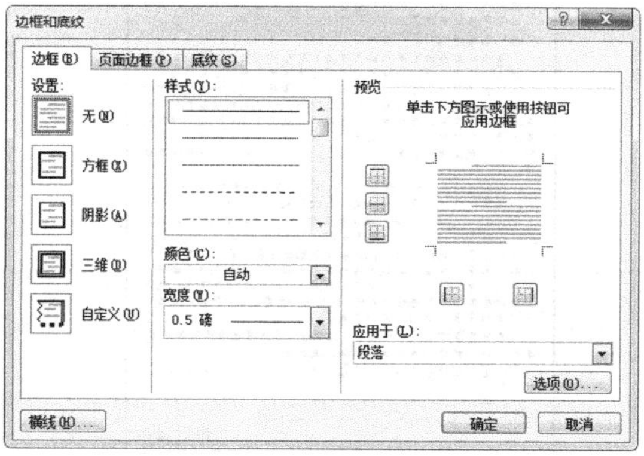

图 6.19 “边框”选项卡

➢ 如果要对整个页面设置边框，应进入“页面边框”选项卡。在该选项卡进行设置后，页面四周将显示所设置的边框；单击“艺术型”框将打开一个下拉列表，可以从中选择某个图案，例如，选择了苹果图案后的“页面边框”选项卡如图 6.20 所示。

➢ 如果要对选定内容设置底纹，应进入“底纹”选项卡，如图 6.21 所示。在该选项卡中可以设置底纹的颜色、图案等。

在以上 3 种操作中，每进行了一种设置，对话框右面的“预览”栏中都将显示出设置效果，供操作者参考。

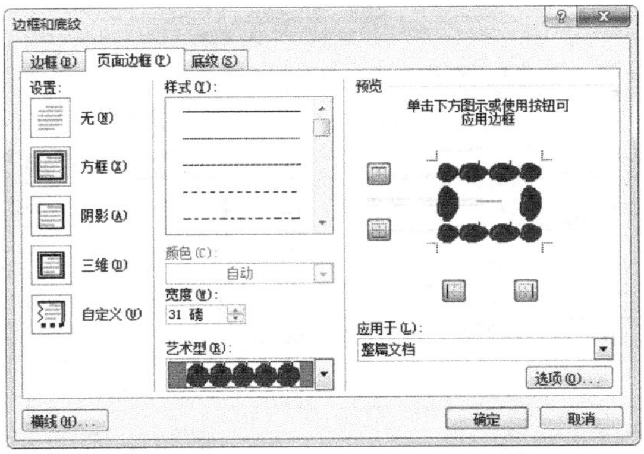

图 6.20 “页面边框”选项卡

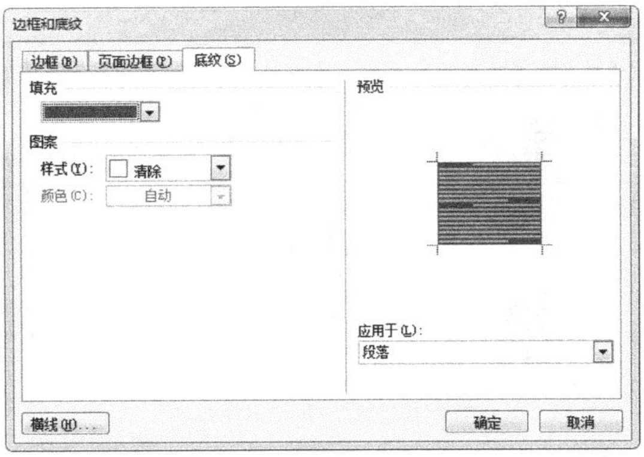

图 6.21 “底纹”选项卡

【例 6.3】 继续美化“6.2 自荐信”文档，在标题两端插入装饰符号，为正文添加边框，效果如图 6.22 所示。

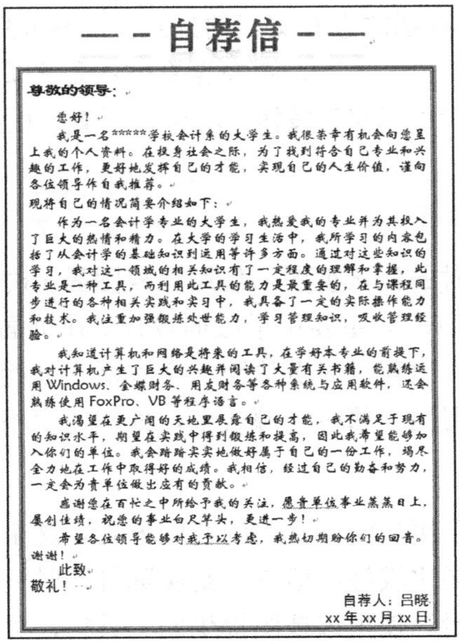

—— - 自荐信 - ——

尊敬的领导：

您好！

我是一名*****学校会计系的大学生。我很荣幸有机会向您呈上我的个人资料。在投身社会之际，为了找到符合自己专业和兴趣的工作，更好地发挥自己的才能，实现自己的人生价值，谨向各位领导作自我推荐。

现将自己的情况简要介绍如下：

作为一名会计学专业的大学生，我热爱我的专业并为其投入了巨大的热情和精力。在大学的学习生活中，我所学习的内容包括了从会计学的基础知识到运用等许多方面。通过对这些知识的学习，我对这一领域的相关知识有了一定程度的理解和掌握，此专业是一种工具，而利用此工具的能力是最重要的，在与课程同步进行的各种相关实践和实习中，我具备了一定的实际操作能力和技术。我注重加强锻炼处世能力，学习管理知识，吸收管理经验。

我知道计算机和网络是将来的工具，在学好本专业的前提下，我对计算机产生了巨大的兴趣并阅读了大量有关书籍，能熟练运用 Windows、金蝶财务、用友财务等各种系统与应用软件，还会熟练使用 FoxPro、VB 等程序语言。

我渴望在更广阔的天地里展露自己的才能，我不满足于现有的知识水平，期望在实践中得到锻炼和提高，因此我希望能够加入你们的单位。我会踏踏实实地做好属于自己的一份工作，竭尽全力地在工作中取得好的成绩。我相信，经过自己的勤奋和努力，一定会为贵单位做出应有的贡献。

感谢您在百忙之中所给予我的关注，愿贵单位事业蒸蒸日上，屡创佳绩，祝您的事业百尺竿头，更进一步！

希望各位领导能够对我予以考虑，我热切期盼你们的回音。谢谢！

此致

敬礼！

自荐人：吕晓

xx 年 xx 月 xx 日

图 6.22 设置边框后的效果

① 在标题“自荐信”文本前单击，将插入点光标定位在标题前，打开“插入”选项卡；单击“符号”组“符号”按钮下拉列表中的 Ω 其他符号(M)... 命令，打开“符号”对

话框，如图 6.23 所示，在“特殊字符”选项卡中分别双击长划线和短划线，插入相应的符号。用同样方法，在“自荐信”文本后插入短划线和长划线。

② 选定自荐信的正文，单击“开始”选项卡“段落”组按钮右边的下拉箭头，在打开的下拉列表中单击 边框和底纹(O)...，打开“边框和底纹”对话框；进入“边框”选项卡，在“设置”区选中“方框”，在“样式”列表框选择样式，在“颜色”下拉列表中选择“紫色”，在“宽度”下拉列表中选择“3.0 磅”，如图 6.24 所示。

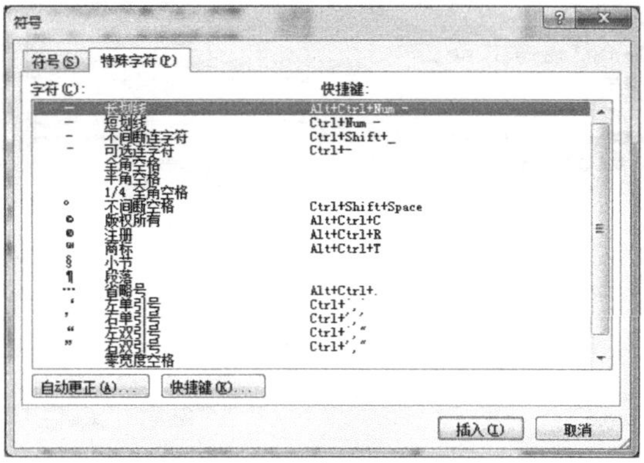

图 6.23 “符号”对话框

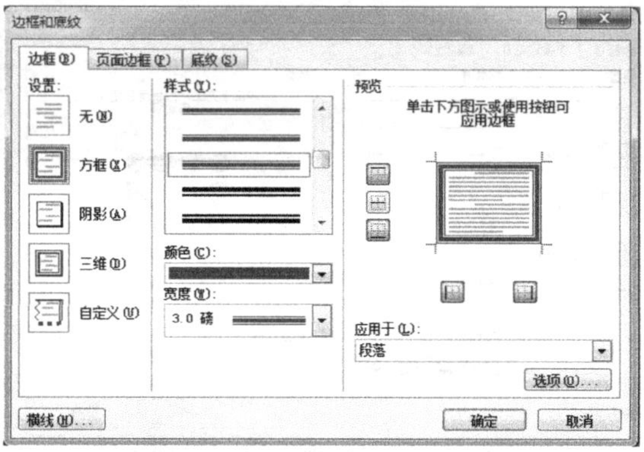

图 6.24 “边框和底纹”对话框

③ 单击 确定 按钮，返回 Word 编辑窗口，以“6.3 自荐信”为文件名保存文档。

6.1.7 文档的查看方式

Word 提供了多种被称为视图的查看文档的方式。在 Word 窗口右下角的视图工具栏中，有 5 个“视图”按钮，自左至右依次是“页面视图”“阅读版式视图”“Web 版式视图”“大纲视图”“草稿”按钮，其中，围着方框的表示当前处于页面视图方式。

1. 页面视图

页面视图是启动 Word 时的默认视图，使用该视图显示时，每一个页面都与打印输出的页面相同，即“所见即所得”，主要用于版面设计。在页面视图方式下，可以对文档进行输入、编辑和排版工作，也可以对页边距、文本框、分栏、页眉和页脚、图片、图形等进行处理。页面视图占用的计算机资源较多，处理速度相对较慢。

2. 阅读版式视图

阅读版式视图是一种便于用户阅读文档的视图方式。这个视图中的页面是为了便于用户阅读而设置的，视觉效果比较好，但它不是实际打印时输出的页面。在阅读版式视图下，也可以对文档进行编辑。使用该视图提供的工具栏，可以放大或缩小文字显示，单击工具栏上的 关闭 按钮或按 Esc 键，将退出阅读版式视图。

3. Web 版式视图

使用 Web 版式视图，可以在 Word 中查看文档在 Web 浏览器中的显示效果。

4. 大纲视图

编辑一个较长或结构较复杂的文档时，在屏幕窗口中难以看到文档的全貌和文档中各级标题层次结构，使用大纲视图可以解决这一问题。进入大纲视图后，功能区出现“大纲”选项卡，使用该选卡提供的工具按钮，可以折叠或展开某一级标题下的内容，还可以对各级标题进行上升或下移操作。

5. 草稿视图

草稿视图不显示文档的页面布局和一些附加信息，只显示图文内容和字符的格式。不同页面之间用一条虚线分开。这种视图占用计算机内存少、处理速度快，适合进行文档内容的输入、编辑。

6.2 制作 3D 打印技术宣传海报

在 Word 文档中可以插入图片、文本框、艺术字、SmartArt 图形(SmartArt 图形的插入方法可参考第 8 章中的介绍)等，本书统称它们为对象。进入功能区的“插入”选项卡，如图 6.25 所示，该选项卡列出了可以插入到文档中的对象。

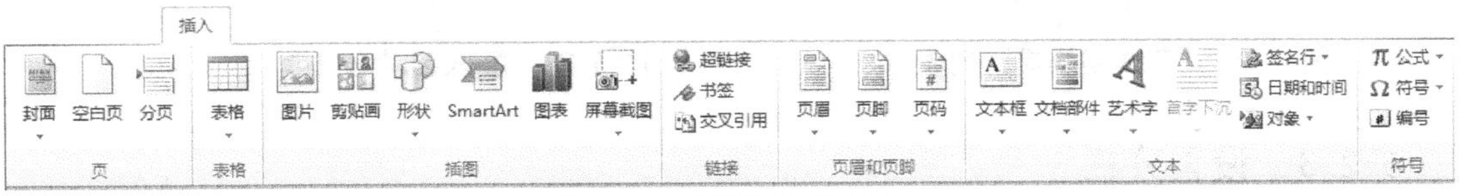

图 6.25 “插入”选项卡

6.2.1 嵌入式与浮动式图形对象

Word 中的图形对象分两种格式：一种是嵌入式，这时把图片作为一个字符对象处理，它和输入的文字一样，可以进行排版，但它不能与正文实现环绕，也不能和其他对象组合在一起；另一种是浮动式，这时可以用鼠标拖动随便改变它的位置，还可以把它置于字符上方、下方或实现穿越、环绕等，也能让它与其他图片进行组合并能调整其上下叠放次序。

6.2.2 插入艺术字

为了美化文档，可以在文档中插入艺术字。在 Word 2010 中，艺术字既具有一般文本的特性，又具有图片的性质。

【例 6.4】新建 Word 文档，输入“3D 打印技术介绍”文档的相关内容，设置页面高度为 35 厘米，宽度为 27 厘米，左右边距为 2 厘米，在页面左上角插入艺术字“神奇的 3D 打印技术”，将文档以“6.4 宣传海报”为文件名保存。

① 新建 Word 文档，单击“页面布局”选项卡“页面设置”组右下方的按钮，打开“页面设置”对话框；在“纸张”选项卡的“纸张大小”下拉列表中选择“自定义大小”，在“高度”框中设置页面高度为 35 厘米，在“宽度”框中设置页面宽度为 27 厘米，在“页边距”选项卡中，设置左右边距为“2 厘米”。

② 在“插入”选项卡中，单击“文本”组中的，打开“艺术字样式”列表，如图 6.26 所示；单击第 6 行第 3 列所示的样式“填充-红色，强调文字颜色 2，粗糙棱台”，编辑区中出现“请在此放置您的文字”艺术字框，如图 6.27 上图所示。

③ 在艺术字框中输入“神奇的 3D 打印技术”，选中艺术字文字，使用“开始”选项卡中的命令设置其字体为“华文隶书”，字号为“小初”，如图 6.27 下图所示。

插入艺术字后，功能区会显示“绘图工具/格式”选项卡，可以给艺术字设置不同的效果。

④ 以“6.4 宣传海报”为文件名保存文档。

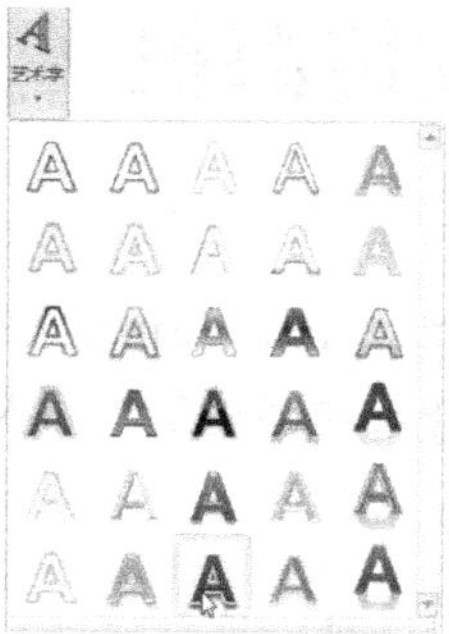

图 6.26 “艺术字样式”列表

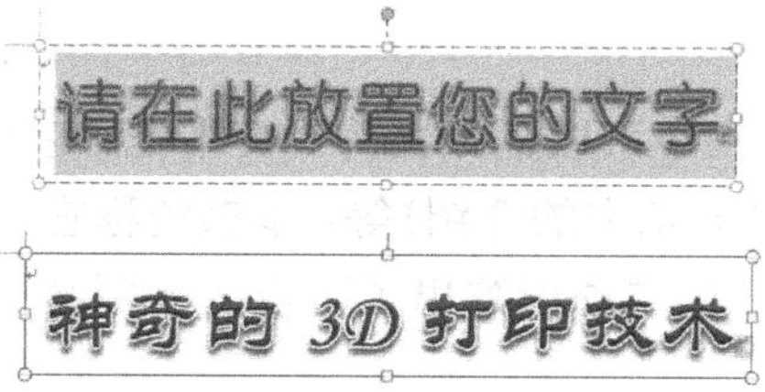

图 6.27 插入艺术字

6.2.3 设置分栏

在报纸和杂志里，页面一般采用分栏的版式，文字填满一栏后才会转到下一栏，分栏使版面显得生动、活泼，增强了内容的阅读性。

【例 6.5】在艺术字后另起一段，插入介绍 3D 打印技术的文字，并分成两栏。

① 在“神奇的 3D 打印技术”艺术字后按 Enter 键进入下一行，输入介绍 3D 打印的文字，设置文字格式为华文中宋、小四号、深蓝色，行距为固定值 14 榜，如图 6.28 所示。

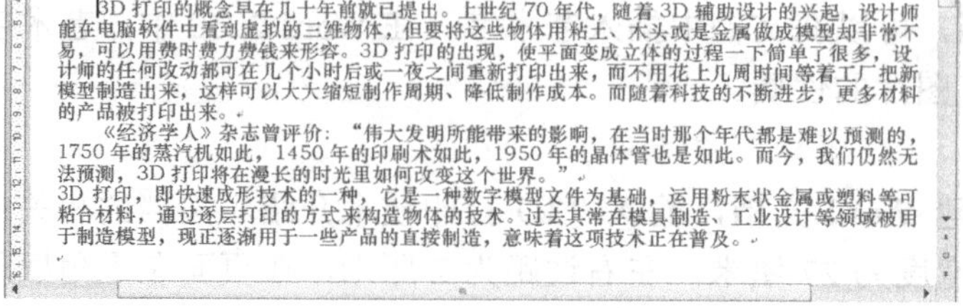

神奇的 3D 打印技术

3D 打印的概念早在几十年前就已提出。上世纪 70 年代，随着 3D 辅助设计的兴起，设计师能在电脑软件中看到虚拟的三维物体，但要将这些物体用粘土、木头或是金属做成模型却非常不易，可以用费时费力费钱来形容。3D 打印的出现，使平面变成立体的过程一下简单了很多，设计师的任何改动都可在几个小时后或一夜之间重新打印出来，而不用花上几周时间等着工厂把新模型制造出来，这样可以大大缩短制作周期、降低制作成本。而随着科技的不断进步，更多材料的产品被打印出来。

《经济学人》杂志曾评价：“伟大发明所能带来的影响，在当时那个年代都是难以预测的，1750 年的蒸汽机如此，1450 年的印刷术如此，1950 年的晶体管也是如此。而今，我们仍然无法预测，3D 打印将在漫长的时光里如何改变这个世界。”

3D 打印，即快速成形技术的一种，它是一种数字模型文件为基础，运用粉末状金属或塑料等可粘合材料，通过逐层打印的方式来构造物体的技术。过去其常在模具制造、工业设计等领域被用于制造模型，现正逐渐用于一些产品的直接制造，意味着这项技术正在普及。

图 6.28 输入文字内容

② 选定输入的这段文字(不选定段落末尾的回车符)，单击“页面布局”选项卡“页面设置”组中的“分栏”按钮，在“分栏”下拉列表中单击 两栏 按钮，如图6.29所示，即可把所选内容分成两栏，如图6.30所示。

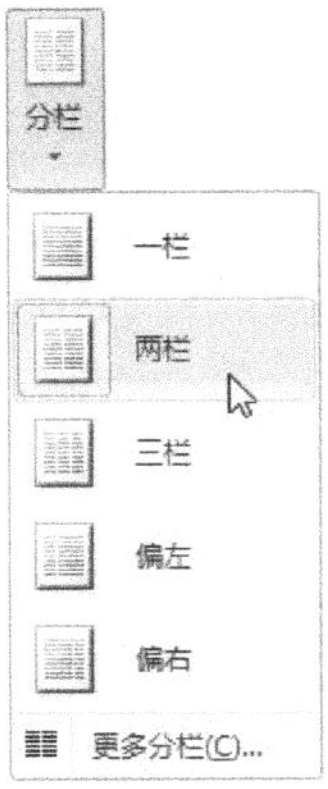

图6.29 “分栏”列表

神奇的3D打印技术

分节符(连续)

3D打印的概念早在几十年前就已提出。上世纪70年代，随着3D辅助设计的兴起，设计师能在电脑软件中看到虚拟的三维物体，但要将这些物体用粘土、木头或是金属做成模型却非常不易，可以用费时费力费钱来形容。3D打印的出现，使平面变成立体的过程一下简单了很多，设计师的任何改动都可在几个小时后或一夜之间重新打印出来，而不用花上几周时间等着工厂把新模型制造出来，这样可以大大缩短制作周期、降低制作成本。而随着科技的不断进步，更多材料的产品被打印出来。

《经济学人》杂志曾评价：“伟大发明所能带来的影响，在当时那个年代都是难以预测的，1750年的蒸汽机如此，1450年的印刷术如此，1950年的晶体管也是如此。而今，我们仍然无法预测，3D打印将在漫长的时光里如何改变这个世界。”

3D打印，即快速成形技术的一种，它是一种数字模型文件为基础，运用粉末状金属或塑料等可粘合材料，通过逐层打印的方式来构造物体的技术。过去其常在模具制造、工业设计等领域被用于制造模型，现正逐渐用于一些产品的直接制造，意味着这项技术正在普及。

图6.30 分栏后的效果

③ 单击“插入”选项卡“文本”组中的“对象”按钮，在下拉列表中单击“文件中的文字”命令，打开“插入文件”对话框，找到素材文件夹中的“3D打印的基本原理”文件，单击 插入(S) 按钮，就可以将已经输入好的文本插入到当前文档中。用同样的方法，再插入“3D打印机长什么样”文本，效果如图6.31所示。

④ 以“6.5宣传海报”为文件名保存文档。

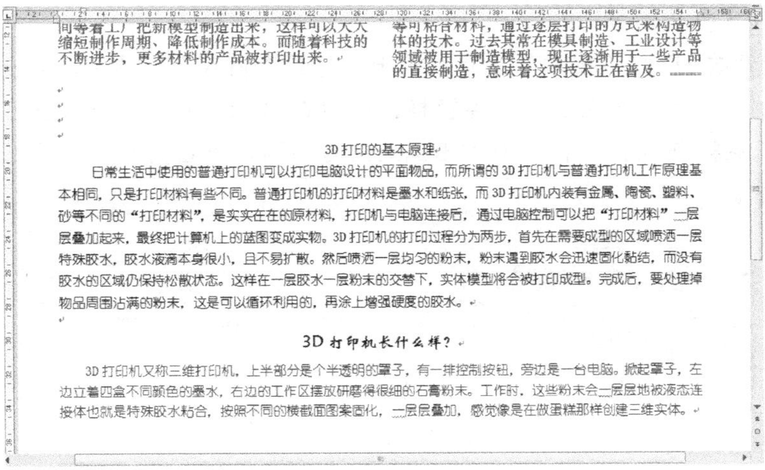

间等着工厂把新模型制造出来，这样可以大大缩短制作周期、降低制作成本。而随着科技的不断进步，更多材料的产品被打印出来。

等可粘合材料，通过逐层打印的方式来构造物体的技术。过去其常在模具制造、工业设计等领域被用于制造模型，现正逐渐用于一些产品的直接制造，意味着这项技术正在普及。

3D打印的基本原理

日常生活中使用的普通打印机可以打印电脑设计的平面物品，而所谓的3D打印机与普通打印机工作原理基本相同，只是打印材料有些不同。普通打印机的打印材料是墨水和纸张，而3D打印机内装有金属、陶瓷、塑料、砂等不同的“打印材料”，是实实在在的原材料，打印机与电脑连接后，通过电脑控制可以把“打印材料”一层层叠加起来，最终把计算机上的蓝图变成实物。3D打印机的打印过程分为两步，首先在需要成型的区域喷洒一层特殊胶水，胶水液滴本身很小，且不易扩散。然后喷洒一层均匀的粉末，粉末遇到胶水会迅速固化黏结，而没有胶水的区域仍保持松散状态。这样在一层胶水一层粉末的交替下，实体模型将会被打印成型。完成后，要处理掉物品周围沾满的粉末，这是可以循环利用的，再涂上增强硬度的胶水。

3D打印机长什么样？

3D打印机又称三维打印机，上半部分是个半透明的罩子，有一排控制按钮，旁边是一台电脑。掀起罩子，左边立着四盒不同颜色的墨水，右边的工作区摆放研磨得很细的石膏粉末。工作时，这些粉末会一层层地被液态连接体也就是特殊胶水粘合，按照不同的横截面图案固化，一层层叠加，感觉像是在做蛋糕那样创建三维实体。

图6.31 插入其他文件中的文字

在“分栏”列表中，如果所提供的分栏格式不能满足要求，可单击列表底部的 更多分栏(C)... ，打开如图6.32所示的“分栏”对话框。在对话框的“预设”栏中选择某个分栏格式，或在“栏数”文本框中输入需要设置的栏数。在“宽度和间距”栏中输入相应的“宽度”值和“间距”值。如果选中“分隔线”复选框，可以设置在栏间显示竖线。单击“预设”栏中的“一栏”选项，则可去掉分栏设置。

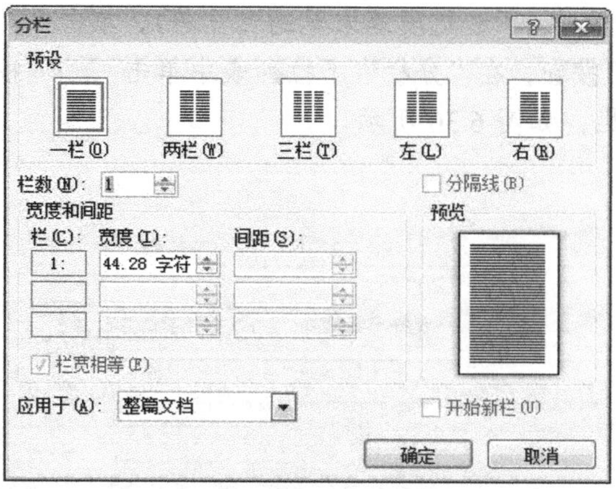

图 6.32 “分栏”对话框

6.2.4 插入图片

1. 插入图片与剪贴画

在文档中可以插入剪贴画，还可以插入用户利用其他绘图程序制作的图片，或者从网络上下载的图片，用数码相机、手机拍摄的保存在磁盘中的图片。

【例 6.6】 打开“6.5 宣传海报”，在“神奇的 3D 打印技术”文章后插入一幅装饰线条剪贴画，在“神奇的 3D 打印技术”艺术字旁边插入一幅图片，在“3D 打印机长什么样”文章左边插入一幅 3D 打印机的图片，在文档最后插入 3 幅 3D 打印作品的图片。

① 打开“6.5 宣传海报”。

② 在“神奇的 3D 打印技术”文章后单击，打开“插入”选项卡，单击“插图”组中的剪贴画，窗口右侧显示“剪贴画”任务窗格，如图 6.33 所示；在“搜索文字”框中输入“装饰”，单击 搜索 按钮，窗格中显示出找到的剪贴画，单击要插入的剪贴画，即可将其插入到文档中。

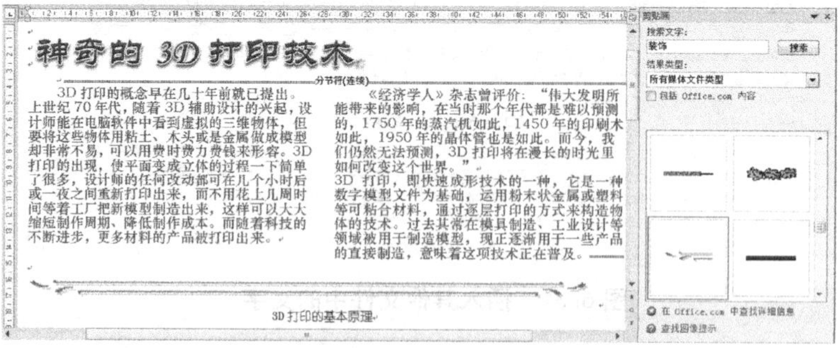

图 6.33 插入剪贴画

③ 单击“插入”选项卡“插图”组中的图片，打开“插入图片”对话框，在此对话框中选择“图片素材”文件夹中的“3D 打印.jpg”图片，如图 6.34 所示；单击 插入(S) 按钮，图片就插入到文档中了。此时，新插入的图片是嵌入式对象，如图 6.35 所示。

图 6.34 “插入图片”对话框

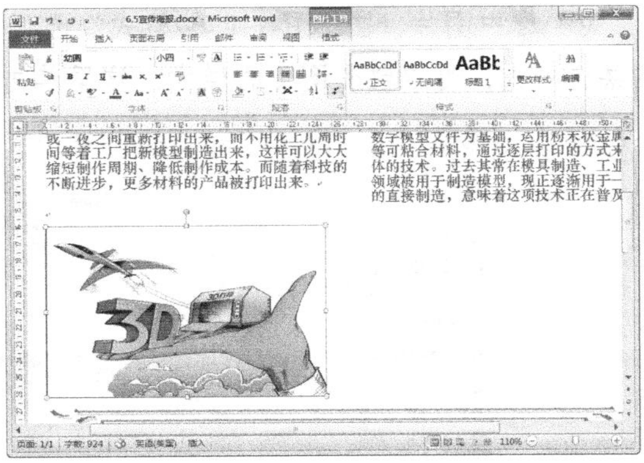

图 6.35 在文档中插入图片

④ 单击插入的图片，图片被选定，其周围会出现 8 个控制点，同时，窗口功能区出现“图片工具/格式”选项卡；把鼠标指针指向任意一个控制点，指针变成双向箭头形状，按住鼠标左键拖动，适当调整图片的大小。

说明

如果要设置图片的精确位置和大小，则需要在图片上右击，在弹出的快捷菜单中单击“大小和位置”命令，打开“布局”对话框，如图 6.36 所示；在“大小”选项卡中，可以输入图片的高度值和宽度值，更精确地设置图片的大小。选中图片后，将鼠标指针移到边框的标记处，鼠标指针变成形状，此时拖动鼠标可以旋转图形。选中图片后，使用 Ctrl + → （或 ←、↑、↓）键，可以对图片的位置进行微调。按 Delete 键可以删除图片。

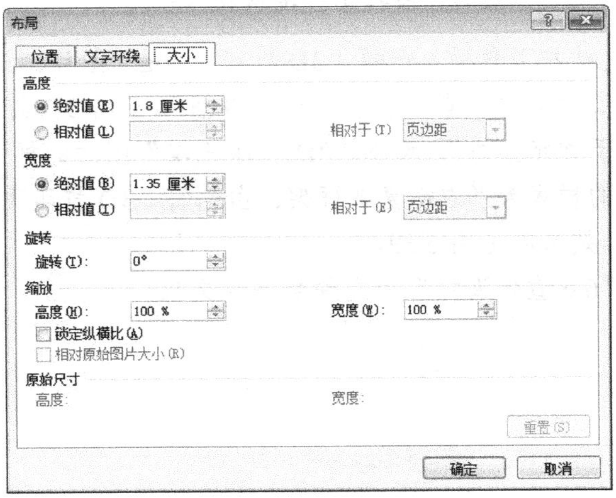

图 6.36 “布局”对话框

⑤ 打开“图片工具/格式”选项卡，单击“排列”组中的，在打开的下拉列表中可以选择图片与文字的排列方式，如图 6.37 所示。这里选择 四周型环绕(S)，将鼠标指针移到图片上，当鼠标指针变成形状时按住左键拖动，将图片置于页面右上角的适当位置。

⑥ 选中图片，在“图片工具/格式”选项卡的“图片样式”组中，单击图片样式列表中的某个样式，可以改变图片的样式，这里单击“矩形投影”样式，如图 6.38 所示。

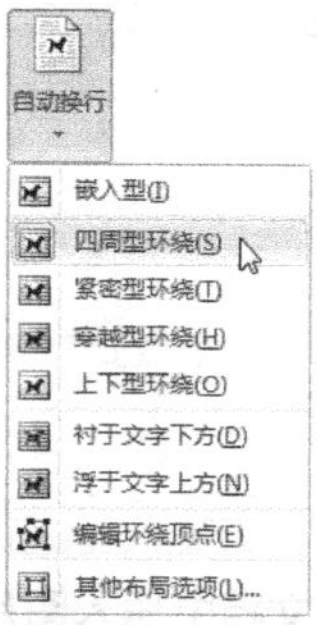

图 6.37 “自动换行”下拉列表

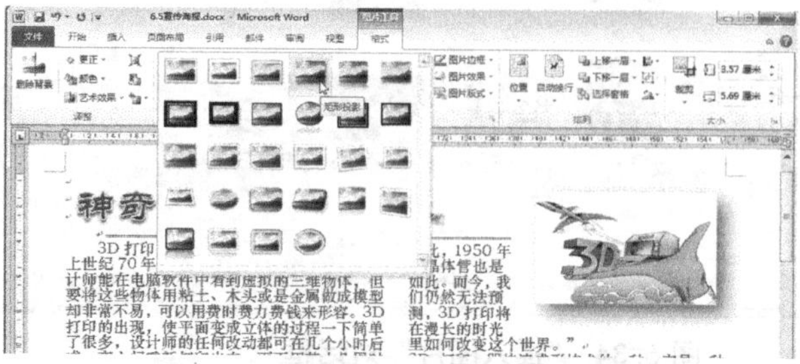

图 6.38 设置图片样式

说明

刚插入的图片一般以嵌入式插入在文档中，在“自动换行”下拉列表中可以选择图片与文字的环绕方式。

① 四周型环绕：文字环绕在图片四周。

② 紧密型环绕：不管图片是矩形还是不规则图形，文字都紧密环绕在图片周围。

③ 衬于文字下方：图片在下，文字在上，文字覆盖图片。

④ 浮于文字上方：图片在上，文字在下，图片覆盖文字。

⑤ 上下型环绕：文字环绕在图片上方和下方。

⑥ 穿越型环绕：文字可以穿越不规则形状的图片的空白区域环绕图片。

在图 6.36 所示“布局”对话框的“文字环绕”选项卡中，也可以设置图片与文字的排版方式。

⑦ 在文档左下角插入一幅“3D 打印机.jpg”图片，设置其环绕方式为“四周型”，拖动图片至页面合适位置，在页面底端再插入 3 幅 3D 打印作品的图片，设置图片环绕方式为“浮于文字上方”，设置“3D 打印汽车”图片的样式为“环绕、白色”，“3D 打印花瓶”图片的样式为“中等复杂框架、白色”，“3D 打印飞机”图片的样式为“棱台左透视、白色”，效果参见图 6.39。

⑧ 以“6.6 宣传海报”为文件名保存文档。

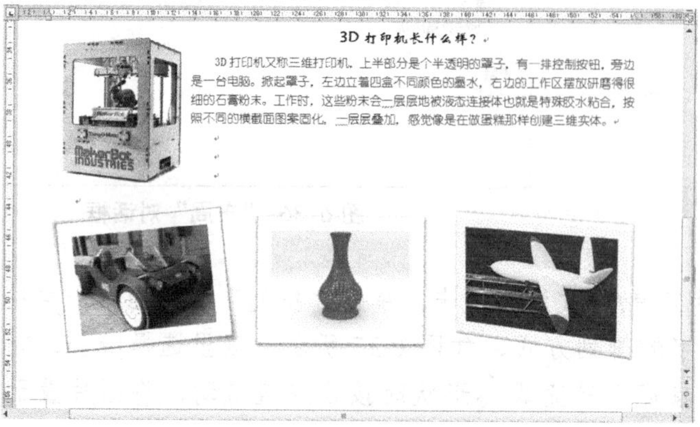

图 6.39 插入图片

2. 调整图片在文档中的位置

除了使用鼠标拖动移动图片的位置外，还可以单击“图片工具/格式”选项卡“排列”组中的，打开如图6.40所示的下拉列表，选择想要采用的位置布局方式。

3. 裁剪图片

可以使用“图片工具/格式”选项卡“大小”组中的按钮裁剪图片。选定图片后单击该按钮，图片四周出现“裁剪”图标，如图6.41左图所示，将鼠标指针移到任一个“裁剪”图标上，指针变成┫形或┳形，此时可以拖动鼠标对图片进行裁剪，裁剪到满意程度后，单击图形外任何位置，结束裁剪，图6.41右图显示了从左面裁剪图片后的效果。

图6.40 “位置”下拉列表

图6.41 裁剪图片

4. 删除图片背景

有时，插入到文档中的图片的背景颜色太深或者与整个文档不协调，可以把背景删除，方法是：单击“图片工具/格式”选项卡“调整”组中的按钮，图片上出现8个白色控制点，同时功能区上出现“背景消除”选项卡，如图6.42左图所示；拖动图片上的白色控制点，框选出需要保留的图片区域，如图6.42右图所示，完成对图片区域的选定。

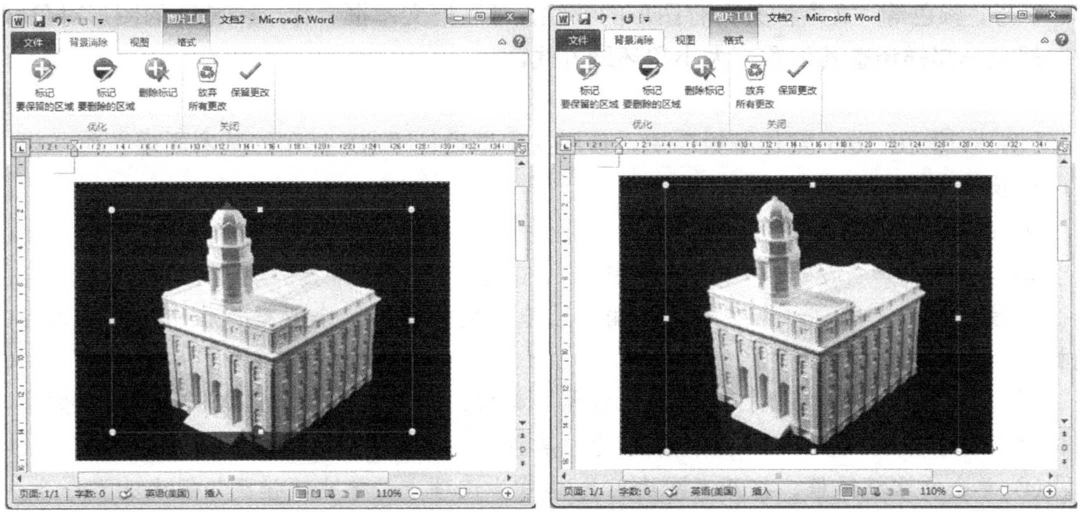

图6.42 选定图片需要保留的区域

单击“背景清除”选项卡“关闭”组中的保留更改按钮，或直接单击图片以外的区域，即可删除图片的背景并保留矩形圈起的部分，如图 6.43 所示；如果希望图片恢复到原始状态，保留背景，则需要单击“背景清除”选项卡“关闭”组中的“放弃所有更改”按钮。

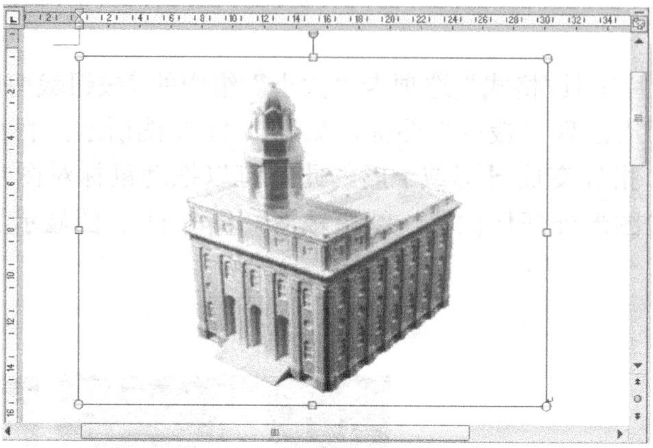

图 6.43　删除图片背景后的效果

6.2.5　使用文本框

文本框是页面中相对独立的区域。使用文本框，可以在一页中放置数个文字块，或使文字按与文档中其他文字不同的方向排列，从而使文档版面更美观。

单击“插入”选项卡“文本”组中的文本框按钮，打开文本框样式下拉列表，列表中显示了各种文本框样式，单击列表中的某个样式，即可在文档中插入该样式的文本框。也可以单击列表下方的绘制文本框(D)或绘制竖排文本框(V)命令，鼠标指针变成“+”字形，在编辑区拖动鼠标，插入一个空白的文本框。刚插入的文本框处于编辑状态，可以直接输入内容。

文本框中的文字具有一般文本的特性，可以使用“开始”选项卡中的命令设置其字体、字号、颜色等。文本框又具有图形的特性，可以把文本框看作一个特殊的图形对象，按一般图形那样调整其位置、大小和环绕方式。

【例 6.7】在“6.6 宣传海报”中，使用文本框设计“3D 打印的基本原理”和“3D 打印机长什么样？”两个标题。

① 打开“6.6 宣传海报”文档。

② 单击“插入”选项卡“文本”组中的文本框，在打开的下拉列表中单击绘制竖排文本框(V)命令，鼠标指针变成“+”字形，在编辑区拖动鼠标插入一个竖框，框中出现插入点光标。

③ 将原来的标题“3D 打印的基本原理”剪切、粘贴到插入的文本框中，设置文字字体为“黑体”，字号为“三号”，颜色为“黑色”。

④ 单击文本框边框，打开“图片工具/格式”选项卡，单击“排列”组中的自动换行命令，在打开的下拉列表中选择四周型环绕(S)，将鼠标指针移到文本框的边框上，当指针变成形状时，拖动文本框到文档的右边。

⑤ 在文本框的边框上右击，在弹出的快捷菜单中单击 设置形状格式(O)... 命令，打开“设置形状格式”对话框，在“填充”选项卡中，设置填充颜色为“渐变填充”，单击“预设颜色”框，在下拉列表中选择“麦浪滚滚”样式，如图 6.44 所示；在“线条颜色”选项卡中，选中“无线条”，单击 关闭 按钮。

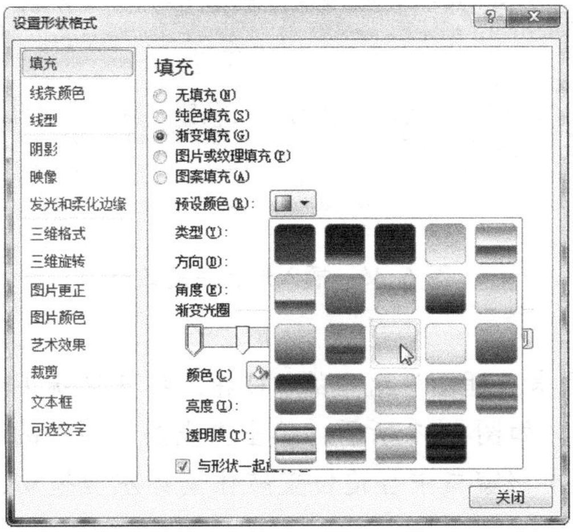

图 6.44 “设置形状格式”对话框

⑥ 单击“绘图工具/格式”选项卡“形状样式”组中的“形状效果”，可以设置文本框的特殊效果，在打开的下拉列表中单击 棱台(B) 效果中的“冷色斜面”效果，使文本框产生立体效果。

⑦ 用同样的方法，插入“3D 打印机长什么样？”文本框，设置文本框边框颜色为黄色、填充色为“浅绿”，效果如图 6.45 所示。

⑧ 以“6.7 宣传海报”为文件名保存文档。

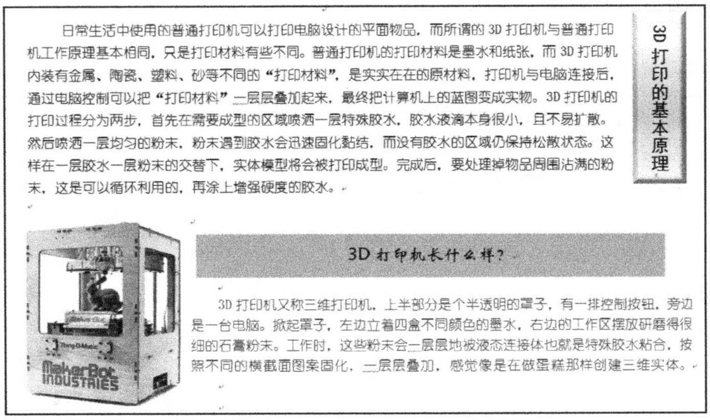
日常生活中使用的普通打印机可以打印电脑设计的平面物品，而所谓的 3D 打印机与普通打印机工作原理基本相同，只是打印材料有些不同。普通打印机的打印材料是墨水和纸张，而 3D 打印机内装有金属、陶瓷、塑料、砂等不同的“打印材料”，是实实在在的原材料，打印机与电脑连接后，通过电脑控制可以把“打印材料”一层层叠加起来，最终把计算机上的蓝图变成实物。3D 打印机的打印过程分为两步，首先在需要成型的区域喷洒一层特殊胶水，胶水液滴本身很小，且不易扩散。然后喷洒一层均匀的粉末，粉末遇到胶水会迅速固化黏结，而没有胶水的区域仍保持松散状态。这样在一层胶水一层粉末的交替下，实体模型将会被打印成型。完成后，要处理掉物品周围沾满的粉末，这是可以循环利用的，再涂上增强硬度的胶水。

3D 打印的基本原理

3D 打印机长什么样？

3D 打印机又称三维打印机，上半部分是个半透明的罩子，有一排控制按钮，旁边是一台电脑。掀起罩子，左边立着四盒不同颜色的墨水，右边的工作区摆放研磨得很细的石膏粉末。工作时，这些粉末会一层层地被液态连接体也就是特殊胶水粘合，按照不同的横截面图案固化，一层层叠加，感觉像是在做蛋糕那样创建三维实体。

图 6.45 使用文本框设置标题样式

6.2.6 绘制与编辑图形

1. 绘制“形状”图形

利用 Word 提供的绘制图形功能，可以绘制一些简单的图形。

【例 6.8】 在艺术字下方绘制一条装饰线条，效果如图 6.46 所示。

神奇的 3D 打印技术

分节符(连续)

3D 打印的概念早在几十年前就已提出。上世纪 70 年代，随着 3D 辅助设计的兴起，设计师能在电脑软件中看到虚拟的三维物体，但要将这些物体用粘土、木头或是金属做成模型却非常不易，可以用费时费力费钱来形容。3D 打印的出现，使平面变成立体的过程一下简单了很多，设计师的任何改动都可在几个小时后或一夜之间重新打印出来，而不用花上几周时间等着工厂把新模型制造出来，这样可以大大缩短制作周期、降低制作成本。而随着科技的不断进步，更多材料的产品被打印出来。

《经济学人》杂志曾评价："伟大发明所能带来的影响，在当时那个年代都是难以预测的，1750 年的蒸汽机如此，1450 年的印刷术如此，1950 年的晶体管也是如此。而今，我们仍然无法预测，3D 打印将在漫长的时光里如何改变这个世界。"

3D 打印，即快速成形技术的一种，它是一种数字模型文件为基础，运用粉末状金属或塑料等可粘合材料，通过逐层打印的方式来构造物体的技术。过去其常在模具制造、工业设计等领域被用于制造模型，现正逐渐用于一些产品的直接制造，意味着这项技术正在普及。

图 6.46　插入形状后的效果

① 单击"插入"选项卡"插图"组中的形状按钮，打开形状下拉列表，列表中显示出可以绘制的各种图形形状，如图 6.47 所示；单击"线条"项中的"直线"工具＼，鼠标指针变成"十"形状，在文档窗口中合适位置按住鼠标左键拖动，画出与艺术字等长的线条。

② 单击画出的线条，在"绘图工具/格式"选项卡"形状样式"组的形状样式列表中，选择"粗线—强调颜色 2"样式，改变所画线条的颜色和粗细，如图 6.48 所示；单击"形状轮廓"按钮，在下拉列表中单击 虚线(S)，在虚线样式列表中选择"长划线—点"样式，效果如图 6.46 所示。

③ 以"6.8 宣传海报"为文件名保存文档。

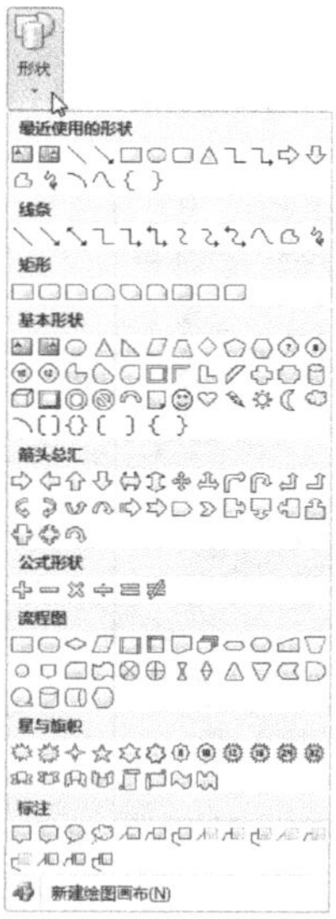

图 6.47　"形状"下拉列表

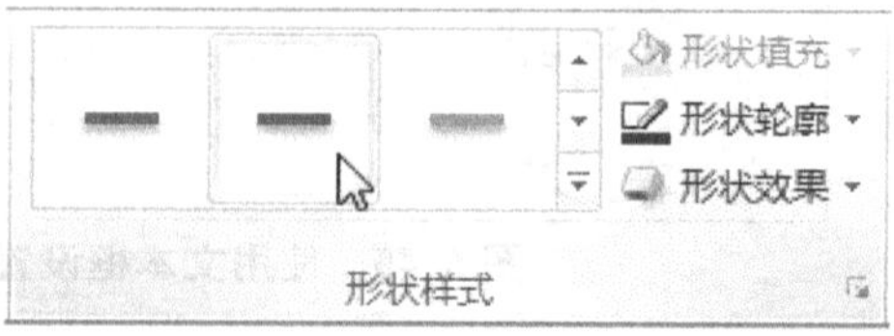

图 6.48　"形状样式"组

2. 设置图形格式

将形状插入到文档中后，可以像调整图片一样调整它的大小、位置、与文字的环绕方式等。在绘制的图形上右击，单击快捷菜单中的"设置形状格式"命令，打开"设置形状格式”对话框，如图 6.49 所示；使用它可以进一步设置图形的格式，如图形的填充颜色，图形轮廓线的颜色、线型、三维效果等。

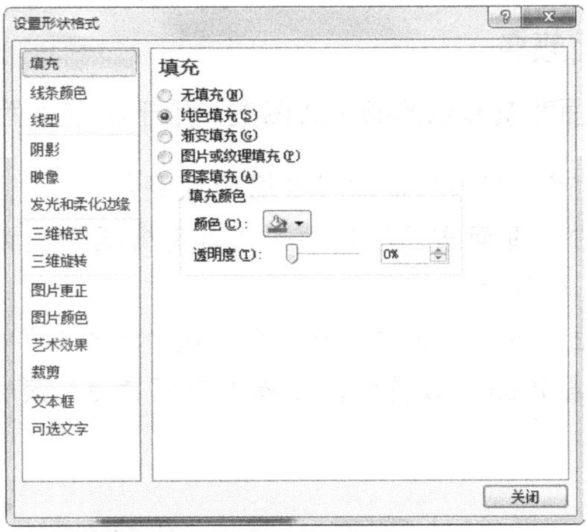

图 6.49 “设置形状格式”对话框

3. 在图形中添加文字

在绘制的图形上右击，单击快捷菜单中的 添加文字(X) 命令，图形中出现插入点光标，此时即可输入文字。输入的文字将和图形一起移动，可以像设置一般文字那样，设置文字的格式。

4. 调整图形叠放次序

绘制多个图形时，后绘制的图形总是位于最前面，可能挡住此前绘制的图形，可以根据需要调整各图形的叠放次序。

选中某个图形，在“绘图工具/格式”选项卡的“排列”组中，单击 上移一层 按钮或 下移一层 按钮右侧的下拉箭头，在打开的下拉列表中单击 上移一层(F)、 置于顶层(R)、 浮于文字上方(T) 或 下移一层 、 置于底层(K)、 衬于文字下方(H) 命令。

图 6.50 显示的是位于第一层的十字星下移一层前和下移一层后的情况。

图 6.50 改变图形叠放次序示例图

5. 组合多个图形

如果一个页面中插入了多个浮动式对象，在此后的编辑操作中，这些对象之间的相互位置可能变乱。为了避免出现这个现象，可以用下述操作将多个对象组合在一起。

① 按住 Ctrl 键的同时，依次单击要组合的浮动式对象，同时选定它们。

② 单击“绘图工具/格式”选项卡“排列”组中的 组合 按钮，在打开的下拉列表中单击 组合(G) 命令，即可将这些选定的对象组合在一起，形成一个整体。

组合后的图形还可以再取消组合，方法是：选中组合图形，单击“绘图工具/格式”选项卡“排列”组中的 组合 按钮，在打开的下拉列表中单击 取消组合(U) 命令。

6.2.7 设置页面颜色

页面颜色是文档页面背景显示的颜色或图案，用于丰富页面的显示效果。

【例 6.9】为“6.8 宣传海报”页面设置橄榄绿颜色。

① 打开文档，单击“页面布局”选项卡“页面背景”组中的页面颜色按钮，打开页面颜色下拉列表，如图 6.51 左图所示。

② 在页面颜色下拉列表中单击“主题颜色”或“标准色”中的某种颜色，文档背景就应用了这种颜色。这里选择“橄榄色，强调文字颜色 3，淡色 80%”，如图 6.51 右图所示。

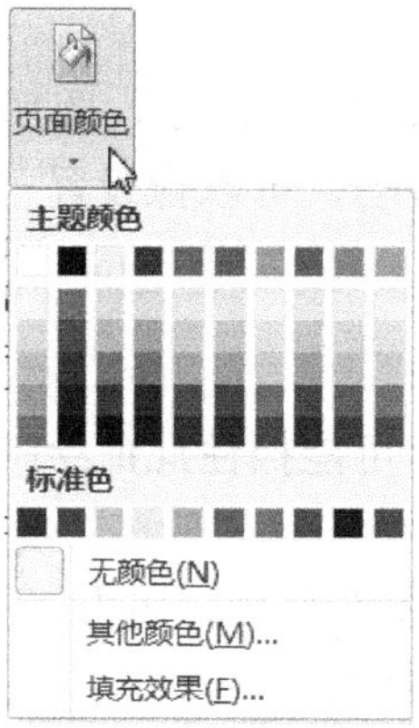

图 6.51 设置页面颜色

如果“主题颜色”和“标准色”中显示的颜色不能满足需要，可以单击 其他颜色(M)... 命令，在打开的“颜色”对话框中选择“自定义”选项卡，在其中选择合适的颜色。

除了设置单一颜色之外，还可以单击页面颜色下拉列表中的“填充效果”命令，打开“填充效果”对话框，在对话框中设置渐变颜色、图案、纹理或图片等填充效果。

③ 设置完后，单击 确定 按钮，以“6.9 宣传海报”为文件名保存文档。

6.3 制作个人简历表

在求职择业时，一份简明清晰的个人简历表可能为你的求职活动增色不少。使用 Word 的表格功能，可以将繁杂的数据用清晰、直观的方式表现出来，从而使人们更好地认识、处理和利用它们。

6.3.1　创建表格

在 Word 中创建表格有以下几种方法：

1. 使用网格创建表格

打开“插入”选项卡，单击“表格”组中的表格，打开“插入表格”列表框，如图 6.52 所示；按住鼠标左键，在“插入表格”框的网格内，自左上角向右下角拖动，当行数和列数适合时，松开鼠标左键，即可在文档中建立表格。

图 6.52 “插入表格”列表框

2. 使用“插入表格”对话框建立表格

【例 6.10】打开“6.3 自荐信”文档，在文档后面插入一页，创建一个 13 行 5 列的空白表格，该表格是个人简历表的基础。

① 启动 Word，打开“6.3 自荐信”文件，进入文档的第 2 页。输入“个人简历”，并将其设置为“华文中宋”“二号”“居中对齐”。

② 将插入点光标移到下一行，单击“插入”选项卡“表格”组中的表格，在打开的下拉列表中单击 插入表格(I)... 命令，打开“插入表格”对话框。

③ 在对话框中输入列数为“5”、行数为“13”，如图 6.53 所示；选中“根据窗口调整表格”选项，单击 确定 按钮，即可在插入点光标处插入一个 13 行 5 列的空白表格。

④ 在空白表格中输入个人简历的内容，如图 6.54 所示。

⑤ 以“6.10 自荐信”为文件名保存文档。

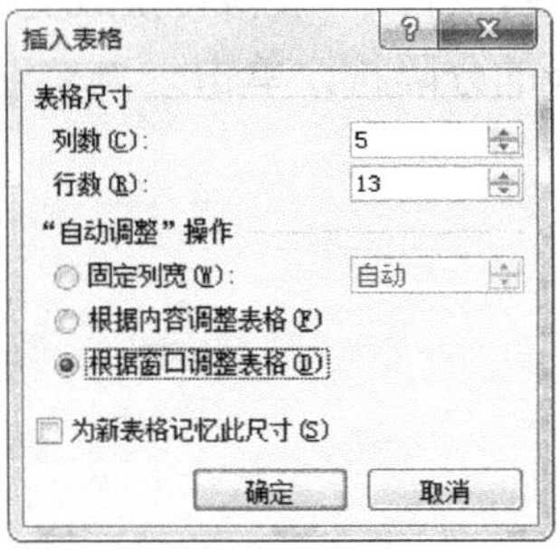

图 6.53 “插入表格”对话框

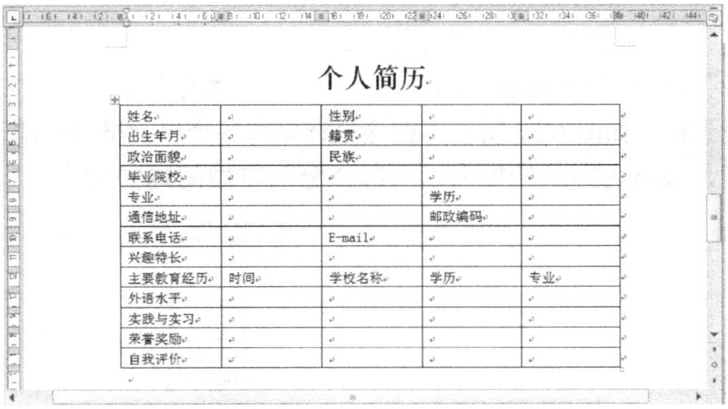

图 6.54 插入表格并输入表格内容

3. 绘制表格

单击图 6.52“插入表格”列表框中的 绘制表格(D) 命令，鼠标指针变成笔的形状，在编辑区按下鼠标拖动，可以自由绘制表格的行线、列线、单元格对角线，从而画出各种不规则的表格。如果对绘制的某些表格线不满意，可以单击“表格工具/设计”中的“擦除”按钮，鼠标指针变成形，此时在表格框线上单击，可以擦除掉不需要的表格线。

4. 使用快速表格

Word 的快速表格功能中包含许多预先设计好的表格，可以从中选择一个，然后将其修改成为自己的表格。这是一个快速创建表格的办法，做法是：在“插入表格”列表框中单击 快速表格(T)，打开快速表格下拉列表，如图 6.55 所示；可以看到 Word 提供了许多不同的表格样式，单击一种样式，就可在文档中插入这种样式的表格。如图 6.56 所示就是使用快速表格插入的表格。

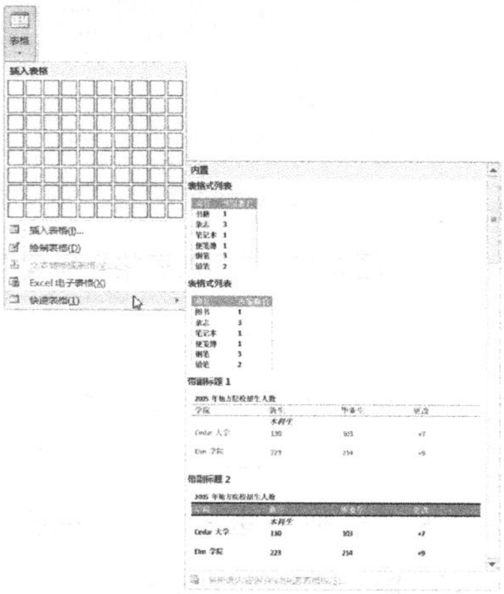

图 6.55　快速表格列表

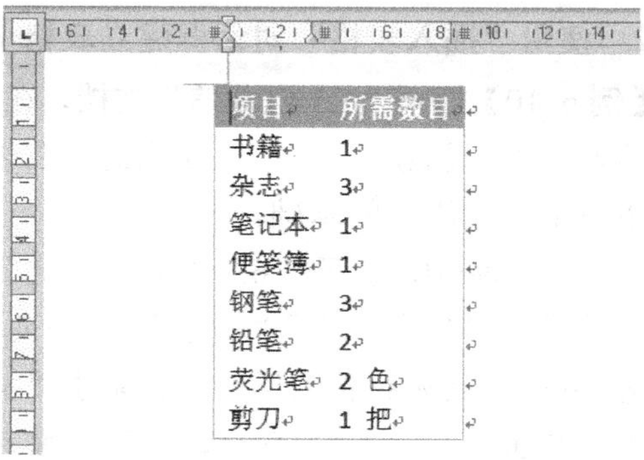

图 6.56　使用快速表格插入的表格

5. 文本和表格的互相转换

使用 Word 提供的文本和表格互换功能，可以很方便地把一个表格转换为普通的文本文字，也可以把按一定规律排列的文本文字转换成表格。

(1) 表格转换成文本

① 把插入点光标定位在表格中。

② 单击“表格工具/布局”选项卡“数据”组中的 转换为文本 命令，打开“表格转换成文本”对话框，如图 6.57 所示；在这里选择将各个单元格内容隔离开的分隔符，单击 确定 按钮，表格内容就转换为以所选择分隔符做间隔的文本。

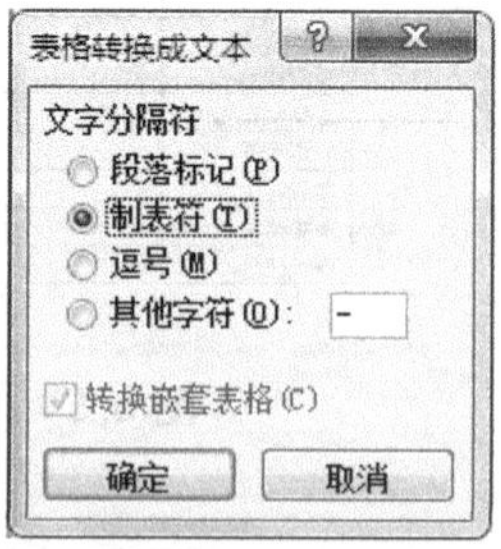

图 6.57　“表格转换成文本”对话框

(2) 文本转换为表格

① 选定要转换成表格的文本。

② 单击“插入”选项卡“表格”组中的 表格 命令，在打开的下拉列表中单击 文本转换成表格(V)...，打开“将文字转换成表格”对话框，如图 6.58 所示。

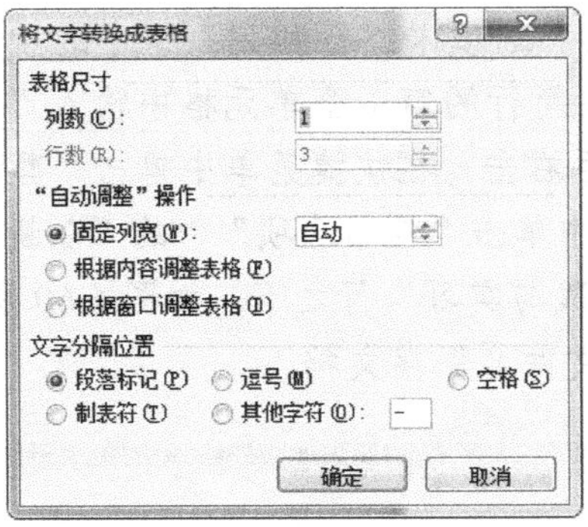

图 6.58 “将文字转换成表格”对话框

③ 从对话框中可以看出，Word 已将所转换的表格的行数、列数做了测定，一般情况下，其测定是符合要求的，当然也可以修改。在“文字分隔位置”栏选中原来的文本中使用的分隔符，再进行其他相应的设置，单击[确定]按钮，即可把选定的文字转换成表格。

6.3.2 表格的选定操作

在对表格进行编辑时，首先要选定表格中的某一部分，被选定的部分呈反色显示。

① 选定单元格或单元格区域：将鼠标移到单元格左边框靠内一侧，当鼠标指针变成↗形状时单击，可以选定该单元格；按住鼠标左键继续拖动，可以选定相邻的多个单元格，即单元格区域。

选定某个单元格后，将鼠标指针移到其他单元格，指针变成↗形后，按住Ctrl键单击，可以选定不连续的单元格。

② 选定表格。把鼠标指针移到表格左上角的移动控制点⊞处单击，可选定整个表格。

③ 选定行。把鼠标指针移到表格左侧的待选定栏，当指针变成↗形时单击，可选定鼠标指针指向的行；按下鼠标左键向上或向下拖动，可选定多行。

如果要选定位置不连续的多行，则需要在按住Ctrl键后，依次单击鼠标。

④ 选定列。把鼠标指针移到表格的顶部，当指针变成⬇形时单击，可选定一列；按住鼠标左键向左或向右拖动，可选定多列。

如果要选定不连续的多列，则需要在按住Ctrl键后，依次单击鼠标。

另外，把插入点光标定位于表格中任一个单元格，单击“表格工具/布局”选项卡“表”组的“选择”按钮，在打开的下拉列表中，单击 选择单元格(L) 命令，可选定该单元格；单击 选择行(R) 命令，可选定该单元格所在的行；单击 选择列(C) 命令，可选定该单元格所在的列；单击 选择表格(T) 命令，可选定整个表格。

6.3.3 编辑表格

1. 插入、移动行和列

【例 6.11】打开“6.10 自荐信”文档，在“外语水平”行下方增加一行“计算机水平”，将“兴趣特长”行移到“实践与实习”行下方。

① 将鼠标指针移到“外语水平”行中单击。

② 单击“表格工具/布局”选项卡“行和列”组中的在下方插入命令，在选定行下方插入一个空行，如图 6.59 所示，在新行的第 1 个单元格中输入“计算机水平”。

③ 选定“兴趣特长”行后右击，在快捷菜单中单击“剪切”命令；再选定“实践与实习”行后右击，在快捷菜单中单击“粘贴选项”中的“以新行的形式插入”按钮，即可将“兴趣特长”行移到“实践与实习”行之下，如图 6.60 所示。

④ 以“6.11 自荐信”为文件名保存文档。

图 6.59　在表格中插入行

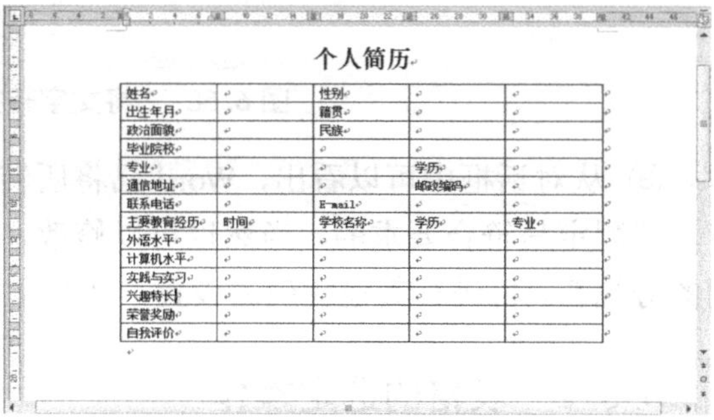

图 6.60　调整行的位置

还可以采用以下方法插入行和列：

① 选定行或列(选定与将要插入的行或列相同数量的行或列)，右击鼠标打开快捷菜单，如图 6.61 所示，单击“插入”命令的相应子菜单命令，即可插入与选定行或选定列相同数量的行或列。

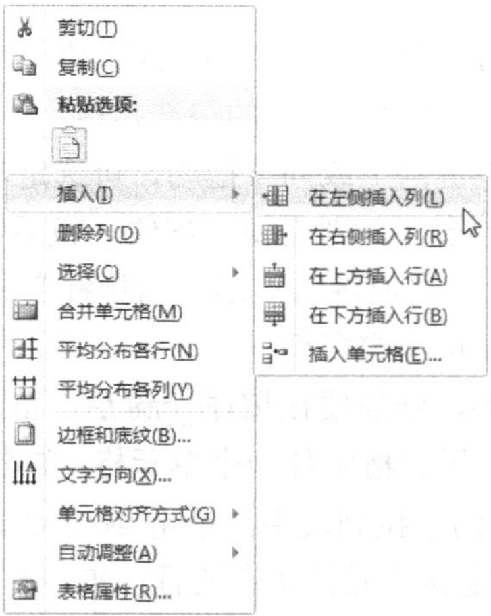

图 6.61　快捷菜单

② 选定行或列(选定与将要插入的行或列相同数量的行或列)，单击“表格工具/布局”选项卡中“行和列”组中的相关按钮。

③ 将插入点光标移到表格最后一行的最后一个单元格中，按 Tab 键，可在表格的底部再添加一行。将插入点光标移到表格最后一行右侧的回车符处，按 Enter 键，也可以在表格的底部添加一行。

2. 插入单元格

选定一个或多个单元格，单击“表格工具/布局”选项卡“行和列”组右下角的按钮，打开“插入单元格”对话框，如图 6.62 所示。选中某个单选按钮后，单击 确定 按钮即可插入单元格，插入的单元格个数和选定的单元格个数相同。各单选按钮的含义如下：

① “活动单元格右移”单选按钮：在选定的单元格左侧插入新的单元格。

② “活动单元格下移”单选按钮：在选定的单元格上方插入新的单元格。

③ “整行插入”单选按钮：在选定的单元格上方插入一行。

④ “整列插入”单选按钮：在选定的单元格左侧插入一列。

3. 删除表格、行、列、单元格

选定要删除的表格（行、列、单元格）后右击，在弹出的快捷菜单中单击 删除表格(T)（删除行(D)、删除列(D)、删除单元格(D)...）命令，即可删除选定的表格（行、列、单元格）。注意：执行“删除单元格”命令时，将弹出如图 6.63 所示的“删除单元格”对话框，这时应选择某个单选按钮后单击 确定 按钮。

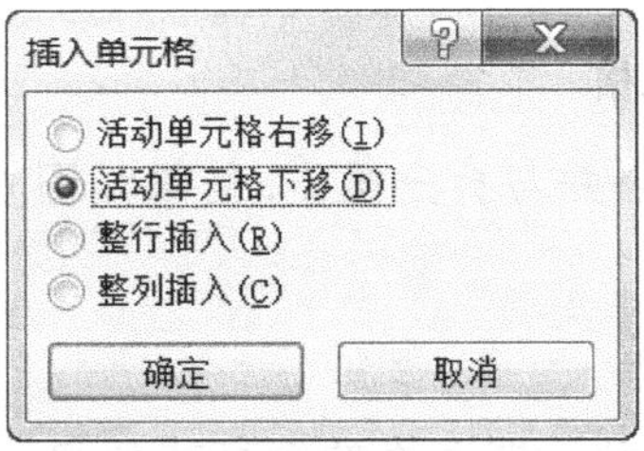

图 6.62 “插入单元格”对话框

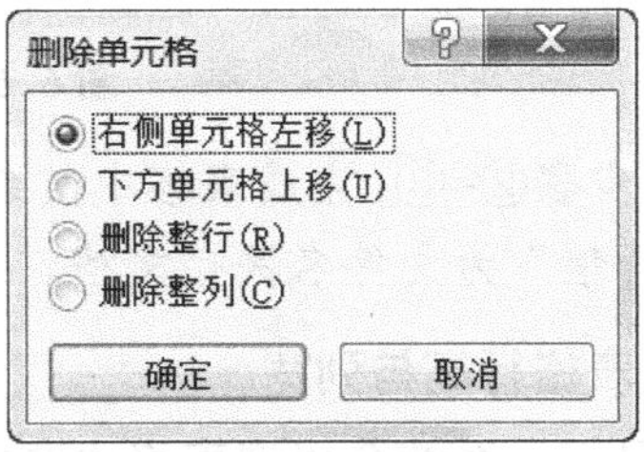

图 6.63 “删除单元格”对话框

4. 合并与拆分单元格

【例 6.12】 在“6.11 自荐信”的个人简历表格中，按图 6.64 所示合并与拆分单元格。

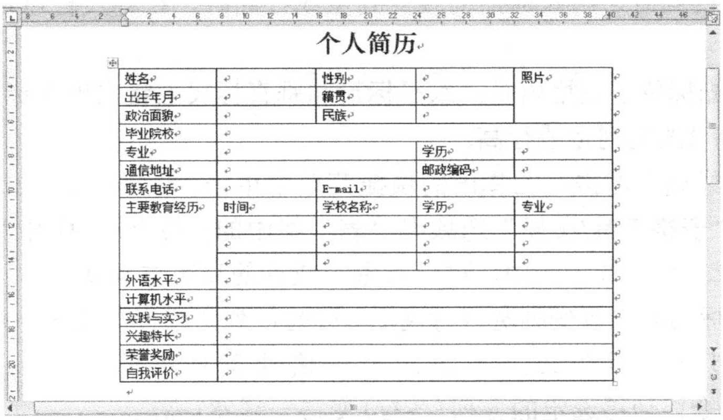

个人简历

姓名		性别		照片
出生年月		籍贯		
政治面貌		民族		
毕业院校				
专业			学历	
通信地址			邮政编码	
联系电话		E-mail		
主要教育经历	时间	学校名称	学历	专业
外语水平				
计算机水平				
实践与实习				
兴趣特长				
荣誉奖励				
自我评价				

图 6.64 合并与拆分单元格后的表格

① 将鼠标指针移到第 1 行第 5 个单元格中，当指针变成形状时，按住左键向下拖动到第 3 行第 5 个单元格，选定这 3 个单元格，如图 6.65 左图所示。

② 单击“表格工具/布局”选项卡“合并”组中的 合并单元格 命令，这 3 个单元格就合并成一个单元格了，如图 6.65 右图所示，在合并后的单元格中输入“照片”。

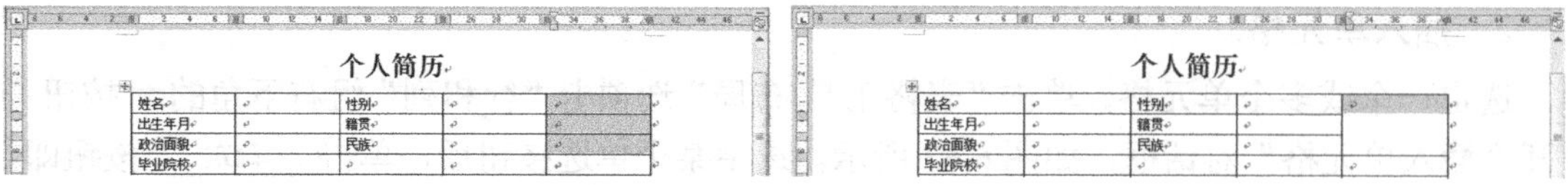

图 6.65　合并单元格

③ 单击“时间”所在单元格，单击“表格工具/布局”选项卡“合并”组中的 拆分单元格 命令，打开“拆分单元格”对话框；在“列数”框中输入 1，在“行数”框中输入 4，单击 确定 按钮，“时间”所在单元格就被拆分成 4 个小单元格了，如图 6.66 所示。

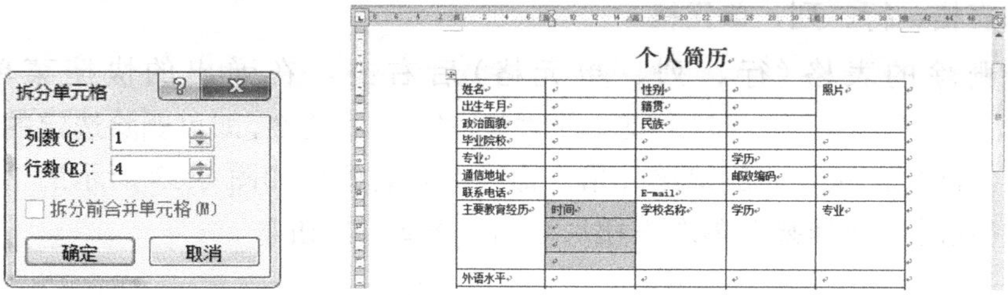

图 6.66　拆分单元格

④ 仿照步骤②~③，完成表格中其余单元格的合并与拆分操作，结果如图 6.64 所示。以“6.12 自荐信”为文件名保存文档。

5. 调整表格行高与列宽

通常情况下，系统会根据表格内文字的大小自动设置表格的行高或列宽。也可以根据需要自行调整表格的行高或列宽。

① 将鼠标指针移到某条列线上，当指针变成 ◂‖▸ 形时拖动鼠标，可以改变列的宽度。将鼠标指针移到某条行线上，当指针变成 ÷ 形时拖动鼠标，可以改变行的高度。

② 按住 Alt 键的同时，用鼠标拖动改变列宽或行高时，在标尺栏可以看到列宽或行高的具体数值。

③ 当插入点光标位于表格内时，水平标尺和垂直标尺上将出现列标记或行标记，拖动标记也可以改变列宽或行高。

④ 在选定行或列上右击，在弹出的快捷菜单中单击 表格属性(R)... 命令（或者选定行或列后单击“表格工具/布局”选项卡“表”组中的 属性 命令），打开“表格属性”对话框，在“行”或“列”选项卡中，可以设置行或列的高度与宽度。

⑤ 用拖动鼠标的方法改变列宽或行高后，可能使列宽或行高变得不均匀，这时可同时选定几列（或几行）后在其上右击，单击快捷菜单中的 平均分布各列(Y)（或 平均分布各行(N)）命令，使得选定的各列（各行）变得一样宽（高）。

【例 6.13】在“6.12 自荐信”表格中，将第 1 行“姓名”至第 8 行“主要教育经历”的行高设置为 1 厘米；将第 9 行“外语水平”到第 13 行“荣誉奖励”的行高设置为 1.5 厘米；将第 14 行“自我评价”的行高设置为 3 厘米；将 E-mail 所在单元格的宽度变窄；使表格充满整个页面。

① 打开“6.12 自荐信”文档，将鼠标指针移到表格第 1 行左边的文档选定栏，鼠标指针变成向右的箭头，按住鼠标左键向下拖动至第 8 行，选定第 1 行到第 8 行。

② 在选定行上右击，在弹出的快捷菜单中单击 表格属性(R)... 命令，打开“表格属性”对话框，如图 6.67 左图所示；在“行”选项卡中，选中“指定高度”复选框，在其后框中输入“1 厘米”，单击 确定 按钮，结果如图 6.67 右图所示。

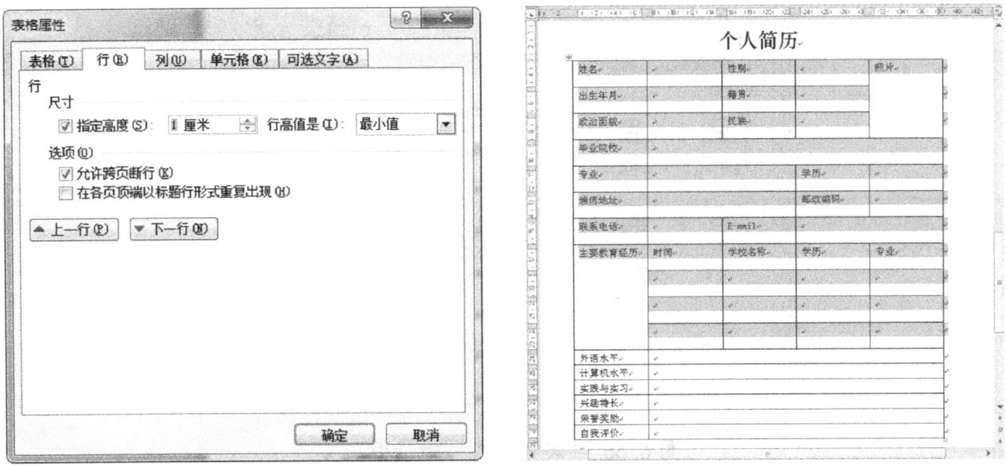

图 6.67　调整行高

③ 仿照步骤①~②，选定其他行并调整行高。

④ 把鼠标指针移到“E-mail”单元格内，当鼠标指针变成形时单击，选定该单元格；将鼠标指针移到此单元格的左边线上，当鼠标指针变成形时向右拖动鼠标，将此单元格的宽度变小。

⑤ 将插入点光标移到表格内部，表格右下方出现□图标，拖动此图标调整表格，使表格充满整个页面。

⑥ 以“6.13 自荐信”为文件名保存文档。

6. 表格的拆分与合并

可以把一个表格拆分成多个表格。方法是：先把插入点定位于拆分后的新表格第一行的任一单元格内，然后单击“表格工具/布局”选项卡“合并”组中的拆分表格命令。

如果要将上下相邻的两个表格合并成一个表格，只要删除两个表格之间的回车符即可。

7. 重复表格的标题行

当一个表格的长度超过一页时，可以在后续页中的续表中重复表格的标题行，操作方法是：选定第一页的标题行，单击“表格工具/布局”选项卡“数据”组中的重复标题行命令。

6.3.4 美化表格

美化表格指的是通过设置表格的边框线、底纹，表格中文字的字体、对齐方式等手段，达到使表格美观、整齐的效果。

1. 设置表格在页面中的布局

文档中的表格，默认靠页面左端对齐。可以通过“表格属性”对话框调整表格的对齐方式，操作方法如下：在表格的任一单元格中右击，单击快捷菜单中的 表格属性(R)... 命令，打开“表格属性”对话框，进入“表格”选项卡，如图 6.68 所示。

图 6.68 “表格属性”对话框

① 在“尺寸”栏，选中“指定宽度”复选框后，可以设置表格的宽度。

② 在“对齐方式”栏，可以设置表格在页面中的对齐方式。

③ 在“文字环绕”栏，可以设置表格和文字的环绕方式。

设置完后单击 确定 按钮即可。

2. 设置单元格中内容的对齐方式

在“表格工具/设计”选项卡“对齐方式”组中，有 9 个文本对齐按钮、、、、、、、、，利用这 9 个按钮，可以设置表格中文本内容在单元格中的对齐方式，包括水平方向和垂直方向的对齐方式。

3. 设置边框与底纹

【例 6.14】 在“6.13 自荐信”表格中，设置文字格式为“幼圆”“小四号”，在单元格内居中对齐；将有文字的单元格的底纹设置为“橙色，强调文字颜色 6，淡色 80%”，将表格的内侧框线设置为“虚线”，外侧框线设置为“双细线”。

① 打开文档，把鼠标指针移到表格内部，表格左上方出现图标，单击它选定整个表格。

② 利用“开始”选项卡“字体”组中的相关按钮，设置文字字体为“幼圆”，字号为“小四号”。

③ 单击“表格工具/设计”选项卡“对齐方式”组中的“水平居中”按钮，将表格中的文本设置为在单元格内水平垂直居中对齐。

④ 按住 Ctrl 键的同时，依次选定表格中要设置底纹的有文字的单元格区域，单击“表

格工具/设计”选项卡“表格样式”组中 底纹 按钮旁的下拉箭头，打开底纹颜色列表，如图 6.69 所示，单击“橙色，强调文字颜色 6，淡色 80%”底纹。

⑤ 选定整个表格，单击“表格工具/设计”选项卡“表格样式”组中“笔样式”按钮 ———— 旁的下拉箭头，打开“笔样式”下拉列表，如图 6.71 所示，选择第二种线型“ .... ”。

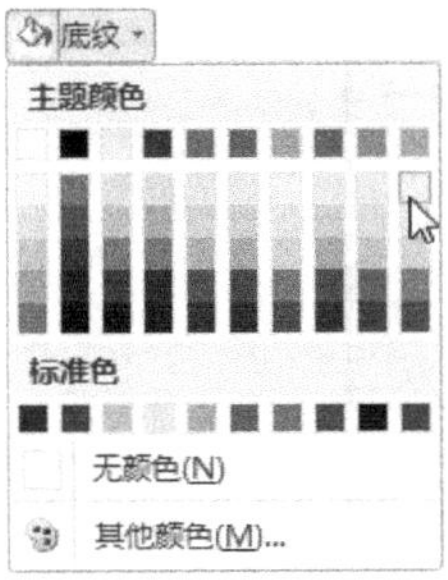

图 6.69　底纹颜色列表

图 6.70　选择边框样式

图 6.71　边框类型

⑥ 单击“表格工具/设计”选项卡“表格样式”组中 边框 按钮旁的下拉箭头，打开“边框类型”列表，单击要添加的边框类型，就可以给表格中的选定区域设置上边框了，这里选择“内部框线”，如图 6.71 所示。

⑦ 选定整个表格后右击，在弹出的快捷菜单中单击 边框和底纹(B)... 命令，打开“边框和底纹”对话框；进入“边框”选项卡，在“设置”区域内选择“自定义”选项，在“样式”列表中选择“双细线”；在“预览”区域中，单击图示的上、下、左、右边框线或单击相应的按钮，确认在“应用于”下拉列表中选择“表格”，如图 6.72 所示；最后单击 确定 按钮，设置结果如图 6.73 所示。

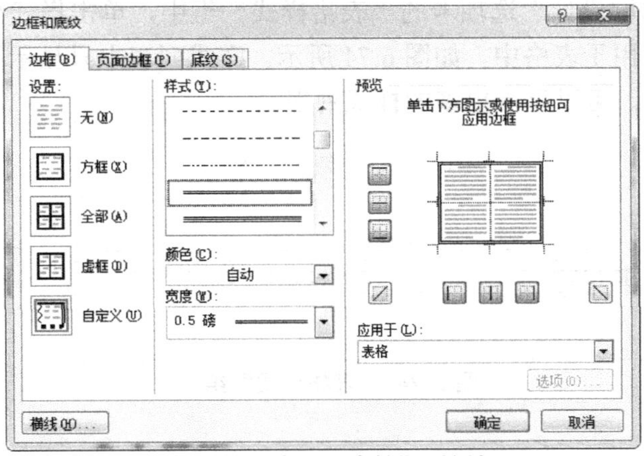

图 6.72　“边框和底纹”对话框

⑧ 以“6.14 自荐信”为文件名保存文档。

个人简历

姓名		性别		照片
出生年月		籍贯		
政治面貌		民族		
毕业院校				
专业			学历	
通信地址			邮政编码	
联系电话		E-mail		
主要教育经历	时间	学校名称	学历	专业
外语水平				
计算机水平				
实践与实习				
兴趣特长				
荣誉奖励				
自我评价				

图 6.73　设置格式后的个人简历表

4. 表格自动套用样式

表格样式是一组事先设置了边框、底纹、字体、对齐方式等格式的表格模板。Word 2010 中提供了多种适用于不同用途的表格样式，借助这些表格样式可以快速地格式化表格，达到美化表格的目的。为表格套用表格样式的方法如下：

① 将插入点光标移到表格内。

② 在“表格工具/设计”选项卡的“表格样式”组中，单击样式列表框中的某个样式，即可将该样式应用于表格中，如图 6.74 所示。样式列表中只显示了部分样式，单击样式列表框右侧的▾，可以显示更多的样式列表。

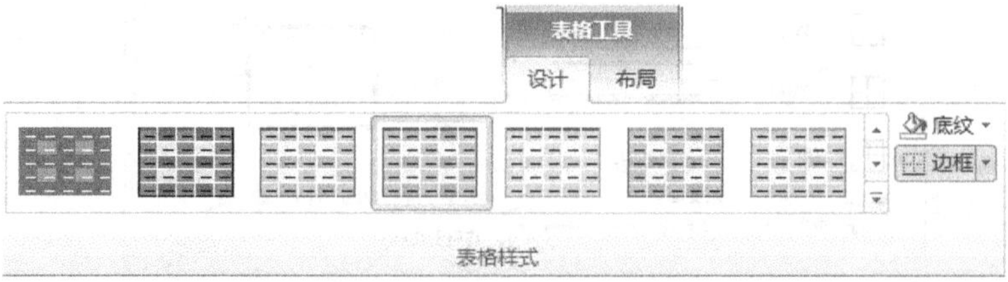

图 6.74　“表格样式”组

6.4　制作调查报告

6.4.1　使用样式

1. 应用样式

样式规定了文档中标题、正文等的格式。编辑文档时应用样式，可以使文档具有统一的外观，简化编辑操作。

【例 6.15】打开“大学生消费情况调查报告”，为一级标题应用“标题 1”样式。

① 打开“大学生消费情况调查报告”文档。选定标题“一、调查研究的背景与意义”。

② 在“开始”选项卡的“样式”组中提供了多种样式，如图 6.75 所示，将鼠标指针指向某种样式，就可在编辑区中看到此样式的效果，单击样式列表框中的“标题 1”样式，为标题应用内置样式，如图 6.76 所示。

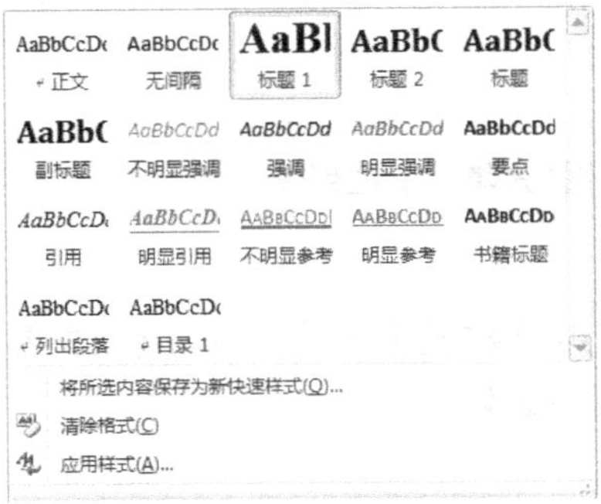

图 6.75　“样式”列表框

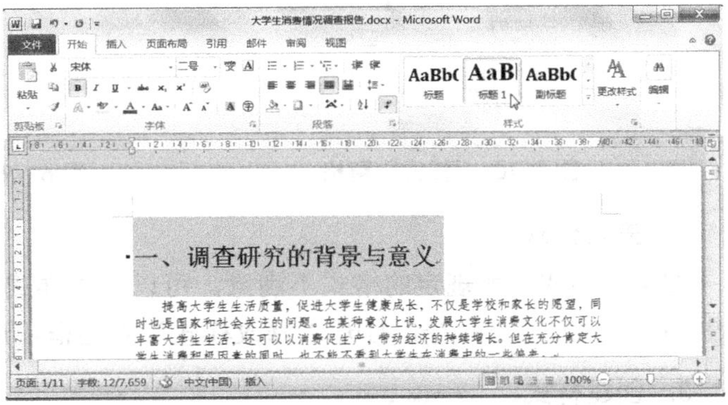

图 6.76　为标题应用样式

③ 用同样的方法将其他一级标题设置为“标题 1”样式。

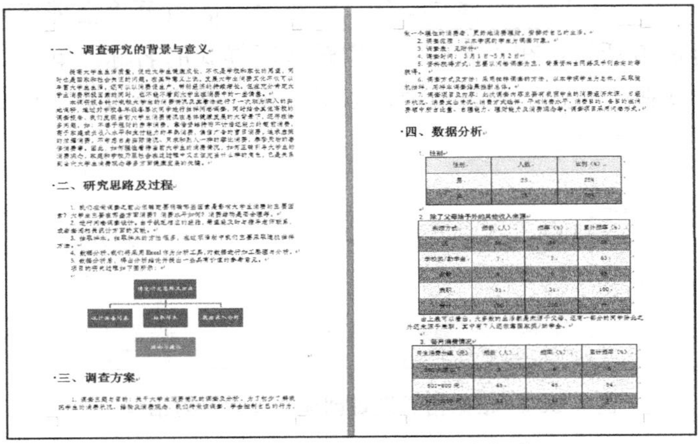

图 6.77　应用样式后的文档

④ 以“6.15 大学生消费情况调查报告”为文件名保存文档。

单击“样式”组右下角的小箭头，打开“样式”窗格，如图6.78所示，样式窗格中提供了更多的样式，单击“样式”列表中的某一级标题，就把文本行定义为该标题样式。

除了可单独为选定的文本或段落设置样式外，Word还内置了许多经过专业设计的样式集，每个样式都包含了一整套可应用于整篇文档的样式设置。单击“开始”选项卡“样式”组中的更改样式，在打开的下拉列表中单击 样式集(Y)，在打开的下拉列表中单击某种样式，就可一次性完成文档中的所有样式设置，如图6.79所示。

图 6.78 “样式”窗格

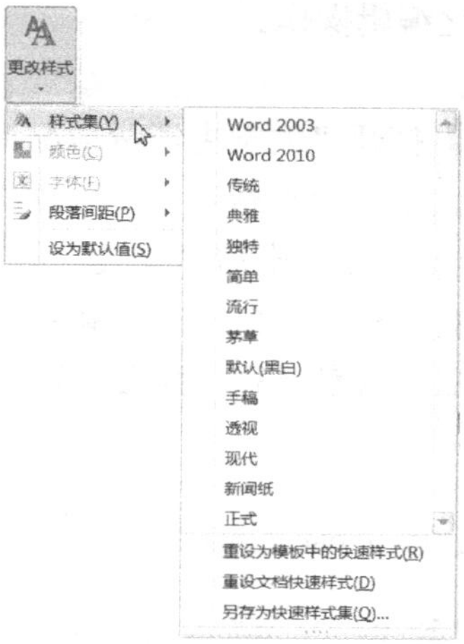

图 6.79 “样式集”下拉列表

2. 更改样式

如果对样式中所规定的格式不满意，可以在“样式”组该样式上右击，单击快捷菜单中的 修改(M)...命令，打开“修改样式”对话框，进行修改。

3. 创建样式

如果对自己设置的文本格式或段落格式很满意，想在以后的文档中继续使用，可以将其定义为样式，方法是：选中已经完成格式设置的文本或段落右击，在弹出的快捷菜单中单击 样式(T) → 将所选内容保存为新快速样式(Q)...，打开“根据格式设置创建新样式”对话框，如图 6.80 所示；在“名称”框中输入新样式的名称，单击 确定 按钮，新定义的样式会出现在“样式”列表框中，以后就可以将它应用于其他文档中了。

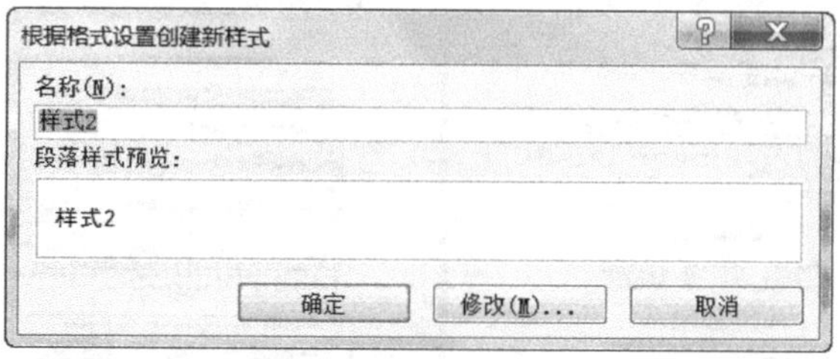

图 6.80 “根据格式设置创建新样式”对话框

6.4.2 分页、分节

1. 分页

当在文档中输入的内容满一页时，Word 会对内容自动分页。也可以用人工方法强行分页，方法是：单击“页面布局”选项卡“页面设置”组中的“插入分页符和分节符”按钮 分隔符，打开分隔符列表，如图 6.81 所示；单击其中的“分页符(P)”图标，即可在文档中插入分页符………分页符………；也可以通过按 Ctrl + Enter 键插入分页符。

如果看不到分页符，可以单击“开始”选项卡“段落”组中的“显示/隐藏编辑标志”按钮 。

在分页符前按 Delete 键，即可删除分页符。

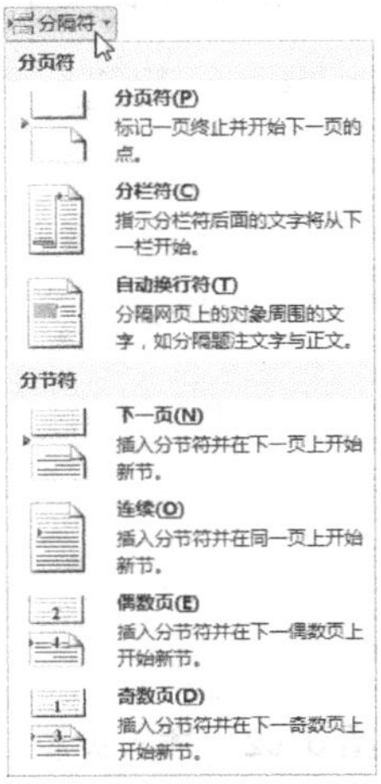

图 6.81 “分隔符”列表

2. 分节

在 Word 文档中插入分节符，可以把一篇文档分成若干节，每一节是一个独立的编辑单位，对不同的节可以设置不同的页面格式。

① 设置分节符：将插入点光标定位在要分节的位置，打开图 6.81 所示的“分隔符”列表，单击列表中“分节符”栏中的某个分节符图标，即可插入分节符，并确定新节的起始位置。各选项的含义如下：

“下一页”——分节符后的文本从新的一页开始。

“连续”——新节与其前面一节同处于当前页中。

“偶数页”——新节从下一个偶数页开始。

“奇数页”——新节从下一个奇数页开始。

分节符中包含着本节的各种格式设置。

② 删除分节符：将插入点光标定位在分节符前，按 Delete 键，即可删除分节符。删除分节符后，它前面的内容成为后面一节的一部分，格式与后面一节相同。

③ 可以为各节设置不同的格式，包括设置页边距、纸张大小、对齐方式、页眉页脚、分栏、页码编排、页面边框等。

6.4.3 设置页眉、页脚

页眉和页脚指的是出现在文章每一页顶部和底部的注释文字或图案。页码是最简单的页眉或页脚。一般的教材中，奇数页页眉是章节名称和页码，偶数页页眉是书名和页码。

【例 6.16】 打开“6.15 大学生消费情况调查报告”，设置奇数页页眉为“大学生消费情况调查”，偶数页页眉为“调查报告”，在页面底端插入页码。

① 打开“6.15 大学生消费情况调查报告”。

② 单击“插入”选项卡“页眉和页脚”组中的页眉，将打开一个“页眉”下拉菜单，其中显示了若干个页眉样式，单击某个样式(这里选择第 1 个样式)，页面上方出现[键入文字]框，如图 6.82 所示，与此同时窗口功能区中出现“页眉和页脚工具/设计”选项卡，而正文区变成浅色，此时就可以编辑页眉文字了。

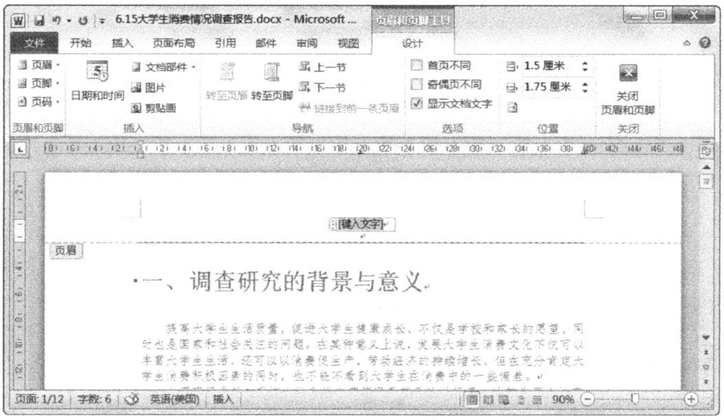

图 6.82 插入页眉

③ 在[键入文字]框中输入页眉内容“大学生消费情况调查”，设置其右对齐。

④ 在“页眉和页脚工具/设计”选项卡的“选项”组选中☑奇偶页不同复选框，就可以为奇偶页设置不同的页眉。进入文档的第 2 页，在第 2 页的页眉处输入“调查报告”，设置其左对齐。

⑤ 在“页眉和页脚工具/设计”选项卡的“导航”组中单击转至页脚，进入页脚编辑状态，如图 6.83 所示。

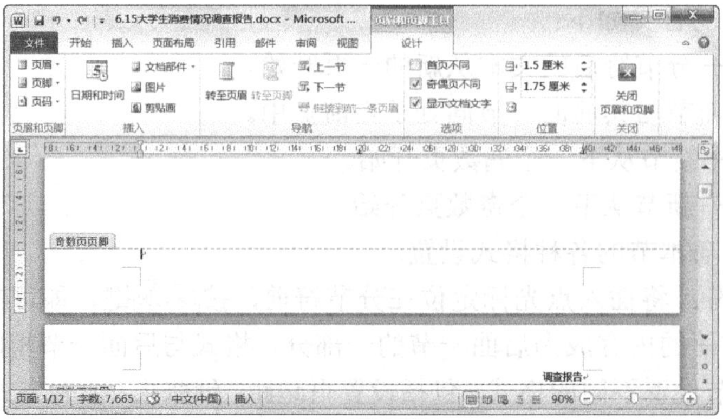

图 6.83 编辑页脚

说明 在“导航”组中单击转至页脚和转至页眉按钮，可以在页眉和页脚之间进行切换。如果选中了☑奇偶页不同复选框，单击“导航”组中的上一节或下一节按钮，可以在奇数页和偶数页之间切换。

⑥ 编辑第 1 页的页脚，单击“页眉和页脚”组中的“页码”命令，在打开的下拉列表中可以选择页码的位置和格式，如图 6.84 所示。依次选择“页面底端”→“堆叠纸张 2”命令，为奇数页插入页码，如图 6.85 所示。单击“导航”组中的下一节进入偶数页的页脚区，在“页码”下拉列表中选择“页面底端”→“堆叠纸张 1”命令。

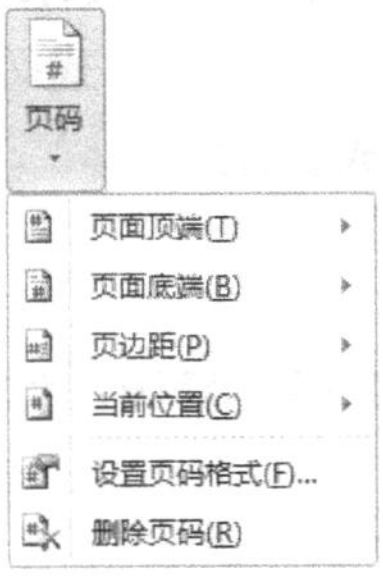

图 6.84 “页码”下拉列表

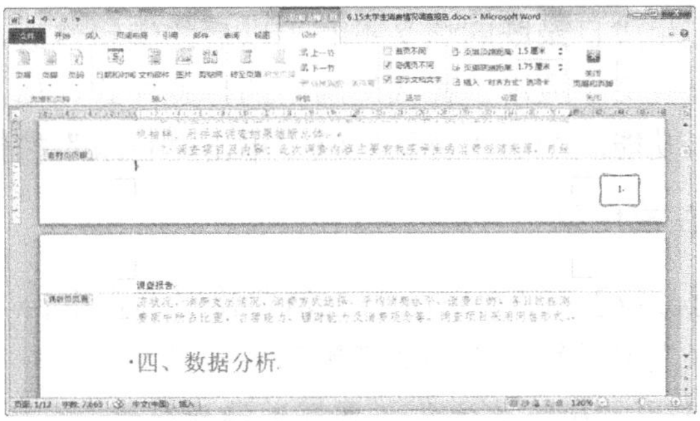

图 6.85 设置奇数页页码

⑦ 单击“页码”下拉列表中的设置页码格式(F)...命令，打开如图 6.86 所示的“页码格式”对话框，在该对话框中的“编号格式”列表中选择第 1 种编号格式，设置起始页码值为“1”。单击确定按钮，返回 Word 编辑窗口。

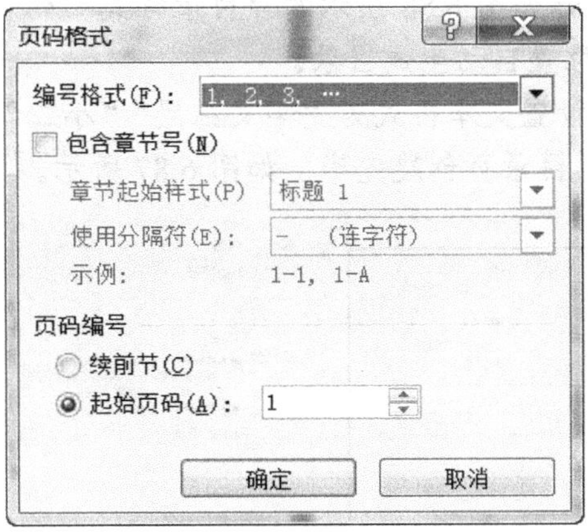

图 6.86 “页码格式”对话框

⑧ 编辑完页眉页脚后，双击文档正文区或单击“页眉和页脚工具/设计”选项卡“关闭”组中的按钮，即可退出页眉编辑状态，进入正文编辑状态。

⑨ 以“6.16 大学生消费情况调查报告”为文件名保存文档。

不需要对每一个页面设置页眉和页脚。只要在某个页面设置好，整个文档的页眉和页脚就全都设置好了。在页眉中可以输入文字，也可以插入图片。使用“页眉和页脚工具/设计”选项卡中的有关按钮，还可以输入页码、日期等。退出页眉编辑状态后，双击页眉和页脚区域，可以重新进入页眉、页脚编辑状态。打开“页眉”或“页脚”下拉菜单后，单击其中的“删除页眉”或“删除页脚”命令，可以删除页眉或页脚。

单击“插入”选项卡“页眉和页脚”组中的“页码”命令，打开“页码”下拉菜单，使用该菜单可以在页面上的指定位置设置页码。

6.4.4 生成目录

目录是长文档必不可少的组成部分，由文章的标题和页码组成。目录可以使文档的结构清晰，便于阅读者对整个文档进行快速查找和定位。

手工生成目录既麻烦又不利于以后的编辑修改，利用 Word 生成文档目录非常简单，只要将有关文字应用“样式”组中的标题样式，如“标题 1”“标题 2”样式等，然后在“引用”功能区中的“目录”组中单击“目录”按钮，即可生成目录。

1. 生成目录

【例 6.17】在“6.16 大学生消费情况调查报告”文档的首页插入目录，如图 6.87 所示，目录文本设置为“华文细黑”“小二”。

① 打开“6.16 大学生消费情况调查报告”。

② 将插入点光标置于文档首页起始位置，单击“页面布局”选项卡“页面设置”组中的“插入分页符和分节符”按钮 分隔符，打开“分隔符”列表，单击“分节符”栏中的“下一页”图标，分节符即出现在插入点之前，在第 1 页前插入新页。

③ 将插入点光标定位于所插入的新页中，按 Enter 键，单击“引用”选项卡“目录”组中的“目录”命令，打开如图 6.88 所示的“目录样式”列表，单击其中的“自动目录 1”，即可在插入点光标位置自动生成目录。

④ 选中目录页文本，设置文本格式为“华文细黑”“小二”，行距为“多倍行距”，设置值为“3”，居中对齐，目录页创建完毕，如图 6.87 所示。

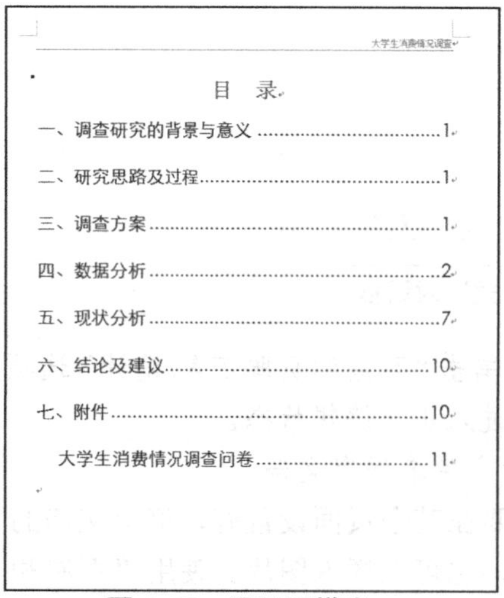

图 6.87 目录页样张

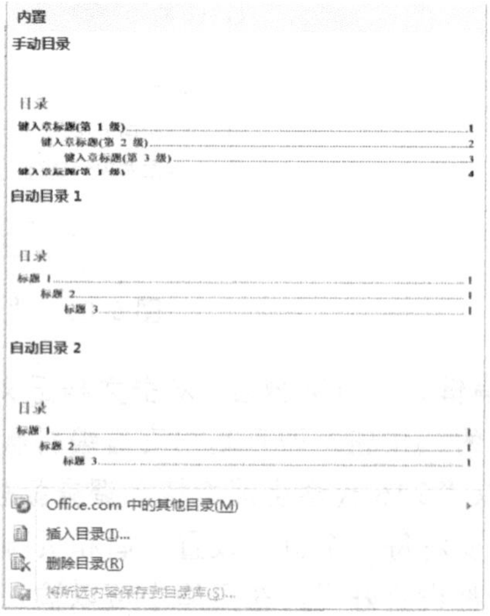

图 6.88 “目录样式”列表

目录中包含相应页面的标题及页码，按住 Ctrl 键的同时单击目录页中的某个标题，就可以定位到该标题在正文中的相应位置。

⑤ 以“6.17 大学生消费情况调查报告”为文件名保存文档。

在图 6.88 所示的“目录样式”列表中，单击“插入目录”命令，在弹出的“目录”对话框中可以自定义目录的样式，如图 6.89 所示。

2. 更新目录

在自动生成目录后，如果重新修改了文档内容，例如，增删内容或对章节进行了调整，页码或标题就有可能发生变化，如果要使目录页中的相关内容也随着变化，只需在目录行任意位置单击，再单击页面左上角的 更新目录 按钮，打开如图 6.90 所示的“更新目录”对话框，然后根据需要进行相关设置就可以了。

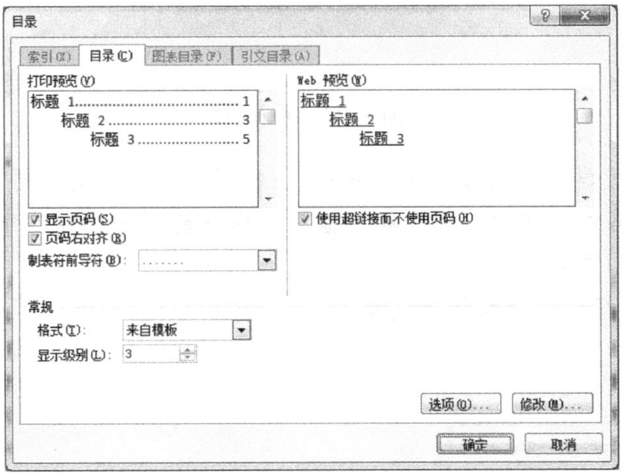

图 6.89　“目录”对话框

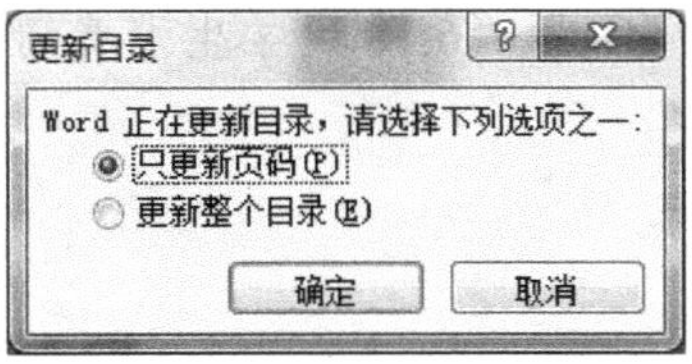

图 6.90　“更新目录”对话框

6.4.5　插入封面

通过插入封面功能，可以给文档插入风格各异的封面。不管当前插入点光标在什么位置，插入的封面总是在第一页。

【例 6.18】为“6.17 大学生消费情况调查报告”插入封面，要有标题、姓名、学校、专业和联系方式，使其在整体上达到重点突出、层次分明、美观雅致的效果。

① 打开“6.17 大学生消费情况调查报告”。

② 单击“插入”选项卡“页”组中的“封面”命令，在打开的下拉列表中显示出 Word 内置的各种封面样式，如图 6.91 所示，从中选择合适的封面样式即可。这里选择“字母表型”样式，如图 6.92 所示。

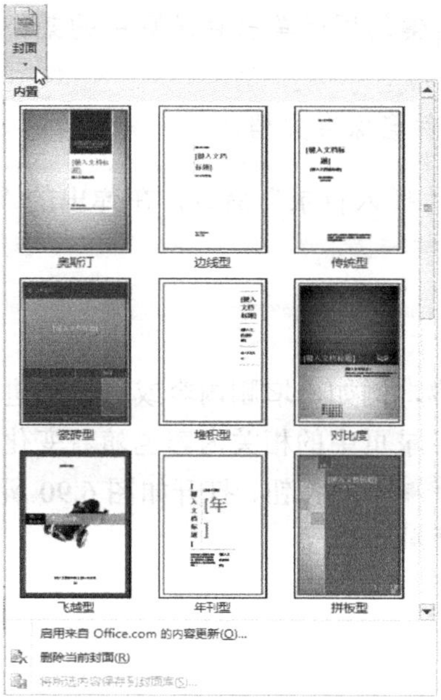

图 6.91 “封面”下拉列表

图 6.92 插入封面

③ 在“键入文档标题”处输入“大学生消费情况调查报告”，在“键入文档副标题”处输入制作者信息，适当设置文字的格式。在“选取日期”框中选择当前日期，在“作者信息”框中输入制作者信息，效果如图 6.93 所示。

④ 以“6.18 大学生消费情况调查报告”为名保存文档。

图 6.93 设置封面效果

插入的封面还可以删除，方法是：单击“插入”选项卡“页”组中的“封面”命令，在打开的下拉列表中单击 删除当前封面(R) 命令，即可删除封面。

6.4.6 修订和批注

1. 插入修订和批注

使用 Word 提供的修订和批注功能，可以很方便地对文档进行批阅。

修订状态下修改文档时，Word 将跟踪文档中所有内容的变化情况，把用户在当前文档中修改、删除、插入的每一项内容都标记下来。在修订文档时，可能会对文档中的内容做个说明或者向文档作者提出一些问题，这时可以在文档中插入批注。

“批注”与“修订”的不同在于：“修订”是在原文上进行修改，并以红色进行标记；而“批注”并不在原文上进行修改，只是在文档页面的空白处添加相关的注释信息。

【例 6.19】打开“6.18 大学生消费情况调查报告”，对文章进行修订和批注，并显示修订和批注的结果。

① 打开“6.18 大学生消费情况调查报告”。

② 单击“审阅”选项卡“修订”组中的“修订”命令，在打开的下拉列表中单击 修订(G)，即可开启文档的修订状态。

③ 将文档中“在某种意义上说”中的“在”字改为“从”字，“在”字上出现红色删除线标记，同时“从”字以红色显示，并且下方出现一条下划线。

④ 选定标题“一、调查研究的背景与意义”，单击“审阅”选项卡“批注”组中的“新建批注”命令，窗口右侧出现“批注”框，在其中输入“摘自因特网”，给标题加上了批注，如图 6.94 所示。

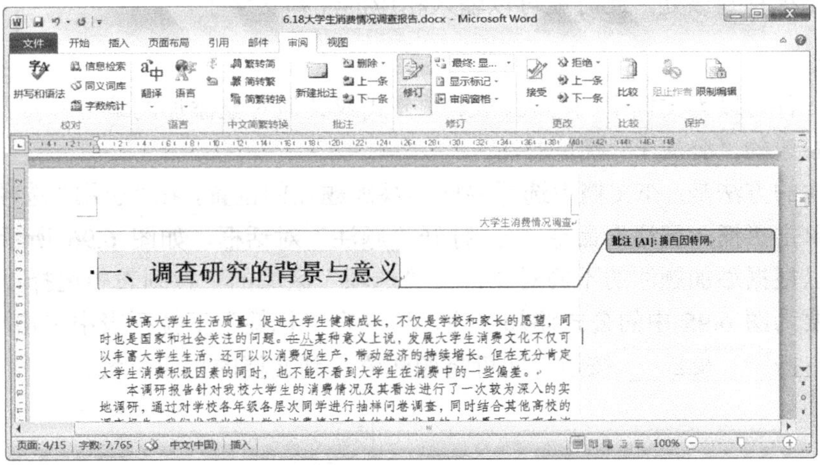

图 6.94 修订文档，在文档中插入批注

⑤ 以“6.19 大学生消费情况调查报告”为文件名保存文档。

2. 审阅修订和批注

文档内容修订和批注完后，还需要对文档的修订和批注状况进行审阅，并确定最终的文档内容。

如果文档中有多条批注或修订，单击“批注”组或“修订”组中的“上一条”或

“下一条”，可定位到文档中的上一条或下一条批注(修订)。

在修订的内容上右击，打开快捷菜单，单击 接受修订(E)，就不会再显示它们被修订的标记了；单击 拒绝修订(R)，可以拒绝所做的修订。在加了批注的内容上右击，打开快捷菜单，选择 删除批注(M)，将删除所做的批注。

如果要接受对当前文档作出的所有修订，可以单击“更改”组中的“接受”命令 接受，在下拉列表中单击 接受对文档的所有修订(D)；如果要拒绝对当前文档做出的所有修订，可以单击“更改”组中的“拒绝”命令 拒绝，在下拉列表中单击 拒绝对文档的所有修订(D)。

单击“审阅”选项卡“修订”组右上角 最终: 显... 框右侧的下拉箭头，可以打开一个列表，选择其中的“最终状态”，可以不显示修订标志和批注标志。

6.4.7 脚注、尾注和题注

1. 脚注和尾注

脚注和尾注通常用来在文档中显示引用资料的来源，或者用于输入说明性或补充性的信息。脚注位于当前页面的底端或指定文字的下方，尾注出现在文档末尾或者指定节的结尾。脚注和尾注都用一条短横线与正文分开，而且其文字要比正文的文字小一些。插入脚注和尾注的方法如下：

① 将插入点光标移到要插入脚注或尾注的文字之后。

② 单击“引用”选项卡“脚注”组中的“插入脚注”命令 插入脚注（或“引用”选项卡“脚注”组中的 插入尾注 命令），在页面底端或文章末尾会出现相应的脚注或尾注标记，并将插入点光标移到该处，此时就可以输入相应的注释文字了。

2. 题注

题注是一种可以为文档中的图表、表格、公式或其他对象添加的编号标签，如图 6.95 所示，公式右边的“公式 1”就是题注。

插入题注的方法是：在文档中选择要向其添加题注的位置，在“引用”选项卡的“题注”组中，单击“插入题注”命令 插入题注，打开“题注”对话框，如图 6.96 所示；在该对话框中，可以根据添加题注的不同对象，在“选项”区域的下拉列表中选择不同的标签类型。如果要为图 6.95 中的公式添加题注，可以在“标签”下拉列表中单击“公式”，设置完后，单击 确定 按钮，即可将题注添加到文档的相应位置。

$$f(x) = a_0 + \sum_{n=1}^{\infty}\left(a_n \cos\frac{n\pi x}{L} + b_n \sin\frac{n\pi x}{L}\right) \quad \text{公式 1}$$

图 6.95 题注示例

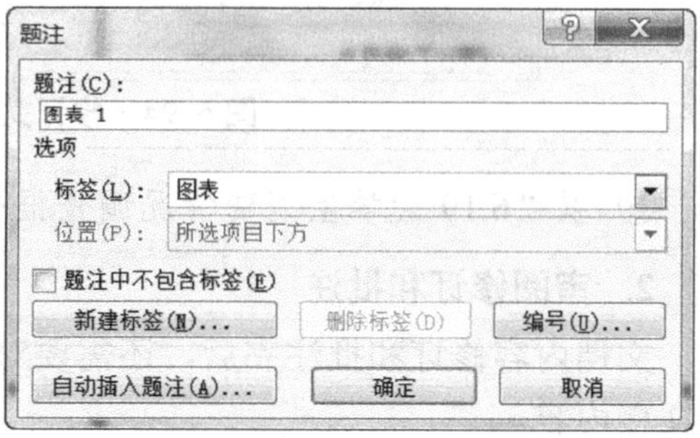

图 6.96 “题注”对话框

6.4.8　多窗口编辑

1. 拆分窗口

为了方便对照文档的不同部分进行编辑，可以将一个文档显示在拆分开的两个窗口中。

单击“视图”选项卡“窗口”组中的“拆分”命令拆分，窗口中出现一个灰色水平线，鼠标指针变成÷形状并出现在水平线上，此时拖动鼠标指针水平线会跟着移动，移到合适位置后单击，编辑区就拆分成上下两个窗口，如图6.97所示。

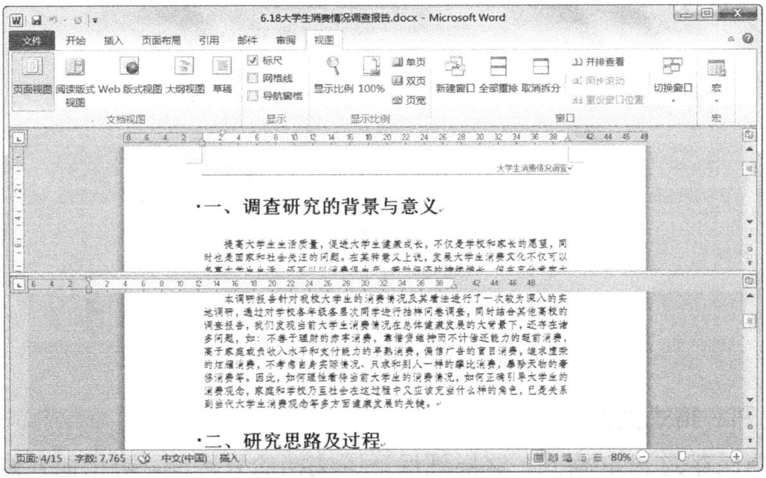

图6.97　拆分窗口

此后只要将鼠标指针移到上下窗口分界线上，当鼠标指针变成÷形状时，拖动鼠标即可调整上下窗口的大小。

拖动垂直滚动条上方的拆分条，也可以拆分窗口。

单击两个窗口中的任何一个窗口，将把插入点光标移动到该窗口，使之成为当前窗口，就可以在该窗口中编辑文档了。

单击“视图”选项卡“窗口”组中的“取消拆分”命令取消拆分，可以把拆分开的窗口重新合并成一个窗口。

2. 多文档窗口编辑

使用Word可以同时打开多个文档进行编辑。可以在不同文档窗口间，进行复制、移动文档内容的操作。

单击“视图”选项卡“窗口”组中的“切换窗口”命令切换窗口，将打开一个列表，列表中显示出当前所有被打开的文档名称，单击其中任何一个，即可将其变成当前文档，对其进行编辑处理。单击“视图”选项卡“窗口”组中的“全部重排”命令全部重排，可以将所有窗口同时显示在屏幕上。

6.4.9　与他人共享文档

Word文档除了可以打印出来供他人阅读外，还可以根据不同的需求，通过多种方式实现共享。

1. 通过电子邮件共享文档

如果希望将编辑完成的 Word 文档通过电子邮件的方式发送给对方，可以打开“文件”选项卡，依次单击“保存并发送”→ 使用电子邮件发送 → 作为附件发送，即可将文档通过电子邮件的方式发送给对方。

图 6.98 “文件”选项卡

2. 转换成 PDF 格式文档

可以将文档保存为 PDF 格式，这样既保证了文档的只读性，防止他人修改，又确保了文档能够正常显示与浏览。方法是：打开“文件”选项卡，依次单击“保存并发送”→ 创建 PDF/XPS 文档 → 创建 PDF/XPS，打开“发布为 PDF 或 XPS”对话框，选择保存位置，确认文件名，单击 发布(S) 按钮，即可完成 PDF 文档的创建。

6.5 制作公司录取通知书

在实际工作中，企业经常会遇到给众多客户发送会议信函、征订产品等情况。这些工作工作量大，重复率高，既容易出错又枯燥乏味。使用 Word 提供的“邮件合并”功能，可以轻松、快速地解决这类问题。

6.5.1 邮件合并

当编发会议通知、录取通知书等文档时，文档中除了姓名、单位、地址等内容不同外，其他内容都相同，这时可以使用 Word 的邮件合并功能，提高编制这类文档的效率。

使用邮件合并功能涉及两个文件：一个是主文档，就是要编制的文档中文字相同的那些内容；另一个是数据源，就是要在主文档中填入的文字有变化的部分。数据源是含有标题行的数据记录表，其中包含着相关的字段和记录内容。数据源表格可以是 Word、Excel、Access 或 Outlook 中的联系人记录表。

在进行邮件合并前，必须先创建好主文档和数据源文档。

【例 6.20】根据“录取人员名单.xlsx”中的数据，制作“公司录取通知书.docx”。

在这个例子中，主文档是一个名为“公司录取通知书.docx”的文件，内容如图 6.99 所示。我们希望将来形成的具体录取通知书中，在“您好”之前插入被录取者的姓名，在“身份证号”后插入被录取者的身份证号码，在“公司”后面的括号中插入“部门”名称。

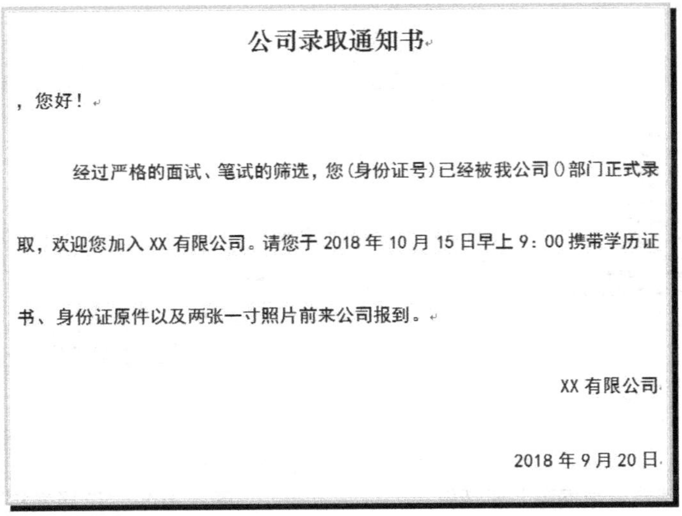
公司录取通知书

，您好！

经过严格的面试、笔试的筛选，您(身份证号)已经被我公司()部门正式录取，欢迎您加入 XX 有限公司。请您于 2018 年 10 月 15 日早上 9：00 携带学历证书、身份证原件以及两张一寸照片前来公司报到。

XX 有限公司

2018 年 9 月 20 日

图 6.99 “公司录取通知书”文档

数据源是一个名为“录取人员名单.xlsx”的文件，其中包含将来要填入录取通知书中的相关数据，如图 6.100 所示。

	A	B	C	D	E	F
1	姓名	身份证号	工作部门	地址	电话	邮编
2	李一航	370102199602080000	会计部	青岛市太平路	13865211111	266071
3	王鑫	370832199706230000	会计部	青岛市东山路	13865211112	266071
4	张涵宇	370883199608240000	会计部	青岛市四方路	13865211113	266071
5	丁家宁	370205199611020000	人力资源部	青岛市湖北路	13865211114	266071
6	齐晓然	370682199502190000	人力资源部	青岛市江西路	13865211115	266071
7	孔庆生	370881199601020000	业务部	青岛市泰安路	13865211116	266071
8	田平	370703199612140000	业务部	青岛市东平路	13865211117	266071
9	张光平	370703199509200000	行政办公室	青岛市如东路	13865211118	266071
10	郑敏	370406199605290000	业务部	青岛市西藏路	13865211119	266071
11	赵文静	371121199608190000	后勤处	青岛市上海路	13865211120	266071

图 6.100 “录取人员名单”文档

① 在 Word 中创建“公司录取通知书.docx”文档，在 Excel 中创建“录取人员名单.xlsx”文档。具体操作过程不再赘述。

② 打开主文档“公司录取通知书.docx”。

③ 打开“邮件”选项卡，在“开始邮件合并”组中单击“开始邮件合并”按钮，在下拉菜单中选择要创建的主文档的类型“信函”，如图 6.101 所示。

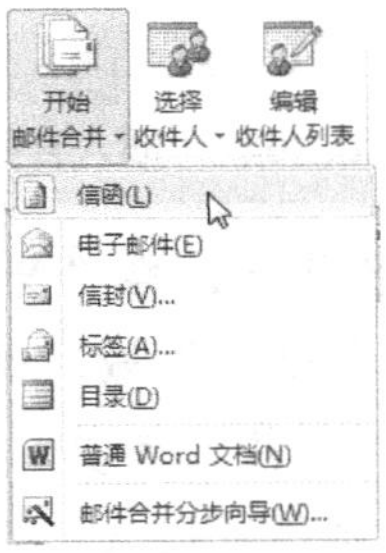

图 6.101 “开始邮件合并”下拉列表

④ 单击“开始邮件合并”组中的“选择收件人”按钮，在下拉列表中选择“使用现有列表”，打开“选取数据源”对话框，在对话框中找到“录取人员名单.xlsx”文件，如图6.102所示；单击 打开(O) 按钮，弹出“选择表格”对话框，如图6.103所示，默认选中数据源表格中的第1个工作表，单击 确定 按钮。

图6.102 “选取数据源”对话框

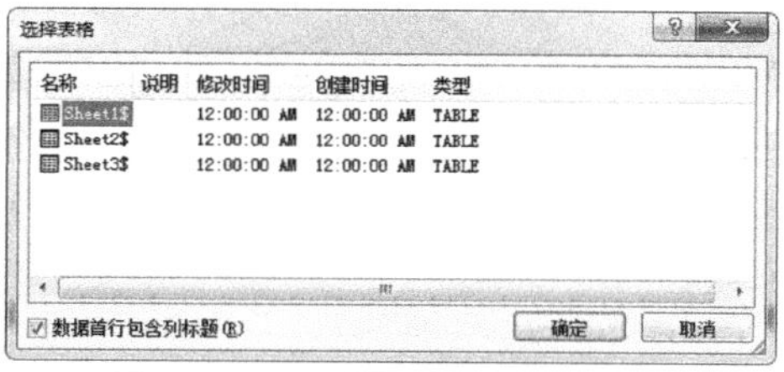

图6.103 “选择表格”对话框

⑤ 将光标定位于主文档中需要插入合并域的位置（这里是“您好”之前），单击“邮件”选项卡“编写和插入域”组中的“插入合并域”按钮，弹出“插入合并域”列表，如图6.104所示；列表中列出的是数据源表格中的标题字段名，单击需要插入的合并域“姓名”，即可完成“姓名”域的插入。

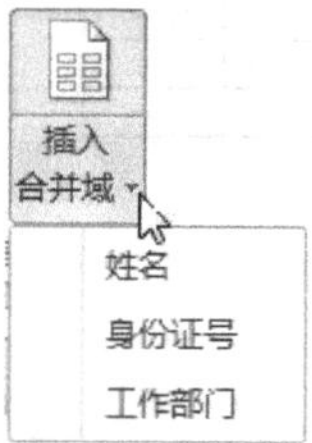

图6.104 “插入合并域”列表

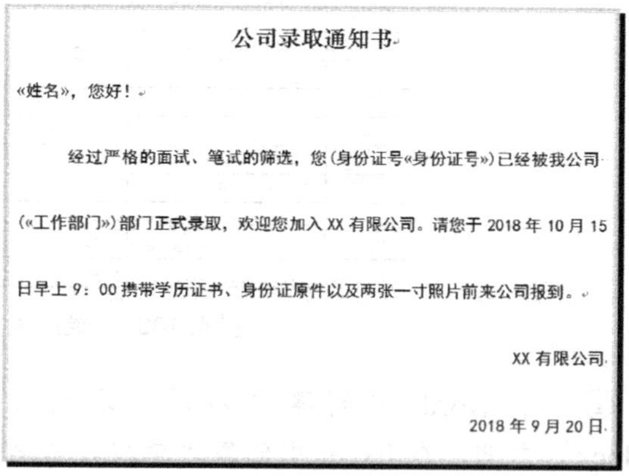
公司录取通知书

«姓名»，您好！

经过严格的面试、笔试的筛选，您(身份证号«身份证号»)已经被我公司(«工作部门»)部门正式录取，欢迎您加入XX有限公司。请您于2018年10月15日早上9：00携带学历证书、身份证原件以及两张一寸照片前来公司报到。

XX有限公司

2018年9月20日

图6.105 插入域后的文档

⑥ 重复步骤⑤，在“身份证号”后插入“身份证号”域，在“公司”和“部门”之间插入“工作部门”域，如图6.105所示。

⑦ 单击“邮件”选项卡“预览结果”组中的“预览结果”按钮，Word将插入的域转换为实际内容显示出来，如图6.106所示。在“预览结果”组中显示用于查看记录的按钮 ⏮ ◀ 1 ▶ ⏭，单击这些按钮可以预览文档的其他页面。

⑧ 单击“完成”组中的“完成并合并”按钮，在弹出的列表中选择“编辑单个文档”选项，弹出“合并到新文档”对话框，如图 6.107 所示；在对话框中选择“全部”单选钮，单击 确定 按钮，则可以生成包含数据源中所有联系人的文档“信函 1”，如图 6.108 所示。

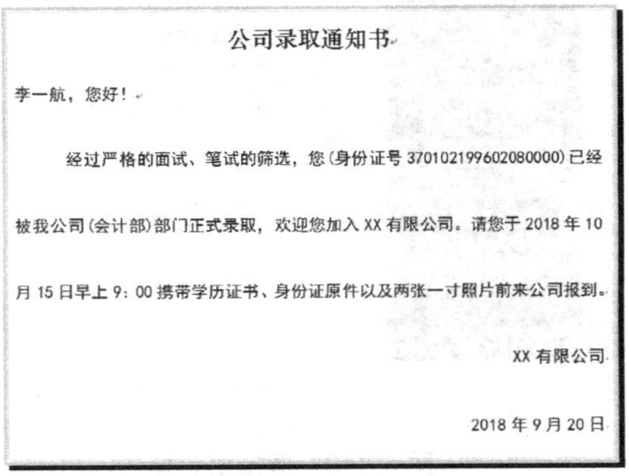
公司录取通知书

李一航，您好！

经过严格的面试、笔试的筛选，您(身份证号 370102199602080000)已经被我公司(会计部)部门正式录取，欢迎您加入 XX 有限公司。请您于 2018 年 10 月 15 日早上 9：00 携带学历证书、身份证原件以及两张一寸照片前来公司报到。

XX 有限公司

2018 年 9 月 20 日

图 6.106 预览插入域后的效果

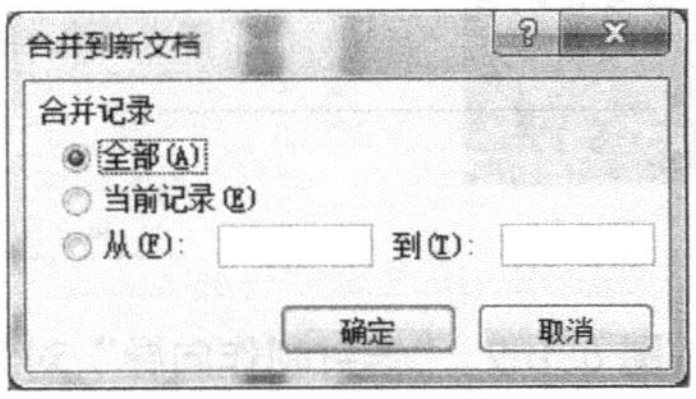

图 6.107 “合并到新文档”对话框

⑨ 单击快速访问工具栏上的“保存”按钮，打开“另存为”对话框，给“信函 1”文档另起一个名字“6.20 录取通知书”，保存起来。

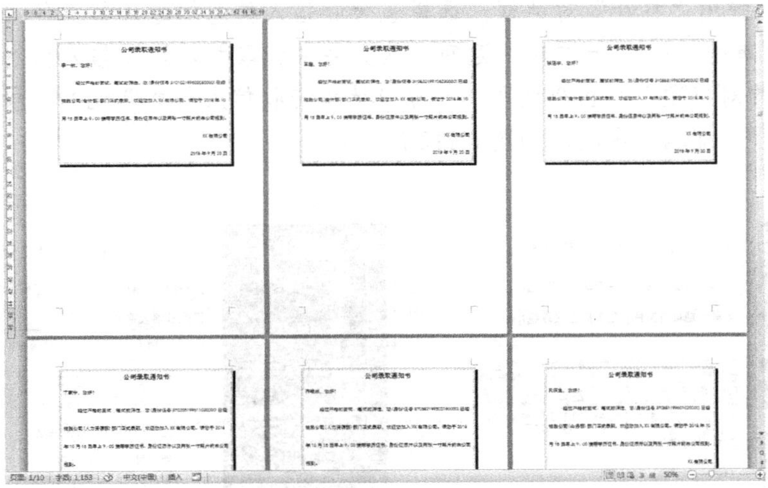

图 6.108 生成的“信函 1”新文档

6.5.2 批量制作信封

使用邮件合并功能，还可以非常方便地制作中文信封。

【例 6.21】制作信封，将公司录取通知书寄给被录取人。

① 打开“邮件”选项卡，在“创建”组中单击“中文信封”命令，打开如图 6.109 所示的“信封制作向导”对话框。

② 单击 下一步(N)> 按钮，打开“选择信封样式”对话框，如图 6.110 所示；在“信封

样式”下拉列表中选择信封的样式，并根据实际需要选中或取消选中有关信封样式的复选项。

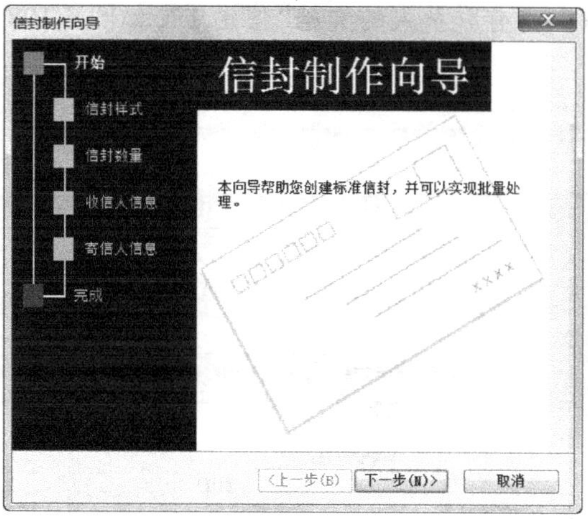

图 6.109 “信封制作向导”对话框

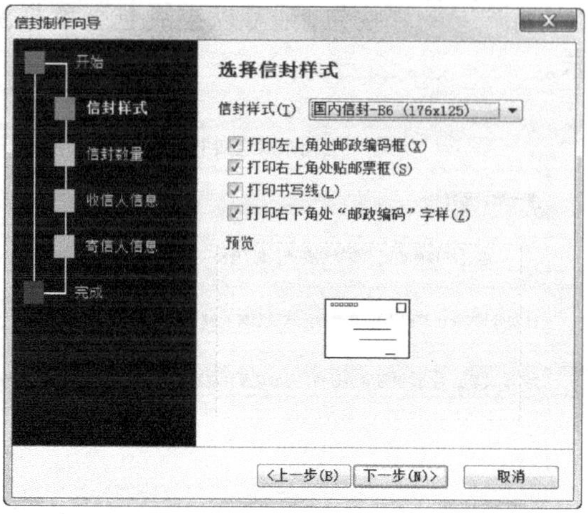

图 6.110 选择信封样式

③ 单击 下一步(N)> 按钮，打开“选择生成信封的方式和数量”对话框，如图 6.111 所示。本例选中 ◉基于地址簿文件，生成批量信封(M) 。

④ 单击 下一步(N)> 按钮，打开“从文件中获取并匹配收信人信息”对话框；单击 选择地址簿(F) ，弹出“打开”对话框，选择包含收信人信息的地址簿文件“录取人员名单.xlsx”，然后单击 打开(O) 按钮，返回“从文件中获取并匹配收信人信息”对话框；在“地址簿中的对应项”的各个选项中，分别选择与收信人信息匹配的字段，这里选择“姓名”“地址”“邮编”字段，如图 6.112 所示。

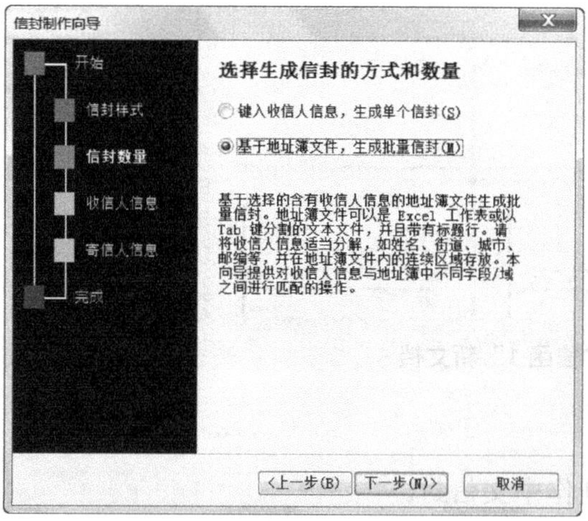

图 6.111 选择生成信封的方式和数量

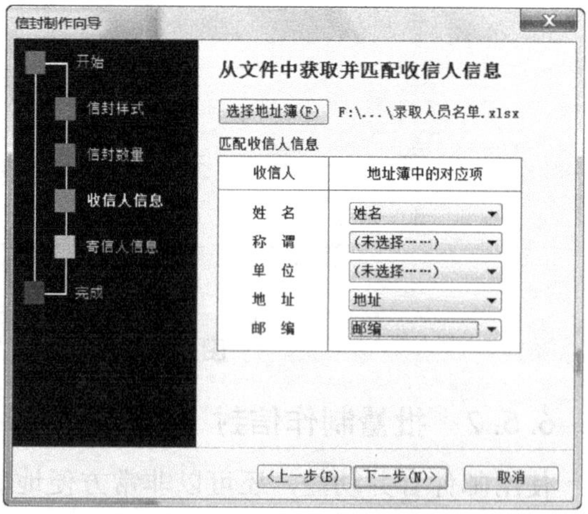

图 6.112 获取收信人信息

⑤ 单击 下一步(N)> 按钮，打开“输入寄信人信息”对话框，按照向导的提示，分别输入寄信人的姓名、单位、地址和邮编，如图 6.113 所示。

⑥ 单击 下一步(N)> 按钮，打开“信封制作向导”完成对话框，如图 6.114 所示。

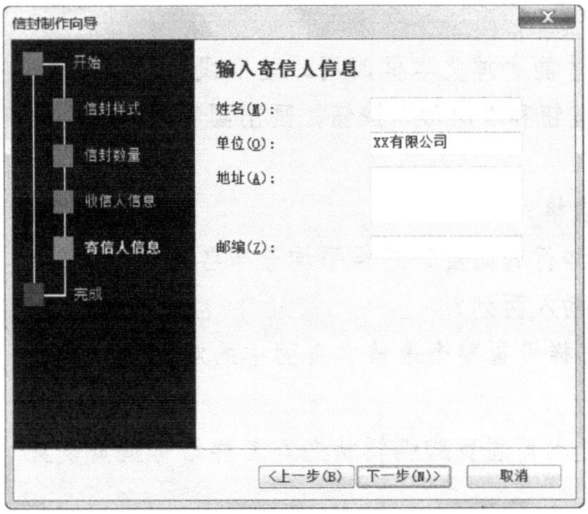

图 6.113　输入寄信人信息

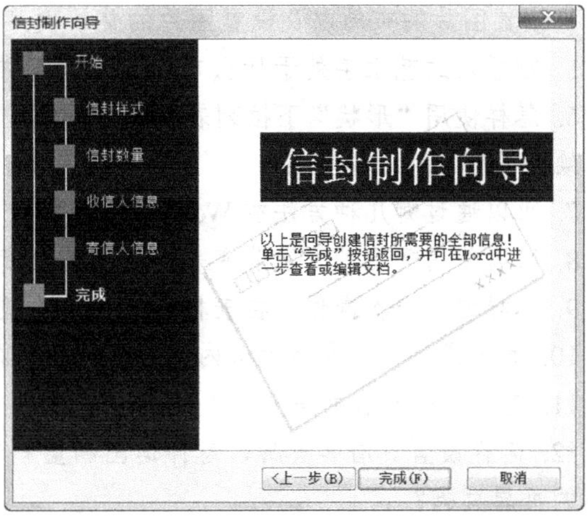

图 6.114　"信封制作向导"完成对话框

⑦ 单击 完成(F) 按钮，关闭"信封制作向导"对话框。这时，Word 就生成了多个标准的信封，如图 6.115 所示。

⑧ 以"6.21 信封"为文件名保存文件。

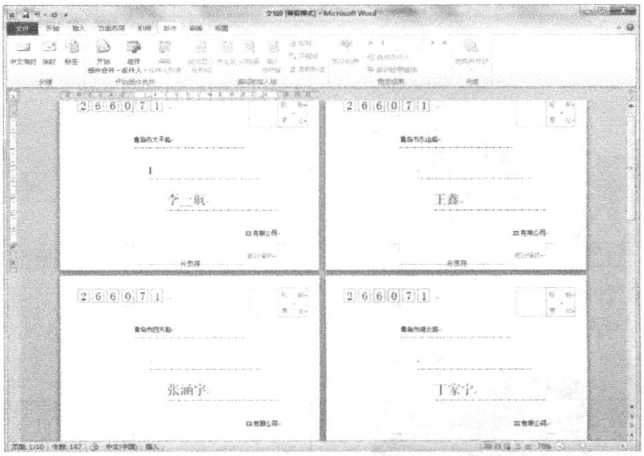

图 6.115　使用向导生成的信封

习 题 6

1. Word 的主要功能是什么？

2. 使用 Word 提供的"样本模板"组中的"基本简历"模板，创建一份个人简历文档，适当修改文档内容，然后以"个人简历"为名保存操作结果。

3. 什么是 Word 文档中的对象，插入对象采用了什么技术？有哪两类对象？

4. 怎样选定插入到文档中的图片？怎样改变图片大小，怎样复制和移动图片？怎样裁剪图片，设置图片的布局以及设置图片的叠放次序？

5. 刚插入的艺术字处于什么布局格式？怎样才能去掉文本框四周的边框线？

6. 怎样使用“形状”下拉列表中的“椭圆”按钮和“矩形”按钮，画出圆和正方形？怎样在绘制的图形中添加文字？

7. 可以通过哪几种方法在 Word 文档中插入表格？

8. 可以使用哪几种方法改变表格中列的宽度和行的高度？怎样平均分布各列或各行？

9. 怎样通过一次操作，在表格的第 3 列右侧插入两列？

10. 怎样设置数据在单元格内的对齐方式，怎样设置整个表格在页面中的对齐方式？

11. 怎样拆分和合并单元格？

12. 怎样设置页眉和页脚？怎样退出和重新进入页眉页脚编辑状态？怎样给奇偶页设置不同的页眉页脚？

13. 怎样设置起始页码的数值？

14. 打开“6.14 自荐信”文档，为文档插入页眉和页脚，页眉使用“危险性”样式，在页面底端插入“带状物”样式的页码，按标题样式对标题进行设置并生成目录，插入封面，如图 6.116 所示。

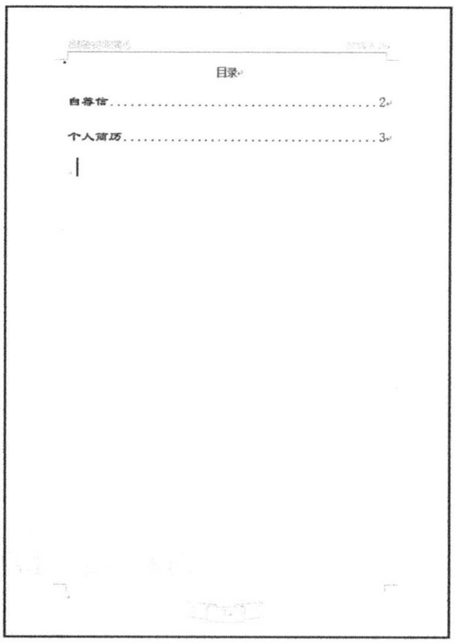

图 6.116　生成封面和目录

【提示】如果觉得现成的封面上的图片太没个性，可以修改。方法是：右击图片，在弹出的快捷菜单中单击“更改图片”命令，打开“插入图片”对话框，在对话框中找到需要的图片，单击 插入(S) 按钮，封面图片就被更改了。

15. 怎样在文档中显示修订和批注？怎样接受修订和拒绝修订？怎样在文档中加入脚注和尾注？

16. 怎样拆分窗口？拆分窗口有什么作用？怎样取消拆分？

17. 怎样在文档中插入分页符？怎样对文档分节？对文档分节有什么作用？

18. 邮件合并有什么功能？邮件合并功能通常用在什么情况？

第7章 电子表格

Microsoft Office Excel 2010 电子表格软件是进行数据处理的有力工具。本章在读者已经了解 Excel 基本知识的基础上展开叙述，介绍 Excel 中一些相对高级的功能。

7.1 电子表格的若干基本操作

本节在读者已经掌握了 Excel 窗口界面、一般的输入方法、对电子表格中的数据进行字体、格式设置的基础上，介绍其他的一些基础操作。

7.1.1 数据设置

1. 设置数据的类型和格式

默认情况下，输入在工作表单元格中的数据没有经过格式设置，这时虽然也能正常显示，但是不能满足某些要求，例如在输入“01001”这样的数字编号时，Excel 会自动将最前面的 0 去掉。在单元格中设置数据格式，可以使数据显示更符合要求，更便于阅读和提高显示精度。

要设置数据格式，可以在选定要设置格式的单元格区域上单击鼠标右键，弹出快捷菜单，单击“设置单元格格式”命令，打开图 7.1 所示的“设置单元格格式”对话框进行设置。

从图 7.1 所示的“分类”列表框中可以看到，Excel 提供了以下数据类型。

➢ 常规：默认类型，对于数字显示为普通数值，当数字位数太多时，用科学记数法显示。

➢ 数值：可以设置小数的位数，是否用逗号分隔千分位，如何显示负数等。默认情况下，数值型数据在单元格中右对齐。

➢ 货币：可以设置小数位数，选择货币符号，如何显示负数。这种格式总是用逗号分隔千分位。

➢ 会计专用：可以对一列数值按货币符号或小数点对齐。

➢ 日期：用来设置不同的日期格式。

➢ 时间：同来设置不同的时间格式。

➢ 百分比：可以设置小数位数并总是显示百分号。

➢ 科学记数：用指数符号(E)显示数字，如 3.17E+06(表示 3170000)，可以设置字符 E 左边数字的小数位数，即设置精度。

➢ 文本：主要用来设置表面上是数字而实际上是文本的数据，例如序号、电话号码等。这时能正确显示出前置的数字 0，文本型数据默认在单元格中左对齐。

➢ 特殊：表示三种附加的数字格式——邮政编码、中文小写数字、中文大写数字。

➢ 自定义：自己定义的数据类型。

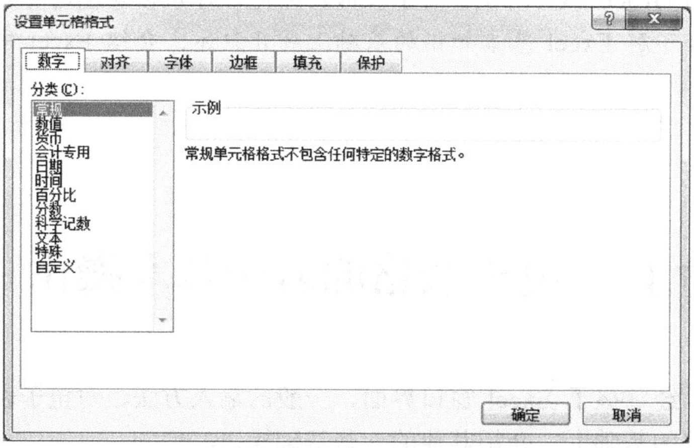

图 7.1 “设置单元格格式”对话框

在“设置单元格格式”对话框的“分类”列表框选中任何一种数据类型，列表框的右面会显示该类型可以设置的格式，选中某种格式，即可将数据设置为该格式。

2. 控制数据有效性

在单元格中可以设置数据有效性控制，用来提高数据输入的准确性，防止输入无效数据。使用数据有效性控制可以实现以下功能：

➢ 将数据限制为指定的序列。

➢ 将数据限制在指定范围内，如把数值数据或日期数据限定在某一范围内。

➢ 将数据限制为指定长度的文本。

➢ 限制重复数据出现，如学号、工号等不能相同。

【例 7.1】在素材文件夹中的“7.1 员工花名册和工资表 1”工作簿文件中，设置相关单元格的数据类型和数据有效性控制。

① 打开素材文件夹中的“7.1 员工花名册和工资表 1”工作簿，如图 7.2 所示。

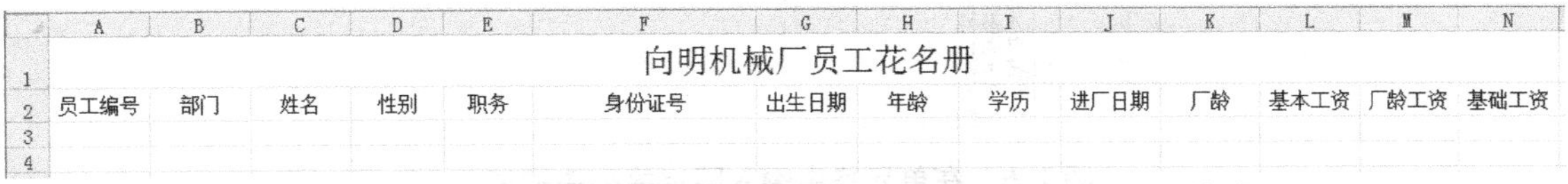

图 7.2 “7.1 员工花名册和工资表 1”工作簿的“花名册”工作表

② 选定 A、B、C、D、E、F、I 列，打开“设置单元格格式”对话框，将这些列的数据设置为文本类型；用同样方法，把 G、J 列的数据设置为日期类型，把 H、K、L、M、N 列的数据设置为数值类型。

③ 选定 B3:B30 单元格区域，打开图 7.3 所示的“数据”选项卡，单击“数据工具”组中的“数据有效性”按钮，弹出下拉列表，如图 7.3 的右下图所示，单击“数据有效性”命令，打开“数据有效性”对话框。

图 7.3 “数据”选项卡和“数据有效性”下拉列表

④ 单击“数据有效性”对话框的“允许”框右侧的向下箭头，打开下拉列表，如图 7.4 的左图所示，选中“序列”，在“来源”框中输入“厂办,财务科,人事科,供销科,技术科,一车间,二车间”(用英文逗号分隔各项)，如图 7.4 的右图所示。

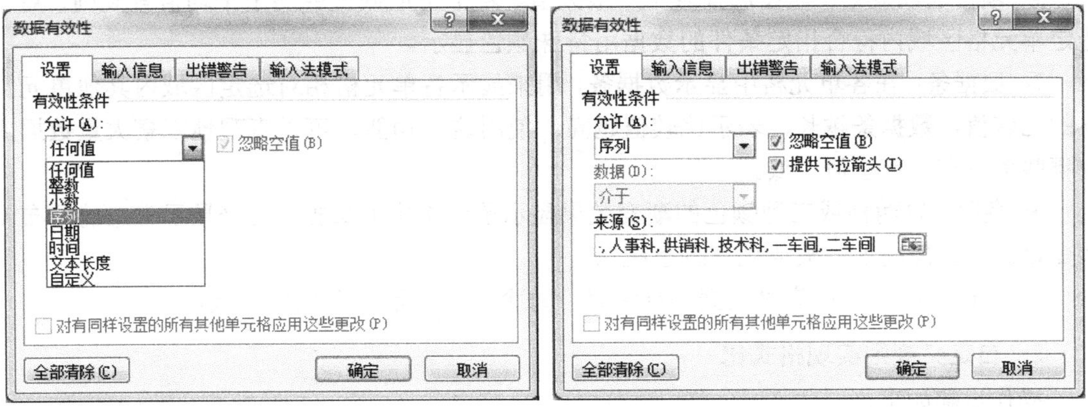

图 7.4 设置数据有效性序列

⑤ 单击 确定 ，返回工作表界面，选中 B3 单元格，可以发现其右侧出现一个下拉箭头，单击它，将打开一个数据序列下拉列表，如图 7.5 所示，从中选择某一项，即可在 B3 单元格输入序列中的该项。

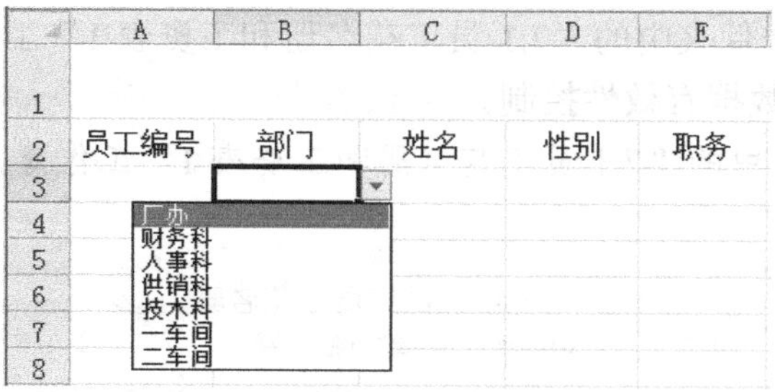

图 7.5　在单元格中输入限定序列中的值

7.1.2　设置条件格式

通过设置字体、对齐方式、单元格底纹、文字颜色、套用样式等，可以美化修饰工作表。除此之外，还可以用条件格式功能，设置满足某些条件的单元格或单元格区域的显示格式，用来标识某些特定数据所在的单元格。

1. 用预置条件格式化

操作步骤如下：

① 选定工作表中需要设置条件格式的单元格或单元格区域。

② 在“开始”选项卡的“样式”组中单击“条件格式”按钮，打开下拉列表。

③ 将鼠标指针指向列表中某一选项，弹出下级菜单，如图 7.6 所示；单击菜单中某一项，即可打开相应的对话框，设置突出显示的数据的范围和显示颜色，这时立即会用特殊格式显示指定的数据。

“条件格式”下拉列表中的各选项的含义如下：

➢ 突出显示单元格规则：通过使用大于、小于、等于、介于等关系运算符限定数据范围，对选定单元格区域内符合指定条件的数据用特殊颜色显示。

➢ 项目选取规则：通过选择若干个最大值、若干个最低值或高于平均值等规则，对选定单元格区域内符合指定条件的数据用特殊颜色显示。

➢ 数据条：在各单元格中显示数据条，用来显示各单元格相对选定区域内其他单元格的比较值，数据条越长，表示比较值越高。使用这一功能，可以直观地观察大量数据中哪些值较高，哪些值较低。

➢ 色阶：以两种或三种颜色的渐变效果显示单元格中的数据，用来显示数据的分布和变化。一般情况下，数值越高颜色越深。

➢ 图标集：用图标集对数据进行注释，每个图标表示一个值的范围。

2. 自定义规则实现格式化

操作步骤如下：

① 选定工作表中需要设置条件格式的单元格或单元格区域。

② 在“开始”选项卡“样式”组中单击“条件格式”按钮，打开图 7.6 所示的下拉列表。

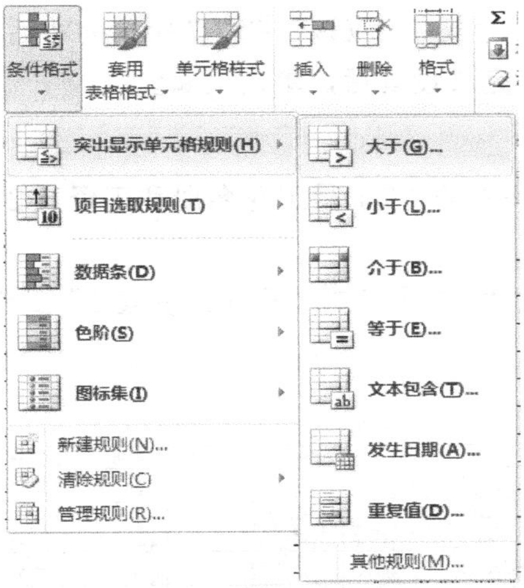

图 7.6 预置的条件格式

③ 单击“管理规则”命令，打开“条件格式规则管理器”对话框，如图 7.7 所示。

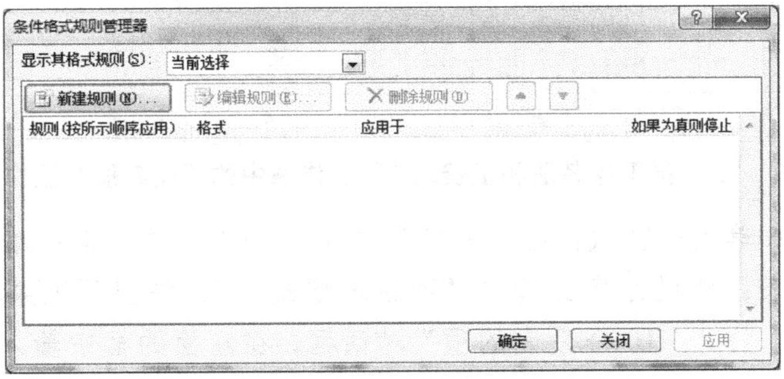

图 7.7 “条件格式规则管理器”对话框

④ 单击[新建规则(N)...]，打开“新建格式规则”对话框，如图 7.8 所示；在“选择规则类型”列表框中选择一种规则类型，在“编辑规则说明”栏设置条件和格式，然后单击[确定]，返回“条件格式规则管理器”对话框。

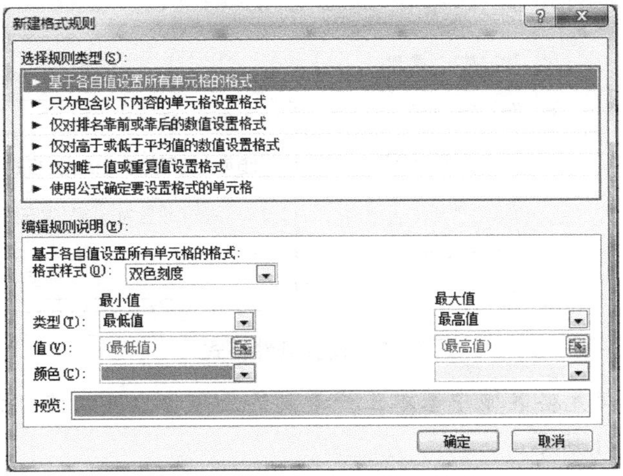

图 7.8 “新建格式规则”对话框

⑤ 如果要修改或删除一个规则，应该在图 7.7 所示的对话框中选择一个规则后单击 编辑规则(E)... 或 ✕删除规则(D)。完成设置后，单击 确定。

【例 7.2】 对素材文件夹中的“7.1 员工花名册和工资表 2”工作簿文件，设置条件格式显示。

① 打开素材文件夹中的“7.1 员工花名册和工资表 2”工作簿的“花名册”工作表，如图 7.9 所示。

	A	B	C	D	E	F	G	H	I	J	K	L	M	N
1	向明机械厂员工花名册													
2	员工编号	部门	姓名	性别	职务	身份证号	出生日期	年龄	学历	进厂日期	厂龄	基本工资	厂龄工资	基础工资
3	01001	厂办	李保明	男	厂长	370204197009202213	1970/9/20		大本	1993/9/20		5500.00		
4	01002	厂办	周一南	男	主任	370202197307042517	1973/7/4		大本	1997/6/13		4500.00		
5	01003	厂办	李彩霞	女	科员	360105198012033242	1980/12/3		大专	2004/5/12		4000.00		
6	02001	财务科	何继平	男	科长	340104197406211235	1974/6/21		大专	1998/6/21		4800.00		
7	02002	财务科	李海亮	男	科员	370203197208022219	1972/8/2		高中	1997/10/13		4000.00		
8	02003	财务科	魏玲玉	女	科员	350103198010092042	1980/10/9		大专	2005/11/13		4000.00		
9	03001	人事科	季林本	男	科长	370106198109020211	1981/9/2		大本	2004/3/22		4500.00		
10	03002	人事科	张华华	女	科员	360104198106150342	1981/6/15		大专	2005/3/13		4000.00		
11	04001	供销科	胡迎利	男	科长	370205198409022213	1984/9/2		大专	2006/5/20		4800.00		
12	04002	供销科	马翔丽	女	科员	350203199007132264	1990/7/13		中专	2014/2/15		4000.00		
13	05001	技术科	詹志涛	男	科长	320202198805032213	1988/5/3		大专	2006/5/9		4500.00		
14	05002	技术科	郝丹玉	女	科员	330105198310141026	1983/10/14		大本	2009/12/3		4000.00		
15	06001	一车间	董向山	男	主任	320103197911142213	1979/11/14		大本	2004/7/16		4500.00		
16	06002	一车间	陈江平	男	工人	330102197608251215	1976/8/25		中专	2003/5/14		4800.00		
17	06003	一车间	魏玲玲	女	工人	370205198109131262	1981/9/13		中专	2008/7/13		4000.00		
18	06004	一车间	何国胜	男	工人	310204198607171031	1986/7/17		中专	2009/12/5		4000.00		
19	06005	一车间	杨华华	女	工人	370205198505121023	1985/5/12		大专	2008/7/6		4000.00		
20	06006	一车间	姚丽君	女	工人	340202199506052021	1995/6/5		中专	2017/4/3		4000.00		
21	07001	二车间	蔡益民	男	主任	320203198405121014	1984/5/12		大本	2010/4/22		4500.00		
22	07002	二车间	徐长奎	男	工人	370202197705182216	1977/5/18		中专	2002/6/12		4000.00		
23	07003	二车间	王玉凤	女	工人	330201198801232247	1988/1/23		中专	2006/10/7		4000.00		
24	07004	二车间	李欣萍	女	工人	370205198209021063	1982/9/2		高中	2006/9/12		4000.00		
25	07006	二车间	马占武	男	工人	320102198308152216	1983/8/15		中专	2005/2/12		4000.00		
26	07007	二车间	吴启文	男	工人	37020219890703201X	1989/7/3		中专	2014/7/12		4000.00		

图 7.9 “7.1 员工花名册和工资表 2”工作簿中的“花名册”工作表

② 选定 L3:L26 单元格区域，在“开始”选项卡的“样式”组中单击“条件格式”按钮，打开下拉列表；将鼠标指针指向“项目选取规则”，弹出下级菜单，单击其中的“值最大的 10 项”，打开“10 个最大的项”对话框，在左面的框中输入“3”，如图 7.10 所示。

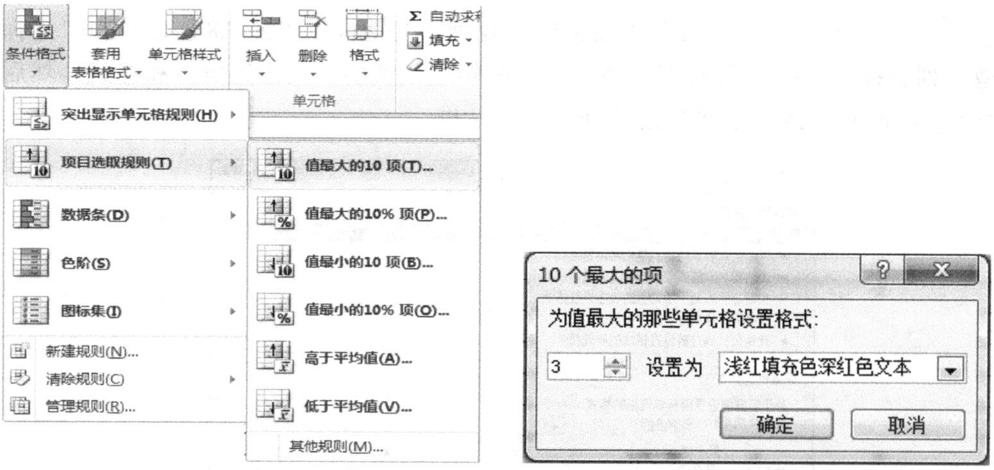

图 7.10 设置条件格式

③ 这时 L3:L26 单元格区域中基本工资最高的三项会立即用浅红色底纹、深红色文字显示出来，如图 7.11 所示。

图 7.11　设置条件格式

④ 单击 确定 ，确认设置效果。

7.1.3　保护工作表

为防止他人修改工作表中的数据，可以对工作表进行保护设置。

1. 保护整个工作表

操作步骤如下：

① 打开工作簿后，选择需要保护的工作表，然后打开图 7.12 所示的“审阅”选项卡。

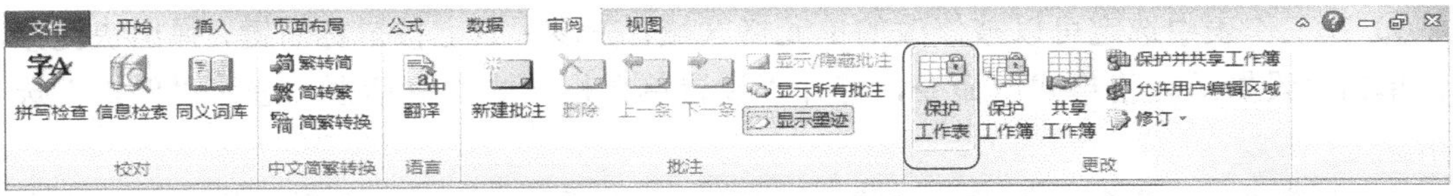

图 7.12　“审阅”选项卡

② 单击“更改”组中的“保护工作表”按钮，打开图 7.13 所示的“保护工作表”对话框。

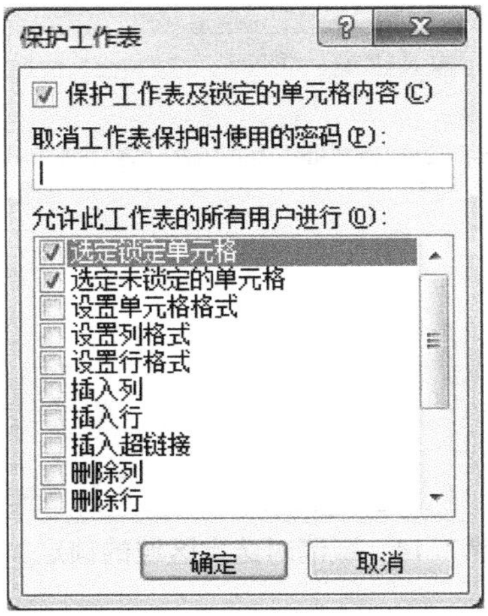

图 7.13　“保护工作表”对话框

③ 在对话框的“允许此工作表的所有用户进行”列表框中，选择允许他人更改的项目。

④ 在“取消工作表保护时使用的密码”框中输入密码。

⑤ 单击确定，会弹出一个“确认密码”对话框，再次输入刚才输入的密码，单击确定，就完成了设置。

对工作表设置了保护后，如果在工作表中的任何单元格中进行不允许的操作，如输入数据或更改格式时，都会弹出一个提示框，告知用户：你的操作不能进行。

2. 撤消对工作表的保护

操作步骤如下：

① 选择已设置了保护的工作表。

② 打开“审阅”选项卡，单击“更改”组中的“撤消工作表保护”按钮(当工作表被保护时，原来的“保护工作表”按钮会变成“撤消工作表保护”按钮)，打开“撤消工作表保护”对话框。

③ 在对话框中输入原来设置的密码，单击确定，就撤消了对该工作表的保护。

3. 取消对部分单元格区域的保护

工作表被保护后，默认情况下所有单元格都被锁定了，不允许被修改。如果希望工作表被保护后，其中的某些单元格还允许被修改，可以按以下步骤操作：

① 选择要保护的工作表。如果该工作表已被保护，首先要撤消对它的保护。

② 在工作表中选定可以被修改的单元格区域，在该区域上按鼠标右键，弹出快捷菜单；单击“设置单元格格式”命令，打开“设置单元格格式”对话框，进入“保护”选项卡。

③ 取消“锁定”复选框的选中状态，如图 7.14 所示。被选定的单元格区域就不会受保护了，单击确定。(如果不希望他人看到单元格中包含的公式，可以在取消“锁定”复选框的状态下，选中“隐藏”复选框。)

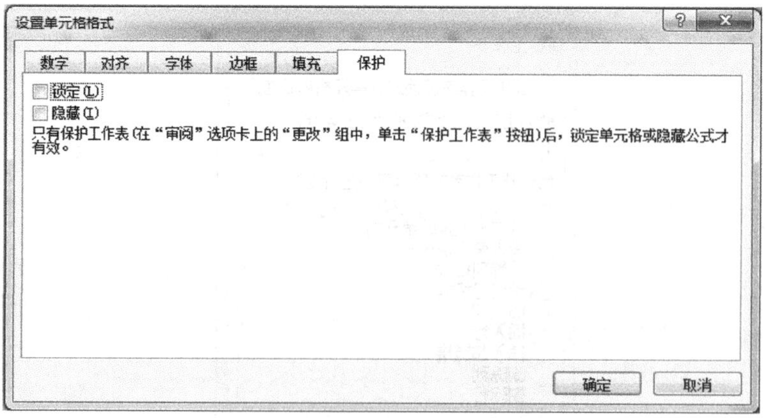

图 7.14　取消对选定区域的锁定

④ 按前面介绍的保护工作表的操作方法，打开“保护工作表”对话框，进行设置。

4. 对部分单元格进行保护

如果只需要对部分单元格进行保护，可以按下述步骤操作：

① 选定整个工作表，使用图 7.14 所示的“保护”选项卡，解除对所有单元格的锁定。

② 选定需要保护的单元格区域，使用图 7.14 所示的“保护”选项卡，对这些单元格设置“锁定”。

③ 按前面介绍的保护工作表的操作方法，进行保护工作表的操作。

7.1.4 同时操作多个工作表

可以对一组工作表进行相同的操作，以提高工作效率。

1. 对工作表进行组合

① 在某个工作表标签上按鼠标右键，弹出快捷菜单，单击菜单中的“选定全部工作表”命令，可以选定工作簿中所有的工作表，把它们组合在一起，这时全部工作表的标签都变成反色显示；在任一工作表标签上按鼠标右键，弹出快捷菜单，单击菜单中的“取消组合工作表”命令，可以取消对全部工作表的组合，

② 按住Ctrl键的同时，单击不同的工作表标签，可以同时选定这几个工作表，这几个工作表就组合在一起了；单击任何一个未进入组合的工作表，可以取消对工作表的组合。把多个工作表组合在一起后，Excel 窗口标题栏中文件名的后面会增加“[工作组]”三个字，表示对多个工作表进行了组合。

2. 对多个工作表同时进行操作

形成工作表组合后，对其中的一个工作表进行操作，输入数据或者设置格式，在其他进入组合的工作表中也会完成同样的操作。利用这个功能，可以同时对多个工作表进行共性的操作和设置，然后取消组合，再对各个工作表进行个性化设置。

【例 7.3】对“7.1 工资表 1”工作簿中的多个工作表同时进行操作。

① 打开“7.1 工资表 1”工作簿，可以看到，该工作簿包含“1 月工资”“2 月工资”“3 月工资”3 个工作表，每个工作表都没有内容。

② 在“1 月工资表”工作表标签上按鼠标右键，弹出快捷菜单，单击“选定全部工作表”命令，把三个工作表组合起来。

③ 在“1 月工资表”工作表中合并 A1:G1 单元格，然后在相关单元格中输入数据，如图 7.15 所示。

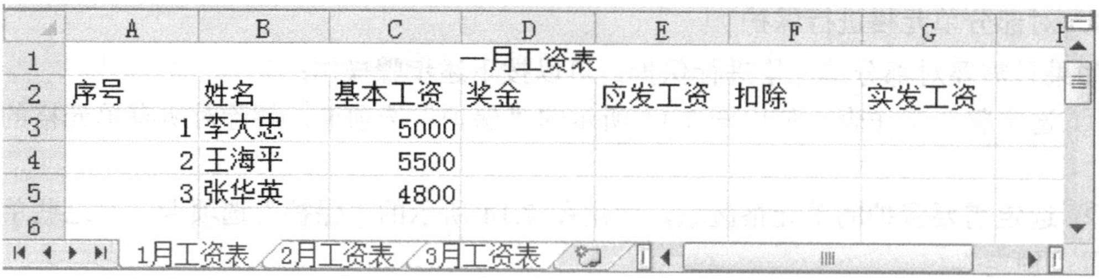

图 7.15　在“1 月工资表”工作表中输入数据

④ 单击“2 月工资表”工作表标签，可以看到该工作表中也输入了相同的数据，此时由于单击了“2 月工资表”工作表标签，工作表组合被取消了。

⑤ 在“2 月工资表”工作表中，把第 1 行的“一月工资表”改为“二月工资表”，由于已经取消了组合，这一改动不会反映在另外两个工作表中。

⑥ 用“7.1 工资表 2”为名，保存操作结果。

3. 填充成组的工作表

既可以先组合工作表，然后在一个工作表中操作，让其他工作表实现同样的操作效果；也可以先在一张工作表中输入数据和设置格式，然后再把工作表组合起来，把此前在一张工作表中进行的操作，填充到其他工作表中。

【例 7.4】 对“7.1 工资表 1”工作簿中的一个工作表进行操作，再把操作结果填充到另外两个工作表中。

① 打开“7.1 工资表 1”工作簿，现在工作簿中的各个工作表都没有内容。

② 仿照例 7.3 第③步操作，在“1 月工资表”工作表中输入数据。

③ 选定 A2:G5 单元格区域，对它套用一个预置的表格样式，在接着弹出的“套用表格式”对话框里选中“表包含标题”复选框，如图 7.16 的左图所示，单击 确定 ，套用结果如图 7.16 的右图所示。

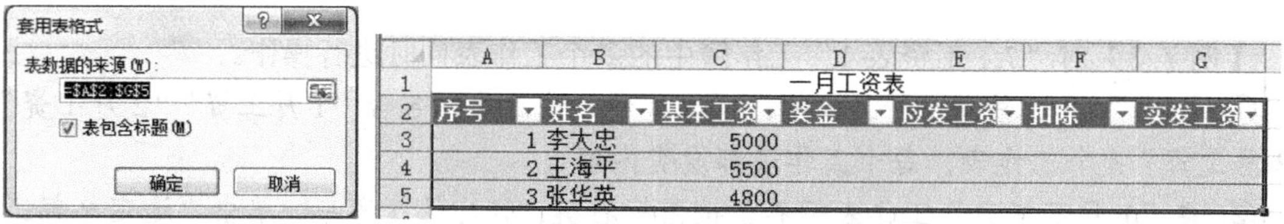

图 7.16　“套用表格式”对话框和套用结果

④ 现在功能区出现“表格工具/设计”选项卡，打开该选项卡，如图 7.17 所示。

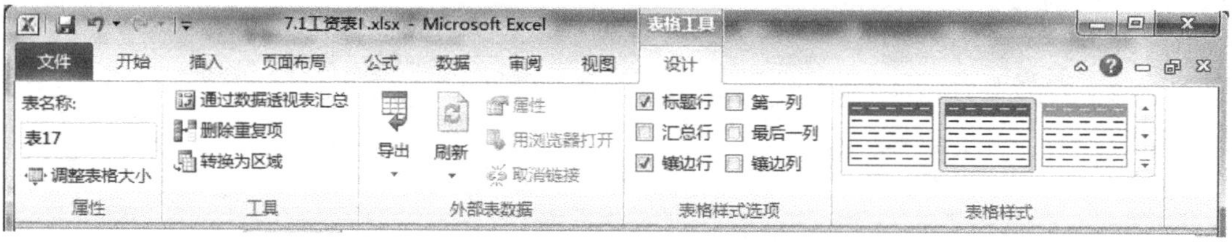

图 7.17　“表格工具/设计”选项卡

⑤ 单击“工具”组中的“转换为区域”按钮，弹出一个对话框，询问是否确认将表转换为普通区域，单击“是”按钮。

⑥ 选定全部工作表，在“开始”选项卡的“编辑”组中单击“填充”按钮，打开一个下拉列表，单击其中的“成组工作表”，打开“填充成组工作表”对话框，如图 7.18 所示，选中“全部”单选按钮，然后单击 确定 。

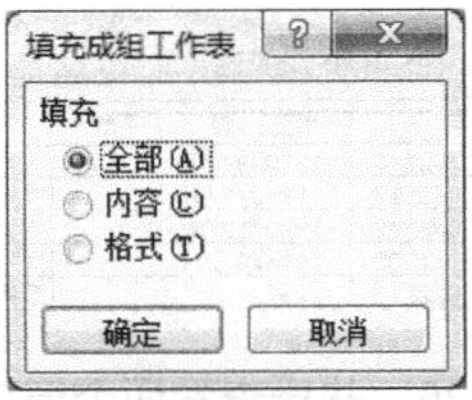

图 7.18 “填充成组工作表”对话框

⑦ 进入“2 月工资表”和“3 月工资表”工作表，可以发现，两个工作表的 A2:G5 单元格区域中填充了同样的数据和格式。

7.1.5 工作窗口的控制

1. 多窗口显示

当工作表中内容很多，在一个窗口中不能显示全部内容时，可以把工作表划分到多个临时窗口中显示。

① 新建窗口：打开一个工作簿，然后打开如图 7.19 所示的“视图”选项卡，单击“窗口”组中的“新建窗口”按钮，就可以在一个新窗口中显示工作簿，在新窗口可以显示工作表中的另一部分，而原来窗口中显示的内容不会变化。

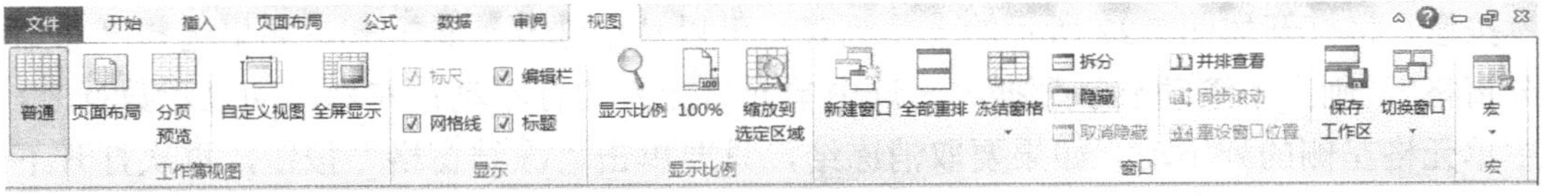

图 7.19 “视图”选项卡

② 切换窗口：单击“窗口”组中的“切换窗口”按钮，将显示一个包含多个选项的列表(可能是用不同序号表示的、显示在不同窗口中的同一个工作簿，也可能是用 Excel 打开的不同的工作簿)，单击其中某个选项，即可进入对应的窗口。

③ 并排查看：用上下排列的方式查看两个窗口中的内容，便于比较工作表的数据。单击“并排查看”按钮，将打开一个“并排比较”对话框，列出当前打开的所有工作簿窗口，选中一个后单击 确定 ，两个窗口将并排显示。图 7.20 显示了并排查看“7.1 员工花名册与工资表 2”中的“花名册”工作表的状态。这时，在一个窗口中滚动显示内容时，另一个窗口中的内容会同步滚动。单击“窗口”组的“同步滚动”按钮，可以取消同步滚动。再次单击“并排查看”按钮，将撤消并排查看。

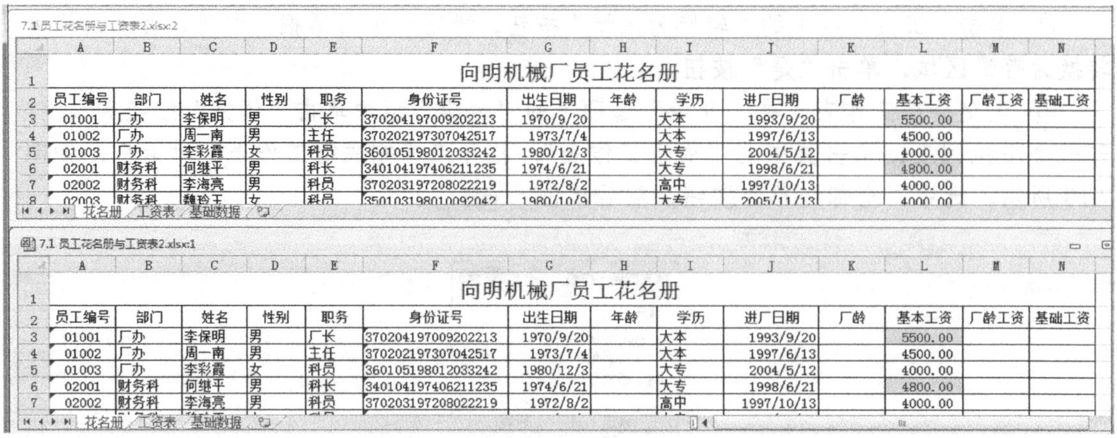

图 7.20　并排查看两个窗口

④ 全部重排：在“视图”选项卡“窗口”组中单击“全部重排”按钮，将打开“重排窗口”对话框，如图 7.21 所示，这时可以选择一种重排方式显示所有打开的工作簿窗口。如果选中“当前活动工作簿的窗口”，则只对当前工作簿形成的多个窗口进行排列。

⑤ 隐藏窗口：单击“视图”选项卡“窗口”组中的“隐藏”按钮，将隐藏当前工作簿窗口；单击“取消隐藏”按钮，从打开的对话框中选择要取消隐藏的窗口，即可取消该窗口的隐藏状态。

2. 冻结窗格

如果工作表中数据的行数和列数很多，当滚动查看某些数据时，行标题或列标题可能滚动出窗口而看不到了，这样会给操作带来困难。可以通过冻结窗口，锁定某些行列不再滚动来解决这个问题。

选中某个单元格，打开“视图”选项卡（见图 7.19），单击“窗口”组中的“冻结窗格”按钮，将打开如图 7.22 所示的下拉列表，可以从中选择冻结方式，如果选择“冻结拆分窗格”，则上下滚动显示数据时，选中单元格上方的行不动；左右滚动显示数据时，选中单元格左侧的列不动。如果要取消冻结，只要单击“冻结窗格”按钮，再次打开下拉列表，单击相应的取消选项就行了。

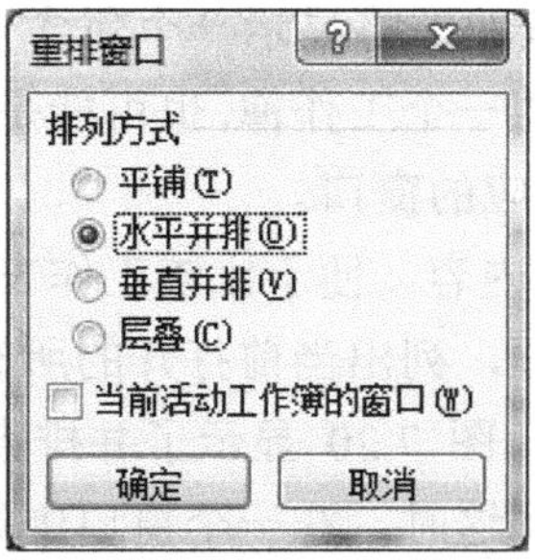

图 7.21　“重排窗口”对话框

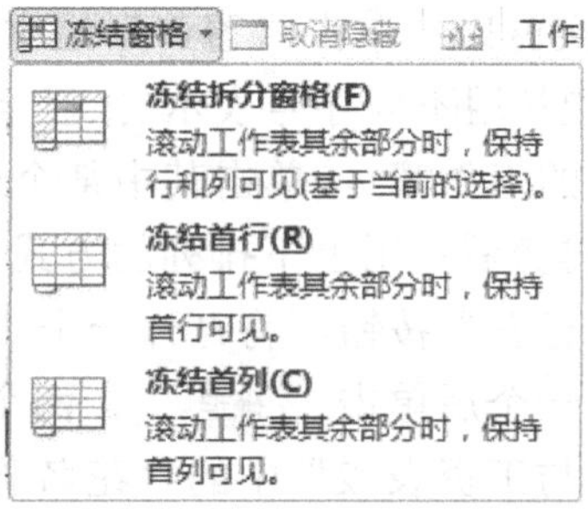

图 7.22　“冻结窗格”下拉列表

3. 拆分窗口

选中某个单元格，打开“视图”选项卡（见图 7.19），单击“窗口”组中的“拆分”

按钮，将以该单元格为界，将窗口拆分成四个窗格，在每一个窗格中都可以单独进行编辑；再次单击“拆分”按钮，将取消拆分状态。

7.1.6 创建和使用工作簿模板

打开 Excel 窗口后新建一个工作簿时，Excel 会让用户从已有的模板中选择一个模板。

我们可以创建自己的模板，根据需要，在其中预先输入一些文字和数据，设置好格式，然后保存成扩展名是 xlts 的模板文件，以后就可以使用这个模板创建新的工作簿，从而提高工作效率。

1. 创建模板

【例 7.5】以“7.1 员工花名册和工资表 2”工作簿为基础创建一个工作簿模板。

① 打开素材文件夹中的“7.1 员工花名册和工资表 2”工作簿(参见图 7.9)。

② 删除 A3:N26 单元格区域中的所有内容(仅仅删除内容,不删除其中设置的格式)。

③ 打开“文件”选项卡，单击“另存为”命令，打开“另存为”对话框，在文件名框中输入模板名称(本例中输入“7.1 员工花名册与工资表”)。

④ 单击对话框中的“保存类型”框，打开下拉列表，选择“Excel 模板”项。

⑤ 单击 保存(S) ，即可把它保存在 Excel 默认的模板文件夹中，供以后调用了。

2. 使用模板

启动 Excel 后，在创建新工作簿时，单击“可用模板”区中的“我的模板”，打开“新建”对话框，在这个对话框中可以看到自己创建的模板，双击其中的某一个，即可新建一个基于该模板的工作簿文件，然后将它保存为扩展名为 xlsx 的普通工作簿文件就行了。

3. 修改模板

使用模板创建新文件后，对所创建的文件进行修改不会影响原来的模板文件。如果要修改模板文件，应使用“文件”选项卡的“打开”命令，找到存放模板文件的文件夹(默认情况下，模板文件保存在 C:\Users\实际的用户名称\AppData\Roaming\Microsoft\Templates 文件夹中)，打开该文件进行修改。

7.1.7 隐藏和保护工作簿

1. 工作簿的隐藏和取消隐藏

同时打开了多个工作簿后，可以暂时隐藏其中的一个或几个，需要时再显示它们。

隐藏工作簿的方法是：切换到需要隐藏的工作簿，打开“视图”选项卡(见图 7.19)，单击“窗口”组中的 隐藏 ，当前工作簿就被隐藏起来了。

当需要取消隐藏时，可以单击“视图”选项卡“窗口”组中的 取消隐藏 ，打开“取消隐藏”对话框，在其中选择需要取消隐藏的工作簿名称，再单击 确定 ，就可以取消该工作簿的隐藏状态。

2. 保护工作簿

如果不想让他人改变工作簿的结构和窗口显示，可以对工作簿设置保护。这里说的保护并不阻止他人修改工作簿中的数据。保护工作簿的操作步骤如下：

① 打开需要保护的工作簿。

② 打开“审阅”选项卡(见图 7.12)，单击“更改”组中的“保护工作簿”按钮，打开“保护结构和窗口”对话框，如图 7.23 所示。

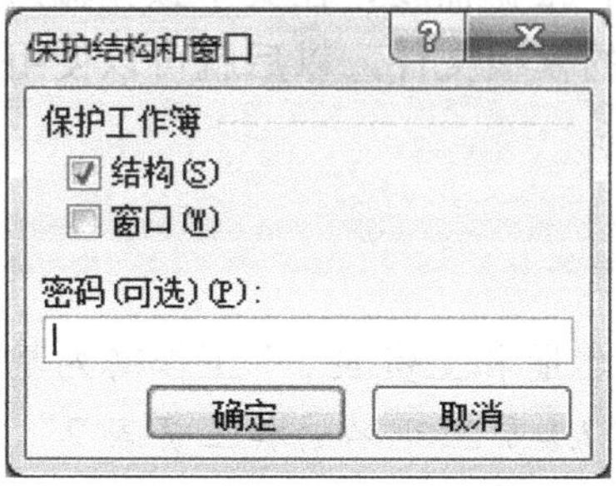

图 7.23 “保护结构和窗口”对话框

③ 按需要选择保护项目：如果选中“结构”复选框，可以阻止他人修改工作簿的结构，包括查看已经隐藏的工作表，移动、删除、隐藏工作表，更改工作表名称，插入新工作表，将工作表移动或复制到其他工作簿中等；如果选中“窗口”复选框，可以阻止他人修改工作簿窗口的大小和位置，包括移动窗口，调整窗口大小，关闭窗口等。

④ 如果要防止他人取消对工作簿的保护，可以在“密码(可选)”框中输入密码(如果不设置密码，任何人都可以取消对工作簿的保护)，单击 确定 后，会弹出让用户确认密码的对话框，这时需要再次输入密码进行确认。

如果要撤消对工作簿的保护，可以再次单击“更改”组中的“保护工作簿”按钮。

7.1.8 共享工作簿

网络上多个用户同时打开某一个工作簿进行操作，称为共享工作簿。

1. 设置工作簿共享

把工作簿设置为可以共享的操作步骤如下：

① 创建或打开一个工作簿。

② 打开“审阅”选项卡(见图 7.12)。

③ 单击“更改”组中的“共享工作簿”按钮，打开“共享工作簿”对话框，在“编辑”选项卡选中“允许多用户同时编辑，同时允许工作簿合并”复选框，如图 7.24 的左图所示，单击 确定 ，如果是新建的工作簿，将打开“另存为”对话框，要求进行保存操作；如果是原有的工作簿，将打开提示对话框，如图 7.24 的右图所示，再次单击 确定 进行保存。

④ 把工作簿文件放到网络上其他用户可以共享的位置上。

如果工作簿中包含指向其他工作簿或文档的链接，可以单击“数据”选项卡(见图

7.3）“连接”组中的“编辑链接”按钮，打开一个对话框查看并更新链接，以便保存更新结果。

图 7.24　设置共享工作簿

2. 编辑共享工作簿

可以像使用一般的工作簿一样，输入和更改共享工作簿中的数据，操作步骤如下：

① 打开共享的工作簿。

② 打开“文件”选项卡，单击“选项”命令，打开“Excel 选项”对话框，在“常规”类别“对 Microsoft Office 进行个性化设置”的“用户名”框中输入用户名，用来在共享工作簿中标识特定用户的工作，然后单击 确定 。

③ 在工作表中输入数据或对数据进行编辑；还可以进行后面将要讲到的筛选操作，供当前用户个人使用，每个用户的设置都会单独得以保存。

【注】不能在共享工作簿中进行合并单元格、设置条件格式、设置数据有效性、设置工作簿保护等操作。也不能进行后文中将提到的插入图表、插入数据透视表、分类汇总、模拟运算、设置宏等操作。如果想知道还有谁正在使用该工作簿，可以单击“审阅”选项卡(见图 7.12)“更改”组中的“共享工作簿”按钮，打开“共享工作簿”对话框，进入“编辑”选项卡(见图 7.24 的左图)查看。

3. 删除某个用户对工作簿的共享

删除某个用户对工作簿的共享，也称为断开该用户和共享工作簿的连接，操作步骤如下：

① 单击“审阅”选项卡“更改”组中的“共享工作簿”按钮，打开“共享工作簿”对话框。

② 打开“编辑”选项卡(见图 7.24 的左图)，在“正在使用本工作簿的用户”列表框单击选中要删除的用户，然后单击 删除(R) 。

【注】在断开某个用户和工作簿的连接之前，要确保已经保存了该用户的工作，如果删除正在活动的用户，则会丢失这些用户正在进行的没有保存的操作。上述操作只是断开了用户和共享工作簿的连接，不阻止该用户再次共享工作簿。

4. 解决对共享工作簿的操作冲突

当两个用户的操作对同一个单元格产生作用时，将发生冲突。这时，Excel 只保留第一个用户的操作，如果第二个用户同时保存工作簿，将显示“解决冲突”对话框，阻止这项操作。通过以下操作可以不再显示“解决冲突”对话框，而自动用自己的修改覆盖其他用户的修改。

① 用上面叙述的相关操作打开“共享工作簿”对话框。

② 打开“高级”选项卡，在“用户间的修订冲突”栏选中“选用正在保存的修订”单选按钮，如图 7.25 所示，然后单击确定。

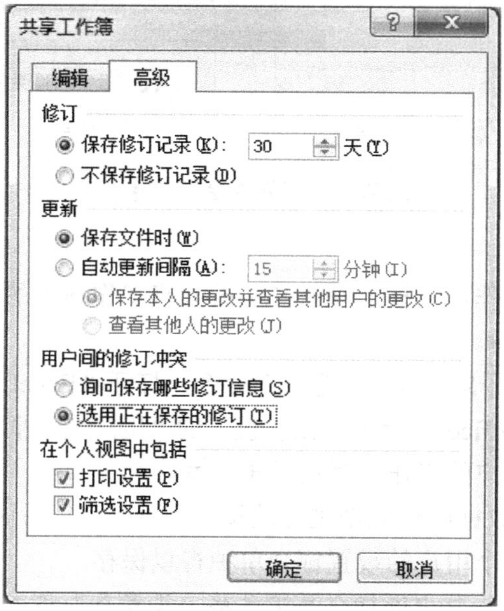

图 7.25 “高级”选项卡

5. 取消对工作簿的共享

在取消对工作簿的共享前，要确保所有其他用户都保存了各自的工作。具体操作步骤如下：

① 打开“共享工作簿”对话框。

② 在“编辑”选项卡(见图 7.24 的左图)删除其他用户，只保留当前用户。

③ 清除对“允许多用户同时编辑，同时允许工作簿合并”复选框的选中状态。

【注】如果已经对工作簿设置了保护，则该复选框不可使用，此时必须先单击“审阅”选项卡“更改”组中的“撤消对共享工作簿的保护”按钮，才能进行第③步所说的操作。

④ 单击确定，并在随后弹出的提示框中单击是(Y)。

6. 保护共享工作簿

默认情况下，有共享访问权限的所有用户对设置为共享的工作簿有完全的访问权，除非已经锁定了单元格或设置了工作表保护。可以通过以下操作，设置对共享工作簿的保护。

① 按 7.1.7 节中的叙述，对某些工作表区域或工作簿进行保护设置操作。

【注】如果对工作簿已经设置了共享，则需要先取消对该工作簿的共享。

② 单击“审阅”选项卡(见图 7.12)“更改”组中的“保护并共享工作簿”按钮，打开“保护共享工作簿”对话框，选中“以跟踪修订方式共享”单选按钮。

③ 如果希望其他用户只有提供密码，才能关闭修订记录或取消对工作簿的共享，还可以设置密码，如图 7.26 所示。

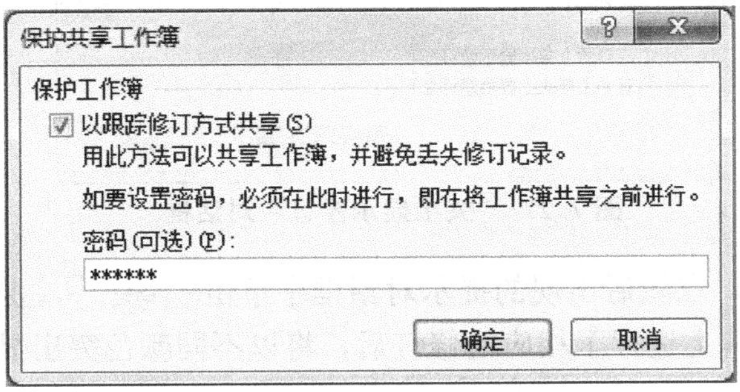

图 7.26　“保护共享工作簿”对话框

④ 单击 确定 ，实现对工作簿的共享和保护。

7.1.9　修订功能

对工作簿设置修订功能，可以记录对工作簿所进行的修改。只能在共享工作簿中使用修订功能，实际上在设置修订功能时，当前工作簿会自动变成一个共享工作簿，如果关闭了修订功能或取消对工作簿的共享，则所有的修订记录会被删除。

1. 启用修订功能

① 用前面叙述的相关操作打开“共享工作簿”对话框，选中“允许多用户同时编辑，同时允许工作簿合并”复选框(见图 7.24 的左图)。

② 打开“高级”选项卡(见图 7.25)，在“修订”栏选中“保存修订记录”单选按钮，并在其右侧设置保存修订记录的天数。

③ 单击 确定 ，并在此后弹出的提示框中继续单击 确定 ，保存工作簿。

2. 突出显示修订

设置了突出显示修订功能后，会用不同的颜色标注出各用户的修订内容，当把鼠标指针停留在修订过的单元格上时，将以批注的形式显示修订的详细信息。使用突出显示修订内容功能，可以帮助查看修订情况。设置方法如下。

① 单击“审阅”选项卡“更改”组中的“修订”按钮，打开下拉列表，单击“突出显示修订”命令，打开“突出显示修订”对话框。

② 单击选中“编辑时跟踪修订信息，同时共享工作簿”复选框。

③ 在“突出显示的修订选项”栏进行设置：选中“时间”复选框，打开右侧的“时间”列表，设定记录修订的起始时间；选中“修订人”复选框，打开右侧的“修订人”列表，指定为哪些用户突出显示修订情况；选中“位置”复选框，在右侧的“位置”框

中选择或输入需要突出显示修订了的工作表单元格区域。

④ 选中“在屏幕上突出显示修订”复选框，如图 7.27 所示。

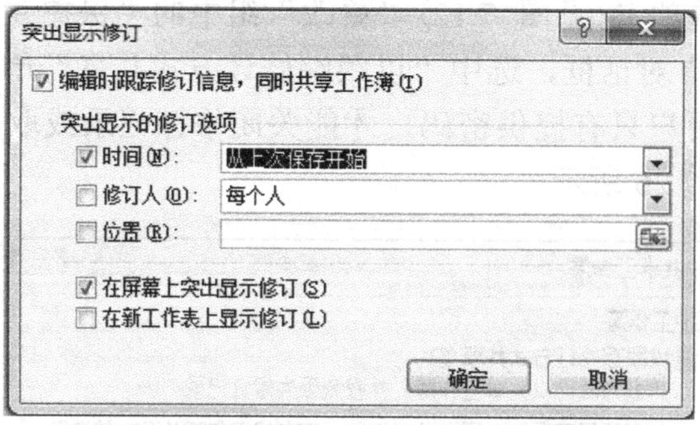

图 7.27 “突出显示修订”对话框

⑤ 单击 确定 ，在随后出现的提示对话框中单击 确定 ，保存工作簿。

此后在共享工作簿上进行了相应的修订后，将以不同颜色突出显示修订位置，并自动添加修订批注。

3. 查看修订

① 按上面的相关叙述，打开“突出显示修订”对话框(见图 7.27)。

② 进行下面的操作，设置要查看的修订内容：

如果要查看已跟踪的所有修订，应选中“时间”复选框，打开“时间”下拉列表，选中“全部”，然后清除“修订人”和“位置”两个复选框的选中状态；

如果要查看某个特定日期之后所做的修订，应选中“时间”复选框，打开“时间”下拉列表，选择“起自日期”，然后输入要查看的最早修订日期；

如果要查看某个特定用户所做的修订，应选中“修订人”复选框，然后在“修订人”下拉列表中单击选中要查看的修订用户；

如果要查看对特定单元格区域的修订，应选中“位置”复选框，然后输入工作表单元格区域。

③ 设置显示修订的方式：

如果选中“在屏幕上突出显示修订”复选框，将在进行修订的工作表上突出显示修订，此时，将鼠标指针指向突出显示的单元格，将以批注方式显示有关修订的详细信息；

如果选中“在新工作表上显示修订”复选框，将自动插入一个新工作表，并在该工作表中创建修订的列表。

【注】只有在已启用修订功能，至少进行了一个修订并保存文件后，才可以使用“在新工作表上显示修订”复选框。

4. 接受或拒绝修订

① 单击“审阅”选项卡(见图 7.12)“更改”组中的“修订”按钮，打开下拉列表，单击“接受或拒绝修订”命令，打开“接受或拒绝修订”对话框，如图 7.28 的左图所示。

② 在对话框的“修订选项”栏进行设置，指定要接受或拒绝的修订范围。

③ 单击 确定 ，对话框自动显示第一个修订信息以供审阅，如图 7.28 的右图所示。

④ 确定接受或拒绝对当前项的修订：单击 接受(A) ，接受修订；单击 拒绝(R) ，拒绝修订。接受或拒绝某项修订后，对话框将显示下一项修订。单击 全部接受(C) 或 全部拒绝(J) ，可以一次性接受或拒绝所有剩余的修订。

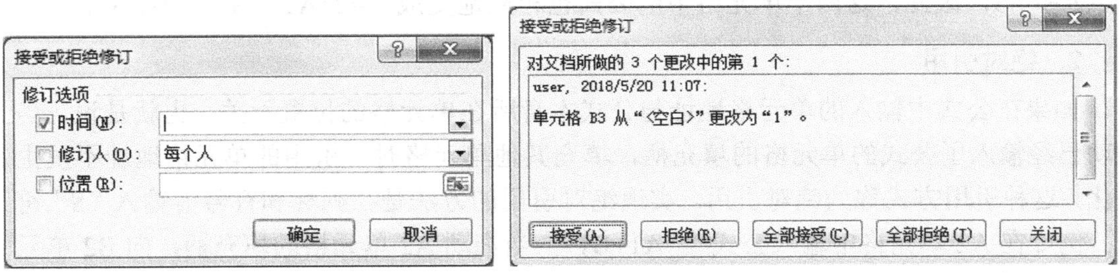

图 7.28 接受或拒绝修订

5. 停止突出显示修订

当不再需要突出显示修订时，可以关闭突出显示修订。关闭后不会删除修订记录。

① 按前面的相关叙述，打开"突出显示修订"对话框(见图 7.27)。

② 清除"在屏幕上突出显示修订"复选框的选中状态，单击 确定 。

6. 关闭修订功能

关闭修订功能将删除修订记录，有两种关闭方法。

方法 1：单击"审阅"选项卡"更改"组中的"共享工作簿"按钮，打开"共享工作簿"对话框，在"高级"选项卡(见图 7.25)选中"不保存修订记录"单选按钮，单击 确定 ，这时将弹出一个提示对话框，再次单击 确定 。

方法 2：单击"审阅"选项卡"更改"组中的"修订"按钮，打开下拉列表，单击"突出显示修订"命令，打开"突出显示修订"对话框(见图 7.27)，取消"编辑时跟踪修订信息，同时共享工作簿"复选框的选中状态，单击 确定 ，这时会弹出一个提示对话框，再次单击 确定 。用这种方法，将同时取消对工作簿的共享。

7.2 公式的应用

本节在读者了解公式的输入和一般使用方法的基础上，介绍公式的应用知识。

7.2.1 公式中单元格的引用

使用公式可以计算和处理数据。在公式中很少输入全由常量表示的元素，而经常输入单元格地址，在公式中输入单元格地址称为引用单元格。

1. 相对引用

在公式中直接输入单元格地址来引用单元格，称为相对引用，这时引用的地址表示的是被引用单元格与公式所在单元格的相对位置。例如，A1 单元格在 B1 单元格紧邻的左侧，在 B1 单元格中输入公式“=2*A1”后，表示 B1 单元格中的数值等于其左侧紧邻单元格数值乘以 2，当拖动 B1 单元格的填充柄，向 B2 和 B3 单元格进行填充(即向 B2 和 B3 单元格复制 B1 单元格的内容)时，由于这两个单元格左侧紧邻的单元格分别变成了 A2 和 A3，因此，这两个单元格中的公式也相应地变成“=2*A2”和“=2*A3”。

2. 绝对引用

如果在公式中输入的单元格地址与公式本身所在单元格的位置无关，也就是说，当拖动已经输入了公式的单元格的填充柄，填充其他单元格时，引用的单元格地址不发生变化，这种引用方式称为绝对引用。实现绝对引用的方法是在列标和行号前输入“$”符号。例如在 A2 单元格中输入公式“=A1+B1”，当拖动 A2 单元格的填充柄，向 B2 单元格进行填充时，B2 单元格中的公式是“=B1+C1”；如果在 A2 单元格中输入公式“=A1+$B$1”，当拖动 A2 单元格的填充柄，向 B2 单元格进行填充时，B2 单元格中的公式是“=B1+$B$1”。

3. 混合引用

在引用单元格地址时，如果仅仅要固定引用地址中的行号或列标，可以分别在行号或列标前输入“$”符号。例如在 A2 单元格中输入公式“=A1+B1”，当拖动 A2 单元格的填充柄，向 A3 单元格进行填充时，A3 单元格中的公式是“=A2+B2”；如果在 A2 单元格中输入公式“=A1+B$1”，当拖动 A2 单元格的填充柄，向 A3 单元格进行填充时，A3 单元格中的公式是“=A2+B$1”。

7.2.2 定义和引用名称

为单元格区域指定一个名称，可以给绝对引用创造方便。可以定义为名称的对象包括常量、单元格、单元格区域、公式。

1. 名称的命名规则

唯一性：在同一个工作簿中，名称必须唯一，不能重复。

有效字符：名称的第一个字符必须是字母(可以是汉字)、下划线(_)、反斜杠(\)。不能使用 C、c、R、r 字母，不允许包含空格。

长度：一个名称的长度不能超过 255 个英文字符。

不区分大小写：在同一个工作簿中，不允许出现仅字符大小写不同的两个名称。

2. 定义名称的方法

下面用一个具体的例子，说明定义名称的各种方法。

【例 7.6】 对“7.2 员工花名册与工资表 1”工作簿中的相关单元格区域命名。

① 打开“7.2 员工花名册与工资表 1”工作簿，打开“花名册”工作表，参见图 7.9。

② 选定 A3:N26 单元格区域，在编辑栏左侧的名称框中单击，输入“员工基本资料”，按回车键确认。此后再选中该单元格区域时，名称框中将出现“员工基本资料”这几个字。

③ 选定 L3:L26 单元格区域，在选定区域上按鼠标右键，弹出快捷菜单，单击菜单中的“定义名称”命令，打开“新建名称”对话框，如图 7.29 所示。在该对话框中显示系统自动为所选区域定义的名称“基本工资”和所引用的位置，单击 确定 ，即完成定义。

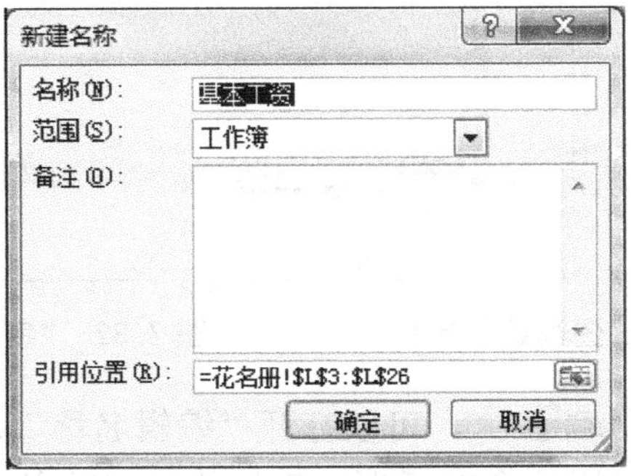

图 7.29 “新建名称”对话框

④ 用同样的方法，为 M3:M26 单元格区域定义“厂龄工资”名称，然后取消对 M3:M26 单元格区域的选定状态。

⑤ 打开“公式”选项卡，如图 7.30 所示。单击“定义的名称”组中的“定义名称”按钮，打开“新建名称”对话框。

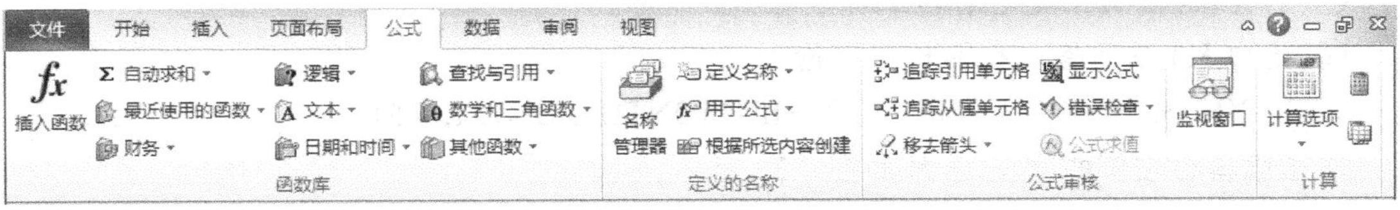

图 7.30 “公式”选项卡

⑥ 在名称框中输入“厂龄工资基数”，在“引用位置”框中输入“=60”，如图 7.31 所示。用这样的方法把一个常数 60 定义为“厂龄工资基数”，表示厂龄每增长一年，就增加 60 元工资，根据厂龄计算员工的实际厂龄工资，注意在引用位置框中要先输入“=”。

⑦ 以“7.2 员工花名册与工资表 2”为文件名，保存操作结果。

在工作簿中定义了名称后，单击编辑栏左面的名称框右侧的下拉箭头，将打开一个下拉列表，列表中显示工作簿中定义的名称，选中某个名称，即可快速选定该名称对应的单元格或单元格区域。

3. 引用名称

在公式中，可以像引用一般单元格或单元格区域一样，引用名称。

4. 编辑名称

在“公式”选项卡（见图 7.30）的“定义的名称”组中，单击“名称管理器”按钮，可以打开“名称管理器”对话框，显示在工作簿中已经定义了的名称。例如打开“7.2 员工花名册与工资表 2”工作簿，然后打开“名称管理器”，将得到如图 7.32 所示的结果。

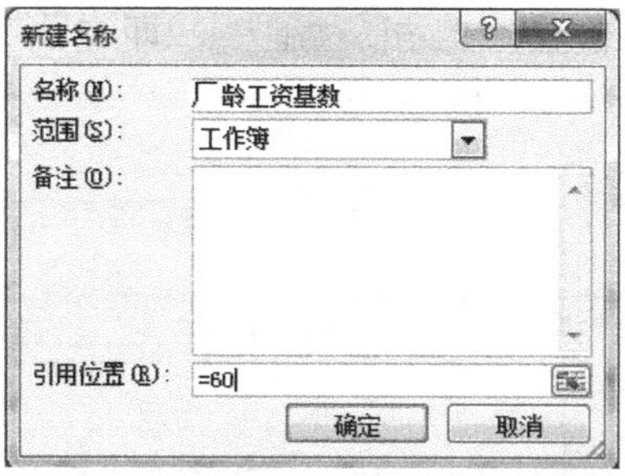

图 7.31　给数值 60 命名“厂龄工资基数”名称

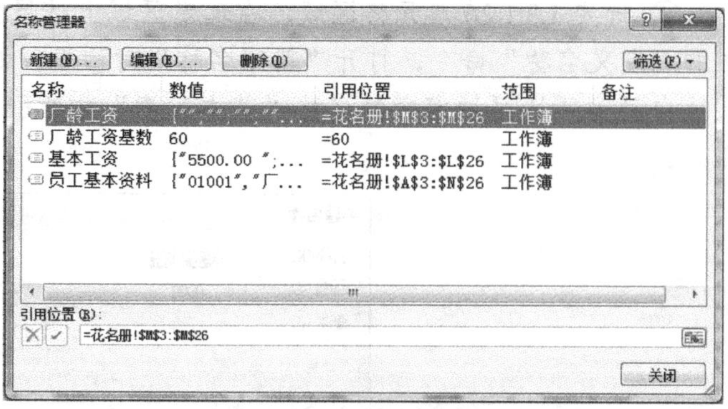

图 7.32　“名称管理器”对话框

选中一个名称后，单击 编辑(E)... ，可以打开“编辑名称”对话框(类似图 7.31 所示的“新建名称”对话框)，使用这个对话框，可以修改名称及该名称的引用位置；单击 删除(D) ，可以删除该名称。对名称进行了修改后，公式中引用的对象也会发生相应的修改，例如，若工作簿的公式中已经引用了某个名称，删除了该名称后，可能导致出错。

【例 7.7】计算“7.2 员工花名册与工资表 2”工作簿中员工的厂龄和厂龄工资、基础工资。

① 打开“7.2 员工花名册与工资表 2”工作簿。

② 选中 K3 单元格，在编辑栏中输入

=YEAR(NOW())-YEAR(J3)+IF(MONTH(J3)<7, 1, 0.5)

单击编辑栏左侧的 ✔，结果如图 7.33 所示。

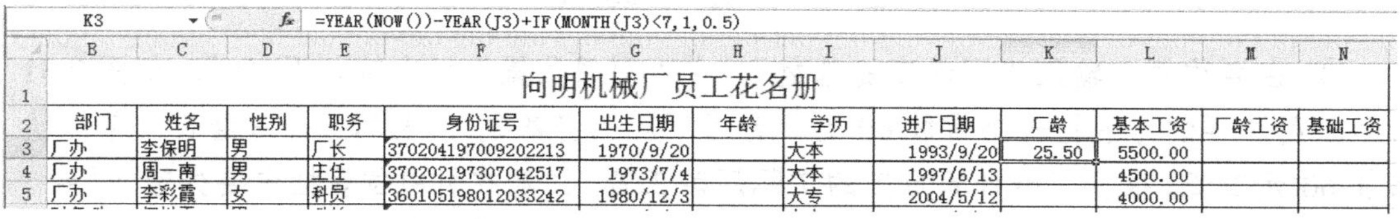

	B	C	D	E	F	G	H	I	J	K	L	M	N
1	向明机械厂员工花名册												
2	部门	姓名	性别	职务	身份证号	出生日期	年龄	学历	进厂日期	厂龄	基本工资	厂龄工资	基础工资
3	厂办	李保明	男	厂长	370204197009202213	1970/9/20		大本	1993/9/20	25.50	5500.00		
4	厂办	周一南	男	主任	370202197307042517	1973/7/4		大本	1997/6/13		4500.00		
5	厂办	李彩霞	女	科员	360105198012033242	1980/12/3		大专	2004/5/12		4000.00		

图 7.33　求出 K3 单元格的值

【注】以上输入的公式中，YEAR()函数的参数是一个日期型数据，函数的返回值是参数中的年份数，NOW()函数返回当前日期，因此 YEAR(NOW())返回当前日期的年份数；MONTH()函数的参数是一个日期型数据，返回参数的月份数；IF()函数包含 3 个参数，第 1 个参数是一个条件表达式，当该表达式的值为真时，函数返回第 2 个参数的值，否则返回第 3 个参数的值。请读者自行解释整个公式的含义。

③ 拖动 K3 单元格的填充柄到 K26 单元格，求出所有员工的厂龄。

④ 选中 M3 单元格，在编辑栏中输入

=K3*厂龄工资基数

单击编辑栏左侧的 ✔，结果如图 7.34 所示。

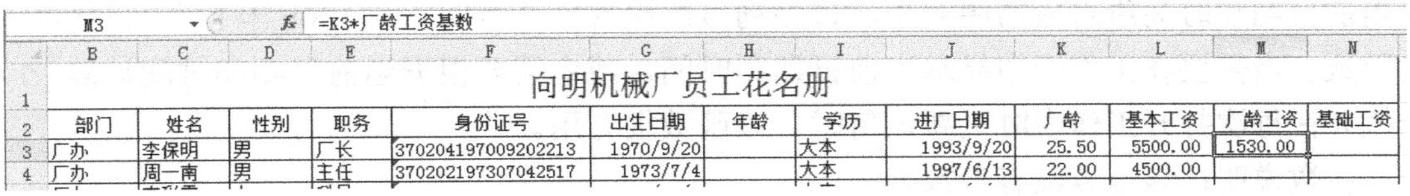

M3　=K3*厂龄工资基数

	B	C	D	E	F	G	H	I	J	K	L	M	N
1	向明机械厂员工花名册												
2	部门	姓名	性别	职务	身份证号	出生日期	年龄	学历	进厂日期	厂龄	基本工资	厂龄工资	基础工资
3	厂办	李保明	男	厂长	370204197009202213	1970/9/20		大本	1993/9/20	25.50	5500.00	1530.00	
4	厂办	周一南	男	主任	370202197307042517	1973/7/4		大本	1997/6/13	22.00	4500.00		

图 7.34　求出 M3 单元格的值

【注】以上输入的公式中，引用了“厂龄工资基数”这一名称表示的常量值(60)。

⑤ 拖动 M3 单元格的填充柄到 M26 单元格，求出所有员工的厂龄工资。

⑥ 在 N3 单元格输入

=L3+M3

按回车键，求出 N3 单元格的值。然后拖动 N3 单元格的填充柄到 N26 单元格，求出所有员工的基础工资。

⑦ 以“7.2 员工花名册与工资表 3”为文件名保存操作结果。

7.2.3　常用函数

Excel 提供了 13 类函数：财务函数、日期与时间函数、数学与三角函数、统计函数、查找与引用函数、数据库函数、文本函数、逻辑函数、信息函数、用户定义函数、工程函数、多维数据集函数、兼容性函数。

下面介绍常用的函数。

1. 绝对值函数 ABS(number)

功能：返回数值 number 的绝对值。

2. 取整函数 INT(number)

功能：对数值 number 向下舍入到最接近的整数。

例如：=INT(6.7)表示将 6.7 向下舍入到最接近的整数，结果为 6；

=INT(-8.9)表示将-8.9 向下舍入到最接近的整数，结果为-9。

3. 四舍五入函数 ROUND(number, num_digits)

功能：对指定数值 number 按指定的位数 num_digits 四舍五入。

例如：=ROUND(13.6875, 2)，表示将数值 13.6875 四舍五入为小数点后两位，结果是 13.69。

【提示】如果希望始终进行向上舍入，可使用 ROUNDUP 函数；如果希望始终进行向下舍入，则应使用 ROUNDDOWN 函数。

4. 取整函数 TRUNC(number[, num_digits])

功能：将指定数值 number 的小数部分截去，返回整数；num_digits 为取整精度，默认为 0。

例如：=TRUNC(6.9)表示取 6.9 的整数部分，结果为 6；

=TRUNC(-6.9)表示取-6.9 的整数部分，结果为-6。

5. 当前日期和时间函数 NOW()

功能：返回计算机系统当前的日期和时间。当将数据格式设置为数值时，将返回系统当前日期和时间所对应的序列号，该序列号的整数部分表明它与1900年1月1日之间的天数。当需要在工作表中显示当前日期和时间，或者需要根据当前日期和时间计算一个值并在每次打开工作表时更新该值时，该函数很有用。

参数说明：该函数没有参数。

6. 当前日期函数 TODAY()

功能：返回计算机系统当前的日期。当将数据格式设置为数值时，将返回系统当前日期所对应的序列号，该序列号的整数部分表明它与1900年1月1日之间的天数。

参数说明：该函数没有参数。

7. 取年份函数 YEAR(serial_number)

功能：返回指定日期对应的年份。返回值为1900到9999之间的整数。

参数说明：serial_number 是一个日期值，其中包含要查找的年份。注意，公式所在的单元格不能是日期格式。

例如：=YEAR("2018/3/12")返回2018。

=YEAR(TODAY())-1963，假设一个人出生在1963年，该公式使用TODAY函数作为YEAR函数的参数来获取当前年份，然后减去1963，返回这个人的年龄。

8. 逻辑判断函数 IF(logical_test [, value_if_true] [, value_if_false])

功能：如果指定条件的结果为TRUE，IF函数将返回前一个值；如果该条件的计算结果为FALSE，则返回后一个值。IF函数可以嵌套，以构建更复杂的测试条件，也就是说，在一个IF函数中，value_if_true和value_if_false参数可以是另一个IF函数，IF函数最多可以嵌套64层。

参数说明：

➢ logical_test 是作为判断条件的任意值或表达式。例如，A2=100就是一个逻辑表达式，表示如果A2单元格中的值等于100，表达式的计算结果为TRUE，否则为FALSE。在该参数中可使用比较运算符。

➢ value_if_true 是可选的参数，当logical_test参数的计算结果为TRUE时返回该值。

➢ value_if_false 是可选的参数，当logical_test参数的计算结果为FALSE时返回该值。

例如： =IF(A1>=7, "下半年", "上半年")，表示如果A1单元格中的值大于或等于7，则显示“下半年”，否则显示“上半年”。

=IF(A1>=10, "4", IF(A1>=7, "3", IF(A1>=4, "2", "1")))&"季度"，表示下列结果：

如果A1单元格中的值大于或等于10，显示内容为“4季度”；

如果A1单元格中的值小于10且大于或等于7，显示内容为“3季度”；

如果A1单元格中的值小于7且大于或等于4，显示内容为“2季度”；

如果A1单元格中的值小于3，显示内容为“1季度”。

9. 求和函数 SUM(number1 [, number2], …)

功能：对number1，number2，…相加求和。

参数说明：至少需要包含一个参数number1。每个参数都可以是区域、单元格引用、数组、常量、公式或另一个函数的结果。

10. 条件求和函数 SUMIF(range, criteria [, sum_range])

功能：对指定单元格区域中符合指定条件的值求和。

参数说明：

➢ range 是用于条件计算的单元格区域。

➢ criteria 是求和的条件，其形式可以为数字、表达式、单元格引用、文本或函数。函数中任何文本条件或任何含有逻辑或数学符号的条件都必须用双引号("")括起来；如果条件为数字，则无须使用双引号，例如">25"。

➢ sum_range 是可选参数。表示要求和的实际单元格。如果 sum_range 参数被省略，会对 range 参数中指定的单元格求和。

例如：=SUMIF(A2:A12, ">25")，表示对 A2:A12 单元格区域中大于 25 的数值求和；

=SUMIF(B2:B5, "=6", D2:D5)，表示对 D2:D5 单元格区域中与 B2:B5 单元格区域中值等于 6 的单元格对应的单元格中的值求和。

11. 多条件求和函数 SUMIFS(sum_range, criteria_range1, criteria1 [,criteria_range2, criteria2], …)

功能：对指定单元格区域中满足多个条件的单元格求和。

参数说明：

➢ sum_range 是求和的实际单元格区域。

➢ criteria_range1 是其中计算关联条件的第一个区域。

➢ criteria1 是求和的条件，用来定义对 criteria_rangel 参数中的哪些单元格求和。

➢ criteria_range2, criteria2, … 是可选的参数，表示附加的区域及其关联条件。最多允许 127 个区域、条件对。

➢ 每个 criteria_range 参数区域所包含的行数和列数必须与 sum_range 参数相同。

例如：=SUMIFS(A1:A20,B1:B20,">0",C1:C20,"<10")，表示对 A1:A20 单元格区域中符合条件“B1:B20 中的相应数值大于零，且 C1:C20 中的相应数值小于 10”对应的单元格的数值求和。

12. 平均值函数 AVERAGE(number1, [number2], …)

功能：求 number1，number2…的算术平均值。

参数说明：至少需要包含一个参数 number1，最多可包含 255 个。

13. 条件平均值函数 AVERAGEIF(range, criteria [, average_range])

功能：对指定区域中满足给定条件的所有单元格中的数值求算术平均值。

参数说明：

➢ range 是用于条件计算的单元格区域。

➢ criteria 是求平均值的条件，其形式可为数字、表达式、单元格引用、文本或函数。

➢ average_range 是可选的参数，表示要计算平均值的实际单元格。如果省略 average_range 参数，则对 range 参数中指定的单元格求平均值。

例如：

=AVERAGEIF(A2:A5, "<5000")，表示求 A2:A5 单元格区域中小于 5000 的数的平均值；

=AVERAGEIF(A2:A5, ">5000", B2:B5)，表示对 B2:B5 单元格区域中与 A2:A5 单元格区域中大于 5000 的单元格所对应的单元格中的值求平均值。

14. 多条件平均值函数 AVERAGEIFS(average_range, criteria_rangel, criterial [, critera_range2, criteria2],…)

功能：对指定区域中满足多个条件的所有单元格中的数值求算术平均值。

参数说明：

➢ average_range 是要计算平均值的实际单元格区域。

➢ criteria_rangel, criteria_range2 … 是在其中计算关联条件的区域。其中 criteria_rangel 是必需的，随后的 criteria_range2…是可选的，最多可以有 127 个区域。

➢ criterial, criteria2…是求平均值的条件。其中 criterial 是必需的，随后的 criteria2…是可选的，其中每个 criteria_range 的大小和形状必须与 average_range 相同。

例如：=AVERAGEIFS(A1:A20, B1:B20, ">70", Cl:C20, "<90")，表示对 A1:A20 单元格区域中，符合条件“B1:B20 中的相应数值大于 70，且 C1:C20 中的相应数值小于 90”对应的单元格中的数值求平均值。

15. 计数函数 COUNT(range1 [, range2], …)

功能：统计指定区域中包含数值数据的单元格个数。

参数说明：至少包含一个参数，最多可包含 255 个。

16. 计数函数 COUNTA(range1 [, range2], …)

功能：统计指定区域中不为空的单元格的个数，可对包含任何类型信息的单元格进行计数。

参数说明：至少包含一个参数，最多可包含 255 个。

17. 条件计数函数 COUNTIF(range, criteria)

功能：统计指定区域中满足单个指定条件的单元格的个数。

参数说明：

➢ range 是计数的单元格区域。

➢ criteria 是计数的条件，条件的形式可以为数字、表达式、单元格地址或文本。

例如：=COUNTIF(B2:B5, ">55")，统计 B2:B5 单元格区域中值大于 55 的单元格的个数。

18. 多条件计数函数 COUNTIFS(criteria_range1, criteria1 [,criteria_range2, criteria2]…)

功能：统计指定区域内符合多个条件的单元格的数量。可以将条件应用于跨多个区域的单元格。

参数说明：

➢ criteria_range1 是在其中计算关联条件的第一个区域。

➢ criteria1 表示计数的条件，其形式可以为数字、表达式、单元格地址或文本。

➢ criteria_range2, criteria2 是可选的参数，表示附加的区域及其关联条件。最多允许 127 对区域、条件。

➢ 每一个附加的区域都必须与参数 criteria_rangel 具有相同的行数和列数，这些区域可以不相邻。

例如：=COUNTIFS(A1:A7, ">80", B1:B7, "<100")，统计 A1:A7 单元格区域中包含大于 80，同时在 B1:B7 单元格区域中包含小于 100 的数值个数。

19. 垂直查询函数 VLOOKUP(lookup_value, table_aray, col_index_num [, range_lookup])

功能：搜索指定单元格区域的第 1 列，返回该区域相同行上任何指定单元格中的值。

参数说明：

➢ lookup_value 是要在表格或区域的第 1 列中搜索的值。

➢ table_aray 表示要查找的数据所在的单元格区域，table_aray 第 1 列中的值就是 lookup_value 要搜索的值。

➢ col_index_num 是最终返回数据所在的列号。col_index_num 为 1 时，返回 table_aray 第 1 列中的值；col_index_num 为 2 时，返回 table_aray 第 2 列中的值，以此类推。如果 col_index_num 参数小于 1，则 VLOOKUP 返回错误值#VALUE!；如果它大于 table_aray 的列数，则 VLOOKUP 返回错误值#REF!。

➢ range_lookup 是可选参数。它是一个逻辑值，取值为 TRUE 或 FALSE，指定希望 VLOOKUP 查找精确匹配值还是近似匹配值，如果 range_lookup 为 TRUE 或被省略，则返回近似匹配值，即如果找不到精确匹配值，则返回小于 lookup_value 的最大值。如果 range_lookup 参数为 FALSE，VLOOKUP 只查找精确匹配值。如果 table_ array 的第 1 列中有两个或更多值与 lookup_ value 匹配，则使用第一个找到的值。如果找不到精确匹配值，则返回错误值#N/A。

注意：如果 range_lookup 为 TRUE 或被省略，则必须按升序排列 table_aray 第 1 列中的值；否则，VLOOKUP 可能无法返回正确的值。如果 range_lookup 为 FALSE，则不需要对 table_aray 第 1 列中的值进行排序。

例如：=VLOOKUP(1, A2:C10, 2)，要查找的单元格区域为 A2:C10，因此 A 列为第 1 列，B 列为第 2 列，C 列为第 3 列。整个函数表示使用近似匹配搜索 A 列(第 1 列)中的值 1，如果在 A 列中没有 1，则找到 A 列中与 1 最接近的值，然后返回同一行中 B 列(第 2 列)的值。

= VLOOKUP(0.7, A2:C10, 3, FALSE)，表示使用精确匹配在 A 列中搜索值 0.7，如果 A 列中没有 0.7 这个值，则返回一个错误值#N/A。

20. 最大值函数 MAX(number1 [, number2], …)

功能：返回一组值或指定区域中的最大值。

参数说明：至少有一个参数，最多可以有 255 个。

21. **最小值函数 MIN(number1 [, number2], …)**

功能：返回一组值或指定区域中的最小值。

参数说明：至少有一个参数，最多可以有 255 个。

22. **排位函数 RANK.EQ(number,ref,[order])和 RANK.AVG(number,ref,[order])**

功能：返回一个数值在指定数值列表中的排位，如果有多个值具有相同的排位，使用函数 RANK.AVG 返回平均排位；使用函数 RANK.EQ 则返回实际排位。

参数说明：

➢ number 是要确定其排位的数值。

➢ ref 是要查找的数值列表所在的位置。

➢ order 是可选的参数，指定数值列表的排序方式，如果 order 为 0(零)或忽略, 对数值的排位就会基于 ref、按照降序排序的列表；如果 order 不为零，对数值的排位就会基于 ref、按照升序排序的列表。

例如：=RANK.EQ("3.5", A1:A6, 1)，表示求数值 3.5 在单元格区域 A1:A6 中的数值列表中的升序排位。

23. **文本合并函数 CONCATENATE(text [,text2], …)**

功能：将几个文本项合并为一个文本项。最多可把 255 个文本字符串连接成一个文本字符串。连接项可以是文本、数字、单元格地址或这些项目的组合。

参数说明：至少有一个文本项，最多可有 255 个, 文本项之间以逗号分隔。

例如：=CONCATENATE(B2, " ", C2)，表示将单元格 B2 中的字符串、空格字符以及单元格 C2 中的值相连接，构成一个新的字符串。

【提示】也可以用文本连接运算符&代替 CONCATENATE 函数来连接文本项。例如：=A1&B1 与=CONCATENATE(A1, B1)返回的值相同。

24. **截取字符串函数 MID(text, start_num, num_chars)**

功能：从文本字符串中的指定位置开始返回特定个数的字符。

参数说明：

➢ text 是包含要提取字符的文本字符串。

➢ start_num 是文本字符串中要提取的第 1 个字符的位置，文本字符串中第 1 个字符的位置为 1，以此类推。

➢ num_chars 指定从文本串中提取并返回的字符个数。

例如：=MID(A2, 7, 4)，表示从 A2 单元格中文本字符串中第 7 个字符开始，提取 4 个字符。

25. **左侧截取字符串函数 LEFT(text [, num_chars])**

功能：从文本字符串最左边开始、返回指定个数的字符。也就是返回字符串最前面的一个或几个字符。

参数说明：

➢ text 是要提取字符的文本字符串。

➢ num_chars 是可选的参数，指定要提取的字符的数量。num_chars 必须大于或等于零，如果省略该参数，则默认其值为1。

例如：=LEFT(A2, 4)，表示从A2单元格的文本字符串中提取前4个字符。

26. 右侧截取字符串函数 RIGHT(text [,num_chars])

功能：从文本字符串最右边开始、返回指定个数的字符。也就是返回字符串最后面的一个或几个字符。

参数说明：

➢ text 是要提取字符的文本字符串。

➢ num_chars 是可选的参数，指定要提取的字符个数，num_chars 必须大于或等于零，如果省略该参数，则默认其值为1。

例如：=RIGHT(A2, 4)，表示从A2单元格的文本字符串中提取后4个字符。

27. 删除空格函数 TRIM(text)

功能：删除指定文本中的空格。除了删除单词之间的单个空格外，该函数将会清除文本中所有的空格。在从其他应用程序中获取带有不规则空格的文本时，可以使用函数TRIM。

例如：=TRIM(" 第 1 季 度 ")，将删除中文文本的前导空格、尾部空格和字间空格。

28. 字符个数函数 LEN(text)

功能：统计并返回指定文本字符串中字符的个数。

参数说明：text 是要统计其长度的文本，空格也将作为字符进行计数。

【例 7.8】 在"7.2 员工花名册与工资表 3"工作簿的"花名册"工作表中，已经填入了出生日期。实际上，根据身份证号可以得到出生日期。请根据身份证号重新生成每个员工的出生日期，然后求出每个员工的年龄(假设当前日期是2018年)。

① 打开"7.2 员工花名册与工资表 3"工作簿，进入"花名册"工作表(参见图 7.34)。

② 在 G3 单元格中输入：

=MID(F3, 7, 4)&"/"&MID(F3, 11, 2)&"/"&MID(F3, 13, 2)

求出第3行的员工的出生日期，然后拖动 G3 单元格的填充柄到 G26 单元格，求出全体员工的出生日期。

③ 选定 H3:H26 单元格区域，在其上按鼠标右键，弹出快捷菜单，单击其中的"设置单元格格式"命令，打开"设置单元格格式"对话框，把小数位数设置为0。

④ 在 H3 单元格中输入：

=YEAR(NOW())-YEAR(G3)

求出第3行的员工的年龄，然后拖动 H3 单元格的填充柄到 H26 单元格，求出全体员工的年龄，图 7.35 显示了"花名册"工作表前9名员工的内容。

	A	B	C	D	E	F	G	H	I	J	K	L	M	N
1	向明机械厂员工花名册													
2	员工编号	部门	姓名	性别	职务	身份证号	出生日期	年龄	学历	进厂日期	厂龄	基本工资	厂龄工资	基础工资
3	01001	厂办	李保明	男	厂长	370204197009202213	1970/09/20	48	大本	1993/9/20	25.50	5500.00	1530.00	7030.00
4	01002	厂办	周一南	男	主任	370202197307042517	1973/07/04	45	大本	1997/6/13	22.00	4500.00	1320.00	5820.00
5	01003	厂办	李彩霞	女	科员	360105198012033242	1980/12/03	38	大专	2004/5/12	15.00	4000.00	900.00	4900.00
6	02001	财务科	何继平	男	科长	340104197406211235	1974/06/21	44	大专	1998/6/21	21.00	4800.00	1260.00	6060.00
7	02002	财务科	李海亮	男	科员	370203197208022219	1972/08/02	46	高中	1997/10/13	21.50	4000.00	1290.00	5290.00
8	02003	财务科	魏玲玉	女	科员	350103198010092042	1980/10/09	38	大专	2005/11/13	13.50	4000.00	810.00	4810.00
9	03001	人事科	季林本	男	科长	370106198109020211	1981/09/02	37	大本	2004/3/22	15.00	4500.00	900.00	5400.00
10	03002	人事科	张华华	女	科员	360104198106150342	1981/06/15	37	大专	2005/3/13	14.00	4000.00	840.00	4840.00
11	04001	供销科	胡迎利	男	科长	370205198409022213	1984/09/02	34	大专	2006/5/20	13.00	4800.00	780.00	5580.00

图 7.35 “花名册”工作表

⑤ 以“7.2 员工花名册与工资表 4”为名保存操作结果。

【例 7.9】 在“7.2 员工花名册与工资表 4”工作簿中输入“工资表”的数据。

① 打开“7.2 员工花名册与工资表 4”工作簿，进入“工资表”工作表，在第 1、2 行输入如图 7.36 所示的内容。

	A	B	C	D	E	F	G	H	I	J	K
1	向明机械厂员工工资表										
2	员工编号	部门	姓名	基础工资	奖金	扣病事假	应发工资	各种扣除	纳税基数	应纳所得税	实发工资
3											
4											

图 7.36 “工资表”工作表的标题和表头

② 在 A3 单元格输入“=花名册!A3”，将“花名册”工作表中 A3 单元格的内容填到当前工作表的 A3 单元格中，拖动 A3 单元格的填充柄到 C3 单元格，复制 A3 单元格的内容，在 D3 单元格输入“=花名册!N3”，这样就把“花名册”工作表第 3 行中的相关内容填到“工资表”工作表中了。

③ 在 E3 单元格输入奖金金额 500；在 F3 单元格输入扣除病事假的金额 100；在 G3 单元格输入“=D3+E3-F3”，求出应发工资；在 H3 单元格输入各种扣除金额 800；在 I3 单元格输入“=G3-H3-3500”，求出个人所得税缴纳基数(应发工资减去各种扣除后再减去 3500)；在 J3 单元格根据缴纳所得税的规定输入：

=IF(I3<=1500, I3*0.03, IF(I3<=4500, I3*0.1-105, I3*0.2-555))

求出应该缴纳的个人所得税(个人所得税的缴纳规定比较复杂，根据本例中每个人的纳税基数均小于 35000 这一事实，输入上述简化了的公式进行计算，请读者自行解释公式含义)；在 K3 单元格输入“=G3-H3-J3”，求出实发工资。

④ 选定 A3:K3 单元格区域，拖动填充柄到 A26:K26 单元格，把第 3 行的内容复制到第 4 行到第 26 行，然后在第 4 行到第 26 行，分别输入 E、F、H 列的数据，求出每个人的实发工资。

⑤ 在 A27 单元格输入“合计”，分别选定 G3:G26、J3:J26、K3:K26 单元格区域，在选定区域上按鼠标右键，弹出快捷菜单，单击“定义名称”命令，使用系统提供的默认名称(分别为“应发工资”“应纳所得税”“实发工资”)，在 G27、J27、K27 单元格中分别输入公式“=SUM(应发工资)”“=SUM(应纳所得税)”“=SUM(实发工资)”，求出相应的合计，如图 7.37 所示。

	A	B	C	D	E	F	G	H	I	J	K
1	向明机械厂员工工资表										
2	员工编号	部门	姓名	基础工资	奖金	扣病事假	应发工资	各种扣除	纳税基数	应纳所得税	实发工资
3	01001	厂办	李保明	7030	500.00	100.00	7430.00	800.00	3130.00	208.00	6422.00
4	01002	厂办	周一南	5820	450.00		6270.00	700.00	2070.00	102.00	5468.00
5	01003	厂办	李彩霞	4900	400.00		5300.00	600.00	1200.00	36.00	4664.00
6	02001	财务科	何继平	6060	450.00		6510.00	700.00	2310.00	126.00	5684.00
7	02002	财务科	李海亮	5290	400.00		5690.00	600.00	1590.00	54.00	5036.00
8	02003	财务科	魏玲玉	4810	400.00		5210.00	600.00	1110.00	33.30	4576.70
9	03001	人事科	季林本	5400	450.00	150.00	5700.00	700.00	1500.00	45.00	4955.00
10	03002	人事科	张华华	4840	400.00		5240.00	600.00	1140.00	34.20	4605.80
11	04001	供销科	胡迎利	5580	450.00		6030.00	600.00	1930.00	88.00	5342.00
12	04002	供销科	马翔丽	4300	400.00		4700.00	600.00	600.00	18.00	4082.00
13	05001	技术科	詹志涛	5280	450.00		5730.00	700.00	1530.00	48.00	4982.00
14	05002	技术科	郝丹玉	4570	400.00	100.00	4870.00	600.00	770.00	23.10	4246.90
15	06001	一车间	董向山	5670	450.00		6120.00	700.00	1920.00	87.00	5333.00
16	06002	一车间	陈江平	5460	400.00		5860.00	600.00	1760.00	71.00	5189.00
17	06003	一车间	魏玲玲	4630	400.00		5030.00	600.00	930.00	27.90	4402.10
18	06004	一车间	何国胜	4570	400.00		4970.00	600.00	870.00	26.10	4343.90
19	06005	一车间	杨华华	4630	400.00	50.00	4980.00	600.00	880.00	26.40	4353.60
20	06006	一车间	姚丽君	4120	400.00		4520.00	600.00	420.00	12.60	3907.40
21	07001	二车间	蔡益民	5040	450.00		5490.00	700.00	1290.00	38.70	4751.30
22	07002	二车间	徐长奎	5020	400.00		5420.00	600.00	1320.00	39.60	4780.40
23	07003	二车间	王玉凤	4750	400.00		5150.00	600.00	1050.00	31.50	4518.50
24	07004	二车间	李欣萍	4750	400.00		5150.00	600.00	1050.00	31.50	4518.50
25	07006	二车间	马占武	4840	400.00		5240.00	600.00	1140.00	34.20	4605.80
26	07007	二车间	吴启文	4270	400.00	50.00	4620.00	600.00	520.00	15.60	4004.40
27	合计						131230.00			1257.70	114772.30

图 7.37 “工资表”工作表的数据

⑥ 以“7.2 员工花名册与工资表 5”为名保存操作结果。

7.2.4 检查和更正公式中的错误

在输入公式的过程中，可能会发生错误，因此应掌握识别和解决错误的能力。

1. 常见错误

表 7.1 常见错误列表

错误显示	说　明
#####	列宽度不够，无法在单元格中显示所有字符
#DIV/0!	公式中用 0 或不包含任何值的单元格做除数
#N/A	公式中引用了不允许被用于函数或公式的值
#NAME?	公式中有无法识别的文本
#NULL!	公式中指定了两个不相交的区域的交集，交集运算符是分隔公式中两个区域地址间的空格字符，例如 A1:A2 和 C3:C5 不相交，若输入公式=SUM(Al:A2 C3:C5)，将显示此错误
#NUM!	公式中包含了无效的数值
#REF!	公式中引用的单元格无效，例如，若删除了公式所引用的单元格，将返回#REF!错误
VALUE!	公式中包含的单元格数据类型不同，如果启用了公式的错误检查，屏幕上会显示“公式中所用的某个值是错误的数据类型”

2. 关于循环引用

在公式中如果直接或间接引用了自身单元格，则会发生循环引用，这时屏幕上会弹出如图 7.38 所示的提示信息。

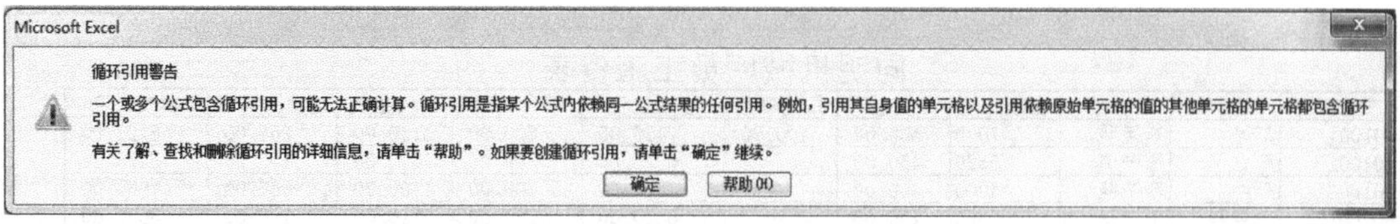

图 7.38　发生循环引用时的提示信息

默认情况下，Excel 不允许循环引用，可以按下述方法改正：单击“公式”选项卡（见图7.30）“公式审核”组中的“错误检查”按钮，打开下拉菜单，如图7.39所示；把鼠标指针指向“循环引用”，将弹出包含了循环引用单元格的子菜单，指出产生循环引用的单元格，单击其中的某一个，将自动定位到该单元格，这时就可以检查发生错误的原因并进行修改了。

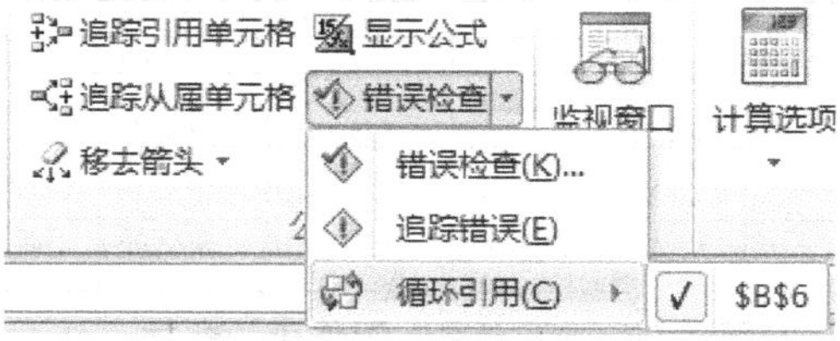

图 7.39　查找发生循环引用的单元格

如果想让 Excel 允许循环引用，则应启用迭代计算，并确定公式重新计算的次数。如果启用了迭代计算但没设置最大迭代次数或最大误差的值，默认情况下在 100 次迭代后，或者循环引用中的所有值在两次相邻迭代之间的差异小于 0.001 时（以先发生的为准），停止计算。可以通过以下设置控制最大迭代次数和可接受的差异值。

① 打开发生循环引用的工作表，依次单击“文件”选项卡→“选项”→“公式”。

② 在“计算选项”区域中，单击选中“启用迭代计算”复选框，如图 7.40 所示。

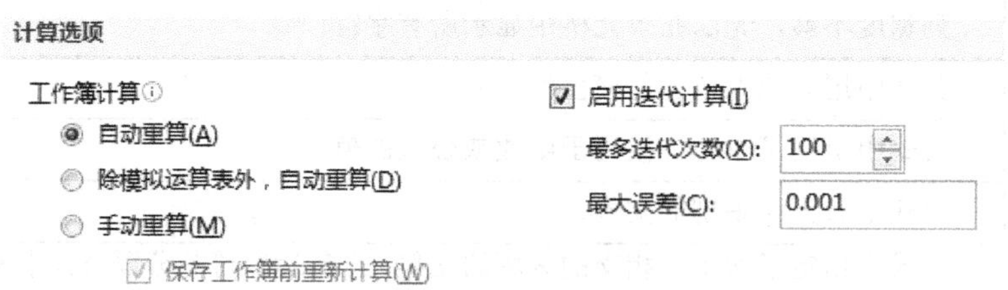

图 7.40　启用迭代计算

③ 设置最多迭代次数或最大误差。

7.3 制作图表

在处理数据时，经常使用图表形象地显示数据，使用图表可以清晰直观地呈现比较复杂的数据关系或数据处理的结果。Excel 提供了强大的图表功能，使用这些功能，可以很方便地用多种图表形式显示选中的数据，当数据发生变化时，还能自动更新相关的图表，及时反映变化后的情况。

7.3.1 制作图表

1. 插入图表

【例 7.10】在素材文件夹的“7.3 演讲比赛记录 2”工作簿中制作图表，显示各位学生的最后得分情况。

① 打开素材文件夹中完成本章习题第 13 题后的“7.3 演讲比赛记录 2”工作簿，如图 7.41 所示。

	A	B	C	D	E	F	G	H	I	J	K	L	M
1	八(1)班演讲比赛计分表												
2	序号	姓名	评委1	评委2	评委3	评委4	评委5	评委6	评委7	最低分	最高分	最后得分	等级
3	1	张明	94	95	90	92	89	91	93	89	95	92	优
4	2	马宁	98	95	94	90	91	93	92	90	98	93	优
5	3	王小丽	89	91	88	88	86	89	87	86	91	88.2	良
6	4	李静	85	89	87	82	82	90	88	82	90	86.2	良
7	5	赵大川	80	82	85	83	80	81	88	80	88	82.2	良
8	6	刘娜娜	91	87	86	84	88	85	82	82	91	86	良
9	7	陈力	89	90	83	85	85	84	88	83	90	86.2	良
10	8	马莉	82	80	81	84	82	86	85	80	86	82.8	良

图 7.41 演讲比赛计分表

② 同时选定 B2:B10 和 L2:L10 单元格区域，打开如图 7.42 所示的“插入”选项卡。

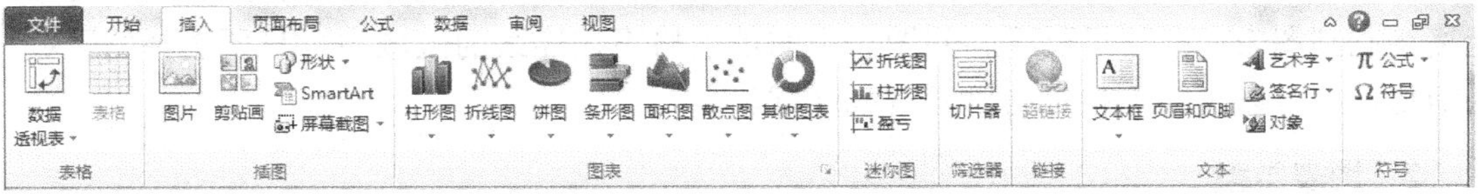

图 7.42 “插入”选项卡

③ 单击“图表”组右下角的“创建图表”按钮，打开“插入图表”对话框，如图 7.43 所示。

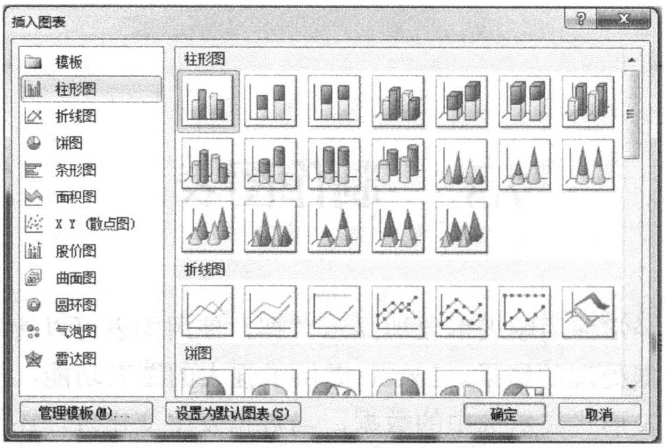

图 7.43 “插入图表”对话框

④ 在左侧窗格选中“柱形图”，在右侧窗格选中第 1 行第 4 个图标，单击 确定 ，即可在工作表中插入一个图表，如图 7.44 的左图所示。

⑤ 把鼠标指针移到图表右边框中点附近，当鼠标指针变成双向箭头时，拖动鼠标，加宽图表，结果如图 7.44 的右图所示。

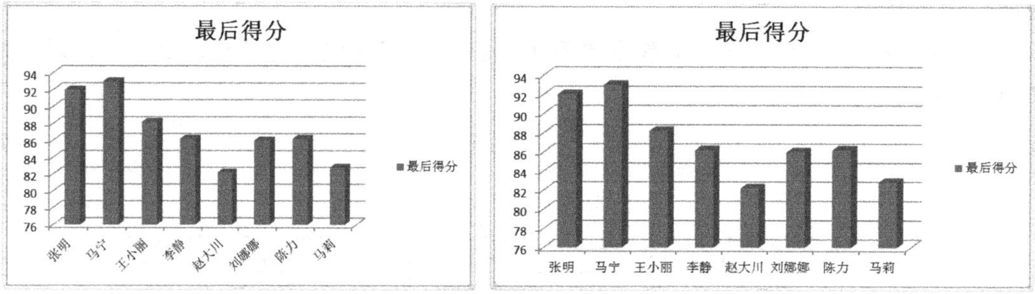

图 7.44 插入的图表

⑥ 以“7.3 演讲比赛记录 3”为名，保存结果。

实际上，在第②步操作后，直接单击图 7.42 所示“插入”选项卡“图表”组中的“柱形图”按钮，打开一个包含各种柱形图图标的下拉列表后，单击选择某一个图标，也可以插入图表。

插入图表时，如果只选择一个单元格，则自动将紧邻该单元格且包含数据的所有单元格绘制到图表中；如果要绘制到图表中的单元格不在连续的区域中，只要选择的区域为矩形，便可以选择不相邻的单元格或区域。

2. **图表类型**

从图 7.43 的左窗格中可以看到，Excel 提供了许多种类型的图表，选中某种类型，在对话框的右窗格中又会显示几种子类型。Excel 提供的图表类型如下。

➢ 柱形图：柱形图用于显示一段时间内数据的变化或各数据项之间的比较。在柱形图中，一般用横轴表示类别，用纵轴表示数值。

➢ 折线图：折线图可以显示随时间而变化的连续数据，用于显示在相等时间间隔下数据的趋势。在折线图中，类别沿横轴均匀分布，所有的数值沿纵轴方向均匀分布。

➢ 饼图：饼图显示一个数据系列中各项数值的大小和各项数值占总和的比例。饼图中的数据点显示为整个饼图的百分比。

➢ 条形图：条形图显示各持续型数值之间的比较情况。

➢ 面积图：显示数值随时间或其他类别数据变化的趋势，面积图强调数量随时间而变化的程度，可以比较鲜明地表示数据的变化趋势。

➢ XY 散点图：显示若干数据系列中各数值之间的关系，或者将两组数字绘制为 x、y 坐标的一个系列。散点图有两个数值轴，沿横轴(x 轴)方向显示一组数值数据，沿纵轴(y 轴)方向显示另一组数值数据。散点图通常用于显示和比较数值，例如科学数据、统计数据和工程数据，也可以用来绘制函数图形。

➢ 股价图：用来显示股价的波动，也可用于其他科学数据。例如，可以使用它说明每天或每年温度的波动。必须按正确的顺序来组织数据，才能创建股价图。

➢ 曲面图：使用这种类型的图表可以找到两组数据之间的最佳组合，当类别和数据系列都是数值时，可以使用曲面图。

➢ 圆环图：像饼图一样，圆环图显示各个部分与整体之间的关系，但是它可以包含多个数据系列。

➢ 气泡图：用于比较成组的三个值而非两个值。第三个值确定气泡数据点的大小。

➢ 雷达图：用于比较几个数据系列的聚合值。

7.3.2　编辑图表

对插入的图表还可以编辑修改。

选中图表后，功能区显示“图表工具/设计”“图表工具/布局”“图表工具/格式”选项卡。

1. 修改图表的类型和样式

打开“图表工具/设计”选项卡，如图 7.45 所示，使用这个选项卡可以更改图表的类型、图表布局、图表样式。

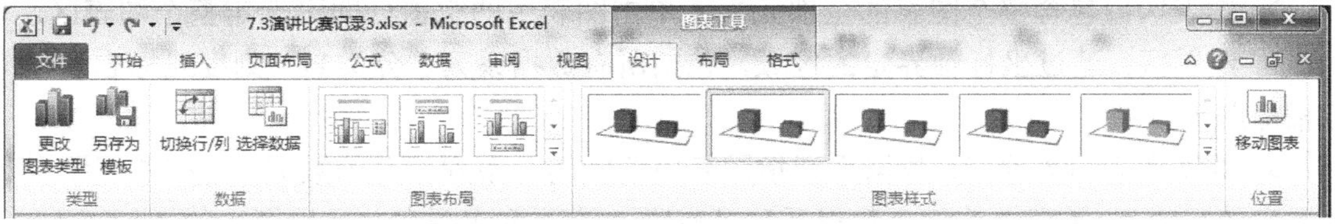

图 7.45　“图表工具/设计”选项卡

例如，选中图 7.44 所示的图表，单击“类型”组中的“更改图表类型”按钮，将打开“更改图表类型”对话框(类似图 7.43 所示的对话框)，可以从中选择要修改成什么类型的图表。单击“图表布局”组中的按钮，可以更改图表布局，例如单击当中那个按钮，图 7.44 所示的图表将更改布局，如图 7.46 所示；单击“图表样式”组中的按钮，可以更改图表样式，例如单击其中的第 4 个按钮，图表将更改样式，各个柱形从蓝色变成红色。

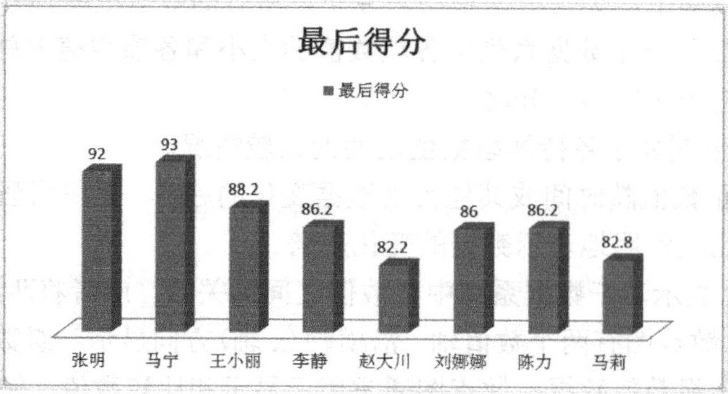

图 7.46　更改图表布局

2. 修改图表布局

一个图表由若干元素组成，默认情况下某类图表可能只显示部分元素，其他元素可以根据需要添加，还可以删除不希望显示的元素。使用图 7.47 所示的“图表工具/布局”选项卡，可以对图表的各个元素分别进行编辑，修改各元素的布局，移动元素的位置，调整元素的大小或者更改其格式。

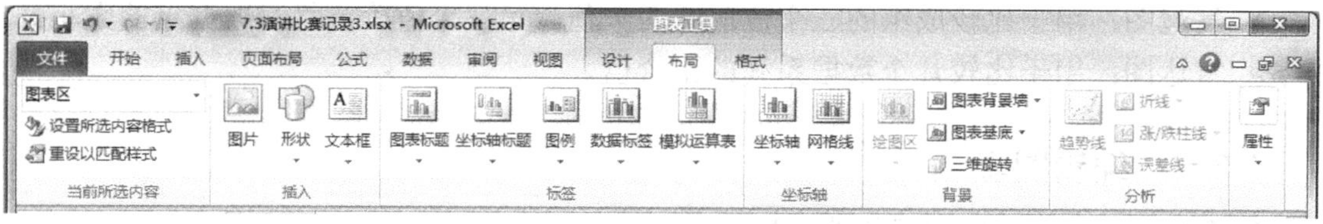

图 7.47　“图表工具/布局”选项卡

单击“当前所选内容”组中上方的框右侧的向下箭头，可以打开一个下拉列表，显示出图表中的各个组成元素，选中某个元素，图表中相应的部分就会被一个框围住，这时可以直接修改这一部分元素，也可以单击“当前所选内容”组中的“设置所选内容格式”按钮，打开相应的对话框，进行设置。

图表的组成元素如下。

➢ 图表区：包含整个图表的全部元素，单击图表中的空白处即可选定整个图表区。

➢ 绘图区：通过坐标轴界定的区域，包括所有数据系列、分类名、刻度线标志和坐标轴标题等。

➢ 数据系列的数据点：数据系列指图表中绘制的一系列相关的数据，这些数据源自数据表的行或列。图表中的每个数据系列具有唯一的颜色或图案并且用图表的图例表示。可以在图表中绘制一个或多个数据系列。饼图只有一个数据系列。数据点是图表中绘制的单个值，这些值由条形、柱形、折线、饼图或圆环图的扇面、圆点和其他被称为数据标记的图形表示。相同颜色的数据标记组成一个数据系列。

➢ 横坐标轴（x 轴、分类轴）和纵坐标轴（y 轴、值轴）：坐标轴是界定图表绘图区的线条，用作度量的参照框架。y 轴通常为垂直坐标轴，用来表示数据值；x 轴通常为水平轴，用来表示分类。数据沿着横坐标轴和纵坐标轴绘制在图表中。

➢ 图例：图例是一个方框，用于标识为图表中的数据系列或分类指定的图案或颜色。

➢ 图表标题：对整个图表的说明性文本，默认情况下自动在图表顶部居中。

➢ 坐标轴标题：是对坐标轴的说明性文本，默认情况下自动与坐标轴对齐。

➢ 数据标签：用来标识数据系列中数据点的详细信息，表示数据表单元格的单个数据点或数值。例如图 7.46 中各个柱形上方的数字，就是对应各个柱形的数据标签。

3. 修改图表格式

使用图 7.48 所示的“图表工具/格式”选项卡，可以设置各个图表元素的格式，例如：把文本内容用一个框围起来，或者把它们设置为艺术字等。

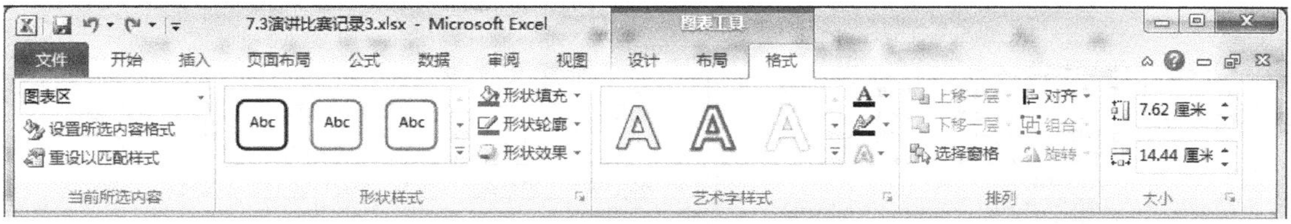

图 7.48 “图表工具/格式”选项卡

【例 7.11】 编辑修改图 7.44 右图所示的图表。

① 打开素材文件夹中的“7.3 演讲比赛记录 3”工作簿，单击图表选中它，功能区出现“图表工具”选项卡。

② 单击“最后得分”图表标题，再次单击，把插入点光标移到标题文字中，把标题修改为“八(1)班各位同学演讲比赛得分”，把字体设置为黑体，颜色设置为深红色，效果参见图 7.52。

③ 打开“图表工具/布局”选项卡，单击“当前所选内容”组上方的框右面的向下箭头，打开下拉列表，选中“垂直(值)轴主要网格线”选项，单击“设置所选内容格式”按钮，打开“设置主要网格线格式”对话框，选中“无线条”单选按钮，如图 7.49 所示，取消图中各条网格线，效果参见图 7.52，然后单击[关闭]。

图 7.49 取消图中的网格线

④ 再次单击“当前所选内容”组上方的框右面的向下箭头，打开下拉列表，选中“垂直(值)轴”选项，图表中纵轴被选中，单击“设置所选内容格式”按钮，打开“设置坐标轴格式”对话框，选中“主要刻度单位”右侧的“固定”单选按钮，再在其右面的框中输入“5”，如图 7.50 所示，把刻度单位由原来的 2 改为 5，然后单击 关闭 ，效果参见图 7.52。

⑤ 继续单击“当前所选内容”组上方的框右面的向下箭头，打开下拉列表，选中“系列‘最后得分’”选项，图中表示数据的各个柱形被选中，单击“标签”组中的“数据标签”按钮，打开下拉列表，选中“显示”，如图 7.51 所示，各个柱形上方立即显示出该柱形表示的具体数值，效果参见图 7.52。

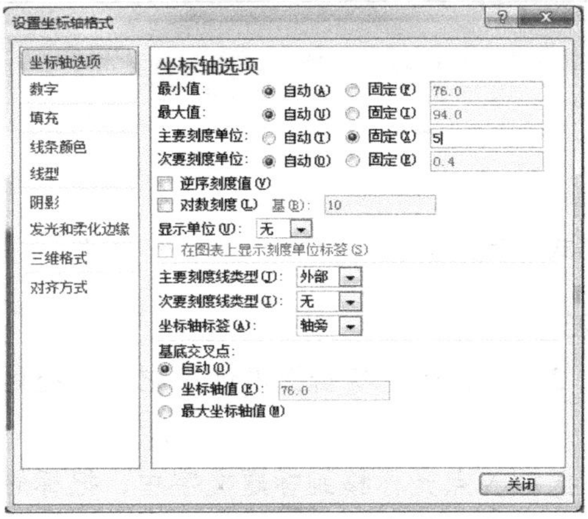

图 7.50　设置垂直轴主要刻度单位

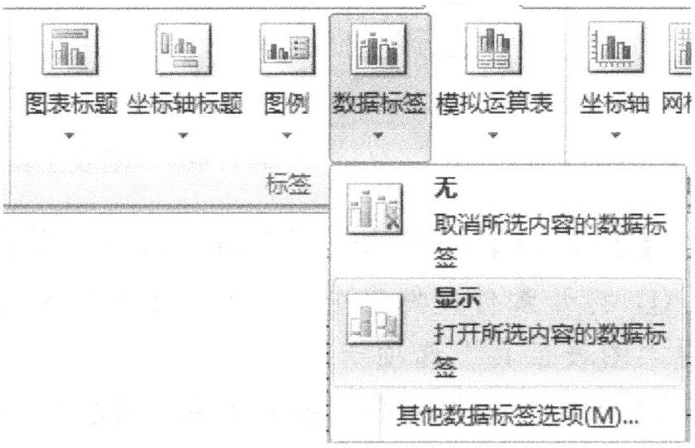

图 7.51　设置数据标签

⑥ 最终设置效果如图 7.52 所示，以“7.3 演讲比赛记录 4”为文件名，保存结果。

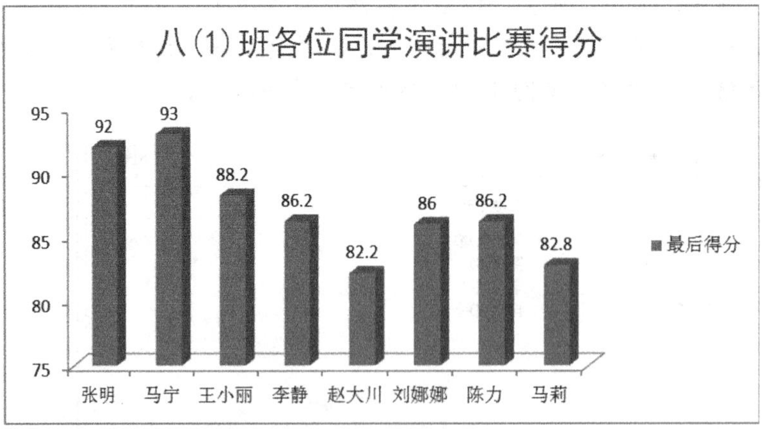

图 7.52　设置效果

7.3.3　制作迷你图

迷你图是插入在工作表单元格中的微型图表，可以直观地显示出系列数据的变化趋势。

1. 插入迷你图

【例 7.12】 素材文件夹中“7.3 学生近视眼人数统计 1”工作簿中的数据如图 7.53 所示，在 H3、H4 单元格中插入迷你图，用来表示城市和乡村各年级学生近视眼人数变化趋势。

	A	B	C	D	E	F	G	H
1	各年级近视眼学生人数调查统计（每个年级调查两个班级，100人）							
2	年级	一年级	二年级	三年级	四年级	五年级	六年级	迷你图
3	城市	9	13	16	17	20	23	
4	乡村	7	8	9	11	12	13	

图 7.53　“7.3 学生近视眼人数统计 1”工作簿中的数据

① 打开“7.3 学生近视眼人数统计 1”工作簿。

② 选中 H3 单元格，打开如图 7.42 所示的“插入”选项卡。

③ 单击“插入”选项卡“迷你图”组中的“折线图”按钮，打开“创建迷你图”对话框，在“数据范围”框中输入“B3:G3”，保持“位置范围”框中的数据不变，如图 7.54 所示。

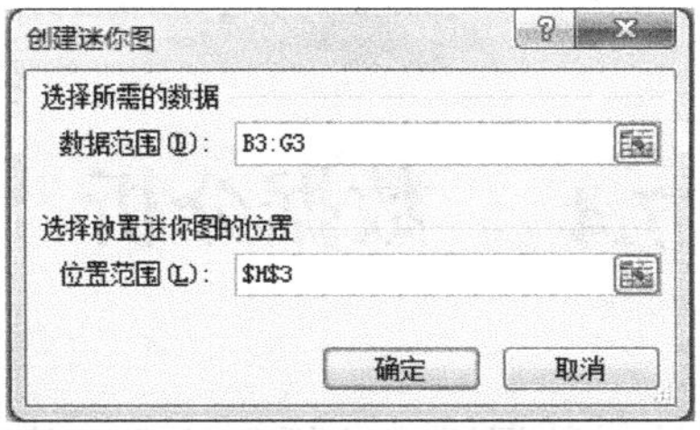

图 7.54　“创建迷你图”对话框

④ 单击 确定 ，就在 H3 单元格中插入了迷你图，拖动 H3 单元格的填充柄到 H4 单元格，在 H4 单元格中插入根据 B4:G4 单元格区域创建的迷你图，如图 7.55 所示。

	A	B	C	D	E	F	G	H
1	各年级近视眼学生人数调查统计（每个年级调查两个班级，100人）							
2	年级	一年级	二年级	三年级	四年级	五年级	六年级	迷你图
3	城市	9	13	16	17	20	23	
4	乡村	7	8	9	11	12	13	

图 7.55　插入迷你图后的效果

⑤ 以“7.3 学生近视眼人数统计 2”为文件名保存操作结果。

2. 编辑迷你图

在插入迷你图的单元格中，照样可以输入文字，进行各种修饰。

选中插入迷你图的单元格，窗口功能区中出现“迷你图工具/设计”选项卡，打开这个选项卡，如图 7.56 所示。

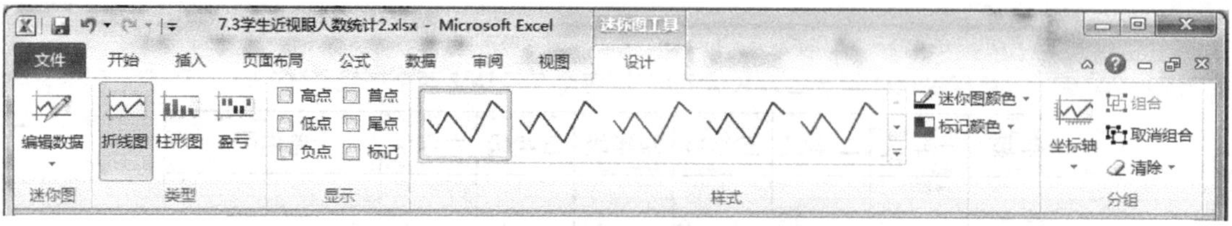

图 7.56 “迷你图工具/设计”选项卡

利用该选项卡编辑迷你图的步骤如下：

① 如果是用填充单元格的方式形成的多个迷你图，首先要单击“分组”组中的“取消组合”按钮，取消用填充方式形成的图组。

② 单击选中需要修改迷你图的单元格，使用“迷你图工具/设计”选项卡“类型”组中的按钮，更改迷你图的类型。每选中一种类型，在“样式”组中会显示该类型对应的各种样式，利用它们可以更改迷你图的样式。

③ 利用“显示”组中的复选框，可以标记迷你图中的特殊点。

④ 单击“分组”组中的“清除”按钮，可以清除单元格中的迷你图。

7.4 数据分析

使用电子表格可以很方便地对数据进行分析和处理，从而更好地获取数据表达的信息，为各项决策提供依据。

7.4.1 数据清单

对数据进行分析前，应把相关内容表示成具有二维表性质的数据清单形式。二维表指的是这样的单元格区域：每一行包含的列数相同，第 1 行各单元格中的数据全是文本类型，从第 2 行起是连续的数据区域。数据清单中每一行称为一条记录，各行的每一列称为一个字段，第 1 行中各单元格的内容为相应列的字段名。

数据清单具有数据库的特点，可以实现数据排序、筛选、分类汇总、统计、查询等功能，因此 Excel 数据清单也被称为 Excel 数据库。

创建数据清单要满足以下条件：

① 一个数据清单是一片连续的单元格区域，其中不允许出现空行和空列。

② 第 1 行(标题行)各单元格全是文本型数据，表示各列(字段)的标题。

③ 除第 1 行外，其余各行(称为数据行或记录行)同一列(即同一字段)数据的类型应该一致。

④ 数据清单与工作表中的其他数据要相互独立，即数据清单与其他数据间至少要留一个空行和一个空列。

⑤ 数据行中各单元格数据前后不要输入空格，以免影响排序和搜索。

⑥ 数据清单中的行和列必须保持显示状态，不能隐藏。

7.4.2 排序

对工作表中数据进行排序能更好地显示数据的变化规律，可以对数据按字母、数字、日期等数据排序。既可以按数据清单中一列的数据为依据排序，也可以按多列数据为依据对数据排序，用来排序的数据列(即字段)称为关键字段。

【例 7.13】对素材文件夹中的“7.4 员工花名册与工资表 6”工作簿中的“工资表”工作表，先按基础工资排序，再按员工编号排序，最后按基础工资和实发工资排序。

① 打开“7.4 员工花名册与工资表 6”工作簿的“工资表”工作表(见图 7.37)，在表的标题行下方插入一个空行，在“合计”行上方插入一个空行，现在这个工作表中所有员工的工资数据所组成的 A3:K27 单元格区域符合数据清单的要求。

② 选中“基础工资”列任一单元格，打开“数据”选项卡(见图 7.3)，单击“排序和筛选”组中的“升序”按钮 A↓Z，完成排序。(如果单击“降序”按钮 Z↓A，将对记录按降序排序。)

③ 选中“员工编号”列任一单元格，单击“排序和筛选”组中的“升序”按钮 A↓Z，恢复原顺序。

【注】排序后如果保存文件，则将保存排序后的结果，这样做可能难以恢复原来的记录顺序。如果按多个关键字段对数据排序，则先按第一个关键字段的值对数据排序，当第一个关键字段的值相同时，再按第二个关键字段的值对数据排序…… 操作方法见下面的叙述。

④ 单击“数据”选项卡“排序和筛选”组中的“排序”按钮，打开“排序”对话框，单击“主要关键字”框右面的▾，打开下拉列表，选择“基础工资”，在“排序依据”下拉列表中选择“数值”，在“次序”下拉列表中选择排序方式，这里选择“降序”。

⑤ 单击对话框中的“添加条件(A)”，添加次要关键字。在“次要关键字”下拉列表中选择“实发工资”选项，在“排序依据”下拉列表中选择“数值”，在“次序”下拉列表中选择“降序”，如图 7.57 所示。

⑥ 单击“确定”，即可完成排序。

⑦ 为了继续进行下面的操作，重新按“员工编号”列的数据排序，以“7.4 员工花名册与工资表 7”为名，保存操作结果。

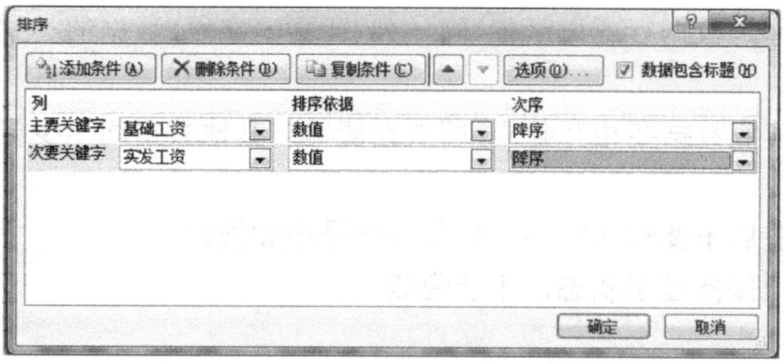

图 7.57 “排序”对话框

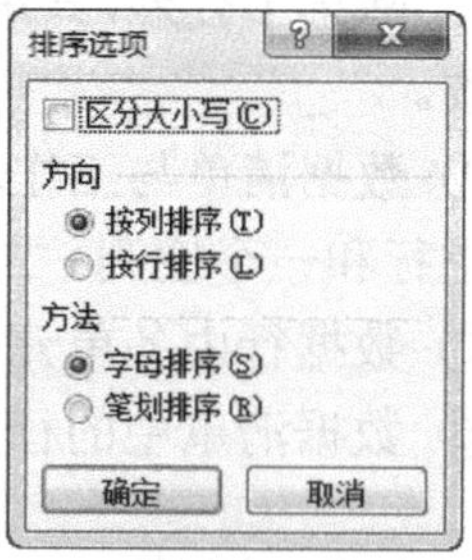

图 7.58 “排序选项”对话框

在“排序”对话框中，每单击一次[删除条件(D)]按钮，可删除最下面一个排序条件。

在“排序”对话框中，如果选择了“姓名”之类的字段作为关键字后，单击[选项(O)...]按钮，可以在弹出的“排序选项”对话框(见图 7.58)中设置按照字母或笔画顺序进行排序。

上面介绍了按某一列或某几列的数据为依据进行排序的方法，还可以按某一行或某几行的数据排序。在“排序选项”对话框中，选中“按行排序”单选项，单击[确定]返回“排序”对话框，就可以选择作为排序依据的行，实现按行排序。

7.4.3 筛选

筛选是从数据清单中找出满足某些条件的记录行并显示这些记录行，也可以筛选出某字段的值等于一个指定值的记录，也可以筛选出某字段的值在指定范围内的记录。和排序一样，筛选也是一项重要的数据处理工作。

1. 按系统预置的条件进行筛选

【例 7.14】对素材文件夹中的“7.4 员工花名册与工资表 7”工作簿中，“花名册”工作表的数据先按部门筛选数据，再按部门和性别筛选数据。

① 打开“7.4 员工花名册与工资表 7”工作簿中的“花名册”工作表(参见图 7.35)，在第 2 行上方插入一个空行，使 A3:N27 单元格区域组成一个数据清单，单击其中任何一个单元格。

【注】本工作簿的“工资表”工作表单元格中，引用了“花名册”工作表单元格中的数据，在“花名册”工作表中插入一个空行后，“工资表”工作表相关单元格的引用地址会自动更新。

② 单击“数据”选项卡“排序和筛选”组中的“筛选”按钮，各字段名右侧出现下箭头按钮；单击“部门”列右侧的，在打开的下拉列表中只选中“一车间”复选框，如图 7.59 的左图所示，单击[确定]返回工作表，数据清单中只显示一车间的员工记录，且“部门”列标题右侧的按钮变成形状，如图 7.59 的右图所示(本图只显示了部分列的数据)，表示当前按“部门”进行了筛选。

	A	B	C	D	E	F	G	H	I
3	员工编	部门	姓名	性别	职务	身份证号	出生日期	年龄	学历
16	06001	一车间	董向山	男	主任	320103197911142213	1979/11/14	39	大本
17	06002	一车间	陈江平	男	工人	330102197608251215	1976/08/25	42	中专
18	06003	一车间	魏玲玲	女	工人	370205198109131262	1981/09/13	37	中专
19	06004	一车间	何国胜	男	工人	310204198607171031	1986/07/17	32	中专
20	06005	一车间	杨华华	女	工人	370205198505121023	1985/05/12	33	大专
21	06006	一车间	姚丽君	女	工人	340202199506052021	1995/06/05	23	中专

图 7.59 设置筛选条件和筛选结果

③ 和排序一样，也可以按多个条件筛选数据。单击“性别”列右侧的▾，在打开的下拉列表中只选择“女”复选框，然后单击 确定 ，数据清单中只显示一车间女职工的数据。

④ 单击数据清单中的任意一个单元格，再次单击“排序和筛选”组中的“筛选”按钮 筛选 ，退出数据筛选状态。

⑤ 以原来的文件名保存操作结果。

2. 自己定义条件进行筛选

上面的操作都是按系统预先给出的条件进行选择，来确定筛选的依据。还可以自己定义筛选条件。

【例 7.15】 在素材文件夹中“7.4 员工花名册与工资表 7”工作簿的“花名册”工作表中，筛选出基础工资在 5000 元到 6000 元之间职工的数据。

① 打开“7.4 员工花名册与工资表 7”工作簿的“花名册”工作表(参见图 7.35)，单击数据清单中任一单元格。

② 仿照例 7.14 中的相关操作，进入筛选状态。单击“基础工资”列右侧的▾，在打开的下拉列表中单击 数字筛选(F) → 大于或等于(O)... ，如图 7.60 所示，打开“自定义自动筛选方式”对话框。

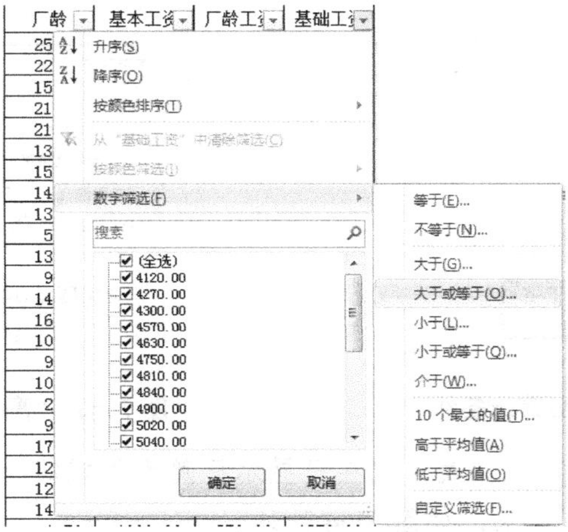

图 7.60 “数字筛选”子菜单

③ 按图 7.61 所示的结果进行设置，然后单击 确定 ，返回工作表，可以看到，现在只显示基础工资在 5000 元和 6000 元之间的记录。

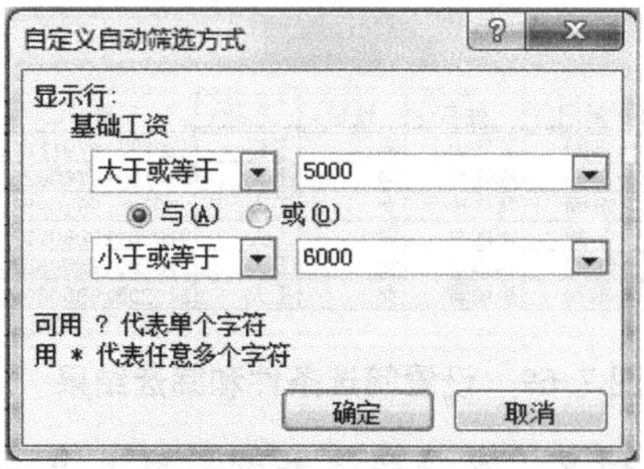

图 7.61 “自定义自动筛选方式”对话框

3. 高级筛选

使用高级筛选功能，需要先建立一个条件区域，用来设置筛选条件。在条件区域的第一行输入筛选条件的各字段的字段名，它们应和数据清单中对应的字段名一样；在条件区域的其他行输入筛选条件，同一行中出现的条件是“与”的关系，不同行之间出现的条件是“或”的关系。条件区域与数据清单必须用空行隔开。

【例 7.16】 在素材文件夹中“7.4 员工花名册与工资表 7”工作簿的“花名册”工作表中，筛选出厂龄大于或等于 15 年，基础工资小于或等于 5500 元的职工记录。

① 打开“7.4 员工花名册与工资表 7”工作簿的“花名册”工作表，在数据清单下方的单元格中设置筛选的条件，如图 7.62 所示，该图中表示条件的区域是 K29:L30 单元格区域。

② 单击“数据”选项卡“排序和筛选”组中的“高级筛选”按钮，打开“高级筛选”对话框，单击“列表区域”框，然后在工作表中用拖动鼠标的方法选定被筛选的数据所在的区域，本例选定 A3:N27 单元格区域；再单击“条件区域”框，然后在工作表中用拖动鼠标的方法选定筛选条件所在的区域，本例选定 K29:L30 单元格区域，如图 7.63 所示。

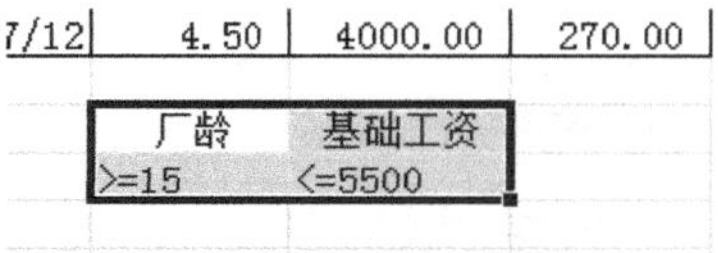

图 7.62 设置高级筛选条件

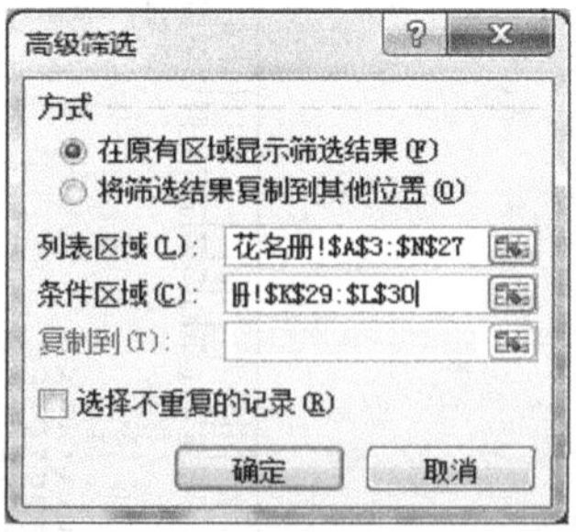

图 7.63 “高级筛选”对话框

③ 单击 确定 ，返回工作表，现在只显示厂龄大于或等于 15 年，并且基础工资小于或等于 5500 元的职工记录，如图 7.64 所示。

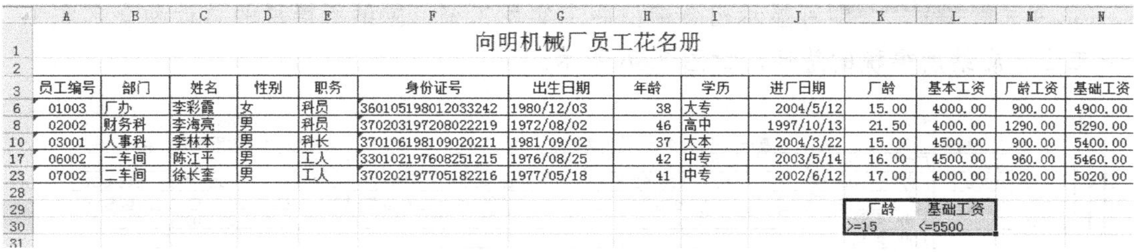

	A	B	C	D	E	F	G	H	I	J	K	L	M	N
1	向明机械厂员工花名册													
2														
3	员工编号	部门	姓名	性别	职务	身份证号	出生日期	年龄	学历	进厂日期	厂龄	基本工资	厂龄工资	基础工资
6	01003	厂办	李彩霞	女	科员	360105198012033242	1980/12/03	38	大专	2004/5/12	15.00	4000.00	900.00	4900.00
8	02002	财务科	李海亮	男	科员	370203197208022219	1972/08/02	46	高中	1997/10/13	21.50	4000.00	1290.00	5290.00
10	03001	人事科	季林本	男	科长	370106198109020211	1981/09/02	37	大本	2004/3/22	15.00	4500.00	900.00	5400.00
17	06002	一车间	陈江平	男	工人	330102197608251215	1976/08/25	42	中专	2003/5/14	16.00	4500.00	960.00	5460.00
23	07002	二车间	徐长奎	男	工人	370202197705182216	1977/05/18	41	中专	2002/6/12	17.00	4000.00	1020.00	5020.00
28														
29											厂龄	基础工资		
30											>=15	<=5500		
31														

图 7.64　高级筛选结果

单击“排序和筛选”组中的 清除 按钮，可以取消高级筛选结果，显示所有数据。

7.4.4　分类汇总

分类汇总可以对数据清单中的数据按一定标准分组后，进行求和、求平均值、求最大值或最小值、计数等统计汇总工作，并分级显示。进行分类汇总的数据清单必须包含标题行，在汇总前必须对要进行分类汇总的列排序。

1. 进行分类汇总

【例 7.17】在素材文件夹“7.4 员工花名册与工资表 7”工作簿中，对“工资表”工作表的实发工资和应纳所得税按部门进行分类汇总。

① 打开“7.4 员工花名册与工资表 7”工作簿中的“工资表”工作表(参见图 7.37)，在第 2 行上方插入一个空行，删除原来的“合计”行，单击选中工资数据中任一单元格。

② 单击“数据”选项卡(见图 7.3)“分级显示”组中的“分类汇总”按钮，打开“分类汇总”对话框，在“分类字段”框选择“部门”选项，在“汇总方式”框选择“求和”选项，在“选定汇总项”框选中“实发工资”复选框，如图 7.65 的左图所示。

③ 单击 确定 ，即可显示出各部门职工实发工资的总计和全部职工实发工资总计。

④ 再次打开“分类汇总”对话框，在“分类字段”框选择“部门”选项，在“汇总方式”框选择“求和”选项，在“选定汇总项”框选中“应纳所得税”复选框，不选中“替换当前分类汇总”复选框，如图 7.65 的右图所示。

图 7.65　“分类汇总”对话框

⑤ 单击 确定 ，即可显示出各部门职工实发工资、应纳所得税的总计和全部职工实发工资、应纳所得税的总计，如图 7.66 所示。

	A	B	C	D	E	F	G	H	I	J	K
3	员工编号	部门	姓名	基础工资	奖金	扣病事假	应发工资	各种扣除	纳税基数	应纳所得税	实发工资
4	01001	厂办	李保明	7030	500.00	100.00	7430.00	800.00	3130.00	208.00	6422.00
5	01002	厂办	周一南	5820	450.00		6270.00	700.00	2070.00	102.00	5468.00
6	01003	厂办	李彩霞	4900	400.00		5300.00	600.00	1200.00	36.00	4664.00
7		**厂办 汇总**								346.00	
8		**厂办 汇总**									16554.00
9	02001	财务科	何继平	6060	450.00		6510.00	700.00	2310.00	126.00	5684.00
10	02002	财务科	李海亮	5290	400.00		5690.00	600.00	1590.00	54.00	5036.00
11	02003	财务科	魏玲玉	4810	400.00		5210.00	600.00	1110.00	33.30	4576.70
12		**财务科 汇总**								213.30	
13		**财务科 汇总**									15296.70
14	03001	人事科	季林本	5400	450.00	150.00	5700.00	700.00	1500.00	45.00	4955.00
15	03002	人事科	张华华	4840	400.00		5240.00	600.00	1140.00	34.20	4605.80
16		**人事科 汇总**								79.20	
17		**人事科 汇总**									9560.80
18	04001	供销科	胡迎利	5580	450.00		6030.00	600.00	1930.00	88.00	5342.00
19	04002	供销科	马翔丽	4300	400.00		4700.00	600.00	600.00	18.00	4082.00
20		**供销科 汇总**								106.00	
21		**供销科 汇总**									9424.00
22	05001	技术科	詹志涛	5280	450.00		5730.00	700.00	1530.00	48.00	4982.00
23	05002	技术科	郝丹玉	4570	400.00	100.00	4870.00	600.00	770.00	23.10	4246.90
24		**技术科 汇总**								71.10	
25		**技术科 汇总**									9228.90
26	06001	一车间	董向山	5670	450.00		6120.00	700.00	1920.00	87.00	5333.00
27	06002	一车间	陈江平	5460	400.00		5860.00	600.00	1760.00	71.00	5189.00
28	06003	一车间	魏玲玲	4630	400.00		5030.00	600.00	930.00	27.90	4402.10
29	06004	一车间	何国胜	4570	400.00		4970.00	600.00	870.00	26.10	4343.90
30	06005	一车间	杨华华	4630	400.00	50.00	4980.00	600.00	880.00	26.40	4353.60
31	06006	一车间	姚丽君	4120	400.00		4520.00	600.00	420.00	12.60	3907.40
32		**一车间 汇总**								251.00	
33		**一车间 汇总**									27529.00
34	07001	二车间	蔡益民	5040	450.00		5490.00	700.00	1290.00	38.70	4751.30
35	07002	二车间	徐长奎	5020	400.00		5420.00	600.00	1320.00	39.60	4780.40
36	07003	二车间	王玉凤	4750	400.00		5150.00	600.00	1050.00	31.50	4518.50
37	07004	二车间	李欣萍	4750	400.00		5150.00	600.00	1050.00	31.50	4518.50
38	07006	二车间	马占武	4840	400.00		5240.00	600.00	1140.00	34.20	4605.80
39	07007	二车间	吴启文	4270	400.00	50.00	4620.00	600.00	520.00	15.60	4004.40
40		**二车间 汇总**								191.10	
41		**二车间 汇总**									27178.90
42		**总计**								1257.70	
43		**总计**									114772.30

图 7.66　分类汇总结果

⑥ 以“7.4 员工花名册与工资表 8”为名，保存操作结果。

2. 分级显示

对数据进行分类汇总后，在工作表左侧出现一个分级显示栏，顶部显示 1 2 3 4 ，说明现在分四级显示数据，数字越大级别越低，单击某一级别的数字，将收缩该级别下级的明细数据。除了最低级外，每个级别分组都有一个按钮 - ，单击它，可以收缩隐藏该组该级别下级的明细数据，此时对应按钮变成 + ；再单击 + ，又可以重新显示出下级明细数据。

如果要清除分级显示，可以单击“数据”选项卡“分级显示”组中“取消组合”按钮右侧的向下箭头，在打开的下拉列表中单击“清除分级显示”。

清除分级显示后，如果发现有些行或列被隐藏起来了，可以单击“开始”选项卡“单元格”组的“格式”按钮，打开下拉列表，将鼠标指针指向“隐藏和取消隐藏”命令，在弹出的下级菜单中，单击“取消隐藏行”或“取消隐藏列”命令。

3. 删除分类汇总

在已经进行了分类汇总的数据清单中单击任一单元格，打开“分类汇总”对话框，单击 全部删除(R) 按钮。

7.4.5 合并计算

数据合并计算是对一个或多个区域的源数据进行同类合并汇总。合并计算可以对相同位置的数据或相同分类的数据进行汇总。要进行合并计算，首先必须为汇总信息定义一个目标区，用来显示合并计算的信息。此目标区域可以与源数据在相同工作表内，也可以在另一个工作表或工作簿内。其次，需要选择要合并计算的数据源，此数据源可以来自单个工作表、多个工作表或多个工作簿。

【例7.18】素材文件夹中的“7.4 饮食店销售记录1”工作簿中包含“一分店”“二分店”工作表，如图7.67所示，对这两个分店的销售数据进行合并计算。

	A	B	C	D	E	F
1	味为先饮食店一分店销售情况(单位：元)					
2	日期	豆腐脑	烤肉串	馄饨	油酥火烧	油条
3	2018/5/1	232	300	250	120	240
4	2018/5/2	216	320	260	118	220
5	2018/5/3	200	280	230	130	225
6	2018/5/4	208	340	300	136	230
7	2018/5/5	192	320	260	190	210
8	2018/5/6	240	300	290	160	245

	A	B	C	D	E	F
1	味为先饮食店二分店销售情况(单位：元)					
2	日期	豆腐脑	烤肉串	馄饨	油酥火烧	油条
3	2018/5/1	232	300	250	120	235
4	2018/5/2	216	320	260	118	225
5	2018/5/3	200	280	230	130	230
6	2018/5/4	208	340	300	136	245
7	2018/5/5	192	320	260	190	220
8	2018/5/6	240	300	290	160	230

图7.67 两个分店的销售记录

① 打开“7.4 饮食店销售记录1”工作簿，在工作簿中再建立一个“合计”工作表，在该工作表中建立和分店工作表相同字段的数据清单，然后选定B3:F8单元格区域，用来存放合并计算的结果，如图7.68所示。

	A	B	C	D	E	F
1	味为先饮食店销售情况(单位：元)					
2	日期	豆腐脑	烤肉串	馄饨	油酥火烧	油条
3	2018/5/1					
4	2018/5/2					
5	2018/5/3					
6	2018/5/4					
7	2018/5/5					
8	2018/5/6					

图7.68 建立新工作表，设置字段并选定存放合并计算结果的单元格区域

② 单击图7.3所示“数据”选项卡“数据工具”组中的“合并计算”按钮，打开“合并计算”对话框。

③ 在“函数”下拉列表中选择“求和”，单击“引用位置”框右端的，收缩对话框，显示出工作表，进入“一分店”工作表，选定B3:F8单元格区域后按回车键，重新弹出“合并计算”对话框，在“引用位置框中”显示出“一分店!$B$3:$F$8”，单击 添加(A) ，把它添加到“所有引用位置”列表框中。

④ 再次单击“引用位置”框右端的，显示出工作表，选定“二分店”工作表中的B3:F8单元格区域后按回车键，单击 添加(A) ，把它也添加到“所有引用位置”列表框中。

⑤ 选中 ☑创建指向源数据的链接(S) 复选框，保证当源数据变化时，合并计算结果也随之

变化，如图 7.69 所示。

⑥ 单击 确定 ，合并计算结果如图 7.70 所示。以“7.4 饮食店销售记录 2”为名，保存操作结果。

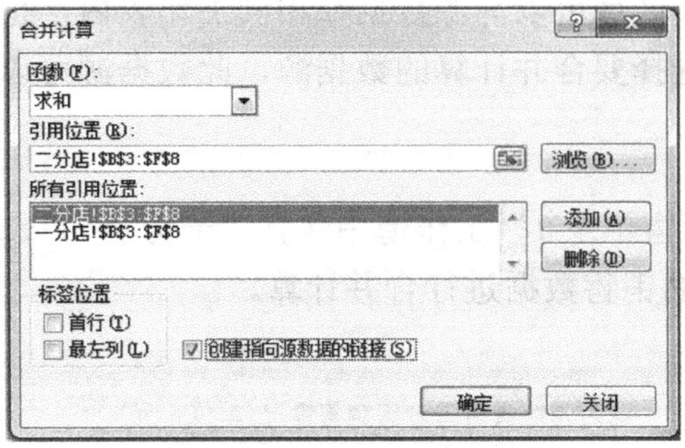

图 7.69 “合并计算”对话框

	A	B	C	D	E	F
1	味为先饮食店销售情况(单位：元)					
2	日期	豆腐脑	烤肉串	馄饨	油酥火烧	油条
5	2018/5/1	464	600	500	240	475
8	2018/5/2	432	640	520	236	440
11	2018/5/3	400	560	460	260	450
14	2018/5/4	416	680	600	272	460
17	2018/5/5	384	640	520	380	420
20	2018/5/6	480	600	580	320	490

图 7.70 合并计算后的结果

合并计算结果以分类汇总的方式显示数据，单击左侧的 + 可以显示源数据信息。

7.4.6 数据透视表

数据透视表具有强大分析能力，它可以从数据清单中提取数据，产生一个动态汇总表格，快速对工作表中的大量数据进行分类汇总分析；它可以转换行和列显示数据的不同汇总结果，还可以根据需要显示区域中的明细数据。

1. 创建数据透视表

素材文件夹中有一个“7.4 各分店电器销售记录 1”工作簿文件，其中的 Sheet1 工作表中记录了 2018 年 5 月 1 日和 5 月 2 日该商场三个分店(嘉定路店、人民路店、威海路店)三种类型电器(电视机、洗衣机、空调)的销售金额，如图 7.71 的左图所示。可以用图 7.71 的右图所示的数据透视表，以二维表格的形式更清楚地显示各分店每类商品的销售情况，同时显示 5 月 1 日、5 月 2 日每个分店三种类型商品的销售额，三类商品各自的销售额合计。

	A	B	C	D
1	顺兴商场电器销售记录			
2	日期	商品类型	商店名称	销售金额
3	2018/5/1	电视机	嘉定路店	25000.00
4	2018/5/1	电视机	人民路店	24350.00
5	2018/5/1	电视机	威海路店	22530.00
6	2018/5/1	洗衣机	嘉定路店	13542.00
7	2018/5/1	洗衣机	人民路店	9812.00
8	2018/5/1	洗衣机	威海路店	14321.00
9	2018/5/1	空调	嘉定路店	37824.00
10	2018/5/1	空调	人民路店	12710.00
11	2018/5/1	空调	威海路店	10133.00
12	2018/5/2	电视机	嘉定路店	28942.00
13	2018/5/2	电视机	人民路店	13520.00
14	2018/5/2	电视机	威海路店	16754.00
15	2018/5/2	洗衣机	嘉定路店	24526.00
16	2018/5/2	洗衣机	人民路店	27800.00
17	2018/5/2	洗衣机	威海路店	43578.00
18	2018/5/2	空调	嘉定路店	23150.00
19	2018/5/2	空调	人民路店	26780.00
20	2018/5/2	空调	威海路店	25670.00

	A	B	C	D	E
1					
2	求和项:销售金额	列标签			
3	行标签	电视机	空调	洗衣机	总计
4	⊟2018/5/1	71880	60667	46874	179421
5	嘉定路店	25000	37824	13542	76366
6	人民路店	24350	12710	9812	46872
7	威海路店	22530	10133	23520	56183
8	⊟2018/5/2	59216	75600	95904	230720
9	嘉定路店	28942	23150	24526	76618
10	人民路店	13520	26780	27800	68100
11	威海路店	16754	25670	43578	86002
12	总计	131096	136267	142778	410141

图 7.71 根据工作表原有数据制作数据透视表

【例 7.19】按图 7.71 的右图所示，制作数据透视表。

① 打开素材文件夹中“7.4 各分店电器销售记录 1”工作簿中的 Sheet1 工作表。

② 打开“插入”选项卡(见图 7.42)，单击“表格”组中的“数据透视表”按钮，打开下拉列表，如图 7.72 所示，单击列表中的“数据透视表”选项，打开“创建数据透视表”对话框。

③ 在“创建数据透视表”对话框的“请选择要分析的数据”栏选中“选择一个表区域”单选按钮，单击“表/区域”框，把插入点光标移到该框内，然后选择 Sheet1 工作表(见图 7.71 的左图)中的 A2:D20 单元格区域；在“选择放置数据透视表的位置”栏选中“现有工作表”单选按钮，单击“位置”框，把插入点光标移到该框内，然后选择 Sheet2 工作表的 A2 单元格，这样设置后的“创建数据透视表”对话框如图 7.73 所示。

图 7.72 “数据透视表”下拉列表

图 7.73 “创建数据透视表”对话框

④ 单击 确定 ，关闭对话框，自动进入 Sheet2 工作表，并在其中的 A2 单元格插入一个空的数据透视表，同时弹出“数据透视表字段列表”对话框，如图 7.74 所示。

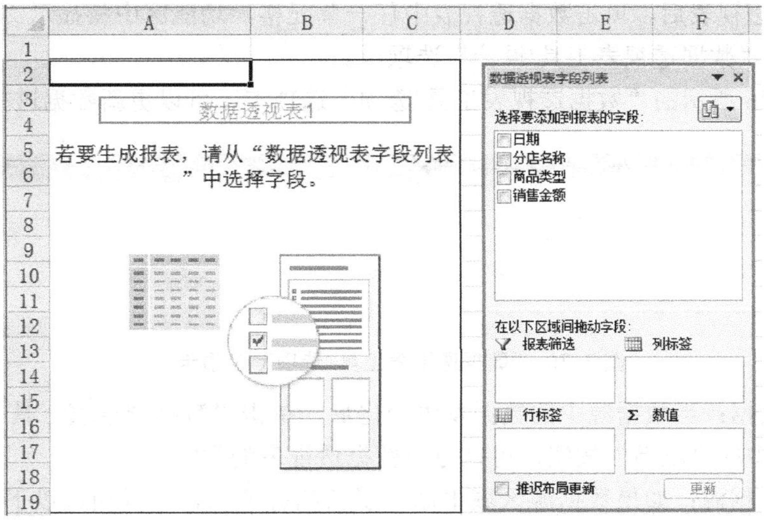

图 7.74 插入空的数据透视表，打开“数据透视表字段列表”对话框

⑤ 在“数据透视表字段列表”对话框中，把“选择要添加到报表的字段”列表框中的“日期”“分店名称”字段拖到下方的“行标签”框中，把“商品类型”字段拖到“列标签”框中，把“销售金额”字段拖到“数值”框中，即可形成数据透视表，如图 7.75 所示。单击数据透视表外任一单元格，“数据透视表字段列表”对话框将隐藏起来，再次单击数据透视表的任一单元格，该对话框就又显示出来了。

⑥ 以“7.4 各分店电器销售记录 2”为名，保存操作结果。

形成数据透视表以后，如果想在透视表中删除某个字段，只要在“选择要添加到报表的字段”列表框中，去掉该字段复选框前的选中标记就行了。

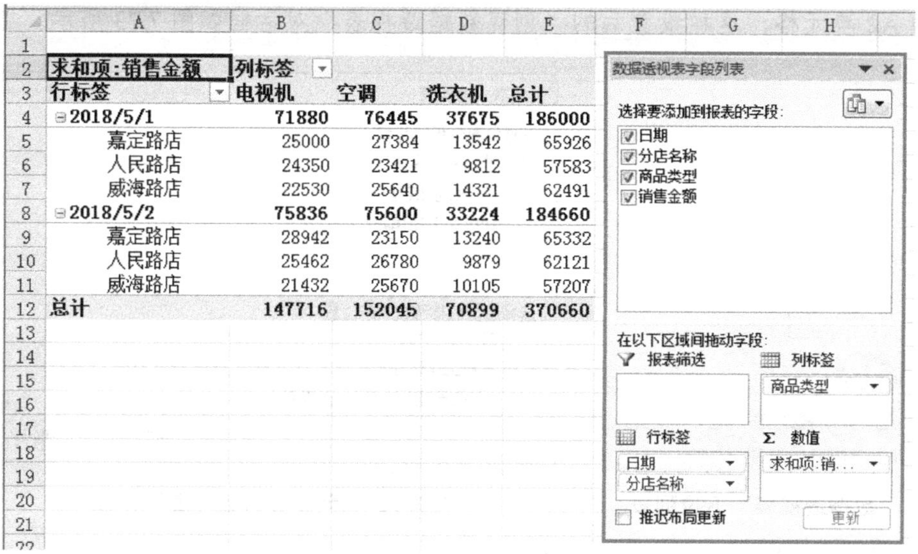

求和项:销售金额	列标签			
行标签	电视机	空调	洗衣机	总计
⊟2018/5/1	71880	76445	37675	186000
嘉定路店	25000	27384	13542	65926
人民路店	24350	23421	9812	57583
威海路店	22530	25640	14321	62491
⊟2018/5/2	75836	75600	33224	184660
嘉定路店	28942	23150	13240	65332
人民路店	25462	26780	9879	62121
威海路店	21432	25670	10105	57207
总计	147716	152045	70899	370660

图 7.75 形成数据透视表

2. 更新和维护数据透视表

创建数据透视表后，单击数据透视表中任一单元格，功能区中将显示“数据透视表工具/选项”和“数据透视表工具/设计”选项卡。

使用图 7.76 所示的“数据透视表工具/选项”选项卡，可以更新数据透视表的数据。

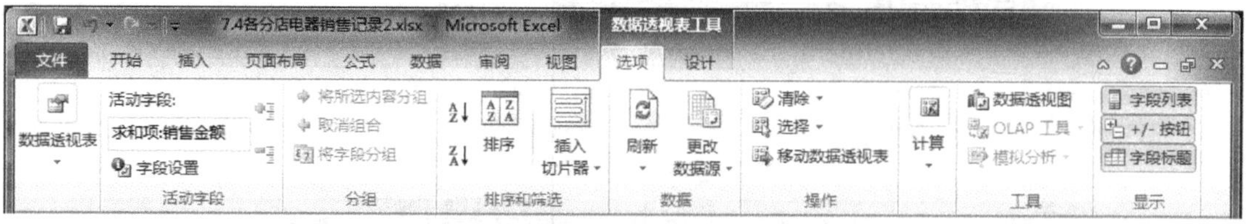

图 7.76 “数据透视表工具/选项”选项卡

① 更新数据：当数据源中的数据发生变化后，单击“数据透视表工具/选项”选项卡“数据”组中的“刷新”按钮，可以更新数据透视表的数据。

② 更改数据源：如果数据源区域中添加了新的行或列，可以通过以下操作更改数据源。

单击“数据透视表工具/选项”选项卡“数据”组中的“更改数据源”按钮，打开下拉列表，单击列表中的“更改数据源”命令，打开如图 7.77 所示的“更改数据透视表数据源”对话框，重新选择数据源区域，然后单击 确定 。

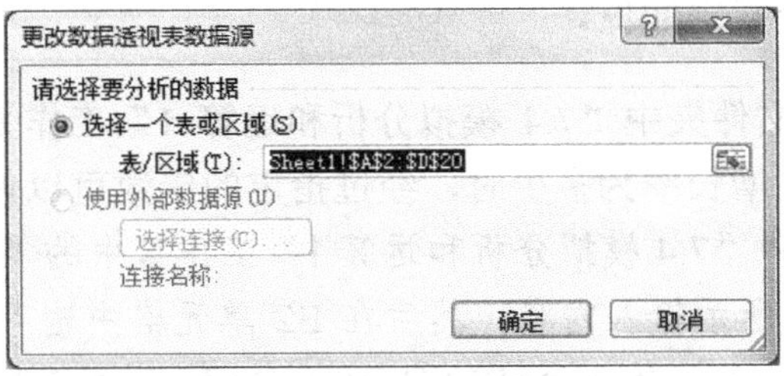

图 7.77 “更改数据透视表数据源”对话框

读者可以分别单击“显示”组中的三个按钮，观察数据透视表将发生哪些变化。

3. 设置数据透视表格式

使用图 7.78 所示的“数据透视表工具/设计”选项卡，可以像设置普通表格那样，设置数据透视表的格式。这时打开“开始”选项卡，还可以设置数据透视表中文本的字体等。

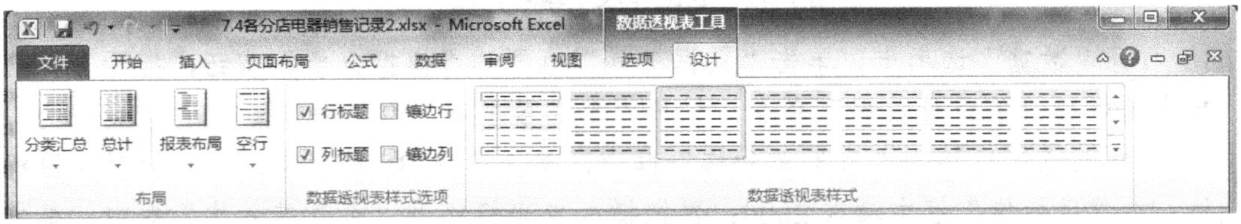

图 7.78 “数据透视表工具/设计”选项卡

4. 创建数据透视图

数据透视图以图表的形式显示数据透视表中的数据。数据透视图与普通图表的组成元素相同，插入数据透视图的方法和插入普通图表的方法也基本相同：单击数据透视表中的任一单元格，功能区出现“数据透视表工具”选项卡。单击该选项卡的“选项”子选项卡“工具”组中的“数据透视图”按钮，打开“插入图表”对话框(见图 7.43)，其后的操作和插入普通图表的操作基本相同。

5. 删除数据透视表和数据透视图

在要删除的数据透视表中单击任一单元格，打开“数据透视表工具/选项”选项卡，单击“选择”按钮，打开下拉列表，单击其中的“整个数据透视表”命令，选中整个数据透视表，然后按 Del 键。

在要删除的数据透视图任意空白处单击，然后按 Del 键。

7.4.7 单变量求解和模拟运算表

单击图 7.3 所示“数据”选项卡“数据工具”组中的“模拟分析”按钮，将打开一个下拉列表，列表中包含“单变量求解”“模拟运算表”“方案管理器”三个选项，它们分别提供了不同的分析数据功能。

1. 单变量求解

单变量求解可以解决以下问题：先在甲单元格中输入一个公式，该公式引用乙单元格的值，然后为甲单元格的计算结果指定一个值，反过来求出乙单元格中的值为多少时，才能得到甲单元格中那个指定的值。

【例 7.20】在素材文件夹中“7.4 模拟分析和运算 1”工作簿的“单变量求解”工作表中进行计算，求出当增长率为多少时，经过指定的年数可以使年产量翻一番。

① 打开素材文件夹中“7.4 模拟分析和运算 1”工作簿中的“单变量求解”工作表。

② 按图 7.79 的左图所示输入内容；然后在 B2 单元格中输入“1000”，在 B4 单元格中输入“5”，在 B5 单元格中输入“=B2*(1+B3)^B4”，如图 7.79 的右图所示，用来在 B5 单元格中求出 5 年后的年产量。

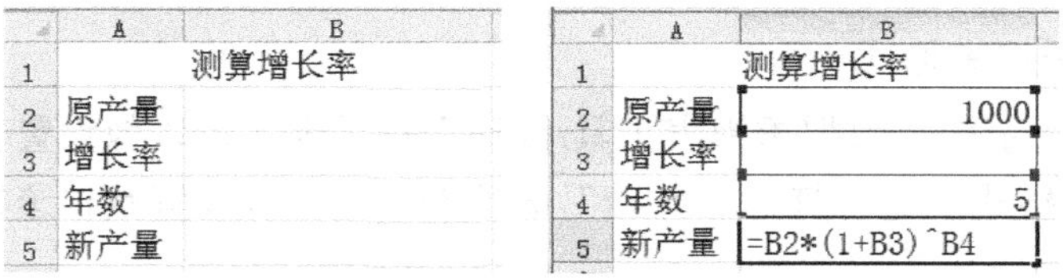

图 7.79 在工作表中输入数据

③ 打开“数据”选项卡，单击“数据工具”组中的“模拟分析”按钮，打开下拉列表，单击其中的“单变量求解”命令，打开“单变量求解”对话框。

④ 把插入点光标移到“目标单元格”框中，单击选中 B5 单元格，把它设置为目标单元格；在“目标值”框中输入 2000；再把插入点光标移到“可变单元格”框中，单击选中 B3 单元格，把它设置为“可变单元格”，将来就在该单元格中求出能使产量翻一番的年增长率，如图 7.80 所示。

图 7.80 “单变量求解”对话框

⑤ 单击 确定 ，得到计算结果，如图 7.81 所示，在 B3 单元格中求出了当增长率约为 14.9%时，可以在 5 年后使年产量翻一番。

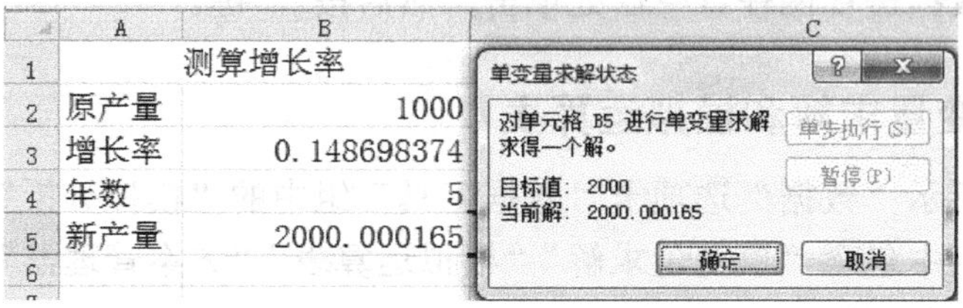

图 7.81 得到单变量求解的运算结果

⑥ 单击“单变量求解状态”对话框中的 确定 ，关闭该对话框，以“7.4 模拟分析和运算 2”为文件名，保存操作结果。

2. 单变量模拟运算表

模拟运算表用来测算将公式中的某一个变量(或某两个变量)设置为不同值时，得到的计算结果。

为了创建单变量模拟运算表，首先要在有关单元格中输入包含变量在内的基础数据和公式，公式中要引用包含变量的单元格，然后在选定的单元格区域中创建模拟运算表。

【例 7.21】在素材文件夹中“7.4 模拟分析和运算 1”工作簿的“单变量模拟运算表”工作表中进行计算，测试在不同增长率下，经过 5 年后年产量为多少。

① 打开素材文件夹中“7.4 模拟分析和运算 1”工作簿中的“单变量模拟运算表”工作表。

② 按图 7.82 所示输入内容，在 D3 单元格中输入的公式是“=C3*(1+A3)^B3”，用来在该单元格中求出 5 年后的目标产量。

	A	B	C	D
1	测算不同增长率下的目标产量			
2	增长率	年数	原产量	目标产量
3	0.05	5	1000	=C3*(1+A3)^B3

图 7.82 在工作表中输入数据

③ 选定用来创建模拟运算表的单元格区域，本例选定 A3:D10 单元格区域。

④ 打开图 7.3 所示的“数据”选项卡，单击“数据工具”组中的“模拟分析”按钮，打开下拉列表，单击其中的“模拟运算表”命令，打开“模拟运算表”对话框，把插入点光标移到“输入引用列的单元格”框中，单击选中 A3 单元格，把 A3 设置为变量值所在的单元格，如图 7.83 所示。

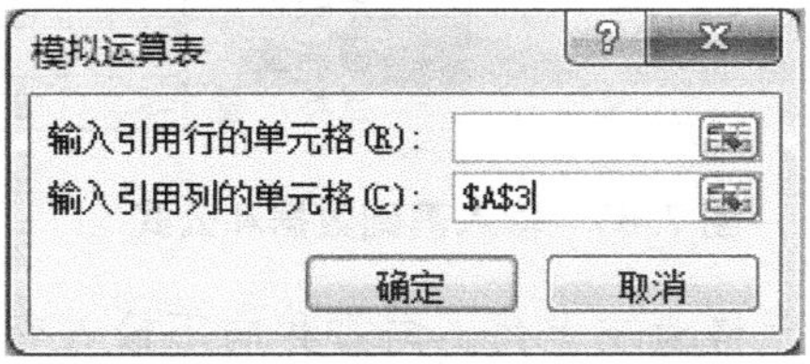

图 7.83 “模拟运算表”对话框

【注】如果要在模拟运算表所在的单元格区域的第 1 行中输入变量的值，应在“输入引用行的单元格”框中，设置第 1 个变量值所在的单元格；如果要在模拟运算表所在的单元格区域的第 1 列中输入变量的值，应在“输入引用列的单元格”框中，设置第 1 个变量值所在的单元格。

⑤ 单击 确定 ，在选定区域中自动生成模拟运算表，在 A4:A10 单元格中输入不同的值，D4:D10 单元格中将显示不同的目标年产量，如图 7.84 所示，这时不能更改 B4:B10 和 C4:C10 单元格区域中的值。

	A	B	C	D
1	测算不同增长率下的目标产量			
2	增长率	年数	原产量	目标产量
3	0.05	5	1000	1276.281563
4	0.07	5	1000	1402.551731
5	0.08	5	1000	1469.328077
6	0.09	5	1000	1538.623955
7	0.1	5	1000	1610.51
8	0.12	5	1000	1762.341683
9	0.13	5	1000	1842.435179
10	0.15	5	1000	2011.357188

图 7.84　使用“模拟运算表”得到的运算结果

⑥ 以“7.4 模拟分析和运算 2”为文件名，保存操作结果。

3. 双变量模拟运算表

为了创建双变量模拟运算表，先要在工作表中输入包含变量的基础数据和公式，其中公式要引用包含变量的两个单元格，然后在选定区域上建立模拟运算表。

【例 7.22】在素材文件夹中“7.4 模拟分析和运算 1”工作簿的“双变量模拟运算表”工作表中进行计算，测试在不同增长率下，经过不同年数后，年产量为多少。

① 打开素材文件夹中“7.4 模拟分析和运算 1”工作簿的“双变量模拟运算表”工作表。

② 输入数据和基础公式：在相关单元格区域中输入内容，如图 7.85 的左图所示；在 B2:B4 单元格中输入数据，在 B5 单元格中输入公式，这里输入的公式是“=B4*(1+B2)^B3”，如图 7.85 的右图所示，用来计算在指定增长率下经过某些年数后的目标产量，公式中引用了 B2(增长率)和 B3(年数)两个包含变量的单元格。

	A	B	C	D
1	测算不同增长率下经不同年数后的年产量			
2	增长率			
3	年数			
4	原产量			
5	目标产量			

	A	B	C	D
1	测算不同增长率下经不同年数后的年产量			
2	增长率	0.03		
3	年数	5		
4	原产量	1000		
5	目标产量	=B4*(1+B2)^B3		

图 7.85　输入基础数据和公式

③ 以包含公式的 B5 单元格为左上角，向右和向下输入变量数值，这里在第 5 行的 C5:G5 单元格区域中分别输入表示不同增长率的变量值，在 B 列的 B6:B9 单元格区域中分别输入表示不同年数的变量值，如图 7.86 所示。

	A	B	C	D	E	F	G
1	测算不同增长率下经不同年数后的年产量						
2	增长率	0.03					
3	年数	5					
4	原产量	1000					
5	目标产量	1159.2741	0.04	0.05	0.06	0.07	0.08
6		3					
7		4					
8		5					
9		6					

图 7.86　输入变量的数值

④ 以包含公式的 B5 单元格为左上角，选定包含变量数据的 B5:G9 单元格区域，作为创建模拟运算表的单元格区域。

⑤ 单击图 7.3 所示“数据”选项卡“数据工具”组中的“模拟分析”按钮，打开下拉列表，单击其中的“模拟运算表”命令，打开“模拟运算表”对话框，把插入点光标移到“输入引用行的单元格”框中，单击选中 B2 单元格，把它设置为表示增长率的变量值所在的单元格；再把插入点光标移到“输入引用列的单元格”框中，单击选中 B3 单元格，把它设置为表示年数的变量值所在的单元格，如图 7.87 所示。

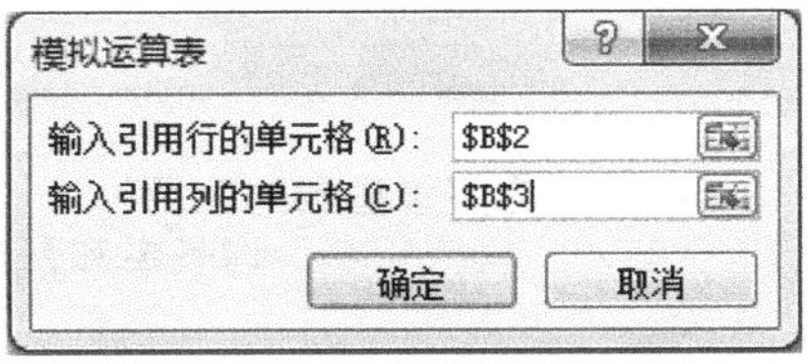

图 7.87 “模拟运算表”对话框

⑥ 单击 确定 ，在选定区域中自动生成模拟运算表，如图 7.88 所示。

	A	B	C	D	E	F	G
1	测算不同增长率下经不同年数后的年产量						
2	增长率	0.03					
3	年数	5					
4	原产量	1000					
5	目标产量	1159.2741	0.04	0.05	0.06	0.07	0.08
6		3	1124.86	1157.63	1191.016	1225.043	1259.712
7		4	1169.86	1215.51	1262.477	1310.796	1360.489
8		5	1216.65	1276.28	1338.226	1402.552	1469.328
9		6	1265.32	1340.1	1418.519	1500.73	1586.874

图 7.88 使用模拟运算表得到运算结果

⑦ 现在在 B6:B9 单元格中输入不同的年数，或在 C5:G5 单元格中输入不同的增长率，即可得到不同的运算结果。

⑧ 以“7.4 模拟分析和运算 2”为名，保存操作结果。

7.4.8 方案管理器

使用模拟运算表最多可以测算两个变量对运算结果的影响，如果想测算多个变量对结果的影响，可以使用方案管理器，建立多种方案进行测试。

1. 建立方案

销售利润和成本、销售单价、销量有以下关系：

利润=(单价-成本)×销量

下面用一个单价、成本、销量都可能发生变化时计算利润的例子，说明怎样创建方案和执行方案。

计算利润的公式为：

利润=(单价×(1+单价增长率)-成本×(1+成本增长率))×销量×(1+销量增长率)

【例 7.23】在素材文件夹中“7.4 模拟分析和运算 1”工作簿的“方案管理器”工作表中建立方案，用来测算当成本、单价、销量都变化时，利润的变化情况。

① 打开素材文件夹中“7.4 模拟分析和运算 1”工作簿的“方案管理器”工作表。

② 在工作表中输入基础数据和公式：分别为 B3、B4、B5 单元格定义“单价”“成本”“销量”名称；分别为 C3、C4、C5 单元格定义“单价增长率”“成本增长率”“销量增长率”名称；C3、C4、C5 单元格为变量所在的单元格，分别用来输入单价、成本、销量的增长率；在 B6、C6 单元格中输入公式，C6 单元格公式中引用了 C3、C4、C5 变量单元格，如图 7.89 所示。

	A	B	C
1		方案管理器的应用	
2		原数据	增长率和最后利润
3	单价	50	
4	成本	40	
5	销量	10000	
6	利润	=(单价-成本)*销量	=(单价*(1+单价增长率)-成本*(1+成本增长率))*销量*(1+销量增长率)

图 7.89　输入基础数据和公式

③ 单击图 7.3 所示“数据”选项卡“数据工具”组中的“模拟分析”按钮，打开下拉列表，单击其中的“方案管理器”命令，打开“方案管理器”对话框，如图 7.90 所示。

④ 单击 添加(A)... ，打开“编辑方案”对话框，在“方案名”框中输入方案名称，在“可变单元格”框中设置 C3:C5 为可变单元格区域，如图 7.91 所示。

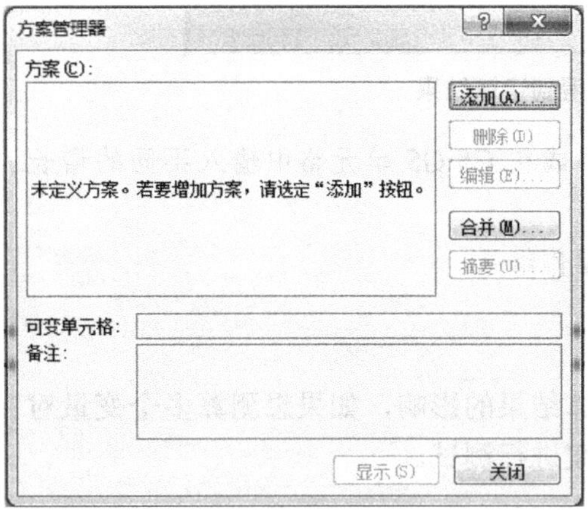

图 7.90　“方案管理器”对话框

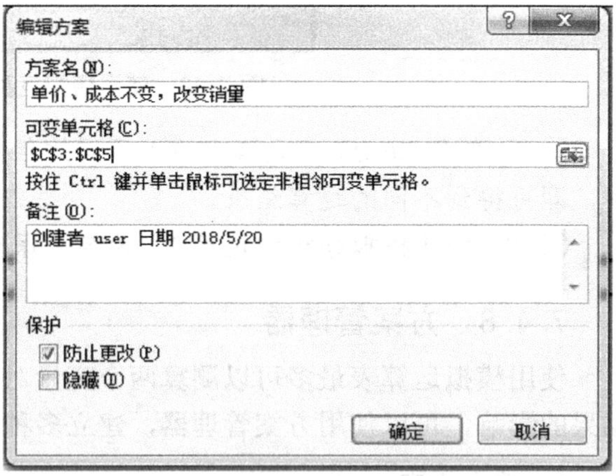

图 7.91　“编辑方案”对话框

⑤ 单击 确定 ，打开“方案变量值”对话框，在“单价增长率”框、“成本增长率”框、“销量增长率”框中分别输入各个变量的值，如图 7.92 所示。

⑥ 单击 确定 ，返回“方案管理器”对话框，再单击 添加(A)... ，打开“编辑方案”对话框，继续添加两个方案，分别命名为“单价、销量不变，改变成本”和“成本、销量不变，改变单价”，可变单元格继续设置为 C3:C5，然后设置方案变量值。

⑦ 设置完所有方案后的方案管理器对话框如图 7.93 所示，单击“方案管理器”对话框中的 关闭 ，关闭该对话框。

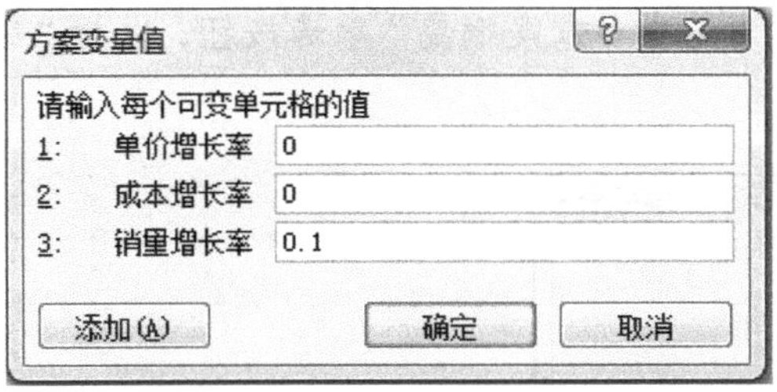

图 7.92 “方案变量值”对话框

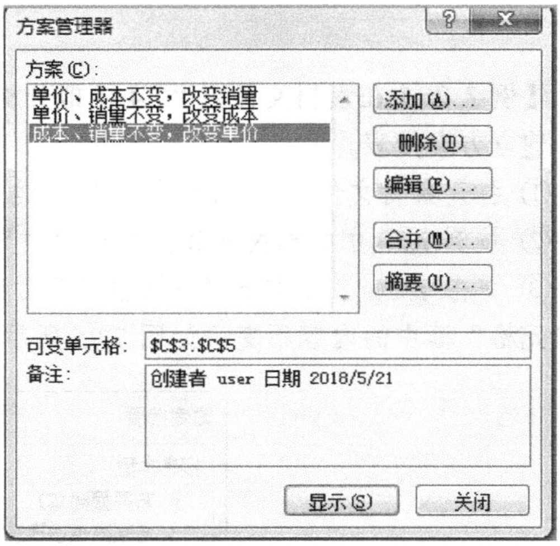

图 7.93 设置完各种方案后的“方案管理器”对话框

⑧ 以“7.4 模拟分析和运算 2”为名，保存操作结果。

2. 执行方案

【例 7.24】在素材文件夹中“7.4 模拟分析和运算 2”工作簿的“方案管理器”工作表中，执行例 7.23 建立的方案，显示在成本、单价、销量均可变化的情况下，利润的变化情况。

① 打开素材文件夹中“7.4 模拟分析和运算 2”工作簿的“方案管理器”工作表。

② 按例 7.23 的相关叙述，打开“方案管理器”对话框(见图 7.93)，单击选中“方案”列表框中的某个方案，这里选择第 1 个方案。

③ 单击 显示(S) ，工作表中的 C3:C5 可变单元格中显示选定方案中各个变量的值，C6 单元格中显示根据该方案的变量值进行计算的结果，如图 7.94 所示。

	A	B	C
1	方案管理器的应用		
2		原数据	增长率和最后利润
3	单价	50	0
4	成本	40	0
5	销量	10000	0.1
6	利润	100000	110000

图 7.94 执行方案后的结果

3. 修改方案

打开图 7.93 所示的“方案管理器”对话框，在“方案”列表框选中某个方案，单击 编辑(E)... ，将打开图 7.91 所示的“编辑方案”对话框，这时可以对选中的这个方案进行编辑，修改名称和变量值；单击 删除(D) ，将删除选中的方案。

4. 建立方案报表

建立合并的方案报表，可以将所有方案的执行结果同时显示出来，以便用户进行比较。

【例 7.25】 在素材文件夹“7.4 模拟分析和运算 2”工作簿的“方案管理器”工作表中，建立方案报表。

① 打开素材文件夹“7.4 模拟分析和运算 2”工作簿中的“方案管理器”工作表。

② 按例 7.23 中的相关叙述，打开“方案管理器”对话框。

③ 单击 摘要(U)... ，打开“方案摘要”对话框，选中“方案摘要”单选按钮，保持“结果单元格”框中的内容不变，如图 7.95 所示。

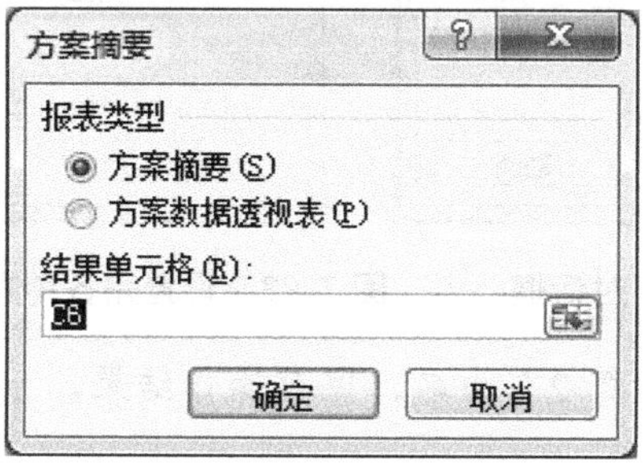

图 7.95 “方案摘要”对话框

④ 单击 确定 ，在当前的工作表前将自动插入一个“方案摘要”工作表，在其中显示各种方案的计算结果，如图 7.96 所示

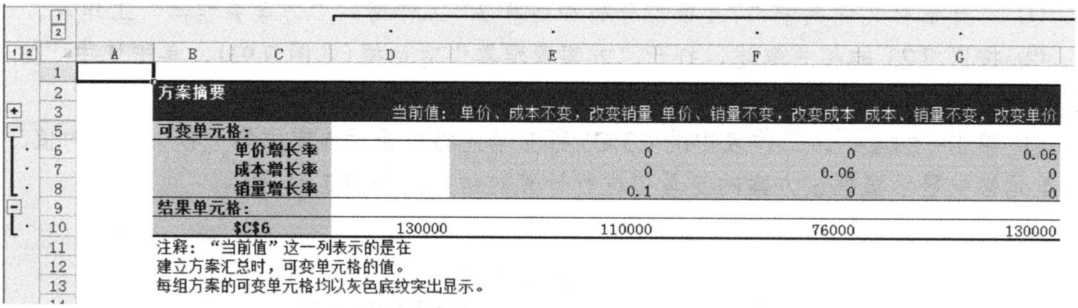

图 7.96 “方案摘要”工作表

⑤ 以“7.4 模拟分析和运算 3”为文件名，保存操作结果。

7.5 和其他应用程序共享数据

在 Excel 工作表中可以使用其他程序形成的数据，而其他程序也可以使用 Excel 工作表中的数据。

7.5.1 获取外部数据

在 Excel 中可以从其他来源获取数据，从而提高电子表格的使用效率。

1. 从文本文件中导入数据

素材文件夹中的“7.5 员工花名册.txt”是一个包含若干行内容的纯文本文件，每一行的各项数据用制表符分隔，如图 7.97 所示。

员工编号	部门	姓名	性别	职务	年龄	基础工资
01001	厂办	李保明	男	厂长	48	7030.00
01002	厂办	周一南	男	主任	45	5820.00
01003	厂办	李彩霞	女	科员	38	4900.00
02001	财务科	何继平	男	科长	44	6060.00
02002	财务科	李海亮	男	科员	46	5290.00
02003	财务科	魏玲玉	女	科员	38	4810.00
03001	人事科	季林本	男	科长	37	5400.00
03002	人事科	张华华	女	科员	37	4840.00

图 7.97 “7.5 员工花名册.txt”文件的内容

【例 7.26】 在 Excel 中导入“7.5 员工花名册.txt”文件中的内容。

① 启动 Excel，建立一个新的工作簿，选中 Sheet1 工作表的 A1 单元格。

② 单击“数据”选项卡(见图 7.3)“获取外部数据”组中的“自文本”按钮，打开“导入文本文件”对话框，选择素材文件夹中的“7.5 员工花名册.txt”文件，如图 7.98 所示。

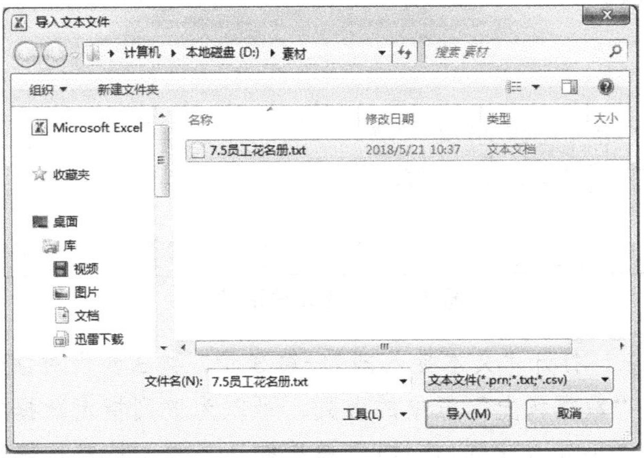

图 7.98 “导入文本文件”对话框

③ 单击导入(M)，打开“文本导入向导-第 1 步，共 3 步”对话框。在“请选择最合适的文件类型”栏中进行选择：如果文本文件中每一行的各项(字段)以逗号或制表符分隔，应选择“分隔符号”单选按钮；如果文本文件中每一行各项的宽度都相等，应选择“固定宽度”单选按钮。本例选择“分隔符号”单选按钮。然后指定导入的起始行，本例设置从文本文件的第 1 行开始导入，如图 7.99 所示。

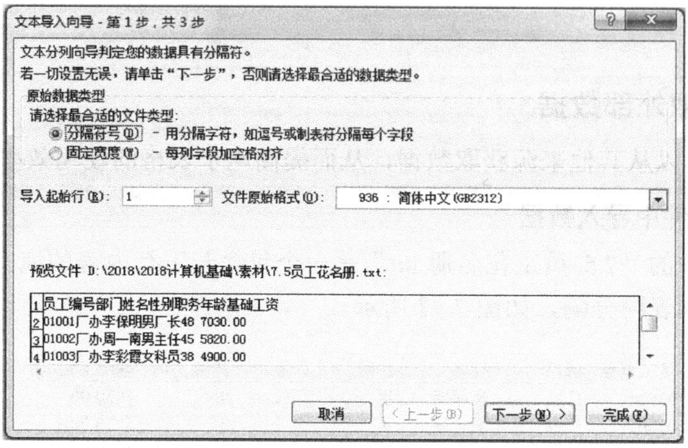

图 7.99　指定原始数据类型

④ 单击下一步(N) >，打开“文本导入向导-第 2 步，共 3 步”对话框，指定原文件中用来分隔各项的分隔符号，本例选择“Tab 键”复选框，指定以制表符分隔各项数据，如图 7.100 所示。如果对话框中没有列出要指定的分隔符号，应选中“其他”复选框，然后在其右侧框中输入指定的分隔符号。Excel 在实施导入时，将把各分隔符分隔开的内容导入到不同的单元格中。

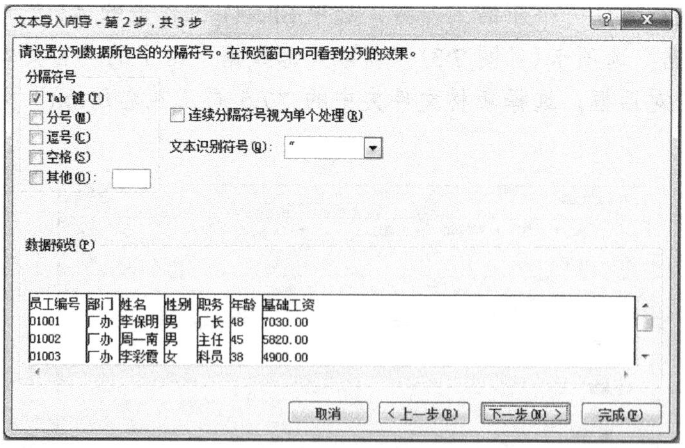

图 7.100　指定分隔符

⑤ 单击下一步(N) >，打开“文本导入向导-第 3 步，共 3 步”对话框，为每一列指定数据格式：分别单击“数据预览”框中的各列，可以为该列指定数据格式；如果不想导入这一列，可以选中“不导入此列(跳过)”单选按钮。本例按默认情况处理，不对各列设置数据格式，如图 7.101 所示。

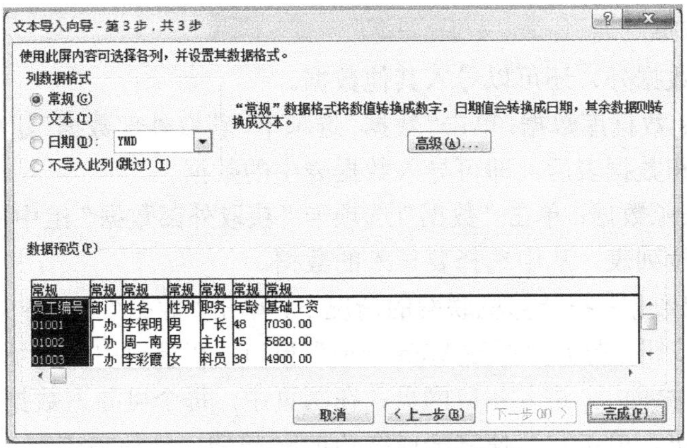

图 7.101　指定各列的数据格式

⑥ 单击完成(F)，打开“导入数据”对话框，在对话框中设置向哪个工作表导入数据和导入的数据从哪个单元格开始存放，本例按默认情况处理，如图 7.102 所示。

⑦ 单击确定，就把数据导入到工作表中了，如图 7.103 所示。

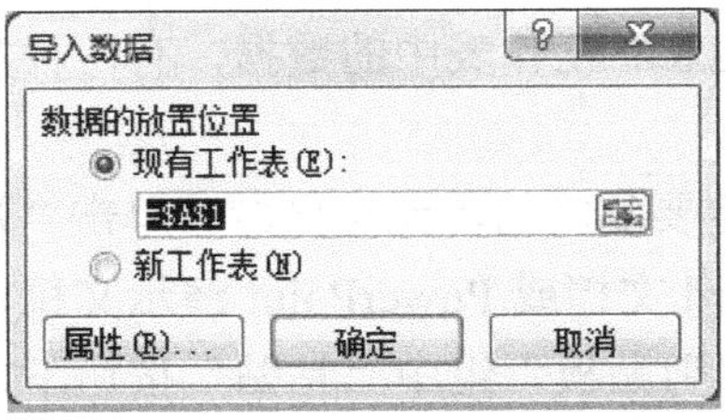

图 7.102　“导入数据”对话框

	A	B	C	D	E	F	G
1	员工编号	部门	姓名	性别	职务	年龄	基础工资
2	1001	厂办	李保明	男	厂长	48	7030
3	1002	厂办	周一南	男	主任	45	5820
4	1003	厂办	李彩霞	女	科员	38	4900
5	2001	财务科	何继平	男	科长	44	6060
6	2002	财务科	李海亮	男	科员	46	5290
7	2003	财务科	魏玲玉	女	科员	38	4810
8	3001	人事科	季林本	男	科长	37	5400
9	3002	人事科	张华华	女	科员	37	4840

图 7.103　导入数据的结果

默认情况下，导入的数据与外部的源数据保持连接关系，当外部数据变化时，可以通过刷新来更新工作表中的数据。可以断开这种连接，方法是：单击“数据”选项卡“连接”组中的“连接”按钮，打开“工作簿连接”对话框，选中要断开的连接，如图 7.104 所示，单击删除(M)，打开一个提示框，再单击确定，即可断开连接。

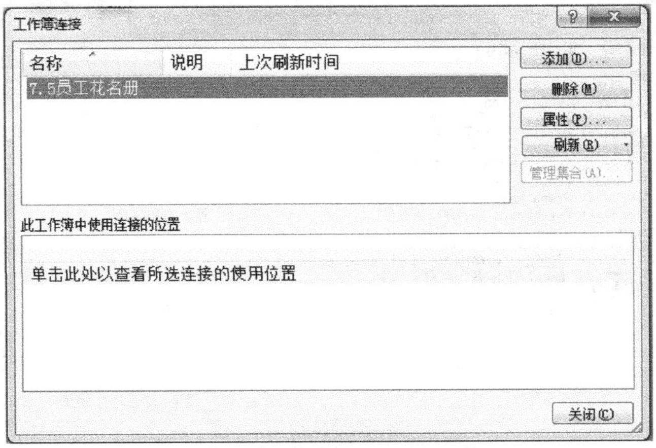

图 7.104　“工作簿连接”对话框

2. 导入其他数据

除了导入文本数据外，还可以导入其他数据。

① 导入 Access 数据库数据：单击“数据”选项卡“获取外部数据”组中的“自 Access”按钮，选择数据库和数据表后，即可导入数据表中的数据。

② 导入其他来源数据：单击“数据”选项卡“获取外部数据”组中的“自其他来源”按钮，打开一个下拉列表，从中选择要导入的数据。

③ 从网站获取数据：在计算机联网的情况下，单击“数据”选项卡“获取外部数据”组中的“自网站”按钮，打开“新建 Web 查询”窗口，在窗口中的地址栏中输入网站地址，单击其右侧的[转到(G)]，进入相应网页；在网页中，每个可导入数据的表格左上角都有一个黄色的➡按钮，单击它，使它变成绿色的☑按钮，然后单击窗口中的[导入(I)]，打开图 7.102 所示“导入数据”对话框，选择放置数据的位置，单击[确定]，即可把这个表格导入到工作表中。

7.5.2 让其他程序共享 Excel 工作表中的数据

1. 和 Word、PowerPoint 共享数据

在 Word 文档和 PowerPoint 演示文稿中可以共享 Excel 工作表中的数据，有两种共享方法。

① 使用复制、粘贴的方法：在 Excel 工作表中选定要复制的单元格区域，单击“开始”选项卡“剪贴板”组中的“复制”按钮；打开 Word 文档或 PowerPoint 演示文稿，将插入点光标定位到指定位置，单击“开始”选项卡“剪贴板”组中“粘贴”按钮下方的箭头，打开下拉列表，选择粘贴方式，即可把选定的单元格区域粘贴过来。

② 以对象方式插入 Excel 工作表，又有两种方法：

➢ 在 Word 文档或 PowerPoint 演示文稿窗口中，单击“插入”选项卡“表格”组中的“表格”按钮，打开下拉列表，单击其中的“Excel 电子表格”命令，在当前位置将插入一个空白的 Excel 表格。

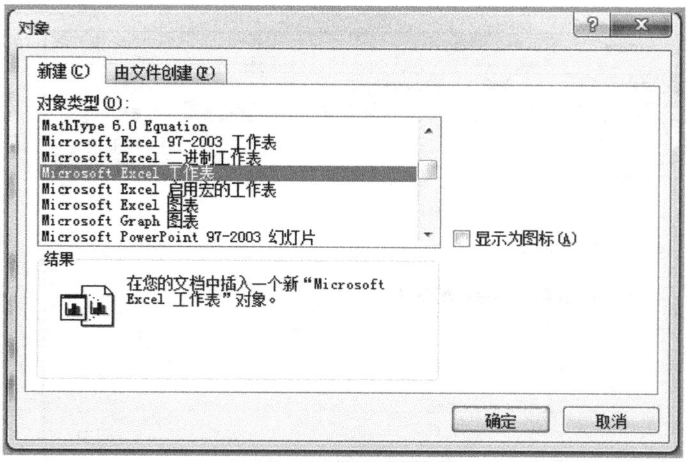

图 7.105 “对象”对话框

➢ 单击"插入"选项卡"文本"组中的"对象"命令，打开"对象"对话框，如果要新建一个Excel表格，可以在"新建"选项卡的"对象类型"列表选中"Microsoft Excel工作表"，如图7.105所示；如果要插入一个现有工作簿中的工作表，可以在"由文件创建"选项卡中选择一个工作簿文件，然后单击[确定]，将插入关闭该工作簿时的活动工作表。

用后一种方式在Word文档或PowerPoint演示文稿中插入Excel表格后，双击该表格，将进入Excel的编辑状态，这时可以像在Excel中工作一样，编辑表格中的数据了。

2. 与早期版本的Excel交换数据

① 将Excel 2010版本的工作簿文件保存为早期的工作簿文件：在Excel 2010中打开2010版的工作簿文件，单击"文件"选项卡中的"另存为"命令，打开"另存为"对话框；单击对话框下方的"保存类型"框，打开下拉列表，选择"Excel97-2003工作簿(*.xls)"选项，单击[确定]，就可以把当前工作簿保存为早期版本的工作簿了。以后在Excel 2010中打开此类工作簿，将启用兼容模式进行操作，此时2010版提供的某些格式可能无法使用。

② 将早期版本的工作簿保存为Excel 2010版本的文件：在Excel 2010中打开早期版本的工作簿文件，然后打开"另存为"对话框，选择"Excel工作簿(*.xlsx)"格式，保存工作簿。

3. 把工作簿发布为PDF/XPS格式的文件

把文件发布为PDF格式文档后，可以保留原来文件中的显示格式，只要计算机上安装了打开PDF文档的软件，即可打开该文件，查看文件的内容。把文件发布为XPS格式文档，也可以保留原来的文件格式，并且能呈现更精确的图像和颜色。这两种格式的文件一般都只能阅读，不能更改。

【例7.27】把素材文件夹中"7.5员工花名册与工资表B"工作簿中的工作表，发布为PDF格式的文档。

① 打开素材文件夹中的"7.5员工花名册与工资表B"工作簿。

② 打开"文件"选项卡，单击"保存并发送"命令，在选项卡中间的"文件类型"区域单击"创建PDF/XPS文档"命令，再单击选项卡右侧的"创建PDF/XPS"按钮，打开"发布为PDF或XPS"对话框，在对话框中选择保存位置，单击"保存类型"框，打开下拉列表，选择"PDF(*.pdf)"或"XPS文档(*.xps)"(本例选择前者)，在"文件名"框中输入文件名"7.5员工花名册与工资表B.pdf"，如图7.106所示。

③ 单击[发布(S)]，就把当前工作表中的内容发布为PDF文件了。

也可以使用"文件"选项卡中的"另存为"命令，打开"另存为"对话框，将文件保存为PDF格式或XPS格式的文档。

4. 使用电子邮件发送数据

① 在计算机联网的情况下，打开要发送的工作簿，然后打开"文件"选项卡，单击"使用电子邮件发送"按钮。

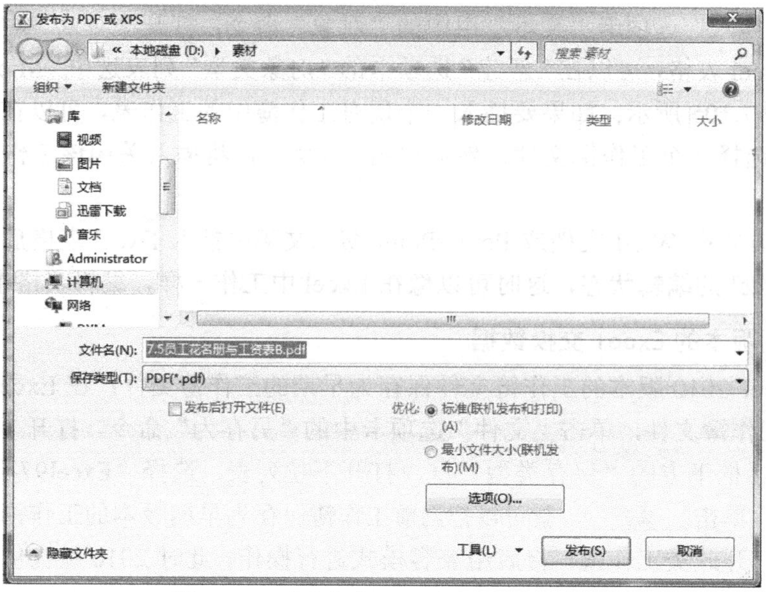

图 7.106 “发布为 PDF 或 XPS”对话框

② 如果计算机上安装了电子邮件程序(如 Microsoft Outlook)，可以单击“作为附件发送”按钮，将工作簿作为电子邮件的附件发送出去；如果计算机上安装了传真软件，可以单击“以 Internet 传真形式发送”，通过传真发送工作簿文件。

7.6 宏的简单应用

在使用 Excel 时，有时需要重复执行包含多步操作的一个任务，这时可以录制一个包含这些操作的宏，然后只要进行运行宏的操作，便可完成原来需要多步操作才能完成的任务。

本节介绍和宏有关的内容。

7.6.1 准备工作

1. 在功能区中显示“开发工具”选项卡

录制宏需要使用“开发工具”选项卡，默认情况下，Excel 窗口的功能区中不显示该选项卡，为了显示这个选项卡，应进行以下操作。

① 打开“文件”选项卡，单击“选项”命令，打开“Excel 选项”对话框。

② 在左侧窗格单击“自定义功能”选项，然后单击对话框右上方的“自定义功能区”框，打开下拉列表，选择列表中的“主选项卡”。

③ 在“自定义功能区”框下方的列表框选中“开发工具”复选框，如图 7.107 所示。

图 7.107 “Excel 选项”对话框的“自定义功能区”界面

④ 单击确定，功能区中就会显示图 7.108 所示的“开发工具”选项卡。

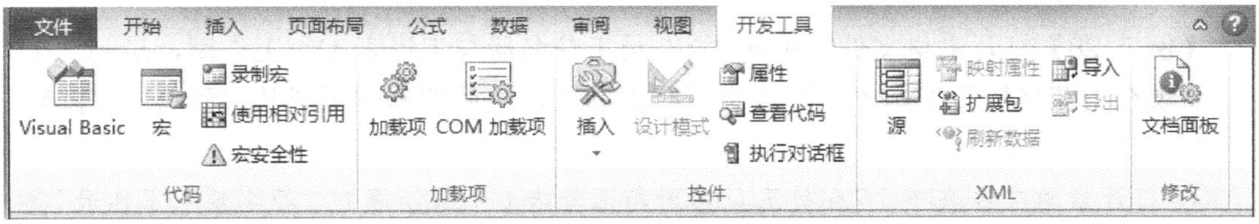

图 7.108 “开发工具”选项卡

2. 启用所有宏

有恶意的计算机操作者可能在文件中植入具有破坏性的宏，从而导致计算机中病毒的传播，因此默认情况下，Excel 禁用宏。为了能录制和运行宏，需要进行以下启用宏的操作。

① 单击“开发工具”选项卡“代码”组中“宏安全性”按钮，打开“信任中心”对话框。

② 在“宏设置”栏选中“启用所有宏(不推荐；可能会运行有潜在危险的代码)”单选按钮，如图 7.109 所示。

③ 单击确定。

为了防止危险，在使用完宏之后，最好再次打开“信任中心”对话框，在“宏设置”栏选择某一种禁用宏的单选按钮，禁止运行宏。

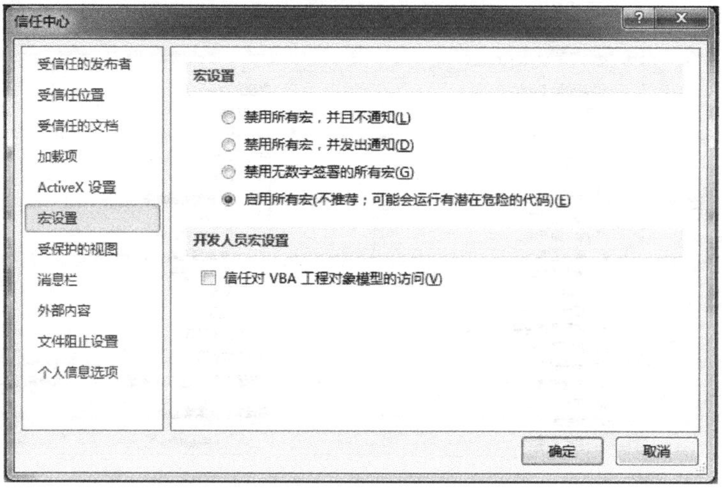

图 7.109 “信任中心”对话框

7.6.2 录制和运行宏

1. 录制宏

【例 7.28】 打开素材文件夹中的“7.6 员工花名册与工资表 C”工作簿，录制一个宏，实现在“花名册”工作表中筛选出所有女职工，然后按基础工资从大到小排序的功能。

① 打开素材文件夹中“7.6 员工花名册与工资表 C”工作簿的“花名册”工作表(参见图 7.35)。

② 单击“开发工具”选项卡“代码”组中的“录制宏”按钮，打开“录制新宏”对话框，在“宏名”框中输入“筛选与排序”，把插入点光标移到“快捷键”右下方的框中，按下大写状态下的 S 键，框的左面出现“Ctrl+Shift+S”，表示将来按 Ctrl + Shift + S 组合键，即可调用我们将要录制的宏，“保存位置”选择为“当前工作簿”，如图 7.110 所示，单击 确定 ，关闭对话框，进入录制新宏的状态。

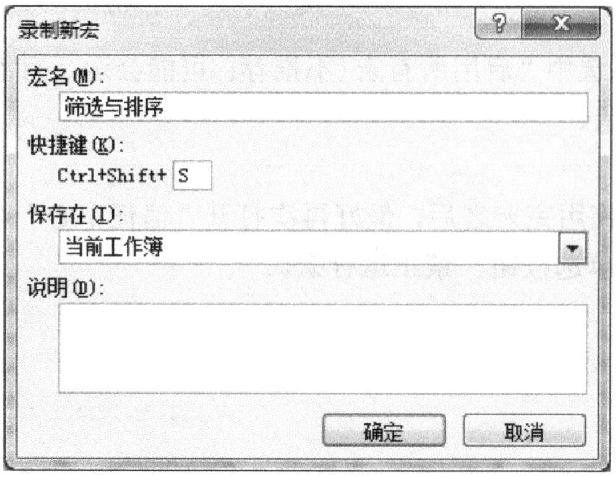

图 7.110 “录制新宏”对话框

③ 单击数据区域任一单元格，完成以下操作：筛选出性别为女的员工，然后按基础工资的多少从大到小排序，结果如图 7.111 所示。在这个过程中，Excel 将把用户所进行的操作记录在“筛选与排序”宏中。

	A	B	C	D	E	F	G	H	I	J	K	L	M	N
1	向明机械厂员工花名册													
2														
3	员工编	部门	姓名	性别	职务	身份证号	出生日期	年龄	学历	进厂日期	厂龄	基本工资	厂龄工	基础工
6	06005	一车间	杨华华	女	工人	370205198505121023	1985/05/12	33	大专	2008/7/6	10.50	4000.00	630.00	4630.00
9	07004	二车间	李欣萍	女	工人	370205198209021063	1982/09/02	36	高中	2006/9/12	12.50	4000.00	750.00	4750.00
11	06003	一车间	魏玲玲	女	工人	370205198109131262	1981/09/13	37	中专	2008/7/13	10.50	4000.00	630.00	4630.00
13	01003	厂办	李彩霞	女	科员	360105198012033242	1980/12/03	38	大专	2004/5/12	15.00	4000.00	900.00	4900.00
15	03002	人事科	张华华	女	科员	360104198106150342	1981/06/15	37	大专	2005/3/13	14.00	4000.00	840.00	4840.00
18	04002	供销科	马翔丽	女	科员	350203199007132264	1990/07/13	28	中专	2014/2/15	5.00	4000.00	300.00	4300.00
20	02003	财务科	魏玲玉	女	科员	350103198010092042	1980/10/09	38	大专	2005/11/13	13.50	4000.00	810.00	4810.00
21	06006	一车间	姚丽君	女	工人	340202199506052021	1995/06/05	23	中专	2017/4/3	2.00	4000.00	120.00	4120.00
24	07003	二车间	王玉凤	女	工人	330201198801232247	1988/01/23	30	中专	2006/10/7	12.50	4000.00	750.00	4750.00
25	05002	技术科	郝丹玉	女	科员	330105198310141026	1983/10/14	35	大本	2009/12/3	9.50	4000.00	570.00	4570.00

图 7.111　录制宏后的操作结果

④ 在录制宏的过程中，“开发工具”选项卡“代码”组中的“录制宏”按钮变成了“停止录制”按钮。单击该按钮，结束录制宏的操作。

⑤ 将工作簿保存为可以运行宏的格式：打开“开始”选项卡，单击“另存为”命令，打开“另存为”对话框，打开“保存类型”下拉列表，选择“Excel 启用宏的工作簿(*.xlsm)”类型，以“7.6 员工花名册与工资表 D”为文件名，保存操作结果。

2. 运行宏

【例 7.29】在素材文件夹中的“7.6 员工花名册与工资表 D.xlsm”工作簿中，运行上例录制的宏。

① 打开素材文件夹中“7.6 员工花名册与工资表 D.xlsm”工作簿的“花名册”工作表。现在该工作表还处于筛选状态，如图 7.111 所示。

② 单击选中“员工编号”列中的任一单元格，单击“数据”选项卡“排序和筛选”组中的“筛选”按钮，取消筛选状态，再单击 A↓Z 按钮，对数据按员工编号从小到大排序，这个操作把“花名册”工作表恢复到图 7.35 所示的初始状态。

③ 按下 Ctrl+Shift+S 组合键，即可运行“筛选与排序”宏，得到如图 7.111 所示的结果。

也可以用下述方式运行宏：单击“开发工具”选项卡“代码”组中的“宏”按钮，打开“宏”对话框，如图 7.112 所示，在“宏名”列表框选中要运行的宏，然后单击 执行(R) 。

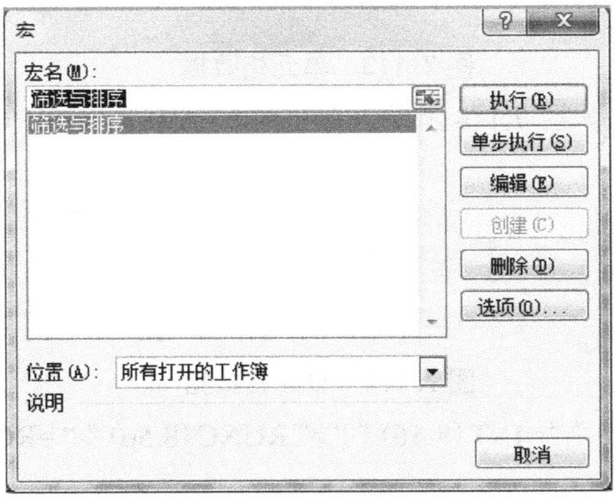

图 7.112　“宏”对话框

习题 7

1. 在 Excel 中可以设置哪些数据类型？

2. 为什么要控制数据有效性？将某个单元格区域的数据限制为指定的序列后，在这些单元格中输入数据，将出现什么现象？

3. 如果要突出显示某个单元格区域中值最小的 5 项，应该怎样操作？

4. 怎样同时选定工作簿中的全部工作表或其中的几个工作表？选定几个工作表后，Excel 窗口标题栏会发生什么变化？把几个工作表组合在一起后，可以进行哪些提高工作效率的操作？

5. 怎样操作，可以用两个窗口并排查看同一个工作表？并排查看工作表有什么好处？为什么要冻结窗格？有哪几种冻结窗格的形式？

6. 创建自己的工作簿模板有什么作用？简述创建自己的工作簿模板的操作过程。

7. 如果在 B2 单元格中输入的公式是“=C3+D4”，把该单元格内容复制到 A5 单元格，得到的内容是什么？如果在 B2 单元格中输入的公式是“=$C3+D$4”，把该单元格内容复制到 A5 单元格，得到的内容是什么？

8. 简述设置共享工作簿的操作过程。怎样接受或拒绝其他用户的修订？

9. 简要说明两种定义单元格或单元格区域名称的操作方法。

10. 如果各个单元格中的数据如图 7.113 所示，则公式“= SUMIF (A2:B3, "=6", D4:E5)”的计算结果是什么？公式“=COUNT (A1:E6)”的计算结果是什么？公式“=COUNTIF (A1:E6, "=5")”的计算结果是什么？

	A	B	C	D	E
1					
2	1	6			
3	6	5			
4	合计			3	5
5				4	6
6				平均	

图 7.113　单元格数据

11. 各单元格中的数据如图 7.114 所示，则公式“=AVERAGEIF (A1:B3, 4, D2:E4)”的计算结果是什么？

	A	B	C	D	E
1	4	2			
2	2	4		2	4
3	4	2		5	1
4				12	4

图 7.114　单元格数据

12. 公式“=INT (-8.56)”“=INT (8.56)”“=TRUNC (8.56)”“=ROUND (8.56, 1)”的计算结果分别是什么？

13. 打开素材文件夹中的“7.3 演讲比赛记录 1”工作簿，在 J3:J10 单元格区域中分别求出每个学生获得的最低分，在 K3:K10 单元格区域中分别求出每个学生获得的最高分，在 L3:L10 单元格区域中分别求出每个学生的最后得分(最后得分等于所有评委对该学生评出的分数合计，去掉一个最高分和一个最低分，然后除以 5 所得的结果)，在 M3:M10 单元格区域中求出每个学生得分的等级(大于或等于 90 分为优，小于 90 分为良)。以“7.3 演讲比赛记录 2”为文件名保存结果，结果如图 7.115 所示。

	A	B	C	D	E	F	G	H	I	J	K	L	M
1	八(1)班演讲比赛计分表												
2	序号	姓名	评委1	评委2	评委3	评委4	评委5	评委6	评委7	最低分	最高分	最后得分	等级
3	1	张明	94	95	90	92	89	91	93	89	95	92	优
4	2	马宁	98	95	94	90	91	93	92	90	98	93	优
5	3	王小丽	89	91	88	88	86	89	87	86	91	88.2	良
6	4	李静	85	89	87	82	82	90	88	82	90	86.2	良
7	5	赵大川	80	82	85	83	80	81	88	80	88	82.2	良
8	6	刘娜娜	91	87	86	84	88	85	82	82	91	86	良
9	7	陈力	89	90	83	85	85	84	88	83	90	86.2	良
10	8	马莉	82	80	81	84	82	86	85	80	86	82.8	良

图 7.115 演讲比赛计分表

14. 简述在工作表中插入图表的主要步骤。

15. 怎样更改图表的类型或子类型？

16.“图表工具”选项卡有几个子选项卡？怎样修改图表组成元素的格式？怎样修改图表标题？怎样在图表的数据系列上标注具体的数据值？怎样设置图表坐标轴上的刻度单位和刻度最小值、最大值？

17. 简述制作迷你图的操作步骤。

18. 打开素材文件夹中“7.3 演讲比赛记录 4”工作簿，在其中制作一个显示各位评委对所有同学的评分的柱形图表并适当编辑，图 7.116 供参考；然后制作每个评委对每个学生评分的迷你图，以“7.3 演讲比赛记录 5”为文件名保存操作结果。

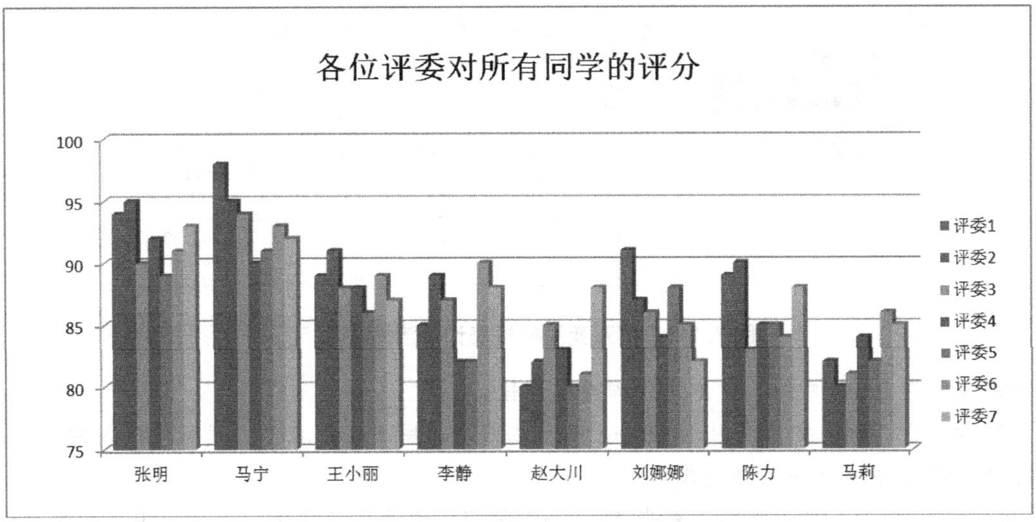

图 7.116 “各位评委对所有同学的评分”图表

19. 数据清单由工作表中________的一个单元格区域组成，各行的列数相同，其中不能有___行和____列，第一行单元格中的数据全是________型，除第一行外的其他每一行称为一条______，每一列的数据类型要_______，称为一个________。

20. 简述使用高级筛选功能对数据进行筛选的操作步骤。

21. 在进行分类汇总前，必须对用来分类的列__________________，然后单击______选项卡 ________组中的________________按钮，打开____________________对话框进行设置。

22. 使用“数据合并”功能，在设置存放合并后数据的工作表的字段名时要注意什么？

23. 在素材文件夹中“7.4 各分店销售记录 1”工作簿的 Sheet2 工作表中，创建数据透视表，在行标签中显示日期和商品类型，在列标签中显示分店名称，并显示各商品类型在各分店的销售数据和销售总计，如图 7.117 所示，以“7.4 各分店销售记录 3”为文件名，保存操作结果。

	A	B	C	D	E
1					
2	求和项:销售金额	列标签			
3	行标签	嘉定路店	人民路店	威海路店	总计
4	⊟2018/5/1	76366	46872	56183	179421
5	电视机	25000	24350	22530	71880
6	空调	37824	12710	10133	60667
7	洗衣机	13542	9812	23520	46874
8	⊟2018/5/2	76618	68100	86002	230720
9	电视机	28942	13520	16754	59216
10	空调	23150	26780	25670	75600
11	洗衣机	24526	27800	43578	95904
12	总计	152984	114972	142185	410141

图 7.117　创建的数据透视表

24. 给定一元二次方程未知数的系数和常数项后，使用单变量求解功能，求出该方程的一个根。

25. 甲乙两种硫酸铜溶液的浓度分别为 10%和 40%，用双变量模拟运算表计算用不同质量的甲乙溶液混合后，配出的溶液的浓度，图 7.118 供参考。

	A	B	C	D	E	F	G
1	溶液类型	质量(千克)					
2	甲溶液(浓度10%)质量	100					
3	乙溶液(浓度40%)质量	100					
4							
5	混合后溶液浓度	0.25	110	120	130	140	150
6		105	0.247	0.240	0.234	0.229	0.224
7		110	0.250	0.243	0.238	0.232	0.227
8		115	0.253	0.247	0.241	0.235	0.230
9		120	0.257	0.250	0.244	0.238	0.233
10		125	0.260	0.253	0.247	0.242	0.236
11		130	0.263	0.256	0.250	0.244	0.239

图 7.118　用双变量模拟表计算溶液浓度

26. 简述在 Excel 中导入文本文件的操作过程。

27. 为了在 Word 文档或 PowerPoint 演示文稿中，用 Excel 工作方式操作插入的 Excel 表格，应该用什么插入方式进行操作？

28. 为“7.6 员工花名册与工资表 D.xlsm”的“工资表”工作表录制一个宏，在其中设置条件格式，用来突出显示实发工资位于前 5 名的工资数。

第8章

演示文稿

Microsoft Office PowerPoint 2010 演示文稿制作软件是集文字、图形、动画、声音于一体的专门制作演示文稿的多媒体软件，本章在一般读者已经了解 PowerPoint 基本知识的基础上展开叙述，介绍 PowerPoint 的一些相对高级的功能。

8.1 规划与设计演示文稿

制作演示文稿的基本过程可以用图 8.1 所示的流程图表示。

图 8.1 制作演示文稿的基本过程

需求分析是在确定演示文稿主题的基础上，明确制作演示文稿的目的、服务对象及内容；规划设计是根据需求分析设计一个可行的方案，确定需要的多媒体素材、作品框架结构等，然后根据设计方案，收集加工制作演示文稿所需要的素材；最后利用 PowerPoint 软件制作演示文稿，并把制作好的演示文稿进行发布或打印，使演示文稿便于浏览。

8.1.1 需求分析

需求分析就是分析确定演示文稿所要表达的主题，明确演示文稿的浏览对象以及将要达到的目的和效果。表 8.1 所示是“公司介绍”演示文稿的需求分析。

表 8.1 “公司介绍”演示文稿的需求分析

问 题	要 求	内 容
确定主题	确定演示文稿要表达的主要内容或中心议题	制作名为“公司介绍”的演示文稿，主要从公司概况、技术优势、人才优势、企业文化、服务范围、服务保障等几个方面，向外界介绍公司
服务对象与制作目的	确定演示文稿的浏览对象、要达到的目的	以有互联网需求的中小企业为服务对象
预期效果	期望制作好的演示文稿所要达到的效果	通过演示文稿的形式，图文并茂、生动形象地介绍公司的基本情况，推介公司，扩展公司的业务范围

8.1.2 规划设计

规划设计包括设计演示文稿的内容、结构与版面。

① 内容设计：分析演示文稿要从哪几个部分来表达主题，根据要展示的内容，确定采用何种表现形式(文本、图形图像、视频、动画)，设计呈现方式。表 8.2 是“公司介绍”演示文稿的内容设计方案，供参考。

表 8.2 “公司介绍”演示文稿的设计方案

序号	栏 目	主要内容	表现形式
1	首页	演示文稿标题，录制一段公司的推荐音频，在此音频文件的烘托下，呈现主题	文字、音频
2	目录页	后续页面的导航链接	文字、图形
3	公司简介	介绍公司的基本情况	文字
4	服务范围	介绍公司的服务范围	SmartArt 图形
5	技术优势	介绍公司所拥有的技术优势	文字
6	服务保障	介绍公司的客户服务保障体系	文字
7	企业文化	宣传企业文化	文字、图片
8	人才优势	介绍公司所拥有的各类人才	文字、图表

② 结构设计：演示文稿的结构是指演示文稿的框架体系，它反映出各部分之间的相互关系。结构设计就是理清并画出演示文稿各部分之间的关系的示意图。图 8.2 所示是“公司介绍”演示文稿的整体结构图。

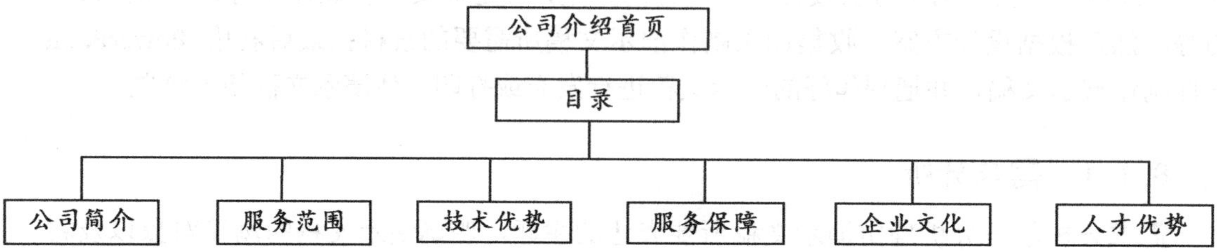

图 8.2 “公司介绍”演示文稿结构

③ 版面设计：给演示文稿设计一个清晰、美观、统一的版面风格，可以鲜明、突出地表达主题，给读者留下更深刻的印象。作品版面可以使用多媒体工具软件提供的模板，也可以自己设计具有个性化的版面。图 8.3 所示是为“公司介绍”演示文稿中的“人才优势”幻灯片所设计的版面。

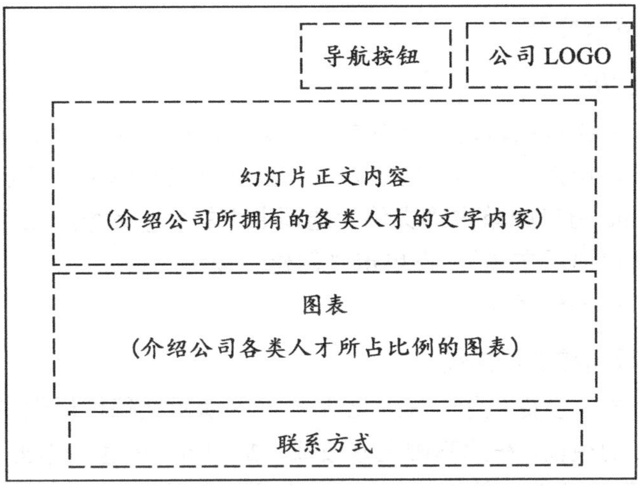

图 8.3 “人才优势”幻灯片的版面设计

演示文稿由若干个幻灯片(页面)组成，对于每一张幻灯片，都应该按照图 8.3 的方式，列出该幻灯片的主要内容和页面布局(称为“脚本”)。“脚本”就如同建筑工人的施工图，有了它制作时就心中有数了。

8.1.3 制作、发布与管理

演示文稿的规划设计完成以后，就可以使用 PowerPoint 软件进行加工与制作了。

① 制作并修饰幻灯片：根据规划设计的要求，把各种素材组合成一张张幻灯片。

② 检查调试：演示文稿基本制作完成后，要全面检查一下页面中是否有文字或图片错误、是否有知识性错误、是否体现了自己的意图、各页面之间的切换链接是否正常等。如果发现问题要及时改正。

③ 发布与管理：演示文稿制作完成后就可以使用了。还可以把它打包传送到别人的计算机上或放到网络上，使更多的人看到。

8.2 制作演示文稿

8.2.1 新建演示文稿

1. 创建空演示文稿

PowerPoint 启动后会自动新建一个空白演示文稿，可以在空白幻灯片中输入文字、插入图片、设置动画、切换效果等。还可以选择以下方法新建空白演示文稿。

① 在 PowerPoint 窗口中单击“文件”选项卡中的新建命令，在“可用的模板和主题”窗格中单击“空白演示文稿”，再单击“创建”按钮。

② 按键盘上的 Ctrl+N 键。

2. 使用样本模板新建演示文稿

PowerPoint 的样本模板提供了一些已经制作好的演示文稿样板供参考，可以根据需要从中选择一个适当的模板，在此基础上修改或添加内容，快速制作出自己的演示文稿。

① 打开“文件”选项卡，单击新建命令，如图 8.4 所示。

② 在“可用的模板和主题”窗格中单击“样本模板”命令，在打开的“样本模板”列表框中列出了 PowerPoint 所提供的演示文稿样本模板，选择一种所需要的模板(这里选择“项目状态报告”)，如图 8.5 所示。

图 8.4 “可用的模板和主题”界面

图 8.5 选择演示文稿的类型

③ 单击“创建”按钮，屏幕上出现演示文稿的第 1 张幻灯片，如图 8.6 所示。

拖动幻灯片窗格右侧的滚动块可以看出，这个演示文稿共有 11 张幻灯片，可以在此基础上删除、修改或增加幻灯片，从而生成符合要求的演示文稿。如果演示文稿的类型选择得比较恰当，利用这种方法可以迅速制作出自己的演示文稿。

PowerPoint 预设的模板毕竟有限，要想找到更多的模板，可以从 office.com 网站下载。

图 8.6 根据样本模板生成的演示文稿

3. 使用主题新建演示文稿

所谓主题就是 PowerPoint 系统预先设计好的待用模板文档，其中的背景图案、色彩搭配、文本格式、标题层次都是已经设计好的，可以根据自己的喜好选定模板，其中的格式会自动应用到演示文稿上。用户选择一种主题后，再输入文本、插入图片等即可创建出演示文稿。也就是说，主题只是提供了背景，其中的内容需要用户自己输入。具体操作方法如下：

启动 PowerPoint 后，单击“文件”选项卡中的新建命令，在“可用的模板和主题”窗格中单击“主题”命令，在打开的“主题”列表框中可以浏览 PowerPoint 提供的各种主题模板，如图 8.7 所示。

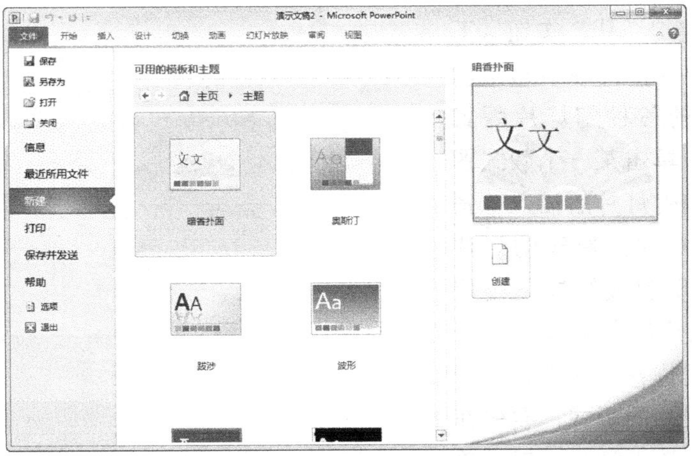

图 8.7 “主题”模板列表

单击某个主题模板示意图，再单击“创建”按钮，屏幕上出现一张根据这个主题创建的幻灯片，如图 8.8 所示是根据“波形”主题创建的幻灯片，可以根据需要在幻灯片中输入文字、插入图片等。

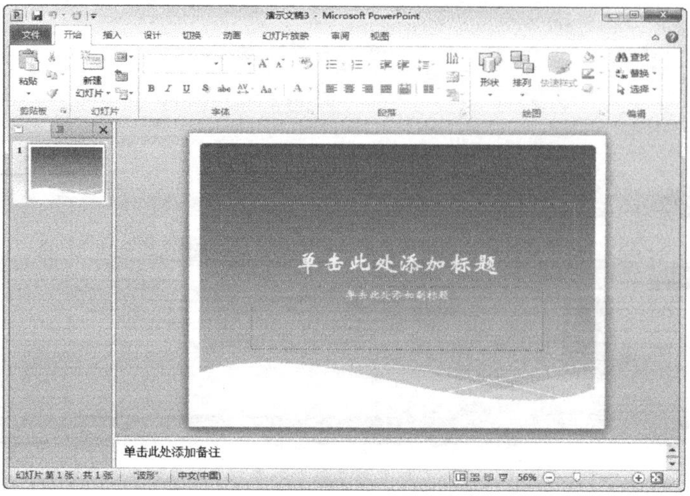

图 8.8 使用主题创建的空白幻灯片

4. 根据现有演示文稿创建演示文稿

单击"可用的模板和主题"窗格中的"根据现有内容新建"命令，打开"根据现有演示文稿新建"对话框，可以从已有的演示文稿中选择一个作为模板，进行设计和修改。

8.2.2 幻灯片版式和页面设置

1. 幻灯片版式

文本、图片、图表等对象在幻灯片上的位置和格式，称为幻灯片的版式。在"开始"选项卡的"幻灯片"组中，单击"新建幻灯片"按钮下方的▾，在打开的下拉列表中显示出PowerPoint 提供的各种幻灯片版式(如图 8.9 所示)，单击某一个版式图标，就可以在当前幻灯片后插入一张这种版式的新幻灯片。新建幻灯片后，幻灯片中出现的虚线框是占位符，它们规定了幻灯片上文本、图片、图表在幻灯片中的位置。如果要改变已经制作好的幻灯片的版式，要先在幻灯片窗格中显示该幻灯片，然后单击"开始"选项卡"幻灯片"组中的版式▾按钮，在打开的版式下拉列表中单击另一种版式图标，就可以使当前幻灯片采用这种版式。

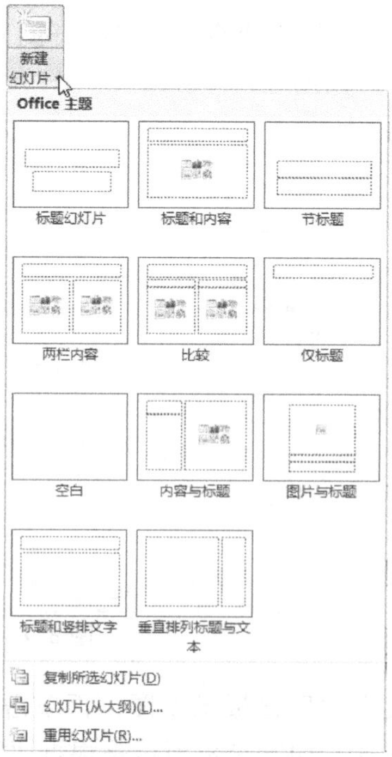

图 8.9 "新建幻灯片"按钮下拉列表

还可以通过以下几种方法添加新幻灯片：

① 在幻灯片缩略图/大纲窗格的“幻灯片”或“大纲”选项卡中，选择某张幻灯片后，单击“新建幻灯片”按钮或者按回车键，就可在当前幻灯片后面添加一张同样版式的幻灯片。

② 在幻灯片缩略图/大纲窗格的“幻灯片”选项卡中，右击某张幻灯片，在弹出的快捷菜单中单击 新建幻灯片(N)，即可在当前幻灯片后面添加一张同样版式的幻灯片。

③ 在幻灯片浏览视图中，选择某张幻灯片后，单击“新建幻灯片”按钮或者右击，在弹出的快捷菜单中单击 新建幻灯片(N)，也可在当前幻灯片后面添加新幻灯片。

如果当前幻灯片是标题幻灯片，使用以上三种方法创建幻灯片时，将在标题幻灯片后面添加“标题和内容”版式幻灯片。

2. 页面设置

新建幻灯片后，单击“设计”选项卡“页面设置”组中的按钮，打开“页面设置”对话框，如图8.10所示，可以根据需要改变幻灯片的大小、方向等。此外，默认幻灯片是从1开始编号，如果不希望幻灯片从1开始编号，可以在“幻灯片编号起始值”框中更改幻灯片的起始编号。

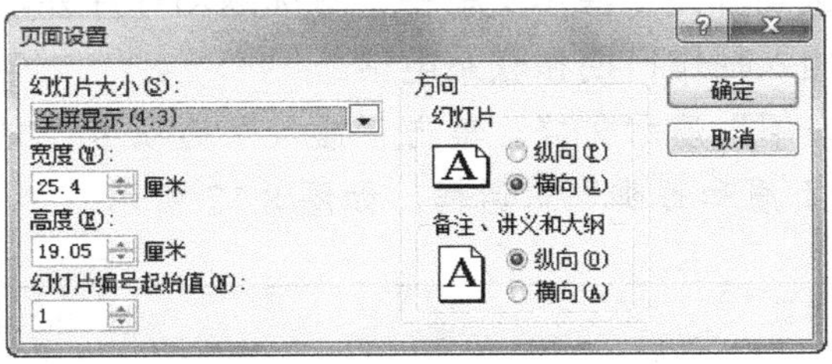

图8.10 “页面设置”对话框

【例8.1】制作“公司介绍”演示文稿，要求幻灯片页面大小为“全屏显示(16:10)”，并根据演示文稿的规划设计为每张幻灯片选用合适的版式、输入相应的内容，以“8.1公司介绍”为文件名保存演示文稿。

① 启动PowerPoint，单击“设计”选项卡“页面设置”组中的按钮，打开“页面设置”对话框。

② 单击“幻灯片大小”框下方的▼，在打开的下拉列表中选择全屏显示(16:10)，单击 确定 。

③ 在第1张幻灯片的占位符中输入演示文稿的标题，然后单击“开始”选项卡“幻灯片”组中“新建幻灯片”按钮下方的▼，选择“标题和内容”版式，新建一张“标题和内容”版式的幻灯片，在新幻灯片中输入“公司简介”相关的内容。依此方法，制作演示文稿中的其余幻灯片，如图8.11所示。

④ 以“8.1公司介绍”为文件名保存演示文稿。

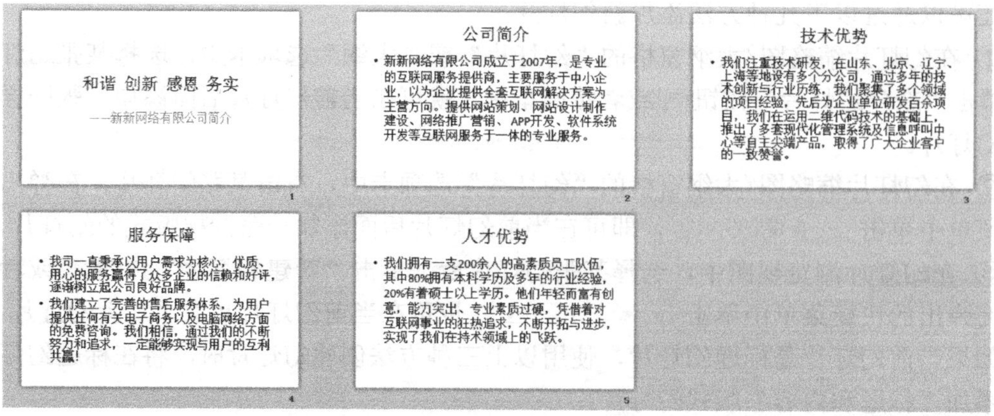

图 8.11　制作好的演示文稿

8.2.3　在幻灯片中插入页眉和页脚

和 Word 文档一样，在幻灯片中也可以使用页眉和页脚，其页眉页脚信息包括幻灯片编号、演示日期、时间及其他相关的信息。

【例 8.2】在“8.1 公司介绍”演示文稿中，除标题幻灯片外，在其余幻灯片中插入幻灯片编号，在页脚区插入制作日期和联系电话。

① 打开“8.1 公司介绍”演示文稿。单击“插入”选项卡“文本”组中的“页眉和页脚”按钮，打开“页眉和页脚”对话框，如图 8.12 所示。

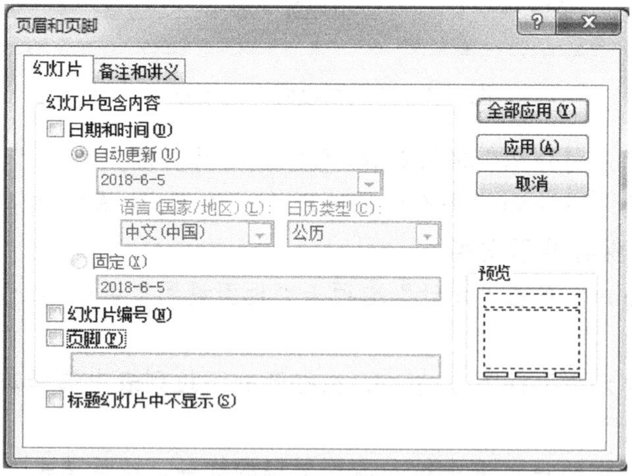

图 8.12　“页眉和页脚”对话框

在“页眉和页脚”对话框中可以设置日期、时间、幻灯片编号等信息，这些信息将作为幻灯片的页脚插入在幻灯片默认的占位符中。在对话框的“预览”框中可以看到这些信息在幻灯片中的默认位置，日期和时间在左下角，幻灯片编号在右下角，其他信息位于日期时间和编号之间。

② 选中◉固定(X)，在下面的文字框中输入固定的日期和时间。如果选中◉自动更新(U)，

单击其下方的▼按钮，在弹出的下拉列表中可以选择时间的显示样式。

③ 选中☑幻灯片编号(N)，幻灯片右下角就会显示编号。

④ 单击“页脚”复选项下面的文字框，输入要插入的页脚文字“联系我们：13864511111”，这些文字将出现在幻灯片的底部。

⑤ 选中☑标题幻灯片中不显示(S)，演示文稿的标题幻灯片中就不显示日期、时间、编号等信息。

⑥ 设置完后，单击[全部应用(Y)]，所设置的辅助信息会应用到演示文稿的所有幻灯片中；如果单击[应用(A)]，所设置的辅助信息只应用到当前幻灯片中。图 8.13 是为“公司介绍”演示文稿插入页眉页脚信息后的效果。

⑦ 以“8.2 公司介绍”为文件名保存演示文稿。

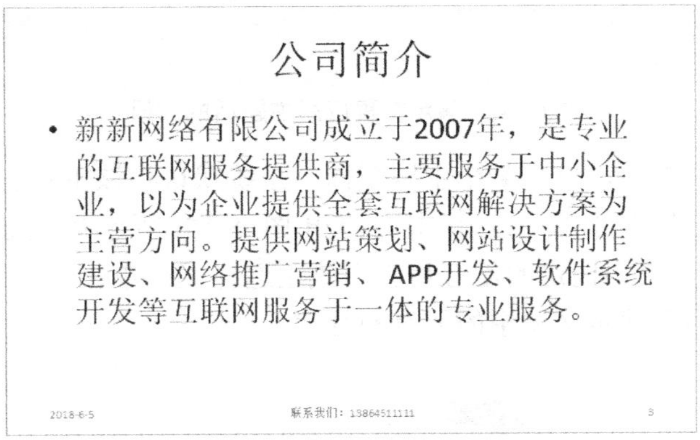

图 8.13　插入页眉页脚信息后的幻灯片

8.2.4　应用主题美化幻灯片

PowerPoint 提供了很多实用的主题样式，对幻灯片的背景，各对象的位置，文字的字体、颜色、字号等进行了预设。除了前面学习的通过主题新建演示文稿的方法外，还可以为已经制作好的演示文稿应用主题样式，轻而易举地使自己的演示文稿变得美观大方。

【例 8.3】为“8.2 公司介绍”演示文稿设置“新闻纸”主题。

① 打开“8.2 公司介绍”演示文稿，单击状态栏中的“幻灯片浏览视图”按钮▦，切换到浏览视图状态。

② 打开“设计”选项卡，在“主题”组的列表框中列出了 PowerPoint 提供的各种主题样式，将鼠标指针指向某个主题样式示意图，可显示出这个主题样式的名称。单击某个主题样式，就可为演示文稿中的所有幻灯片应用这种主题样式。这里选择“新闻纸”主题样式，效果如图 8.14 所示。

③ 以“8.3 公司介绍”为文件名保存起来。

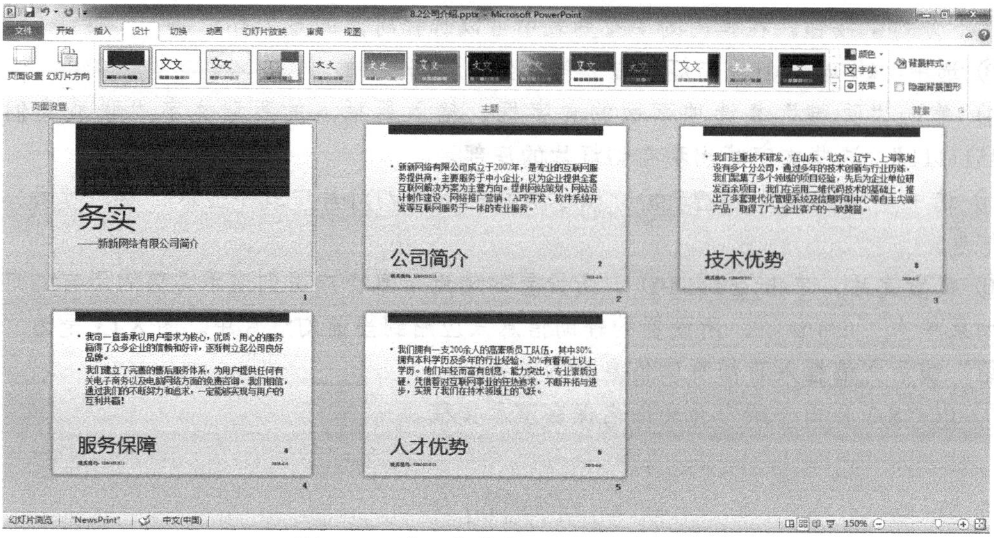

图 8.14 演示文稿应用主题后的效果

在主题样式列表框中，单击某个主题图标，系统默认将该主题应用到演示文稿的所有幻灯片中。如果在主题图标上右击，打开图 8.15 所示的右键快捷菜单，单击应用于选定幻灯片(S)，则只为选定的幻灯片应用该主题样式；单击应用于所有幻灯片(A)，可以将这个主题样式应用于演示文稿中的所有幻灯片。

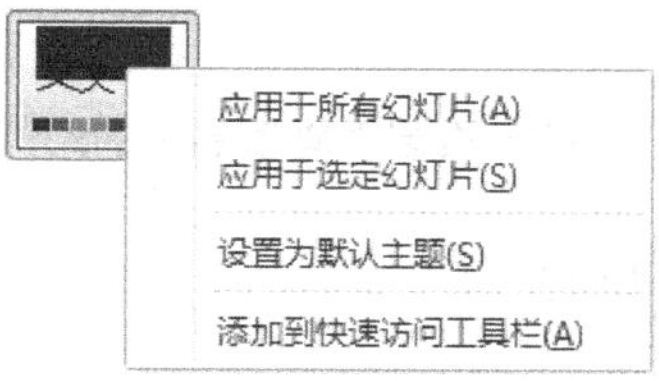

图 8.15 主题样式右键快捷菜单

8.2.5 使用母版设计演示文稿

制作演示文稿时，版式风格、色彩色调、页面布局、文字效果等应该有统一的风格。可以根据自己的需求设计幻灯片母版，对演示文稿中的每张幻灯片设置符合个性要求的统一的样式，从而大大节省制作幻灯片的时间。PowerPoint 中的母版有 4 种类型：幻灯片母版、标题母版、讲义母版、备注母版。其中最常用的是幻灯片母版。

1. 幻灯片母版

每一个演示文稿都有自己的幻灯片母版，用来存储该演示文稿中各幻灯片上的公共信息(包括主题、背景、颜色、字体、效果、占位符大小和位置)。如果要修改全部幻灯片的外观，则只需在幻灯片母版上做一次修改，PowerPoint 将自动更新所有幻灯片。例如，在母版中放上一些文字或图片后，套用该母版的所有幻灯片上都会显示这些文字或图片；改变占位符文本的颜色，将使已有的幻灯片和新添幻灯片的文本自动变为这种颜色。

【例 8.4】修改“8.3 公司介绍”演示文稿的母版，在每张幻灯片中插入公司徽标，并设置幻灯片标题的字体为“华文中宋”“深蓝色”，幻灯片正文文字为“华文新魏”，以“8.4 公司介绍”为文件名保存起来。

① 启动 PowerPoint，单击“视图”选项卡“母版视图”组中的幻灯片母版，进入幻灯片母版视图，如图 8.16 所示。

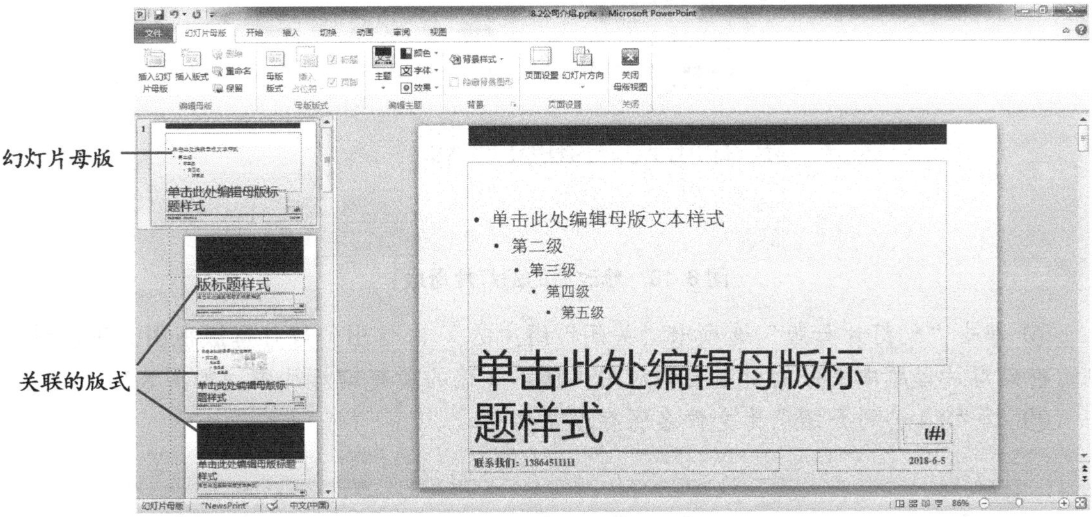

图 8.16　幻灯片母版视图

在幻灯片缩略图窗格中，最上面较大的那张幻灯片称为幻灯片母版，幻灯片母版下方的是与该母版关联的版式。在右侧的幻灯片窗格中，可以看到 PowerPoint 对幻灯片母版进行了默认设置。

② 在幻灯片缩略图窗格中，单击第 1 张幻灯片母版缩略图，在幻灯片窗格中选中“单击此处编辑母版标题样式”这几个字，打开“开始”选项卡；设置字体为“华文中宋”，颜色为“深蓝”色。选中“单击此处编辑母版文本样式”文本框中的所有文字，在“开始”选项卡中设置字体为“华文行楷”。再插入新幻灯片时，其标题格式就会自动更改。

③ 单击“插入”选项卡“图像”组中的“图片”图片，打开“插入图片”对话框，如图 8.17 所示。

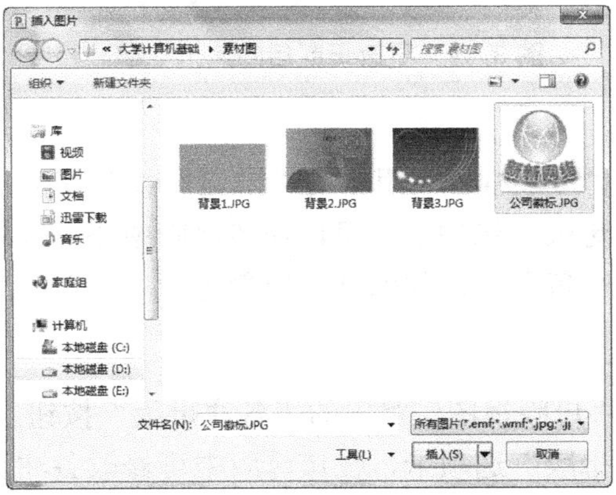

图 8.17　“插入图片”对话框

④ 打开“素材图”文件夹，单击要插入的“公司徽标”图片，再单击 插入(S) 按钮，调整图片的位置和大小，这样插入的图片会出现在应用此母版的所有幻灯片中，如图 8.18 所示。

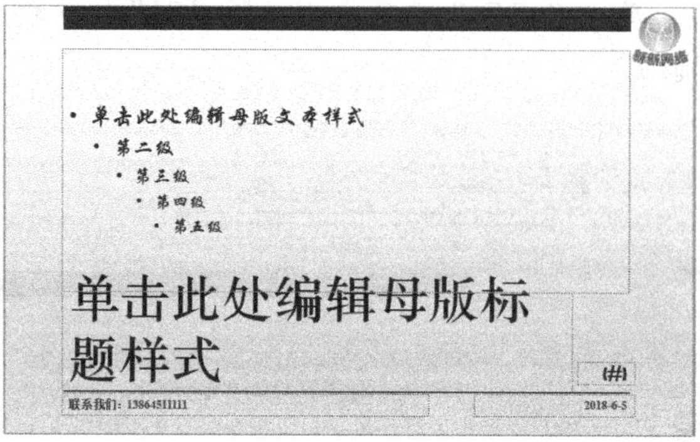

图 8.18　修改后的幻灯片母版

⑤ 单击“幻灯片母版”选项卡“关闭”组中的 关闭母版视图，退出幻灯片母版视图。可以看到，在幻灯片母版中所做的设置自动应用于演示文稿的所有幻灯片中，如图 8.19 所示。

⑥ 以“8.4 公司介绍”为文件名保存演示文稿。

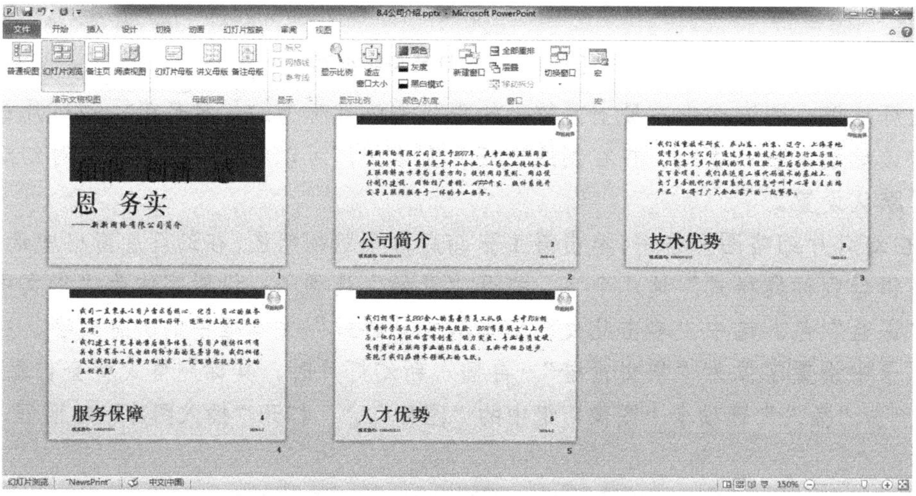

图 8.19　更改母版后的演示文稿

2. 讲义母版

单击“视图”选项卡“母版视图”组中的“讲义母版”按钮 讲义母版，可进入讲义母版视图，功能区中出现“讲义母版”选项卡，可以在该母版中添加或修改在每一页讲义中出现的页眉或页脚信息、改变每页显示的幻灯片数量等。

3. 备注母版

单击“视图”选项卡“母版视图”组中的“备注母版”按钮 备注母版，可进入备注母版视图，功能区中出现“备注母版”选项卡，在该母版中可修改备注页的版式和格式。

8.2.6 在幻灯片中插入对象

在幻灯片中适当地插入一些图片、艺术字、形状、表格或图表等对象，可以增加作品的表现力，其方法与在 Word 中的操作方法类似，这里只做简单介绍。其方法是：

选定要插入对象的幻灯片，使其成为当前幻灯片，然后打开“插入”选项卡，单击“图像”组中的“图片”、“剪贴画”，单击“插图”组中的“图表”、“形状”，单击“文本”组中的“艺术字”，就可以分别插入来自文件的图片、剪贴画、图表、形状、艺术字。单击“插入”选项卡“表格”组中的“表格”按钮，在弹出的“插入表格”下拉列表中拖动鼠标选择表格的行列数，即可在幻灯片中插入表格。

说明 在幻灯片中插入图片、表格等对象，还可以使用幻灯片中的占位符来实现。当幻灯片采用的是“标题和内容”“两栏内容”“比较”“内容与标题”“图片与标题”版式时，占位符中会提供表格、图片等对象的占位符。图 8.20 所示的幻灯片采用的就是“标题和内容”版式，单击“单击此处添加文本”占位符中的“插入表格”按钮可以插入表格；单击“插入图表”按钮可以插入图表；单击“插入 SmartArt 图形”按钮可以插入 SmartArt 图形；单击“插入来自文件的图片”按钮可以插入图片；单击“剪贴画”按钮可以插入剪贴画；单击“插入媒体剪辑”按钮可以插入视频文件。

图 8.20 利用占位符插入各种对象

【例 8.5】在“8.4 公司介绍”演示文稿的第 1 张幻灯片后，插入一张“仅标题”版式的幻灯片，在其中输入目录页幻灯片的内容。在第 5 张幻灯片后新建“内容与标题”版式幻灯片并输入相关内容，在第 7 张幻灯片中插入图表，以“8.5 公司介绍”为文件名保存演示文稿。

① 打开“8.4 公司介绍”演示文稿，在第 1 张幻灯片后插入“仅标题”版式幻灯片，在幻灯片标题占位符中输入“目录”。

② 单击“插入”选项卡“插图”组中的“形状”按钮，在“基本形状”列表中选择“泪滴形”，在幻灯片中按住左键拖动，插入一个泪滴形状，如图 8.21 所示。

图 8. 21　插入形状

③ 选中插入的泪滴形状，打开“绘图工具/格式”选项卡，在“形状样式”列表框中选择“强烈效果—深红，强调颜色 1”，如图 8.22 所示，改变泪滴形状的样式。

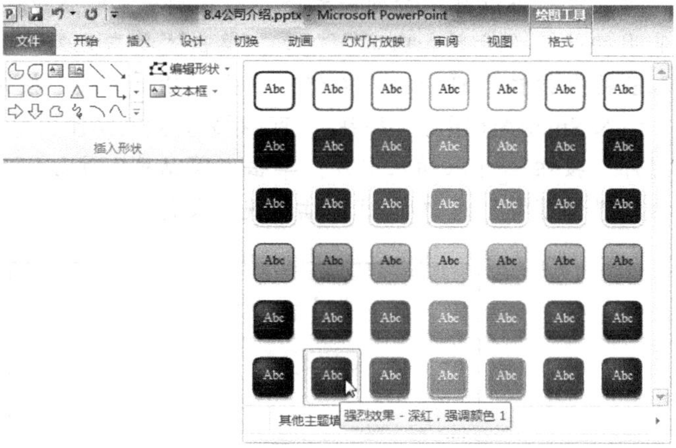

图 8. 22　改变形状样式

④ 在泪滴形状上右击，在打开的快捷菜单中单击 编辑文字(X)，如图 8.23 所示，形状上出现插入点光标(或者直接单击泪滴形状)，输入“1”。用同样的方法制作其他 5 个泪滴形状，调整它们的位置，如图 8.24 所示。

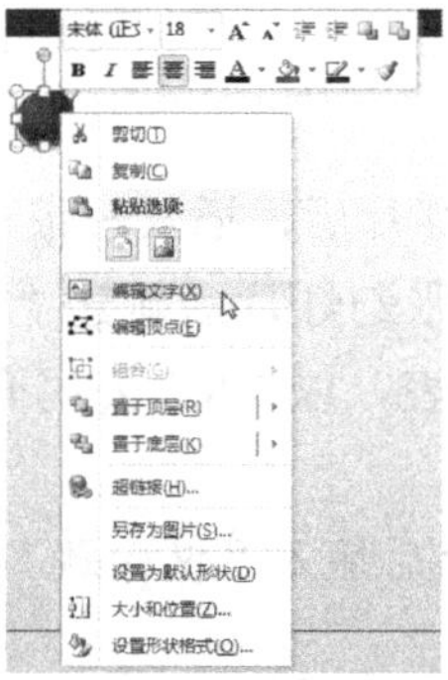

图 8. 23　在形状中插入文字

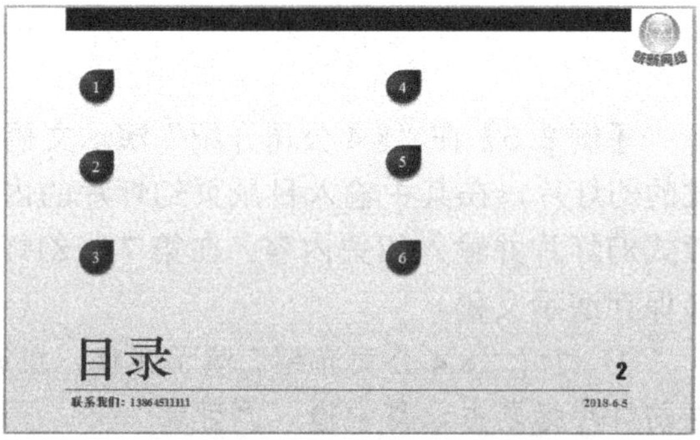

图 8. 24　插入形状后的效果

⑤ 单击“插入”选项卡“文本”组中“文本框”按钮下方的˅，在打开的下拉列表中选择 横排文本框(H) 命令，在每个泪滴形状右面插入文本框，分别输入内容，设置字体为“华文新魏”、字号为“36”号，如图 8.25 所示。

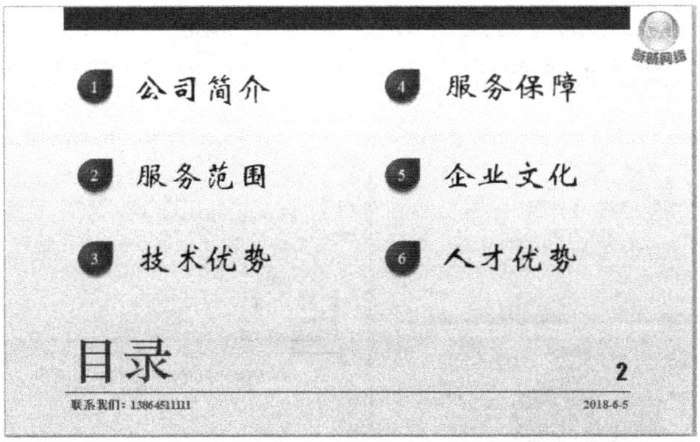

图 8.25 “目录”页幻灯片

⑥ 在第 5 张幻灯片后插入一张“内容与标题”版式的幻灯片，在占位符中输入文字。单击“插入”选项卡“图像”组中的“图片”按钮，打开“插入图片”对话框，选择要插入的图片，单击插入(S)按钮，插入一幅图片，适当调整其大小并放置到合适位置，如图 8.26 所示。

图 8.26 插入新幻灯片

⑦ 在幻灯片窗格中显示第 7 张幻灯片，单击“插入”选项卡“图像”组中的“图表”，打开“插入图表”对话框，如图 8.27 所示。

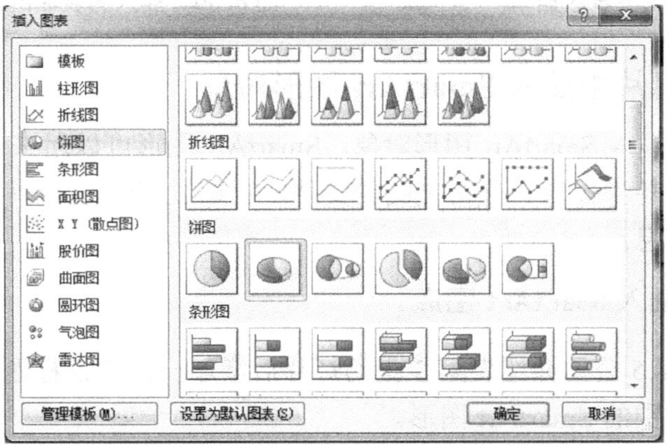

图 8.27 “插入图表”对话框

⑧ 选择“饼图”类别中的“三维饼图”，单击 确定 ，幻灯片中出现一个饼图，同时打开 Excel 窗口，如图 8.28 所示。

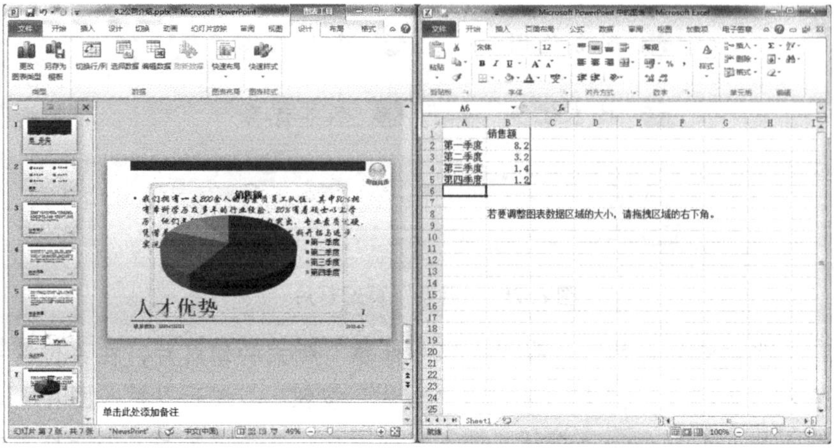

图 8.28 插入图表

⑨ 在 Excel 工作表中输入图表中的数据，如图 8.29 所示；关闭 Excel 窗口，可以看到幻灯片中的图表已经根据所输入的数据更新了。选定图表标题“数量”，输入新图表标题“企业人才储备”，拖动图表框四周的控制点，调整图表的大小及位置，如图 8.30 所示。

⑩ 以“8.5 公司介绍”为文件名保存演示文稿。

	A	B
1	职称	数量
2	高级工程师	30
3	工程师	51
4	助理工程师	68

图 8.29 编辑图表数据

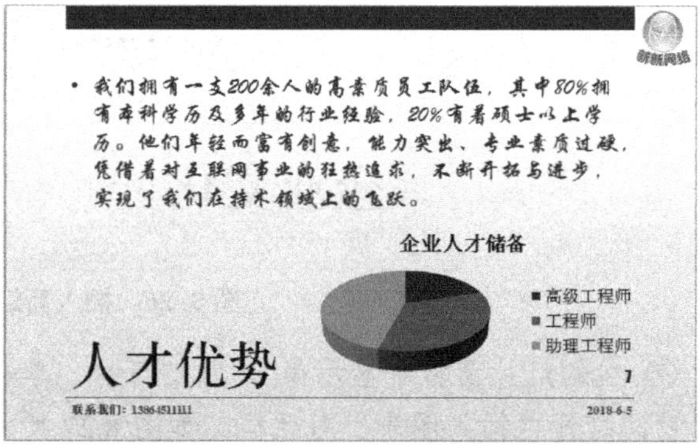

图 8.30 插入图表后的幻灯片

8.2.7 在幻灯片中插入 SmartArt 图形对象

可以在幻灯片中插入 SmartArt 图形对象。SmartArt 图形可以用来表明单位、公司部门之间的关系，以及各种报告、分析之类的文件，它通过图形结构和文字说明，有效地传达作者的观点和信息。

1. 在幻灯片中插入 SmartArt 图形

【例 8.6】 在“8.5 公司介绍”第 3 张幻灯片后增加一张“仅标题”版式的幻灯片，插入说明公司服务范围的 SmartArt 图形。

① 打开“8.5 公司介绍”演示文稿，在第 3 张幻灯片后新建一张“仅标题”版式的

幻灯片。在标题占位符中输入“服务范围”。

② 单击“插入”选项卡“插图”组中的 SmartArt 按钮，打开“选择 SmartArt 图形”对话框，在对话框左侧的列表框中选择图形类型(这里选择 列表)，然后在右侧的列表框中选择具体的图形布局，这里选择“交替六边形”布局，如图 8.31 所示。

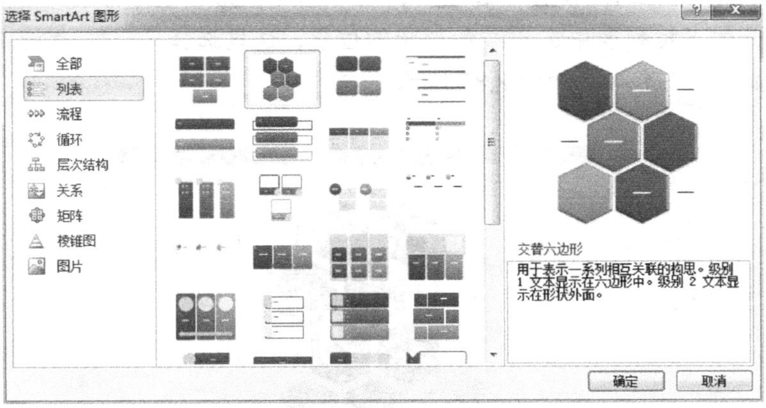

图 8.31　“选择 SmartArt 图形”对话框

③ 单击 确定 ，所选样式的 SmartArt 图形就插入到幻灯片中，同时在 SmartArt 图形左侧出现文本窗格，如图 8.32 所示，可以在文本窗格中输入或编辑在 SmartArt 图形中显示的文字。

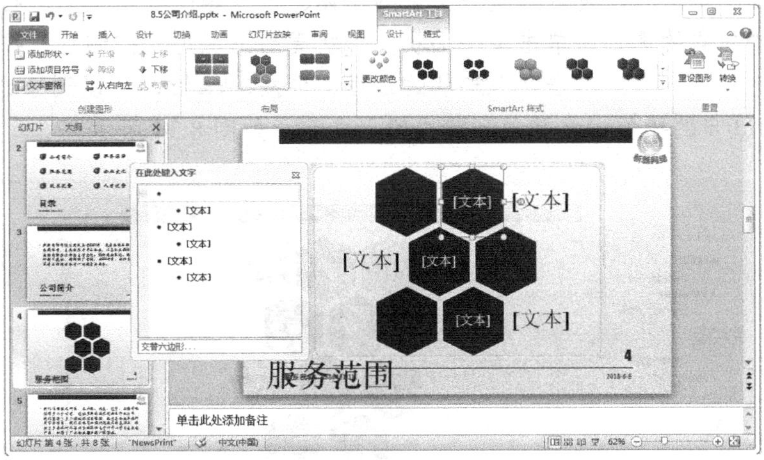

图 8.32　在幻灯片中插入 SmartArt 图形

如果文本窗格没有出现，单击“SmartArt 工具/设计”选项卡“创建图形”组中的 文本窗格 ，就可以显示“文本窗格”。单击 SmartArt 图形选中框左侧的 按钮，也可以打开文本窗格。

④ 刚插入的 SmartArt 图形周围有选中框，拖动选中框的边框可以改变 SmartArt 图形的位置；拖动选中框四周的控制点，可以调整 SmartArt 图形的大小。

插入 SmartArt 图形后，功能区中将出现“SmartArt 工具/设计”和“SmartArt 工具/

格式”选项卡。在“SmartArt 工具/设计”选项卡中，可在 SmartArt 图形中添加形状、调整形状的级别，以及更改 SmartArt 图形的布局、设置样式等；在“SmartArt 工具/格式”选项卡中，可以对 SmartArt 图形进行美化操作。

⑤ 单击最底层标有“文本”的形状，四周出现 8 个尺寸控制点，表明选中了这个形状。打开“SmartArt 工具/设计”选项卡，在“创建图形”组中单击 添加形状 按钮右侧的▾，在打开的下拉列表中选择添加形状的位置，这里选择 在后面添加形状(A)，就在这一层后面添加了一个形状，如图 8.83 所示。

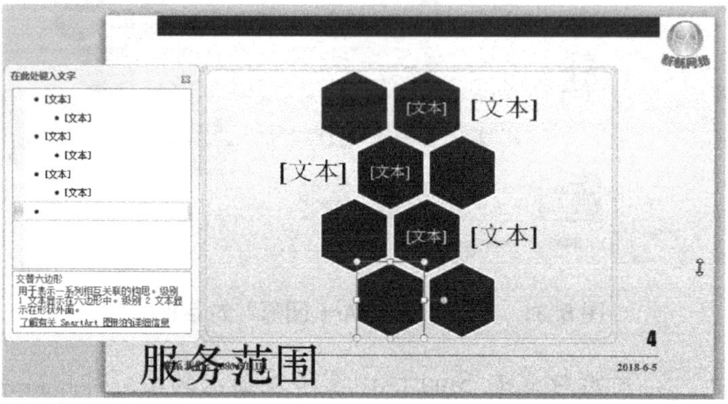

图 8.33　为 SmartArt 图形添加形状

⑥ 将鼠标指针移到顶端形状中单击，出现插入点光标后输入“网站建设”四个字，可以像修改普通文本一样，设置形状中文字的字体、字号等；输入完后，在形状外的空白处单击，取消对它的选定。单击某个形状，形状周围出现尺寸控制点，按住鼠标左键拖动可以调整形状的大小。单击某个形状的边框，再按Delete键，可以删除这个形状。

⑦ 仿照第⑥步的操作，在其他形状中输入文字，如图 8.34 所示。

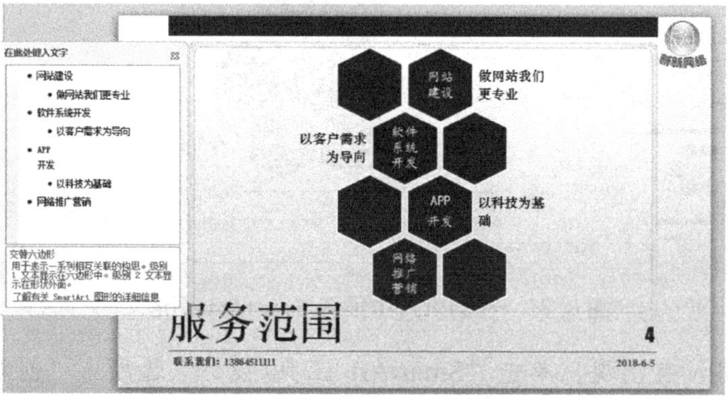

图 8.34　在 SmartArt 图形中输入文字

⑧ 选中整个 SmartArt 图形，在“SmartArt 工具/设计”选项卡的“SmartArt 样式”组中，单击列表框右侧的▾按钮，在弹出的下拉列表（如图 8.35 所示）中选择需要的 SmartArt 样式（这里选择“优雅”样式）。单击 更改颜色 按钮，在弹出的下拉列表（如图 8.36 所示）中选择需要的颜色，这里选择“彩色填充－强调文字颜色 1”。

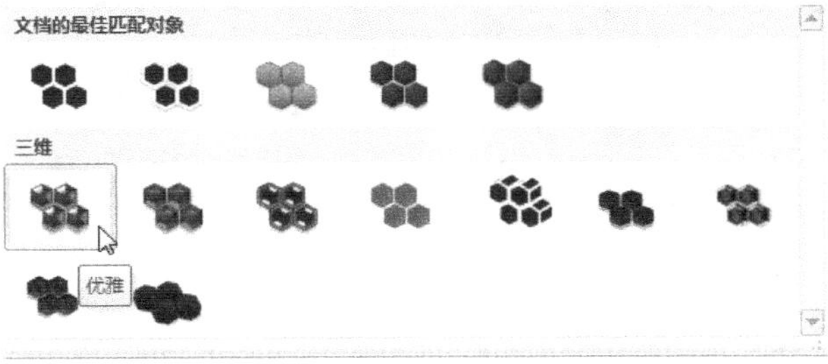

图 8.35　调整 SmartArt 图形的样式

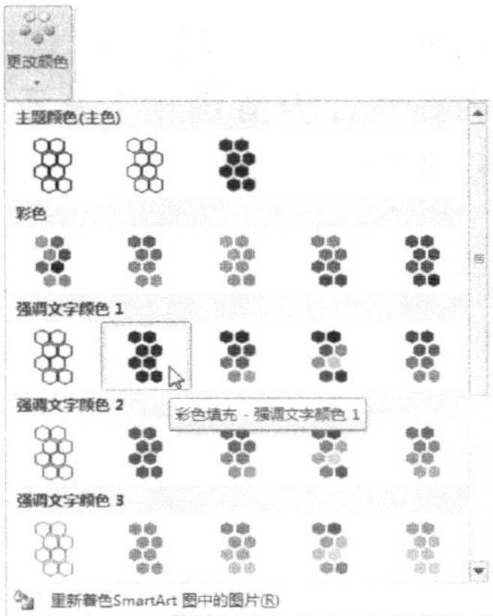

图 8.36　调整 SmartArt 图形的颜色

⑨ 设置后的最终效果如图 8.37 所示，以“8.6 公司介绍”为文件名保存演示文稿。

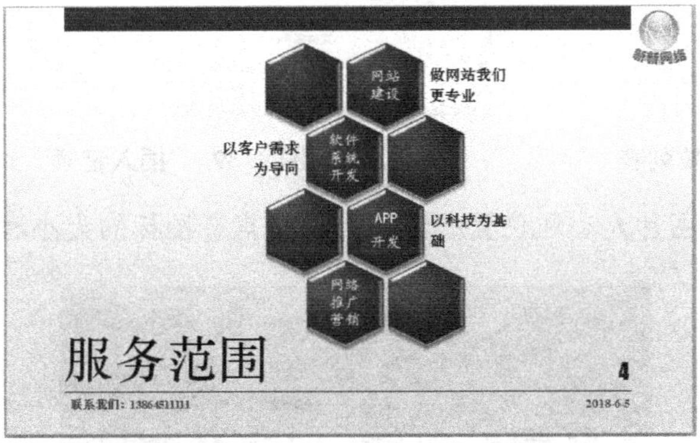

图 8.37　SmartArt 图形的最终效果

2. 将幻灯片文本转换为 SmartArt 图形

演示文稿中通常包含带项目符号列表的幻灯片，可将项目符号列表中的文本转换为 SmartArt 图形。方法是：选定幻灯片中的文本内容，单击“开始”选项卡“段落”组中的 转换为 SmartArt 按钮，在打开的下拉列表中选择所需的 SmartArt 图形布局(也可以单击 其他SmartArt 图形(M)...)，打开“选择 SmartArt 图形”对话框进行选择，幻灯片中的文本将自动放入所选的 SmartArt 图形中。

8.2.8　在幻灯片中插入声音

在幻灯片中可以插入多种格式的声音文件，如 WAV 格式、MIDI 格式、MP3 格式的声音文件，还可以自己给幻灯片配解说词。

1. 在幻灯片中插入背景音乐

【例 8.7】 在“8.6 公司介绍”演示文稿的第 1 张幻灯片中，插入一段背景音乐。

① 打开“8.6 公司介绍”演示文稿，显示第 1 张幻灯片。

② 单击“插入”选项卡“媒体”组中“音频”按钮下方的，在弹出的下拉列表中(如图 8.38 所示)单击 文件中的音频(F)... 命令，打开“插入音频”对话框，如图 8.39 所示；

打开存放音频素材的文件夹，选中要插入的音频文件，单击 插入(S) ，幻灯片上出现一个声音图标，声音图标下方还出现了一个音频工具栏，用于调整声音播放进度及音量等，如图 8.40 所示。

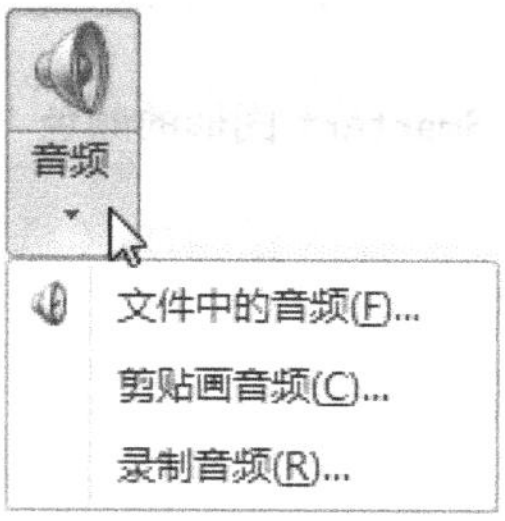

图 8.38 “音频”按钮下拉列表

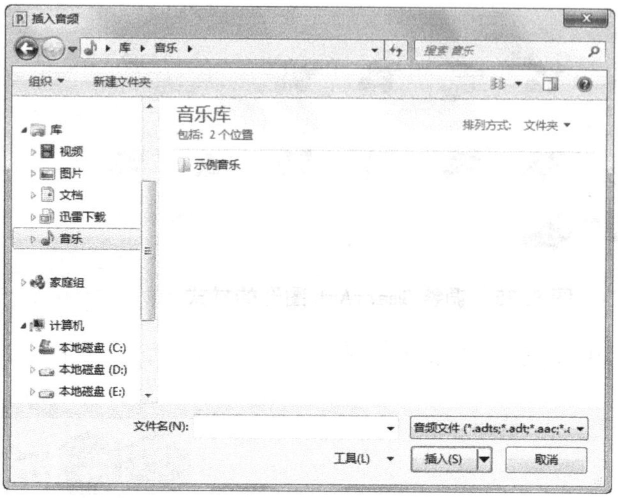

图 8.39 “插入音频”对话框

③ 可以按照调整图片大小和位置的方法，调整声音图标的大小和位置。

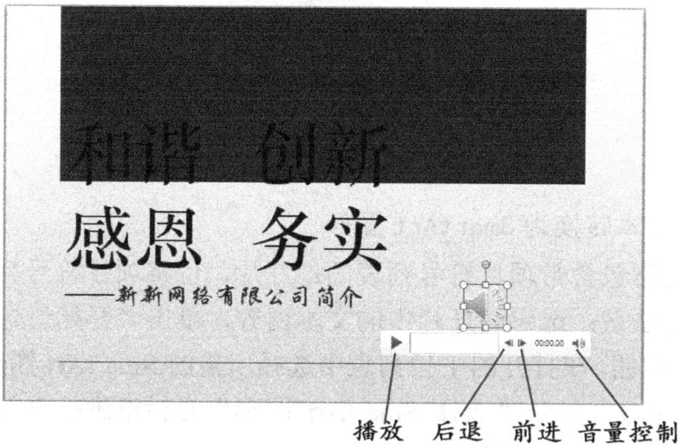

图 8.40 声音图标及音频工具栏

④ 单击选中声音图标，在“音频工具/播放”选项卡的“音频选项”组中，勾选 ☑ 循环播放，直到停止 ，会连续播放声音文件直到停止播放或转到下一张幻灯片为止；勾选 ☑ 放映时隐藏 ，在放映幻灯片时就看不到声音图标。放映幻灯片时，默认是单击声音图标才能播放音频文件，如果想让声音文件自动播放，可以单击 开始: 单击时(C) 右侧的 ▾，在下拉列表中单击 自动(A)，在放映幻灯片时，无须单击就会自动播放插入的音频文件，如图 8.41 所示。

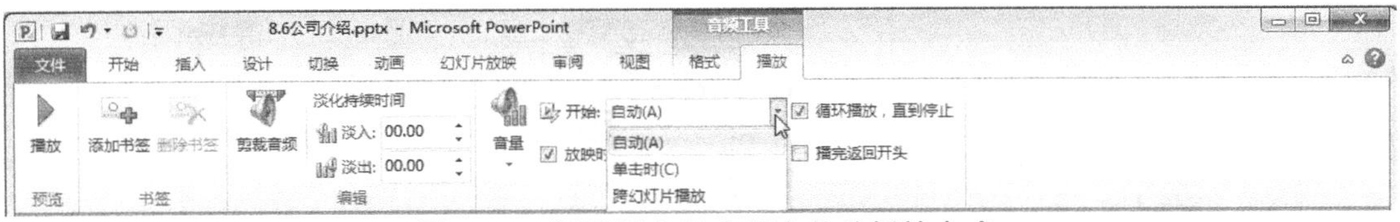

图 8.41　设置插入的音频文件的播放方式

⑤ 播放这张幻灯片，就可以听到所设置的背景音乐了。

⑥ 以“8.7 公司介绍”为文件名保存演示文稿。

在图 8.38 所示的“音频”下拉列表中，单击剪贴画音频(C)... 命令，可以使用“剪贴画”库中的声音或音乐。

插入到幻灯片中的声音还可以删除，方法是：单击幻灯片中的声音图标，再按一下 Delete 键。声音图标被删除后，再放映幻灯片时就没有背景音乐了。

2. 为幻灯片配解说词

单击“插入”选项卡“音频”下拉列表中的录制音频(R)...，打开图 8.42 所示的“录音”对话框。插好麦克风，单击“录音”按钮，就可以对着麦克风录音了。录音完毕后单击“停止”按钮，停止录音。

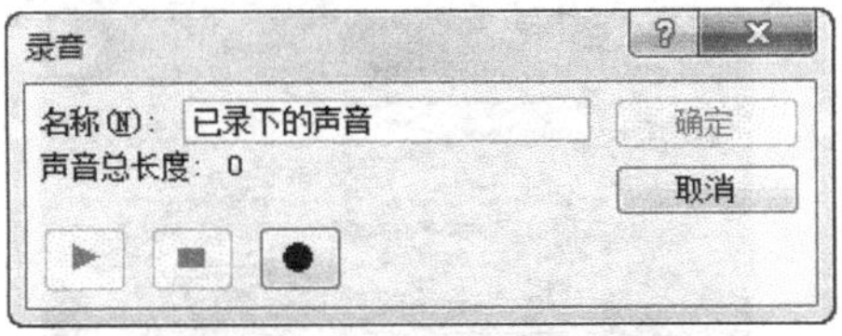

图 8.42 “录音”对话框

在录音过程中，“声音总长度：”后面会随时显示录音的时间(单位是秒)。单击“放音”按钮可以听到刚才录音的效果；如果对录音效果不满意，可以再单击“录音”按钮重新录音，直到满意为止。单击 确定 ，幻灯片中会出现一个表示声音的图标。播放这张幻灯片时，单击声音图标，就可以听到录制的声音了。

8.2.9 在幻灯片中插入视频

在播放幻灯片的过程中，如果能插入一段与幻灯片内容相关的动画或视频文件，肯定会增加作品的表现力。也可以用视频文件来示范某些实验、动作或其他用文字不易表达的内容。AVI、MP4、MOV 格式的影片文件都可以插入到幻灯片中。

【例 8.8】 在“8.7 公司介绍”演示文稿的第 8 张幻灯片后，插入一段介绍公司员工风采的视频文件。

① 打开“8.7 公司介绍”演示文稿，显示第 8 张幻灯片，插入一张空白版式的幻灯片。

② 单击“插入”选项卡“媒体”组中“视频”按钮下方的，在弹出的下拉列表中单击 文件中的视频(F)...，打开图 8.43 所示的“插入视频文件”对话框。

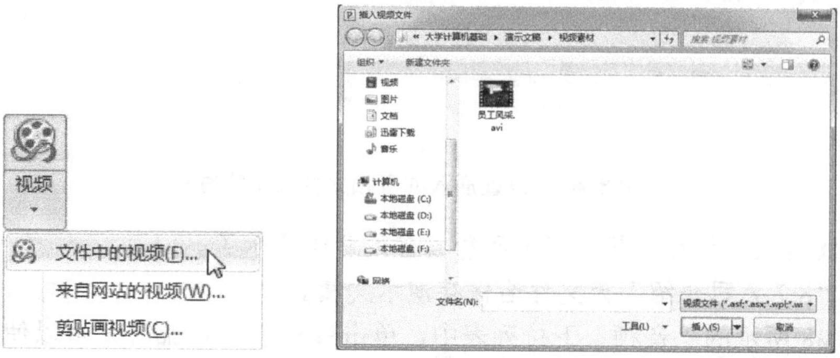

图 8.43　打开“插入视频文件”对话框

③ 选定要插入的视频文件的文件名后单击 插入(S) ，幻灯片中就插入了一个影片框和视频工具栏，用于调整视频的播放进度及音量等，如图 8.44 所示。

图 8.44　插入的影片框

④ 影片框就是插入影片的播放窗口，可以像调整图片一样调整它的大小和位置。

⑤ 播放这张幻灯片时。单击影片框内任意位置或者单击视频工具栏中的“播放”按钮▶，就开始播放影片。如果想中途停止播放，可以单击视频工具栏中的“暂停”按钮‖或者在影片框外单击，切换到下一张幻灯片。

⑥ 以“8.8 公司介绍”为文件名保存演示文稿

选中影片框，PowerPoint 窗口功能区中会显示“视频工具/格式”和“视频工具/播放”选项卡。在“视频工具/格式”选项卡中，可以更改视频播放时的亮度和对比度，为视频文件重新着色，改变影片框的形状，裁剪影片框的大小等。在“视频工具/播放”选项卡中，可以对视频进行播放、剪裁、调整放映音量、设置播放方式等操作。

默认情况下，在幻灯片中插入视频文件后，放映该幻灯片时，需要单击影片框才会播放视频。如果希望在放映幻灯片时自动播放视频，可单击“视频工具/播放”选项卡“视频选项”组中 开始: 单击时(C) 右侧的▾，在打开的下拉列表中单击自动(A)；如果选择 ☑ 全屏播放 复选框，视频就会以全屏幕方式播放。

如果插入的视频文件过长或者有一部分内容不适合，可以对视频文件进行编辑来满足表达主题的需要。具体方法如下：

① 选定所插入的视频，单击“视频工具/播放”选项卡“编辑”组中的“剪裁视频”命令 剪裁视频，打开“剪裁视频”对话框，如图 8.45 所示。

图 8.45　“剪裁视频”对话框

② 在“剪裁视频”对话框中，拖动“绿色标尺”设置开始时间，拖动“红色标尺”设置结束时间。

③ 调整好开始和结束时间后，可以通过检查编辑后的效果，直至满意为止。

④ 单击 确定 ，完成对视频的剪裁。

8.2.10　设置幻灯片背景

幻灯片是否美观，背景十分重要。应用主题样式后，一个演示文稿中的所有幻灯片都是一样的外观，如果觉得这样太单调，可以灵活地改变幻灯片的背景。PowerPoint 提供了几款内置背景样式，可以根据需要进行选择。如果对内置样式不满意，可以自定义其他的背景样式，如纯色、渐变色或图片等。

【例 8.9】打开“8.7 公司介绍”演示文稿，设置第 2 张幻灯片的背景为“蓝-灰，强调文字颜色 4，淡色 60%”。

① 打开“8.7 公司介绍”演示文稿，使幻灯片窗格中显示第 2 张幻灯片。

② 单击“设计”选项卡“背景”组中的 背景样式 ▾ 按钮，在打开的下拉列表中(如图 8.46 所示)单击 设置背景格式(B)...，打开如图 8.47 所示的“设置背景格式”对话框。

说明　在“背景样式”下拉列表中提供了一些背景样式(见图 8.46)，单击某种样式，可将其应用到演示文稿的所有幻灯片中。如果对这些背景样式不满意，可以单击 设置背景格式(B)...，进入“设置背景格式”对话框进一步设置背景。在幻灯片空白处右击，在弹出的快捷菜单中单击 设置背景格式(B)...，也可以打开“设置背景格式”对话框。

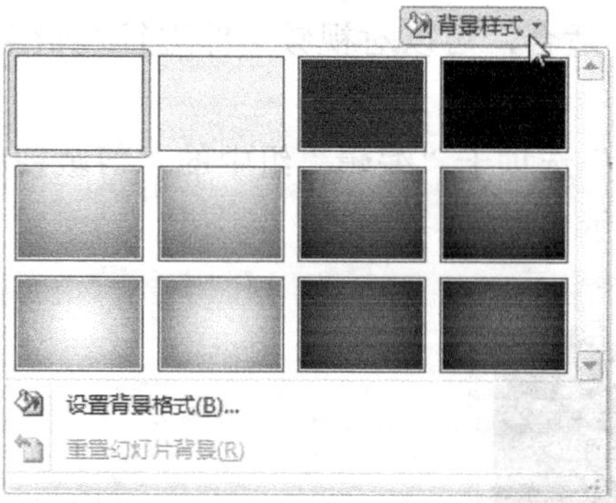

图 8.46 “背景样式”下拉列表

图 8.47 “设置背景格式”对话框

③ 在“设置背景格式”对话框的左侧窗格中选择“填充”，在右侧窗格中选择 纯色填充(S)单选项，单击“颜色”按钮，在打开的颜色下拉列表可以选择背景颜色，这里选择“蓝-灰，强调文字颜色 4，淡色 60%”，如图 8.48 所示。

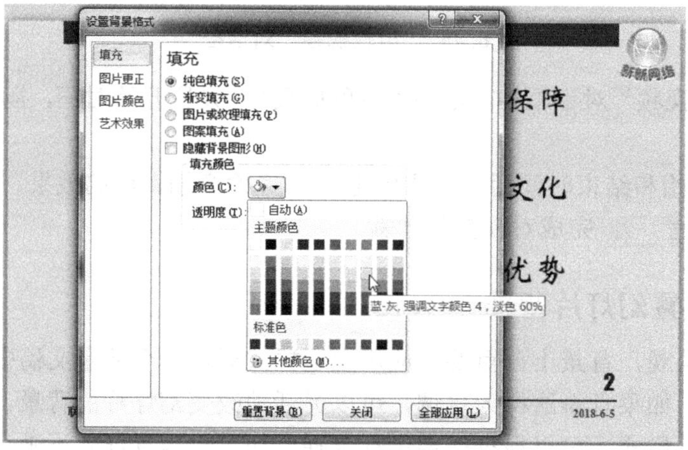

图 8.48 为幻灯片设置纯色填充背景

说明

如果对颜色下拉列表中的颜色不满意，可以单击 其他颜色(M)...，打开“颜色”对话框；“颜色”对话框中有“标准”和“自定义”两个选项卡，每个选项卡中都有上百种颜色，单击需要的颜色后再单击 确定 即可。

④ 在幻灯片窗格中会随时显示所设置的效果，如果对效果满意了，单击“设置背景格式”对话框中的 关闭 ，设置的背景效果只应用到当前幻灯片中；若单击 全部应用(L) ，所设置的背景效果应用到演示文稿的所有幻灯片中；单击 重置背景(B) 按钮，可取消当前设置的背景效果。这里只改变第 2 张幻灯片的背景。

⑤ 以“8.9 公司介绍”为文件名保存演示文稿。

为幻灯片设置背景后，图 8.46 所示“背景样式”下拉列表中的 重置幻灯片背景(R) 选项呈可用状态，单击该选项可取消设置的背景效果。

说明

幻灯片所设置的背景有时会被主题背景图形覆盖，这时可以在“设置背景格式”对话框中选中☑隐藏背景图形(H)，取消幻灯片所应用的主题样式中的背景图片。

设置幻灯片背景后，有时插入的图片会有个白色背景，把幻灯片中的背景遮住了。这时选中图片，单击“图片工具/格式”选项卡中的“删除背景”按钮[删除背景]，图片四周出现尺寸控制点，拖动尺寸控制点框选要取消背景的图片范围，然后单击“保留更改”按钮[保留更改]，图片的背景就变成透明的了。

在“设置背景格式”对话框中，“填充”窗格中除了“纯色填充”，还有“渐变填充”“图片或纹理填充”“图案填充”3 个单选项，通过它们可以使幻灯片的背景变得五彩纷呈，下面分别介绍这 3 个选项的用法。

1. 渐变填充

选中“渐变填充”单选项，如图 8.49 所示。单击“预设颜色”右边的[▾]按钮，在弹出的下拉列表中列出了预设的各种渐变填充效果，如“雨后初晴”“茵茵绿原”等，可以选择其中的一种。在“类型”列表中可以选择所需要的渐变类型，如“线性”渐变、“矩形”渐变等；在“方向”下拉列表中可以选择渐变的方向，如“从右下角”“从左下角”等。还可以在“渐变光圈”列表框中进一步设置渐变的效果。设置效果满意后，单击[关闭]或[全部应用(L)]按钮即可。

图 8.49 “渐变填充”单选项

2. 图片或纹理填充

选中“图片或纹理填充”单选项，如图 8.50 所示。单击“纹理”右侧的[▾]按钮，在弹出的下拉列表中列出了许多纹理样式，如“纸莎草纸”“画布”等，可以选择其中的一种作为幻灯片的背景；也可以选择图片作为幻灯片背景，单击[文件(F)...]，打开“插入图片”对话框，选择一个图片后单击[插入(S)▾]，返回“设置背景格式”对话框。设置效果满意后，单击[关闭]或[全部应用(L)]按钮即可。

3. 图案填充

选中“图案填充”单选项，如图 8.51 所示。“图案填充”列表框中列出了若干种图案，可以从中选择一种；单击“前景色”框或“背景色”框右端的 ，可以打开颜色列表，改变图案的颜色。设置效果满意后，单击 关闭 或 全部应用(L) 按钮即可。

图 8.50 “图片或纹理填充”单选项

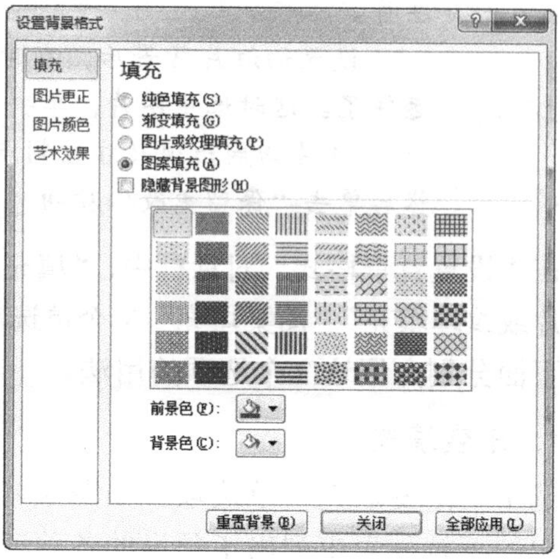

图 8.51 “图案填充”单选项

8.2.11 更改主题颜色

为幻灯片应用主题样式后，幻灯片中的文字、图片等会使用主题样式默认的颜色，这些颜色包含背景、文本和线条、标题文本、填充、超链接等使幻灯片层次鲜明的颜色，这些颜色的巧妙搭配，可使幻灯片的屏幕显示效果更加清晰。

可以改变主题颜色，方法如下：打开要改变主题颜色的演示文稿，单击“设计”选项卡“主题”组中的 颜色，在打开的下拉列表中显示出可供选择的主题颜色方案，如图 8.52 所示。带有橙色边框的颜色方案是当前演示文稿正在使用的主题颜色，如“公司介绍”演示所使用的主题颜色方案是“新闻纸”。

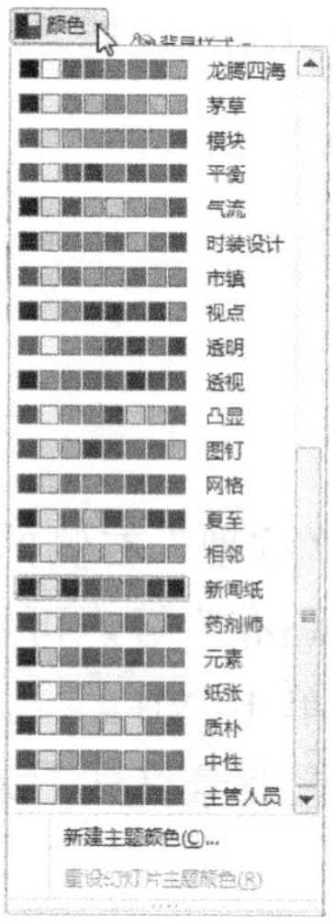

图 8.52 可供选择的主题颜色

图 8.53 “新建主题颜色”对话框

将鼠标指针指向某个颜色方案，幻灯片窗格中会显示出这种颜色的效果，如果满意，直接单击这个颜色方案，就可以将其应用到演示文稿的所有幻灯片中。右击某个颜色方案，在弹出的下拉列表中单击应用于所选幻灯片(S)，则只为选定的幻灯片应用该颜色方案。

可以按自己的需要新建主题颜色方案，做法是：单击“颜色”下拉列表中的新建主题颜色(C)...，打开“新建主题颜色”对话框，如图 8.53 所示；在“主题颜色”列表框中单击某个要修改的颜色，再单击右侧的■▾按钮，在打开的颜色列表中选择一种新的颜色，在“名称”框中为新的主题颜色方案设置一个名称，单击保存(S)，新建的主题颜色方案就添加到图 8.52 所示主题颜色下拉列表中，在演示文稿中就可以使用这个主题颜色了。在主题颜色下拉列表中，右击新建的主题颜色，在弹出的快捷菜单中单击编辑(E)...，打开“编辑主题颜色”对话框，可以对各项目颜色进行修改；单击删除(D)...，可以删除新建的主题颜色。

8.3 设置幻灯片的动画效果和超链接

利用 PowerPoint 的动画功能，可以让幻灯片中的文字或图片动起来；还可以通过设置超链接和动作按钮，控制演示文稿的播放过程；设置幻灯片的切换效果则可以增强演示文稿的放映效果。

8.3.1 设置幻灯片的动画效果

PowerPoint 2010 对“动画”选项卡进行了改进，通过该选项卡，可以非常方便地对幻灯片中的对象添加各种动画，主要包括进入、强调、退出和动作路径 4 种。

“进入”效果是指对象以什么样的动画效果进入幻灯片画面；“退出”效果是指对象离开幻灯片画面时的动画效果；“强调”效果用来对幻灯片对象进行突出显示或强调；“动作路径”可以使指定对象按设定的路径移动。

1. 设置动画效果

设置动画效果前，要先在幻灯片中选择需要设置动画效果的对象。对象可以是文本，也可以是图片。

【8.10】给“8.9 公司介绍”演示文稿第 2 张幻灯片中的文字设置动画效果。

① 打开“8.9 公司介绍”演示文稿，在幻灯片窗格中显示第 2 张幻灯片。单击泪滴形状“1”和“公司简介”文本框。

② 打开“动画”选项卡，单击“动画”组中动画效果列表框的▾按钮，在弹出的动画效果下拉列表中列出了多种动画效果，如图 8.54 所示。

③ 将鼠标指针指向某种动画效果，在幻灯片窗格中会立即显示这种动画的效果。单击某种动画效果，就可将其应用到选定的对象上。

“进入”动画效果栏中默认只提供了几种动画效果，如果对这些动画效果不满意，

可单击列表下方的 更多进入效果(E)... ，打开“更改进入效果”对话框，如图 8.55 所示；在这个对话框中单击某种效果，幻灯片窗格中就会立即显示这种动画的效果，如果满意，单击 确定 ，即可将该动画效果添加给选定的对象。设置“强调”“退出”“动作路径”动画效果时，也都有这种功能。

④ 选择“擦除”动画效果。

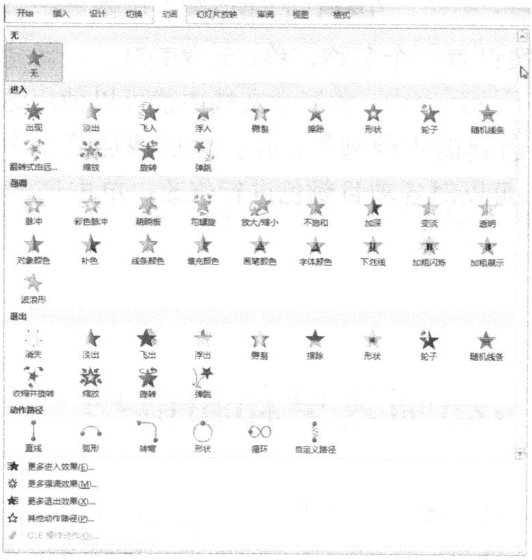

图 8.54　动画效果下拉列表

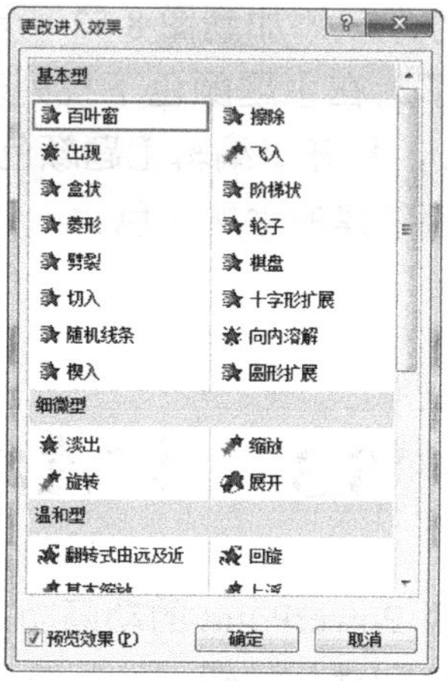

图 8.55　“更改进入效果”对话框

⑤ 单击“动画”组右端的“效果选项”按钮，在打开的下拉列表中可以设置动画效果出现的方向，这里选择 自左侧(L)。

⑥ 单击“计时”组中 开始: 单击时 右端的▾，在弹出的选项列表中选择动画开始的时间，如图 8.56 所示，选择“上一动画之后”。

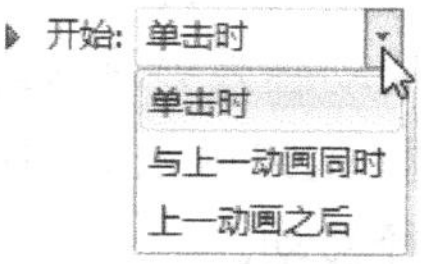

图 8.56　设置动画开始的时间

说明

图 8.56“开始”下拉列表中各选项的含义如下：

“单击时”是指单击鼠标才开始播放当前动画。

“与上一动画同时”是指该动画与上一动画对象同时出现。

“上一动画之后”是指不需单击鼠标，当上一动画对象结束时此动画自动出现。

⑦ 在 持续时间: 00.50 右侧的数字框中输入数值(秒数)，可以设置动画播放的持续时间，这里设置为“3 秒”。

⑧ 仿照上面的步骤，依次为“2 服务范围”“3 技术优势”设置自左侧擦除动画效果，上一动画之后出现，持续 3 秒；为“4 服务保障”“5 企业文化”“6 人才优势”设置自右侧擦除动画效果，上一动画之后出现，持续 3 秒。

⑨ 放映这张幻灯片，观看动画效果。以“8.10 公司介绍”为文件名保存演示文稿。

2. 动画重新排序

单击“高级动画”组中的 动画窗格 命令，窗口右侧显示“动画窗格”，如图 8.57 所示，在“动画窗格”中依次列出了幻灯片中已设置了动画效果的对象。

对象设置了动画效果后，在该对象左上角会出现一个 0 。0、1、2、3、4…… 代表放映幻灯片时动画效果出现的先后次序。标记为“0”的对象会随着幻灯片的播放同时出现，其他标记的对象则需要单击鼠标后才能依次出现。播放时，第 1 次单击出现标记为“1”的对象，第 2 次单击出现标记为“2”的对象……

如果需要对播放顺序进行调整，可以单击“动画窗格”下方的“重新排序”按钮或，重新排列动画的呈现顺序。

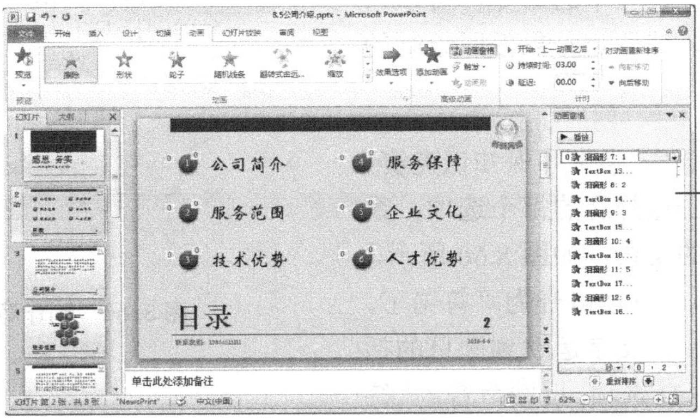

图 8.57 打开“动画窗格”

3. 修改与取消动画效果

如果对已设置的动画效果不满意，还可以修改，方法是：选定要修改动画效果的对象，在“动画”选项卡的“动画”组中重新选择动画效果。

在“动画窗格”中选中某一动画对象，再单击其右侧的按钮，在打开的下拉列表中可以进一步设置动画参数，如图 8.58 所示。单击 效果选项(E)...，打开动画效果参数设置对话框，图 8.59 是“擦除”动画效果的参数设置对话框。在“效果”选项卡中可以设置动画方向、动画播放时的声音、动画播放后的效果等。在“计时”选项卡中，可设置动画播放时的触发方式、速度和重复次数等参数。

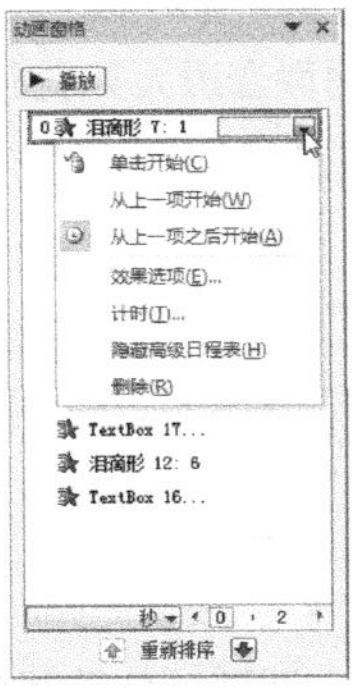

图 8.58 动画对象下拉列表

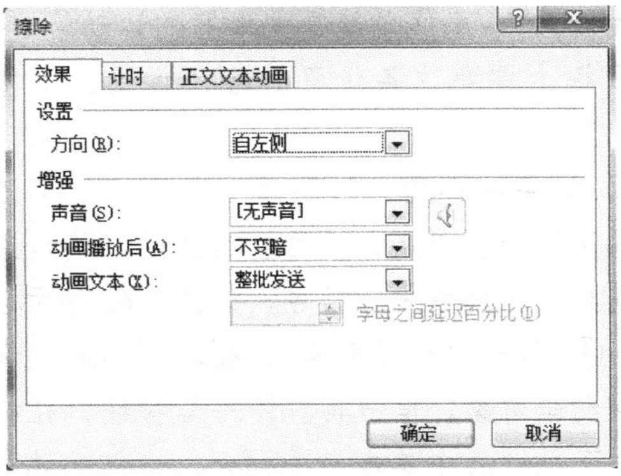

图 8.59 动画效果设置对话框

已设置的动画效果还可以取消，方法是：选定要取消动画效果的对象，在“动画”选项卡的“动画”组中单击“无”；还可以在“动画窗格”中选定要取消动画效果的对象，单击其右侧的按钮，在打开的下拉列表中单击删除(R)。

4. 测试动画

单击“动画”选项卡“预览”组中的“预览”按钮或单击“动画窗格”中的播放按钮，可以实时查看动画效果。

5. 使用动作路径制作动画

在“动画”选项卡的动画效果下拉列表中，使用“动作路径”栏中的命令，可以为对象绘制运动轨迹，使选定对象按照绘制的轨迹运动。

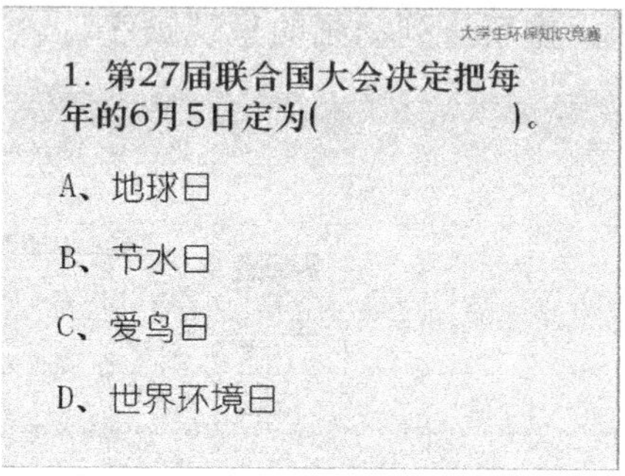

图 8.60　制作竞赛幻灯片

【例 8.11】制作“大学生环保知识竞赛”演示文稿，要求单击选择题的每个选项，系统会给出正确与否的反馈。如图 8.60 所示，单击 A、B、C 选项，反馈声音为“答错了，没关系，再来一遍！”，文字运动到题目的括号内自动返回；单击 D 选项，反馈声音为“答对了，恭喜你！”，文字运动到题目的括号内停住，表示选对了。通过文字的运动和声音反馈的配合，达到有声有色的效果。

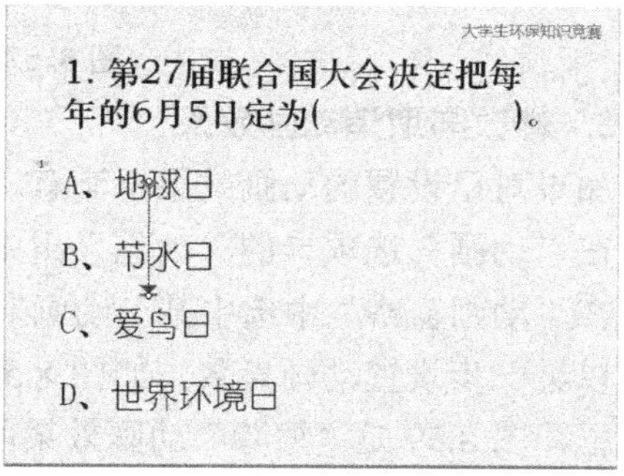

图 8.61　设置动作路径

① 新建演示文稿，在空白版式幻灯片中使用文本框输入竞赛题目，设置字体字号，美化幻灯片，如图 8.60 所示。

② 选中“A、地球日”文本框，打开“动画”选项卡，在动画效果下拉列表的“动作路径”栏中单击直线，文本框上出现一条竖直虚线段，这条虚线段就是文本框的运动轨迹，文本框会按照这条线段的路径运动，如图 8.61 所示。

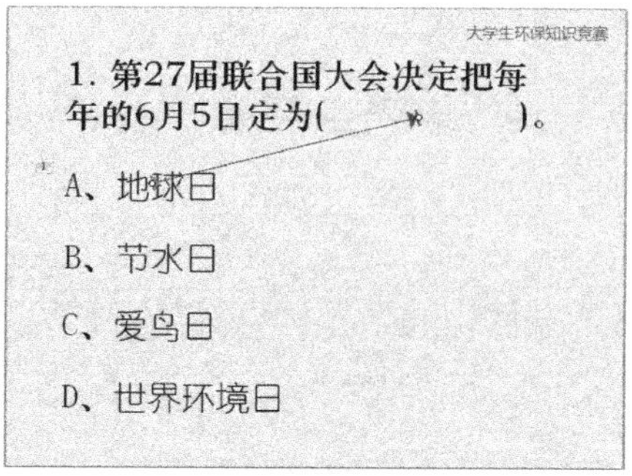

图 8.62　调整动作路径的方向

③ 将鼠标指针移到虚线段下端红色三角标记的控制点上，按住左键拖动，使这条虚线段指向题目中的括号，如图 8.62 所示。

④ 打开“动画窗格”，在动画列表中选中该动画对象，单击其右侧的按钮，在打开的下拉列表中单击效果选项(E)...，打开动画效果参数对话框。

⑤ 在“计时”选项卡中，单击 触发器(T) 按钮，选中 ◉ 单击下列对象时启动效果(C):，在右侧的下拉列表中选择要触发的对象“TextBox2：A、地球日”，如图 8.63 左图所示，这样在播放幻灯片时，只有单击此文本框动画效果才会发生。打开“效果”选项卡，如图 8.63 右图所示，选中 ☑自动翻转(U)，单击“声音”右端的列表按钮，在下拉列表中单击“其他声音”，打开“添加音频”对话框，选择事先录制的声音文件“答错了，没关系，再来一遍！.wav”，返回动画参数对话框，单击 确定 按钮关闭动画参数对话框。在幻灯片窗格中，可以发现文本框旁边有一个图标，表示该文本框设置了一个触发效果，播放幻灯片时，只有单击此文本框，动画才能播放。

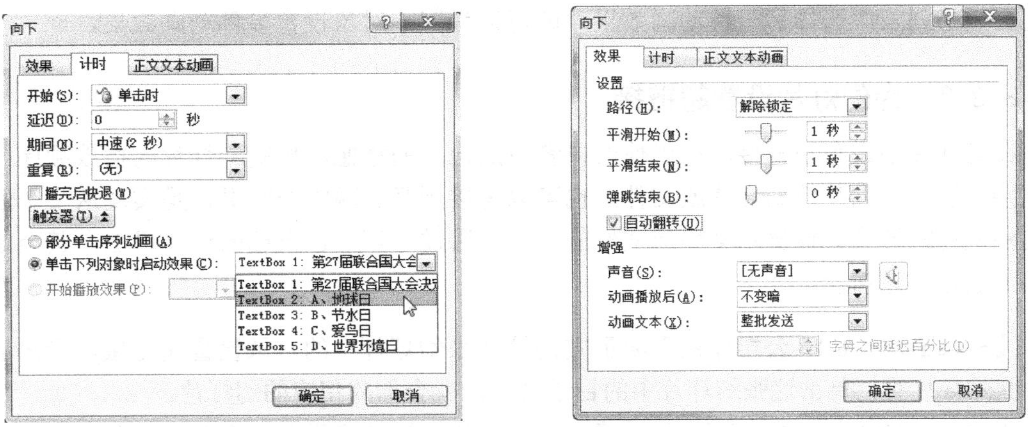

图 8.63　设置动画参数

⑥ 用同样的方法，设置 B、C 两个选项的动画效果与 A 选项相同。

⑦ D 选项为正确选项。为 D 选项添加动作路径，然后打开动画参数对话框，在“效果”选项卡中去掉勾选 □自动翻转(U)，添加声音文件“答对了，恭喜你！.wav”。

⑧ 设置完动作路径后的幻灯片如图 8.64 所示。播放这张幻灯片，分别单击 A、B、C、D 四个选项，看看所设置的动画效果是否合适。

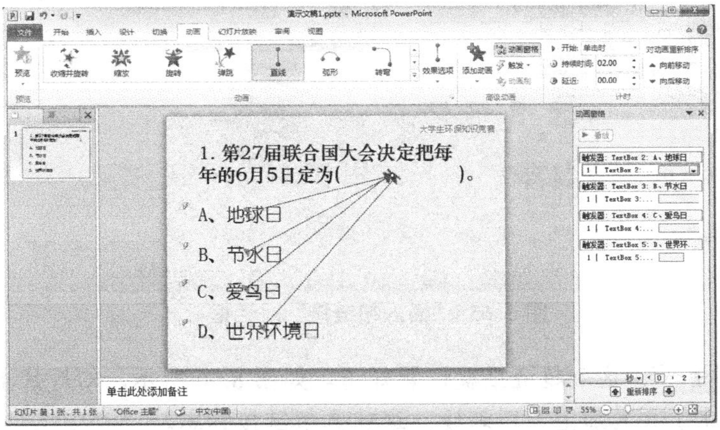

图 8.64　设置动画效果后的幻灯片

⑨ 以“环保知识竞赛”为文件名保存演示文稿。

6. 使用动画刷复制动画效果

PowerPoint 2010 新增了动画刷功能，可以对动画效果进行复制操作，即将某一对象的动画效果复制到另一对象上，方法是：选中设置了动画效果的对象，单击“高级动画”组中的 动画刷 按钮，鼠标指针变成形状，再单击要应用此动画效果的另一个对象，便可实现动画效果的复制。

7. 为同一对象添加多个动画效果

为了让幻灯片中对象的动画效果丰富、自然，可对其添加多个动画效果。方法是：选中对象设置一种动画效果，再单击“高级动画”组中的“添加动画”按钮，在打开的动画效果列表中选择另一种动画效果，就可以为同一对象设置多种动画效果。

8.3.2 为幻灯片设置超链接

在幻灯片中设置超链接，可以使演讲者按照自己的意愿，控制幻灯片的播放顺序。超链接可以链接到其他幻灯片或文件，也可以链接到互联网中的网页，是实现从一个演示文稿快速跳转到其他演示文稿或文件的捷径，通过它可以在自己的计算机上，甚至是网络上进行快速切换。

【8.12】对“8.10 公司介绍”演示文稿第 2 张幻灯片中的目录设置超链接，当播放第 2 张幻灯片时，单击这张幻灯片中的目录文字，就会播放相应的幻灯片。

① 打开“8.10 公司介绍”，显示第 2 张幻灯片，选定“服务范围”这几个字。

② 打开“插入”选项卡，单击“链接”组中的“超链接”按钮，打开“插入超链接”对话框；单击“链接到:”栏中的“本文档中的位置”图标，在“请选择文档中的位置”列表框中，单击要链接到的幻灯片的标题“4. 服务范围”，右侧的“幻灯片预览”框中会显示该幻灯片的缩略图，如图 8.65 所示。

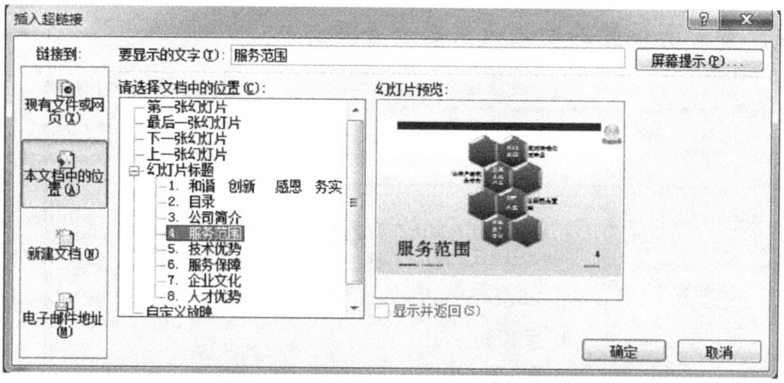

图 8.65 “插入超链接”对话框

③ 单击 确定 ，这个超链接就设置好了。如图 8.66 所示，幻灯片上“服务范围”这几个字的颜色变了并且加上了下划线，这就是超链接标志。

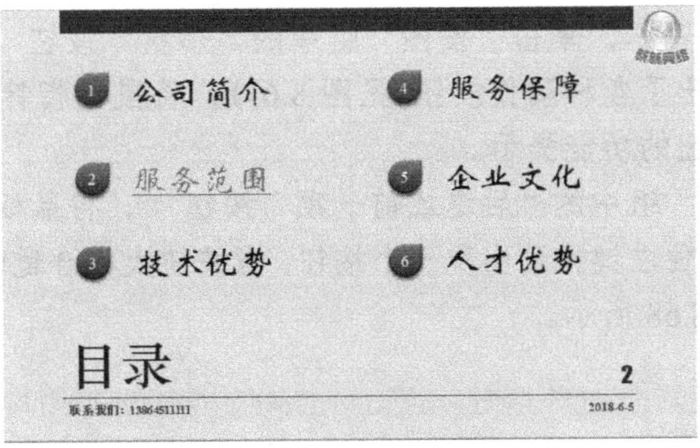

图 8.66　文字超链接标志

④ 播放这张幻灯片，将鼠标指针移到“服务范围”这几个字上，当指针变成形状时单击，就会播放第 4 张幻灯片。

⑤ 重复步骤①~③，将幻灯片中“公司简介”标题链接到第 3 张幻灯片，将“技术优势”标题链接到第 5 张幻灯片，将“服务保障”标题链接到第 6 张幻灯片，将“企业文化”标题链接到第 7 张幻灯片，将“人才优势”标题链接到第 8 张幻灯片。

⑥ 以“8.11 公司介绍”为文件名保存演示文稿。

不仅可以在一个演示文稿内部设置超链接，也可以设置与其他文件的超链接，比如其他演示文稿、Word 文档、网页等，操作方法是：在幻灯片中选定要链接的对象，单击“超链接”按钮，打开“插入超链接”对话框；单击“链接到:”栏中的“现有文件或网页”图标，再单击“查找范围”框右端的，找到要链接的其他文件，单击 确定 ，演示文稿与其他文件的超链接就设置好了。

若要编辑和删除已建立的超链接，可以右击已设置了超链接的文本或对象，在弹出的快捷菜单中单击 编辑超链接(H)... 命令或 取消超链接(M) 命令，就可以修改或删除所设置的超链接。

8.3.3　为幻灯片进行动作设置

放映演示文稿时，由操控者通过控制幻灯片中的某个对象去完成下一步的既定工作，这项既定的工作称为该对象的动作。对象动作的设置为在幻灯片的放映过程中，提供了一个人机交互的途径，使演讲者可以根据自己的需要，选择幻灯片的演示顺序和演示内容。可以在众多的幻灯片中实现快速跳转，也可以实现与 Internet 的超级链接，甚至可以启动某一个应用程序或宏。

PowerPoint 提供了一些动作按钮，例如左箭头、右箭头等。可以将动作按钮插入到幻灯片中并对其进行动作设置，单击这些形象的动作按钮，就可以跳转到需要的幻灯片，或者激活声音文件、视频文件等。

【8.13】在“8.11 公司介绍”演示文稿的第 4 张幻灯片中设置一个动作按钮，使得播放该幻灯片时，单击这个动作按钮可以返回第 2 张幻灯片。

① 打开“8.11 公司介绍”，显示第 4 张幻灯片。

② 打开“插入”选项卡，单击“插图”组中的“形状”按钮，在弹出的下拉列表的“动作按钮”组中列出了各种动作按钮(见图 8.67)，将鼠标指针移到某个动作按钮上稍停片刻，会看到该按钮的功能提示。

③ 单击“动作按钮”组中的“后退或前一项”按钮◁，将鼠标指针移到幻灯片的右上角，指针变成十状，按住左键拖动出现一个按钮，当按钮大小合适时松开左键，弹出“动作设置”对话框，如图 8.68 所示。

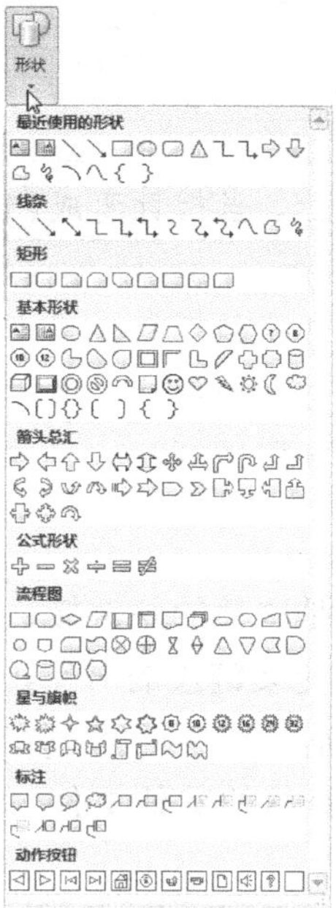

图 8.67 “形状”下拉列表

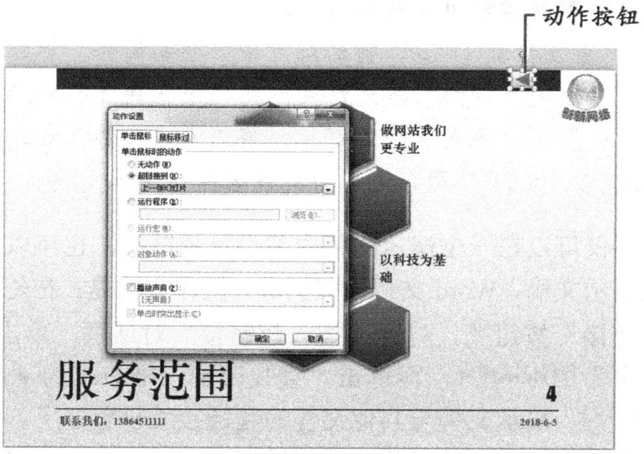

图 8.68 在幻灯片中插入动作按钮

④ 在“动作设置”对话框的“单击鼠标”选项卡中，“超链接到”框中默认该动作按钮的功能是链接到上一张幻灯片，如图 8.69 左图所示。单击“超链接到”框右端的▼，在弹出的列表中单击幻灯片...，打开“超链接到幻灯片”对话框，如图 8.69 右图所示。

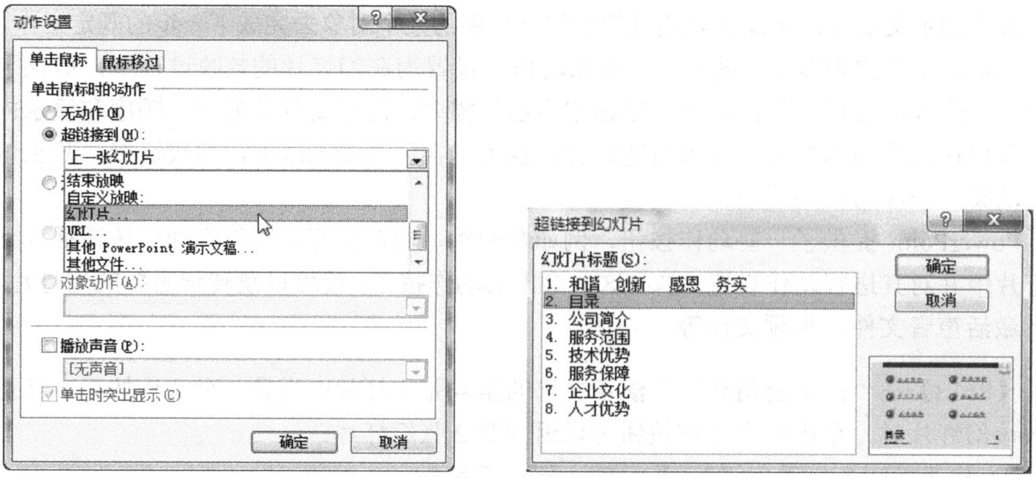

图 8.69 设置动作按钮超链接的对象

⑤ 在“超链接到幻灯片”对话框的“幻灯片标题”列表框中，单击要链接到的幻灯片标题“2. 目录”，再单击 确定 返回“动作设置”对话框；此时，“超链接到”框中显示的是“目录”，单击 确定 ，这个动作按钮的超链接就设置好了。

⑥ 选中动作按钮，在“绘图工具/格式”选项卡的“形状样式”组中，设置动作按钮为“细微效果—深红，强调颜色 1”效果，拖动动作按钮四周的控制点，调整动作按钮的大小和位置。

⑦ 播放演示文稿，当播放到第 2 张幻灯片时，单击“服务范围”超链接，就会播放第 4 张幻灯片，单击“服务范围”幻灯片中的◀按钮，就会返回第 2 张幻灯片。

⑧ 重复步骤③~⑥，插入“前进或下一项”按钮▶，设置超链接到“下一张幻灯片”。

⑨ 复制这两个动作按钮，分别粘贴到其余各张幻灯片中。最后一张幻灯片中只复制◀按钮。

⑩ 把各张幻灯片中的按钮调整到合适位置，以“8.12 公司介绍”为文件名保存演示文稿。

在幻灯片中选定某个对象，然后单击“插入”选项卡“链接”组中的“动作”按钮，打开“动作设置”对话框，就可以为选定的对象设置超链接，其操作方法与“例 8.13”所述的操作基本相同，不再赘述。在“动作设置”对话框中还有一个“鼠标移过”选项卡，表示放映时当鼠标指针移过对象时发生的动作，其设置方法与“单击鼠标”选项卡完全一样。

8.3.4 设置幻灯片的切换方式

播放幻灯片时，幻灯片进入或离开屏幕的方式称为幻灯片的切换方式。为幻灯片设置不同的切换方式，可以产生特殊的视觉效果和听觉效果，使得播放过程变得引人入胜。

【8.14】 为“8.12 公司介绍”演示文稿中的第 4 张幻灯片设置切换效果。

① 打开演示文稿，切换到幻灯片浏览视图，选中要设置切换效果的第 4 张幻灯片。

② 打开“切换”选项卡(如图 8.70 所示)，在“切换到此幻灯片”组的列表框中有多种切换效果可以选择；单击一种切换方式，幻灯片浏览视图中会显示这种切换方式的效果。这里选择“华丽型”的“涡流”切换效果。

图 8.70 “切换”选项卡

③ 单击“效果选项”按钮，在打开的下拉列表中选择切换效果的方向，“效果选项”列表中会根据所选切换效果的不同而显示不同的选项。这里选择 自右侧(R)。

④ 在“计时”组中，单击 声音: [无声音] 框右端的▾，在弹出的下拉列表中选择某种声音效果，在幻灯片切换时就可以听到这种声音。这里选择“硬币”声音。

⑤ 单击 持续时间: 04.00 框右端的微调按钮，可以设置幻灯片切换效果的持续时间(单位为秒)，这里设置为“3 秒”。

⑥ 选中“换片方式”栏中的 ☑ 设置自动换片时间: 00:00.00 ，在其右侧的数字框中输入数值(秒数)，当放映该幻灯片时，经过设定的秒数后就会自动放映下一张幻灯片，如输入 30 秒，在幻灯片浏览视图中该幻灯片的左下角就会显示这个换片时间，如图 8.71 所示。

换片时间

图 8.71　幻灯片缩略图左下角显示切换时间

请注意 在“换片方式”栏中，默认选中 ☑ 单击鼠标时，表示在放映幻灯片时必须单击鼠标才能放映下一张幻灯片；在设置了每隔多少时间后，经过设置的时间会自动切换到下一张幻灯片。如果换片方式选中的是 ☑ 设置自动换片时间: 00:00.00 ，在右侧的数字框中要为幻灯片预留足够多的演示时间，否则，可能这张幻灯片的演示还没有结束，就自动切换到下一张幻灯片了。你可以使用幻灯片排练计时功能，准确控制幻灯片放映的时间。

⑦ 单击“预览”组中的“预览”按钮，预览所设置的切换效果，如果不满意可以重新调整。

⑧ 以“8.13 公司介绍”为文件名保存演示文稿。

如果要取消为幻灯片设置的切换效果，可先选定要取消切换效果的幻灯片，然后在“切换到此幻灯片”组的列表框中单击 无 即可；如果想更换一种切换效果，可在“切换到此幻灯片”组的列表框中重新选择。如果单击“计时”组中的 全部应用 按钮，会将选定的切换效果应用到演示文稿的全部幻灯片上。

8.4 发布演示文稿

制作演示文稿的最终目的是要在受众面前展示。为了适应不同的演示场合，还需要设置演示文稿的放映方式，主要包括设置幻灯片的放映类型、播放范围、放映时间等。当然演示文稿也可以根据要求将其打印出来。

8.4.1 设置演示文稿的放映方式

演示文稿不仅可以在计算机上播放，而且可以通过投影仪展示在大屏幕上给更多的人看。根据播放地点、观看对象和播放设备的不同，可以采用不同的放映方式，主要有演讲者放映、观众自行浏览、在展台浏览等三种方式。

1. 放映类型

单击“幻灯片放映”选项卡“设置”组中的“设置幻灯片放映”按钮，打开“设置放映方式”对话框，如图 8.72 所示。

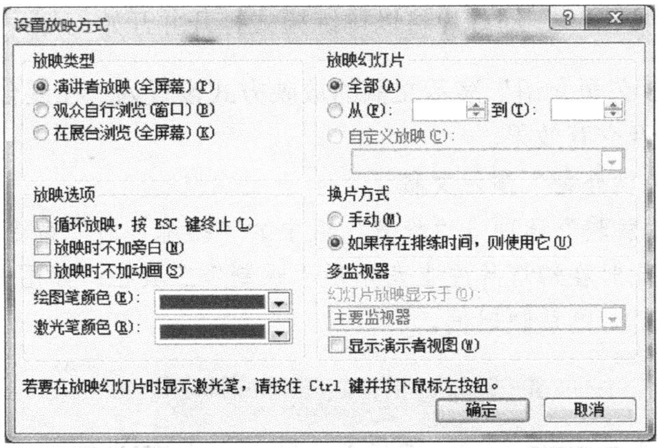

图 8.72 “设置放映方式”对话框

① 演讲者放映(全屏幕)：演讲者可以一边讲解，一边放映幻灯片，是最常用的放映方式。在这种方式下，演讲者可以完全控制幻灯片的放映过程，一般用于专题讲座、会议发言等。选择这种方式时，可以全屏幕播放演示文稿。

② 观众自行浏览(窗口)：选择这种方式播放演示文稿时，幻灯片是在 PowerPoint 窗口中播放，而不是全屏幕播放，观众可以使用窗口中的命令进行操作。比如单击窗口状态栏上的“菜单”按钮，在打开的下拉列表中选择相应的命令实现相关操作；也可以使用Page Up、Page Down键自行翻看幻灯片。

③ 在展台浏览(全屏幕)：选择此选项可让演示文稿自动播放，不需要演讲者在旁边讲解。多用于不需要专人播放的展览会场或在无人值守的会议上放映。在这种放映方式下，观众可以单击超链接和动作按钮，在任何时候按Esc键，都会中断放映。

2. 设置放映选项

选择放映类型后，还可以在“设置放映方式”对话框中对放映选项进行设置。

① 在“放映选项”栏中，若选择☑循环放映，按 ESC 键终止(L)，播放完最后一张幻灯片后，会自动返回到第 1 张幻灯片继续播放，直到按【Esc】键结束；若选择☑放映时不加旁白(N)，放映时不播放在幻灯片中设置的声音；若选择☑放映时不加动画(S)，放映时不播放在幻灯片中设置的动画效果，但可以播放插入的动画或视频片段。

② 在“放映幻灯片”栏中，可以选择播放全部幻灯片、播放指定范围的幻灯片、播放自定义放映的幻灯片。

③ 在“换片方式”栏中，若选择◉手动(M)选项，在放映过程中必须单击鼠标才能切换幻灯片；若选择◉如果存在排练时间，则使用它(U)选项，且设置了幻灯片的自动换页时间，在放映时会自动切换幻灯片。

请注意　手动方式的优先级高于自动换页方式。

“幻灯片的排练时间”指的是播放幻灯片时，该幻灯片在屏幕上的停留时间。在幻灯片浏览视图中，幻灯片左下角会显示这个时间。单击“幻灯片放映”选项卡中“设置”组中的“排练计时”按钮，幻灯片将以排练模式打开并开始幻灯片计时。

【8.15】把“8.13 公司介绍”演示文稿的放映方式设置为“在展台浏览”，播放幻灯片，测试设置的动画及交互效果。

① 打开“8.13 公司介绍”演示文稿。

② 单击“幻灯片放映”选项卡“设置”组中的“排练计时”命令，系统自动从第 1 张幻灯片开始放映。此时在幻灯片左上角出现“录制”工具栏，如图 8.73 所示，在工具栏中自动显示当前幻灯片的放映时间。

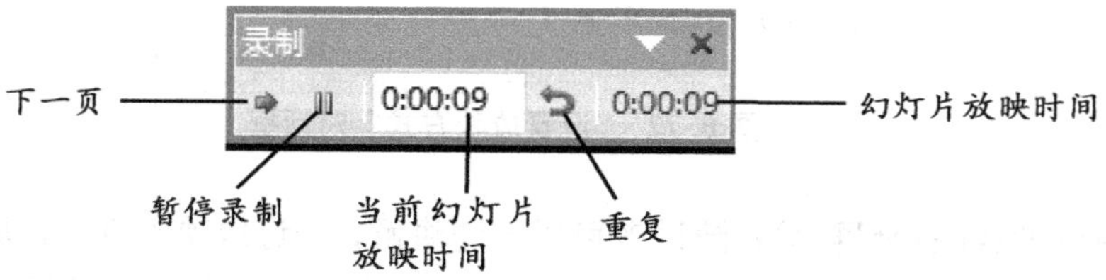

图 8.73 “录制”工具栏

③ 按【Enter】键，或用鼠标单击来控制每张幻灯片的放映速度，可以边演讲边进行计时。

④ 当所有幻灯片放映完毕后，单击“录制”工具栏右上角的“关闭”按钮，自动弹出一个对话框，给出幻灯片放映总共需要的时间，并询问“是否保留新的幻灯片排练时间？”单击【是(Y)】按钮，在幻灯片浏览视图中可以看到，幻灯片缩略图的左下角自动显示放映该幻灯片所需要的时间，如图 8.74 所示；单击【否(N)】按钮，将放弃这次的时间设置。

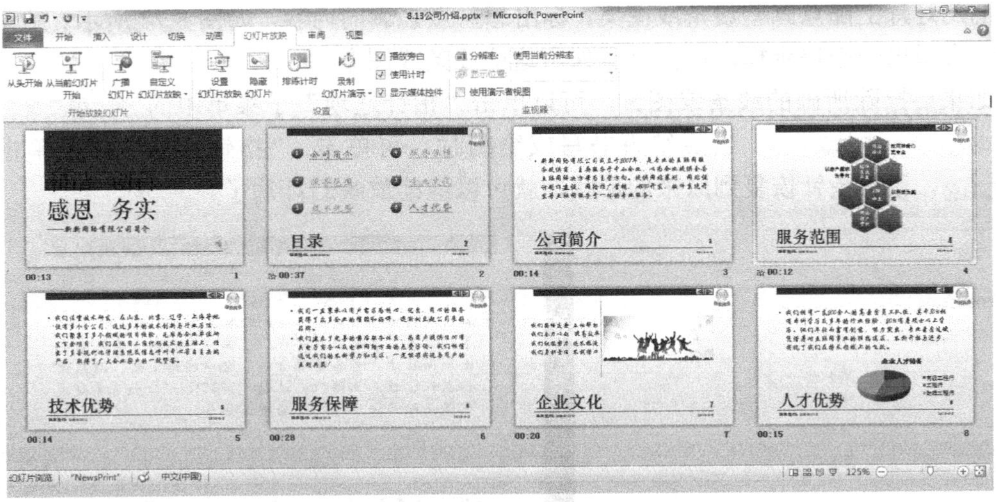

图 8.74　幻灯片缩略图左下角显示切换时间

⑤ 在"幻灯片放映"选项卡中，单击"设置"组中的"设置幻灯片放映"按钮，打开"设置放映方式"对话框。在"放映类型"栏中选择◉在展台浏览(全屏幕)(K)，在"换片方式"栏中选择◉如果存在排练时间，则使用它(U)，单击确定按钮。

⑥ 按F5键，观看演示文稿的放映效果，整个放映过程无须人工干预就能不间断地按事先设定的时间连续放映，直到按Esc键终止放映。

⑦ 以"8.14 公司介绍"为文件名保存演示文稿。

8.4.2　播放演示文稿时的常用操作

"演讲者放映"是最常用的一种播放方式。在演示文稿播放过程中，可以使用系统提供的快捷菜单控制幻灯片的播放进程，并能在幻灯片上书写与绘画。

在播放过程中，如果想观看已播放过的幻灯片或中途停止播放，可以右击鼠标弹出快捷菜单(见图 8.75)。单击这个快捷菜单中的上一张(P)或屏幕左下角的⇦按钮，可以播放上一张幻灯片；单击下一张(N)或屏幕左下角的⇨按钮，可以播放下一张幻灯片；单击结束放映(E)，可终止幻灯片的播放，返回到原来的窗口状态。

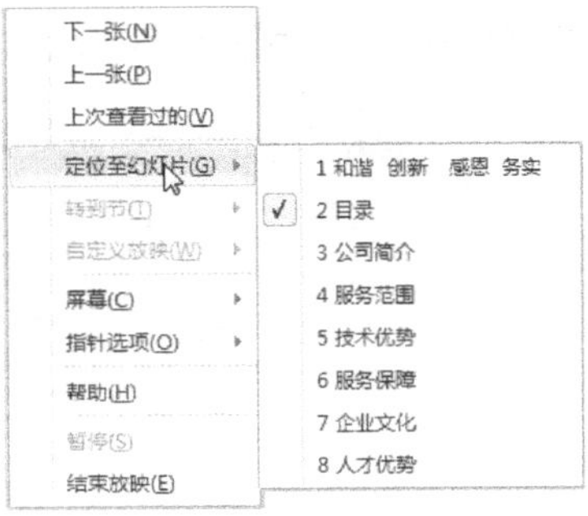

图 8.75　放映演示文稿时的快捷菜单

将鼠标指针指向快捷菜单中的定位至幻灯片(G) ▸，弹出一个子菜单(见图 8.75)，通过选择该子菜单中的命令，可以切换到指定的幻灯片。

使用快捷菜单"指针选项"子菜单中的命令(见图 8.76)，可以改变鼠标指针的形状及作用；选择 笔(P)或 荧光笔(H)命令后，可以在幻灯片中按住鼠标左键拖动，在正在放映的幻灯片上随意画些线条或图案，标出想重点强调的内容，如图 8.77 所示。结束放映时，会弹出一个提示框，询问是否保留这些线条或图案。

如果要擦除所画的线条或图案，可以单击“指针选项”子菜单中的 橡皮擦(R) 或 擦除幻灯片上的所有墨迹(E)。当要结束书写或绘制时，可单击“指针选项”子菜单中的 箭头(A)，鼠标指针恢复到原来的形状，就可以继续放映幻灯片了。

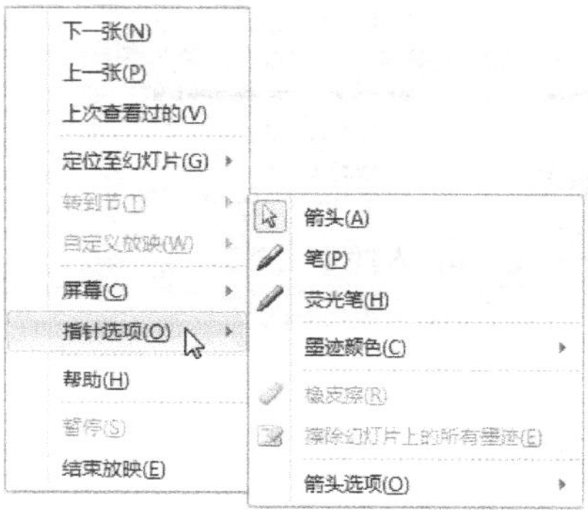

图 8.76 “指针选项”子菜单

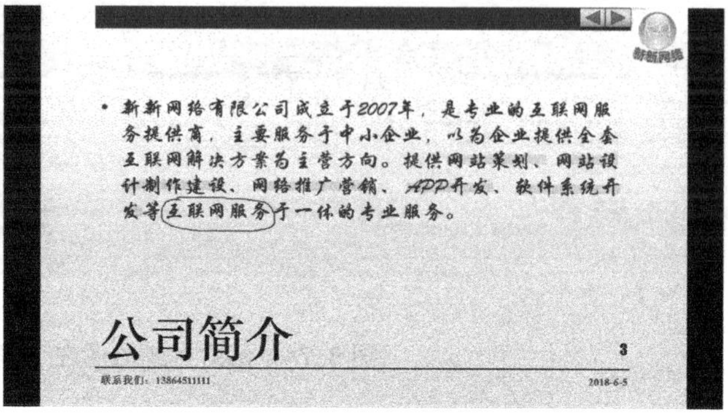

图 8.77 在幻灯片中做标记

8.4.3 打印演示文稿

可以将演示文稿打印到纸上或透明胶片上。可以选择黑白方式或彩色方式打印幻灯片、大纲、演讲者备注以及讲义。

【8.16】按讲义方式打印“8.13 公司介绍”演示文稿，一页打印 3 张幻灯片。采用讲义方式打印演示文稿时，会在每张幻灯片的旁边留下一些空白，以便演讲者做些说明或记录。

① 打开“8.13 公司介绍”演示文稿，打开“文件”选项卡，单击 打印，可在右侧窗格中预览打印效果，如图 8.78 所示。

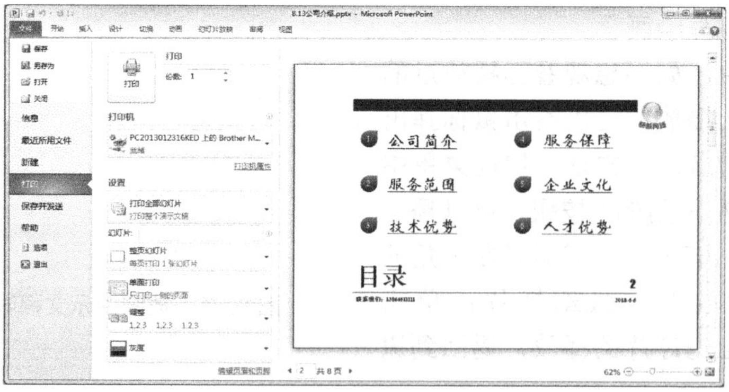

图 8.78 “打印”窗口

② 单击“设置”栏中的 打印全部幻灯片 打印整个演示文稿，在打开的下拉列表中指定演示文稿的打印范围，如图 8.79 所示。本例选中“打印全部幻灯片”。各选项的含义如下：

❖ 打印全部幻灯片：打印当前演示文稿中的所有幻灯片。

❖ 打印所选幻灯片：打印选定的所有幻灯片。

❖ 打印当前幻灯片：只打印当前幻灯片。

❖ 自定义范围：用幻灯片编号来指定打印范围，如“1,3-5”表示打印第 1 张、第 3 张、第 4 张、第 5 张幻灯片。

③ 单击 整页幻灯片 每页打印 1 张幻灯片 ▾，在打开的下拉列表可以设置打印内容(见图 8.80)，选择“讲义”列表框中的“3 张幻灯片”选项 3 张幻灯片。

各选项的含义如下：

❖ 整页幻灯片：一页打印一张幻灯片。

❖ 备注页：打印幻灯片的备注。

❖ 大纲：按当前幻灯片缩略图/大纲窗格中“大纲”选项卡的格式打印大纲。

❖ 讲义：每页打印多张幻灯片的缩略图，在“讲义”列表框中可以设置在每页纸上分别打印 1 张、2 张、3 张、4 张、6 张或 9 张幻灯片，并可选择幻灯片在页面上水平或垂直排列顺序。

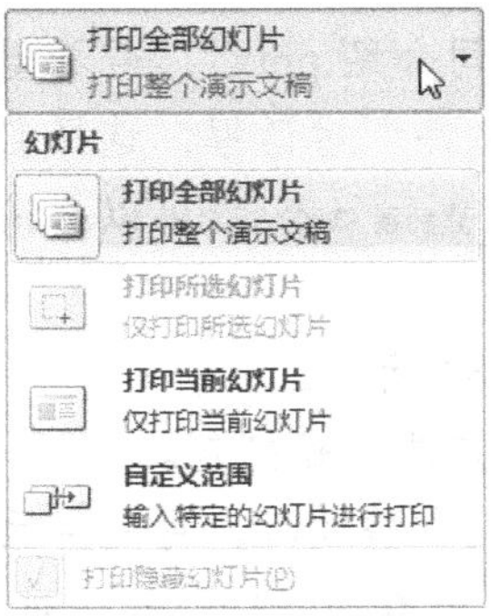

图 8.79　选择打印范围

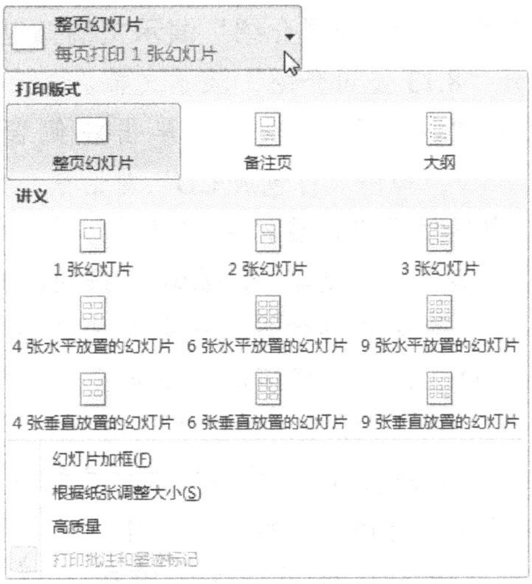

图 8.80　选择打印内容

④ 在“打印”栏中的“份数”框中，设置打印份数。

⑤ 单击 打印 按钮将演示文稿打印出来，效果如图 8.81 所示。

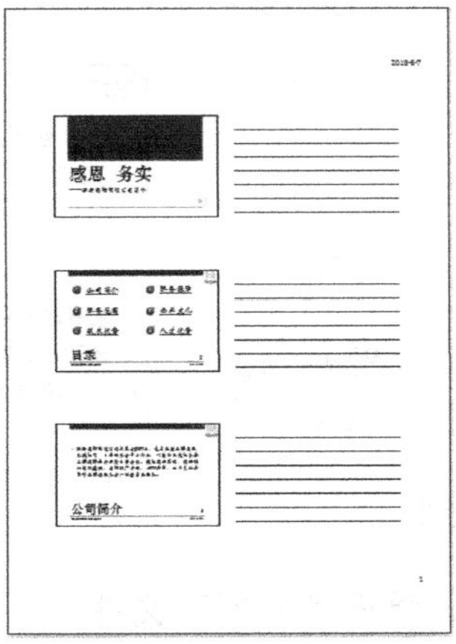

图 8.81　讲义打印效果

如果配置的是黑白打印机，为了使彩色幻灯片以黑白方式打印时仍然很清晰，在打印前可以单击 灰度 ，在下拉列表中选择“灰度”或“纯黑白”，在“打印”窗格中以灰度或纯黑白方式预览将要打印的幻灯片，如有不合适的地方再进行调整。

8.4.4 打包演示文稿

为了使制作的演示文稿在别的计算机上也能正常播放，可以使用 PowerPoint 的“将演示文稿打包成 CD”功能将演示文稿打包。将演示文稿、链接文件以及必要的系统文件压缩后存放到一个文件中称为“打包”。打包后的演示文稿在任何一台安装了 Windows 操作系统的计算机中都可以正常放映。如果没有 CD 刻录机，可以将演示文稿打包到计算机上的某个文件夹、某个网络位置或者 U 盘中。

1. 打包演示文稿

【8.17】将“8.13 公司介绍”演示文稿打包到 U 盘中。

① 打开“8.13 公司介绍”演示文稿。

② 打开“文件”选项卡，单击左侧窗格中的 保存并发送，在中间窗格中双击 将演示文稿打包成 CD，弹出“打包成 CD”对话框，如图 8.82 所示。

对话框中提示了当前要打包的演示文稿，如“8.13 公司介绍.pptx”，若希望将其他演示文稿也一起打包，则单击 添加(A)... 按钮，打开“添加文件”对话框，选择要一起打包的演示文稿。如果你的计算机中装有 CD 刻录机，单击 复制到 CD(C)，可以将演示文稿打包刻录到 CD 上，制作成演示文稿光盘。

③ 单击 选项(O)... 按钮，弹出“选项”对话框，如图 8.83 所示。

默认选中 ☑链接的文件(L)，可以将演示文稿中所有链接的文件一起打包。

演示文稿中可能使用了特殊的字体，在另外一台计算机上播放时，可能会因为那台计算机中没有安装这种字体而影响播放效果，为避免出现这种情况，可以选中 ☑嵌入的 TrueType 字体(E)，将用到的字体同时打包。

④ 在“选项”对话框中单击 确定 ，返回“打包成 CD”对话框。

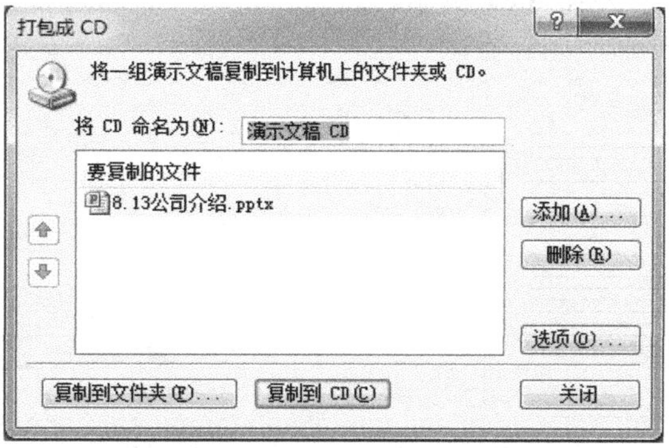

图 8.82 “打包成 CD”对话框

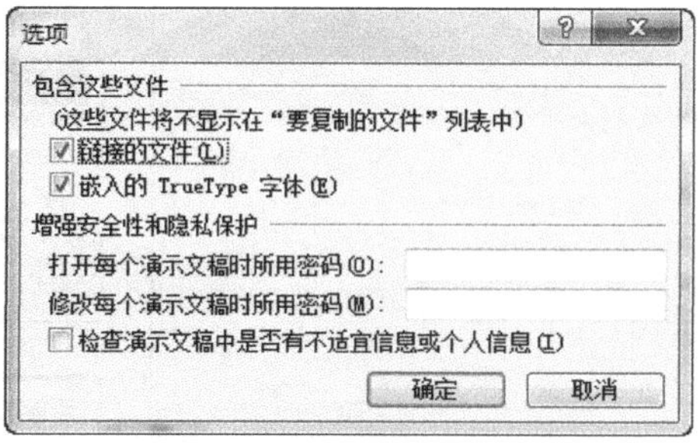

图 8.83 “选项”对话框

⑤ 单击 复制到文件夹(F)... 按钮，弹出“复制到文件夹”对话框，如图 8.84 所示，选择把打包后生成的打包文件存在哪里，在“文件夹名称”框中输入存放打包文件的文件夹

名称。单击 浏览(B)... 打开“选择位置”对话框，如图 8.85 所示，选择将打包文件保存到U 盘中(本例中 U 盘盘符为 H:)。

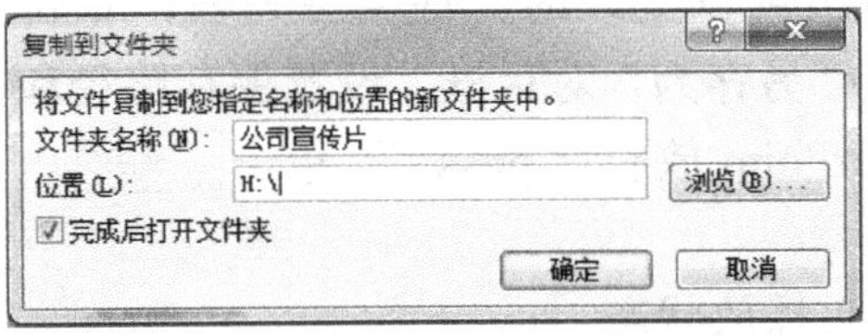

图 8.84 选择打包文件的保存位置

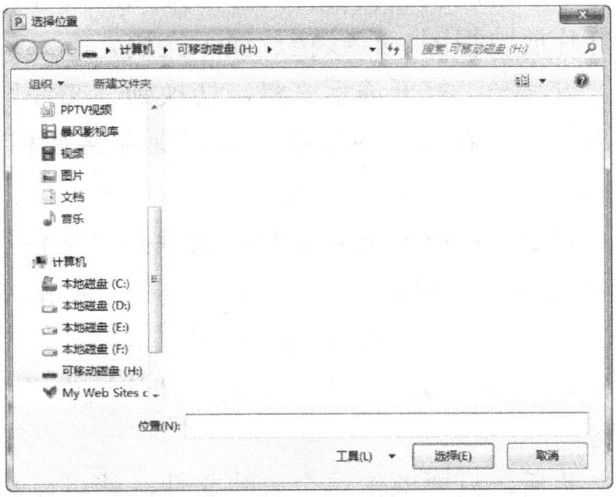

图 8.85 “选择位置”对话框

⑥ 在“复制到文件夹”对话框中单击 确定 ，PowerPoint 开始将演示文稿打包，并弹出一系列提示框显示打包的过程。

⑦ 打包结束后，单击 关闭 ，关闭“打包成 CD”对话框。

2. 播放打包的演示文稿

打开存放打包文件的文件夹，图 8.86 是打开“公司宣传片”文件夹的结果，其中包含了“8.13 公司介绍”演示文稿及相关的链接文件。打包文件夹中有一个 PresentationPackage 文件夹，打开这个文件夹，在计算机联网状态下，双击该文件夹中的 PresentationPackage.html 文件，在打开的网页上单击 Download Viewer 按钮，下载 PowerPoint 播放器 PowerPoint Viewer.exe 并安装。安装完成后，启动 PowerPoint Viewer 播放器，打开“Microsoft PowerPoint Viewer”对话框，在对话框的文件名列表框中双击要播放的演示文稿文件名，可以立即播放该演示文稿。

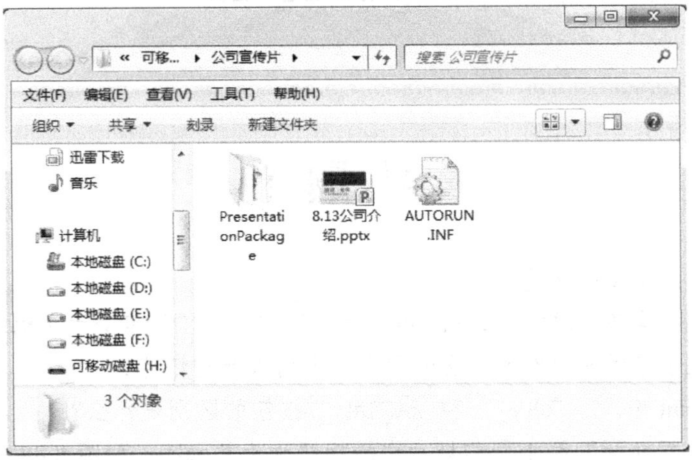

图 8.86 打包后生成的文件

8.4.5 将演示文稿转换为直接放映格式

可以将演示文稿保存为自动播放的文件，只要双击这个自动播放文件，就可以进入幻灯片放映视图，直接播放演示文稿。

方法一：打开演示文稿，切换到“文件”选项卡，在左侧窗格中单击 另存为，在弹出的“另存为”对话框中设置保存路径和文件名，在“保存类型”下拉列表中选择“PowerPoint 放映(*.ppsx)”，单击 保存(S) 。

方法二：打开演示文稿，切换到“文件”选项卡，在左侧窗格中单击 保存并发送，在中间窗格中单击 更改文件类型，右侧窗格中显示出可以更改的文件类型列表，单击 PowerPoint 放映(*.ppsx) 自动以幻灯片放映形式打开，如图 8.87 所示，再单击 另存为，弹出“另存为”对话框，设置保存路径和文件名，“保存类型”下拉列表中默认选中了“PowerPoint 放映(*.ppsx)”，单击 保存(S) 即可。

此后，只要双击这个放映文件，就可以直接进入播放状态。

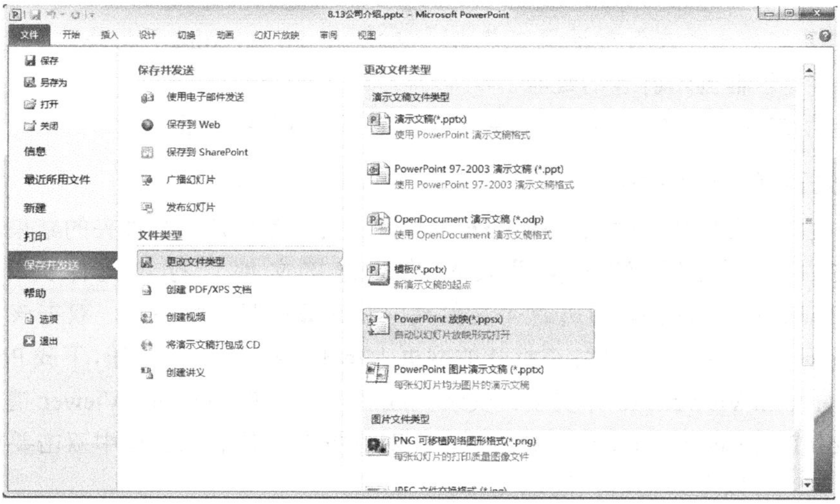

图 8.87 “保存并发送”窗口

习 题 8

1. PowerPoint 的主要功能是什么？

2. 创建演示文稿有哪几种方法？用“样本模板”和“主题”新建演示文稿的区别是什么？

3. 如何新建空白演示文稿？怎样在演示文稿中插入新幻灯片？

4. 在 PowerPoint 中， 应用(A) 和 全部应用(Y) 按钮的区别是什么？

5. 将“8.13 公司介绍”第 1 张幻灯片中的标题改为艺术字，如图 8.88 所示，在其余幻灯片中插入图片美化幻灯片，以“习题-公司介绍”为文件名保存演示文稿。

图 8.88 插入艺术字

6. 如何在幻灯片中插入声音文件？如何为幻灯片录制解说词？

7. 在幻灯片中插入声音文件时，如何操作才能使插入的声音文件在放映幻灯片时自动播放？

8. 在幻灯片中插入视频文件后，如何调整影片框的大小和位置？

9. 如何在幻灯片中插入 SmartArt 图形？如何删除不需要的形状？如何将文本转换为 SmartArt 图形？

10. 设计演示文稿外观的方法有几种？各有什么特点？

11. 可以给幻灯片设置哪几种效果的背景？应该如何操作？

12. 打开“习题-公司介绍”演示文稿，为第 4 张幻灯片设置“虚线网格”图案填充背景，为第 7 张幻灯片设置“麦浪滚滚”渐变填充背景，如图 8.89 所示。其余幻灯片的背景格式请自己设定。

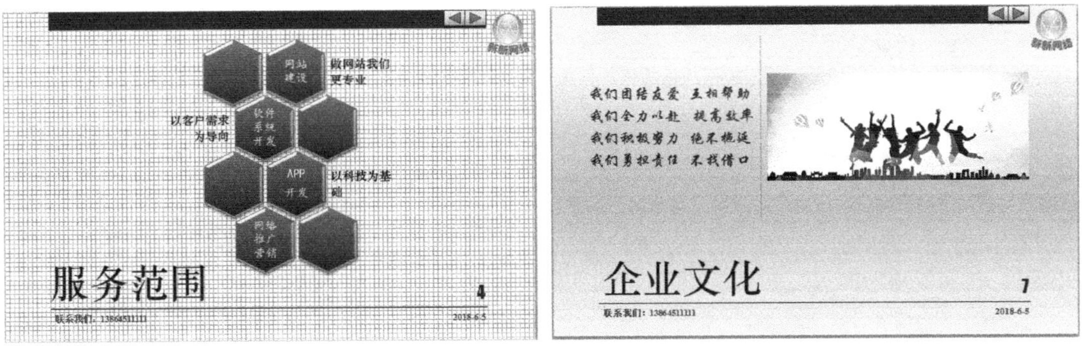

图 8.89 设置幻灯片背景

13. 简述幻灯片母版的作用。PowerPoint 提供了哪几种母版，每种母版都有何用途？

14. 如何给一个已经存在的演示文稿中的所有幻灯片，都加上相同的图片或文字？

15. 幻灯片中的动画效果有哪几种？怎样改变幻灯片中设置了动画效果的对象的播放顺序？

16. 为幻灯片设置超级链接的作用是什么？怎样为幻灯片中的图片、文字设置超级链接？怎样删除超级链接？怎样在幻灯片中添加动作按钮？

17. 幻灯片切换效果和动画效果的区别是什么？切换幻灯片的方式有哪两种？

18. 打开“习题-公司介绍”演示文稿，给第 1 张幻灯片中的标题设置“劈裂”“与上一动画同时”动画效果；副标题的动画效果为“缩放”、在标题之后出现。

19. 设置“习题-公司介绍”演示文稿中幻灯片的切换方式：第 2 张为“随机线条”、水平、单击声、换片方式为“单击鼠标时”；第 3 张为“揭开”、换片方式为“单击鼠标时”；第 5 张为“涟漪”、风声、换片方式为“单击鼠标时”；第 6 张幻灯片为“库”、换片方式为“单击鼠标时”。其余幻灯片的切换效果请自己设定。

20. 新建一张空白版式的幻灯片，插入一个飞机图片，制作一个飞机从空中向下俯冲的动画。

【提示】制作这个动画有两种方法：一是将飞机图片移到幻灯片右下角，设置动画效果为从左上部飞入；二是为飞机绘制动作路径。试一试两种方法的效果。

21. 通过设置幻灯片的切换方式制作一个倒计时牌。

【提示】新建一张幻灯片，输入倒计时开始的时间；再插入新幻灯片，每插入一张新幻灯片，幻灯片上的数字减少 1 秒；然后设置第 2 张至倒数第 2 张幻灯片的换片方式为每隔 1 秒换页，第 1 张和最后一张幻灯片的换片方式为“单击鼠标时换页”。

22. 演示文稿的放映方式有几种？每种放映方式有何特点？

23. 如何在播放演示文稿时，快速浏览上一页、下一页幻灯片？如何在放映的幻灯片中做标记？

24. 怎样按讲义方式打印演示文稿？怎样在一页纸上打印 4 张幻灯片？

25. 将演示文稿打包有何优点？如何播放打包后的演示文稿？

26. 如何将演示文稿保存为自动播放的文件？

第9章 信息安全

随着全球信息化程度的不断加深，信息系统在政府和大型企事业单位中得到了日益广泛的应用。随着各行各业对信息系统的依赖性不断增长，信息系统的脆弱性也日益暴露，信息安全成为全世界面临的一大问题。掌握一定的信息安全相关知识，也就成了立足于信息时代、安全高效地应用信息技术的重要保障。

9.1 信息安全概述

信息安全是一门涉及计算机科学、网络技术、通信技术、密码技术、信息安全技术、应用数学、数论、信息论等多种学科的综合性学科。国际标准化组织将信息安全定义为“信息的完整性、可用性、保密性和可靠性。”通俗地说，信息安全主要是指保护信息系统，使其没有危险、不受威胁、不出事故地运行。

从技术角度来讲，信息安全的技术特征主要表现在系统的可靠性、可用性、保密性、完整性、确认性、可控性等方面。信息安全的综合性表现在它是一门以人为主，涉及技术、管理和法律的综合学科，同时还与个人道德、意识等方面紧密相关。

9.1.1 信息安全意识

在以互联网为代表的信息网络技术迅猛发展的同时，人们的信息安全意识却相对淡薄，信息网络安全管理体制尚不完善，导致近些年在我国由计算机犯罪造成的损害飞速增长，因此，加强信息安全管理，提高全民的信息安全意识刻不容缓。

1. 建立对信息安全的正确认识

随着信息产业越来越大，网络基础设施越来越深入到社会生活的各个方面、各个领域，信息技术成为人们工作、生活、学习、国家治理和其他各个方面必不可少的关键技术，信息安全的地位日益突出。它不仅是企业、政府的业务能不能持续稳定运行的保证，也成为关系到个人安全、甚至国家安全的保证。信息安全是我们国家信息化战略中一个十分重要的方面。

2. 掌握信息安全的基本要素

信息安全包括四大要素：技术、制度、流程和人。合适的标准、完善的程序、优秀的执行团队，是一个部门信息化安全的重要保障。技术只是保障的基础，很多问题不是装一个防火墙就能解决的。制定完善的安全制度很重要，而如何执行这个制度更重要。下面这个信息安全公式清楚地描述它们之间的关系：

信息安全=先进技术+防患意识+完美流程+严格制度+优秀的执行团队+法律保障

3. 信息安全面临的威胁

信息安全所面临的威胁来自很多方面，大致可分为自然威胁和人为威胁。自然威胁指那些来自自然灾害、恶劣的场地环境、电磁辐射和电磁干扰、网络设备自然老化等的威胁。自然威胁往往带有不可抗拒性，因此这里主要讨论人为威胁。

① 人为攻击。人为攻击是指通过攻击系统的弱点，以达到破坏、欺骗、窃取数据等目的，使得网络信息的保密性、完整性、可靠性、可控性、可用性等受到伤害，造成经济上和政治上不可估量的损失。

人为攻击分为偶然事故和恶意攻击两种。偶然事故虽然没有明显的恶意企图和目的，但它仍会使信息受到严重破坏。

恶意攻击是有目的的破坏，分为被动攻击和主动攻击两种。

被动攻击是指在不干扰网络信息系统正常工作的情况下，进行侦查、截获、破译、业务流量分析及电磁泄漏等。被动攻击因不对传输的信息做任何修改，因而难以检测，抗击这种攻击的重点在于预防而非检测。

主动攻击是指以各种方式有选择地破坏信息，如修改、删除、伪造、添加、重放、乱序、冒充及制造病毒等。

② 安全缺陷。如果网络信息系统本身没有任何安全缺陷，那么人为攻击者本事再大也不会对网络信息安全构成威胁。但是，现在几乎所有的网络信息系统都不可避免地存在着一些安全缺陷，有些安全缺陷可以避免或改进，而有些安全缺陷是各种折中方案必须付出的代价。

③ 软件漏洞。由于软件程序的复杂性和编程的多样性，在网络信息系统的软件中很容易有意或无意地留下一些不易被发现的安全漏洞。软件漏洞同样会影响网络信息的安全。下面介绍一些有代表性的软件安全漏洞。

陷门：陷门是在程序开发时插入的一段程序，目的可能是测试这个模块，或是为了连接将来的更改和升级程序，也可能是为了将来发生故障后，为程序员提供方便。通常应该在程序开发后期去掉这些陷门，但是由于各种原因，陷门可能被保留。陷门一旦被利用将会带来严重的后果。

数据库的安全漏洞：某些数据库将原始数据以明文形式存储，这是不够安全的。入侵者可以从计算机系统的内存中导出所需的信息，或者采用某种方式进入系统，从系统的后备存储器上窃取数据或篡改数据，因此，必要时应该对存储数据进行加密保护。

TCP/IP 协议的安全漏洞：TCP/IP 协议在设计初期并没有考虑安全问题。现在，用户和网络管理员没有足够的精力专注于网络安全控制，操作系统和应用程序越来越复杂，开发人员不可能测试出所有的安全漏洞，因而连接到网络的计算机系统受到外界恶意攻击和窃取的风险越来越大。另外，还可能存在操作系统的安全漏洞、网络软件、口令设置与网络服务等方面的安全漏洞。

④ 结构隐患。结构隐患一般指网络拓扑结构的隐患和网络硬件的安全缺陷。网络的拓扑结构本身有可能给网络的安全带来问题。作为网络信息系统的躯体，网络硬件的安全隐患也是网络结构隐患的重要方面。

基于各国的不同国情，信息系统存在的安全问题也不尽相同。我国还是一个发展中国家，网络信息安全系统除了具有上述普遍存在的安全缺陷外，还存在因软、硬件核心技术掌握在别人手中而造成的技术被动等方面的安全隐患。

4. 养成良好的安全习惯

所有的信息系统都不可避免地存在这样或那样的安全缺陷，攻击者正是利用这些缺陷进行攻击的。在这些安全缺陷中，很大一部分是人们的不良安全习惯造成的。良好的安全习惯和安全意识，有利于避免或降低不必要的损失。

① 良好的密码设置习惯。日常生活中，人们随时随地都会用到密码，如信用卡密码、计算机密码、手机密码、支付密码等；在网络服务中，使用密码的频率更高：邮箱密码、即时聊天工具登录密码、网络共享服务密码等。有一个好的密码是保障信息安全的基础，因为密码猜测和暴力破解等攻击方法很难攻击好的密码，但同时带来的问题是，用户很难记住这些好的密码。澳大利亚的 AS17799 标准建议密码的长度至少要在八位以上，并且应该混合字母和各种特殊字符。此外，如果你不能记住密码，则需要将密码妥善保存，不要将其写在一个随意放置的便条上，或将其记在别人容易看到的地方。还需要特别注意的是，定期更换密码也很重要。

② 网络与个人计算机安全。在使用网络和计算机时，应该注意养成良好的安全意识。如：不访问名声不好的网站，因为他们可能会在你机器上种植恶意代码；不要安装未授权的软件或盗版软件，因为它们经常捆绑了流氓软件与计算机病毒；给自己的计算机与局域网安装性能良好的防病毒软件和防火墙软件等。

③ 电子邮件安全。电子邮件在 Internet 上传输，从一个机器传输到另一个机器。在这种方式下，电子邮件所经过的网站上的任一系统管理员或黑客都有可能截获或更改该邮件，甚至伪造电子邮件。解决方法是：使用数字证书对邮件进行数字签名和加密，就可以通过电子邮件进行重要的商务活动和发送机密的信息，保证邮件的真实性和不被其他人偷阅。同时，要学习如何识别恶意的电子邮件，对于那些有疑问或者不知道来源的邮件，不要查看或回复，更不要打开可疑的附件。

④ 打印机和其他媒介安全。如果打印的信息是机密信息，尽量不要使用公共打印机打印。打印结束后，要快速地把打印机中打出来的文档收拾干净，将不需要的文件粉碎或按照其他安全处理程序操作。将电子档文件妥善保存。

⑤ 物理安全。物理安全涉及在物理层面上，保护资源和敏感信息所遭遇的威胁、可能存在的缺陷和采取的相应对策。如果没有物理安全，绝大多数技术手段将失去其本身的价值。假如有人能够偷到硬盘，那他不需要知道密码，就可以实现对硬盘的访问。

9.1.2 网络礼仪与道德

人们的生活越来越离不开网络，网络已经成为人们工作、学习、生活和娱乐的重要平台，它也是真实的社会生活在虚拟世界的投影。真实世界需要礼仪和道德的约束，网络生活也不例外，上网时遵守网络礼仪与道德很重要，这样做既是对他人的尊重，也是对自己的尊重。

作为一个普通的网络使用者，可以从以下 10 个方面遵守网络礼仪与道德。

① 记住别人的存在。互联网使来自五湖四海的人聚集在一起，面对计算机，人们往往会忘记自己是在跟其他人打交道，容易变得粗俗和无礼。因此网络礼仪与道德的第一条就是“记住别人的存在”。在现实生活中你不会说的话、不会做的事，在网络中也同样不要说、不要做。

② 网上网下行为一致。礼仪与道德是人与人、人与人群关系的行为准则，它是在一定社会背景下人们的行为规范，赋予人们在动机或行为上的是非善恶判断标准。在现实生活中大多数人都遵纪守法，在网上也应同样如此。网上的道德和法律与现实生活是相同的，不要以为在网上就可以降低道德标准。

③ 入乡随俗。就像不同的地域有不同的风俗一样，不同的论坛与讨论群也有不同的规则。在一个论坛或讨论群可以做的事，在另一个论坛可能不宜做。比如在一些讨论技术性问题的论坛，发表无意义的灌水帖是不被允许的。

④ 尊重别人的时间和带宽。在提问题以前，先自己花些时间去搜索和研究。很可能同样的问题以前已经问过多次，现成的答案随手可及。不要以自我为中心，认为别人解答你的问题是理所当然的。在通过局域网上网时，不要长时间下载不必要的资源而占用大量带宽，使别人无法有效地使用网络。

⑤ 给自己在网上留个好印象。因为网络的匿名性质，你的一言一语都将成为别人对你的印象的判断依据。因此言语礼貌、不故意挑衅、不讲脏话、不发灌水帖，将给别人留下好印象。

⑥ 分享你的知识。网络是一个学习、交流、提高的地方，遇到别人问问题，如果自己知道，应该热情解答。

⑦ 平心静气地争论。争论是正常的现象，要以理服人，不要人身攻击。

⑧ 尊重他人的隐私。别人与你用电子邮件或即时通信软件交流的记录，应该是隐私的一部分。如果你认识的某个人用网名上网，未经他本人同意，在论坛或讨论群将他的真名公开，也是侵犯别人隐私的行为。如果你知道某人的秘密，不应该在网络上到处散播。

⑨ 不要滥用权力。管理员、版主、群主比其他用户有更多的权力，应该珍惜使用这些权力。

⑩ 宽容。我们都曾经是新手，都会有犯错误的时候。当看到别人写错字、用错词、问一个低级问题时，你不要在意。如果你真的想给他建议，最好私下提议。

9.1.3 计算机犯罪

在开放、互连、互动、互通的网络环境下，各种犯罪行为不断涌现，给国家安全、知识产权以及个人信息权带来了巨大的威胁，引起了世界各国的极大忧虑和社会各界的广泛关注，并日益成为困扰人们现实生活的又一个新问题。利用互联网犯罪已成为发展最快的犯罪方式之一。

1. 计算机犯罪的概念

所谓计算机犯罪，是指行为人以计算机作为工具或以计算机资产作为攻击对象，实施的严重危害社会的行为。由此可见，计算机犯罪包括利用计算机实施犯罪行为和把计算机资产作为攻击对象的犯罪行为。

2. 计算机犯罪的特点

① 犯罪智能化。计算机犯罪的主体多为具有专业知识和技术、并掌握核心机密的人，他们犯罪的破坏性比一般人的破坏性要大得多。

② 犯罪手段隐蔽。由于网络的开放性、不确定性、虚拟性和超越时空性等特点，使得犯罪分子作案时不受时间、地点的限制，也没有明显的痕迹，犯罪行为难以被发现，增加了计算机犯罪的破案难度。

③ 跨国性。犯罪分子只要拥有一台计算机，就可以通过因特网对网络上任何一个站点实施犯罪活动，这种跨国家、跨地区的行为更不易被侦破，危害也更大。

④ 犯罪目的多样化。计算机犯罪的作案动机多种多样，如攻击站点以泄私愤、破解用户账号非法牟利、入侵政府网站进行破坏活动等，犯罪目的不一而足。

⑤ 犯罪分子低龄化。计算机犯罪的作案人员年龄普遍较低。

⑥ 犯罪后果严重。据估计，计算机犯罪每年给全球造成的经济损失高达几十亿美元。

3. 计算机犯罪的手段

① 制造和传播计算机病毒。计算机病毒是隐藏在可执行程序或数据文件中，在计算机内部运行的一种干扰程序。计算机病毒已经成为计算机犯罪的一种有效手段，它可能破坏各种文件及数据，造成计算机瘫痪，给他人带来难以挽回的损失。

② 数据欺骗。数据欺骗是指非法篡改计算机输入、处理和输出过程中的数据，从而实现犯罪目的的手段。这是一种比较简单但很普遍的犯罪手段。

③ 特洛伊木马。特洛伊木马是在计算机中隐藏作案的计算机程序，在计算机仍能完成原有任务的前提下，执行非授权的功能。特洛伊木马程序与病毒不同，它不依附于任何载体而独立存在，而病毒须依附其他载体而存在并且具有传染性。

④ 意大利香肠战术。所谓意大利香肠战术，是指行为人通过逐渐侵吞少量财产的方式来窃取大量财产的犯罪行为。这种方法就像吃香肠，每次偷吃一小片，日积月累就很可观了。

⑤ 超级冲杀。超级冲杀是大多数 IBM 计算机中心使用的公用程序，是一个仅在特殊情况下(如停机、发生故障等)方可使用的高级计算机系统干预程序。如果被非授权用户使用，就会构成对系统的潜在威胁。

⑥ 活动天窗。活动天窗是指程序设计者为了对软件进行测试或维护，故意设置的计算机软件系统入口点。通过这些入口，可以绕过程序提供的正常安全性检查而进入软件系统。

⑦ 逻辑炸弹。逻辑炸弹是指在计算机系统中有意设置并插入的某些程序编码，这些编码在特定的时间或特定的条件下自动激活，从而破坏系统功能或使系统陷入瘫痪状态。逻辑炸弹不是病毒，不具有病毒的自我传播性。

⑧ 清理垃圾。清理垃圾是指有目的、有选择地从废弃的资料、磁带、磁盘中，搜寻具有潜在价值的数据、信息和密码等，用于实施犯罪行为。

⑨ 数据泄漏。数据泄漏是一种有意转移或窃取数据的手段。有的罪犯将一些关键数据混杂在一般性的报表之中，然后予以提取；有的罪犯在系统的中央处理器上安装微型无线电发射机，将计算机处理的内容传送给几千米以外的接收机。

⑩ 电子嗅探器。电子嗅探器是截取和收藏在网络上传输的信息的软件或硬件，它不仅可以截取用户的账号和口令，还可以截获敏感的经济数据(如信用卡账号)、秘密信息(如电子邮件)和专用信息，并可以攻击相邻的网络。

除了以上作案手段外，还有社交方法、电子欺骗技术和对程序、数据集、系统设备的物理破坏等犯罪手段。

4. 黑客

黑客一词源于英文 Hacker，原指热衷于计算机技术、水平高超的电脑专家，尤其是程序设计人员。但到了今天，黑客一词已被用于泛指那些利用电脑搞破坏或恶作剧的人。目前黑客已成为一个广泛的社会群体，他们的主要观点是：所有信息都应该免费共享；信息无国界，任何人都可以在任何时间地点获取任何他认为有必要了解的信息；通往计算机的路不止一条；打破计算机集权；反对国家和政府部门对信息的垄断和封锁。黑客的行为会扰乱网络的正常运行，甚至会演变为犯罪。

黑客行为有以下几种表现形式：

① 恶作剧型。习惯进入他人网站，以删除或修改某些文字或图像，篡改主页信息来显示自己高超的网络侵略技巧。

② 隐蔽攻击型。躲在暗处以匿名身份对网络发动攻击，或者冒充网络合法用户入侵网络。这种行为由于是在暗处实施的主动攻击，因此危害极大。

③ 定时炸弹型。故意在网络上布下陷阱，或在网络维护软件内安插逻辑炸弹或后门程序，在特定的时间或特定的条件下，引发一系列具有连锁反应的破坏行动。

④ 制造矛盾型。非法进入他人网站，窃取或修改电子邮件的内容或厂商签约日期等，破坏甲乙双方交易或非法介入竞争。有些黑客还攻击政府网站，篡改公众信息，制造社会矛盾和混乱。

⑤ 职业杀手型。经常以监控方式将他人网站内的资源清除，使得网站使用者无法获

取最新资料；或者将计算机病毒植入他人网络内，使其网络无法正常运行；更有甚者，进入军事情报机关的内部网络，干扰军事指挥系统的正常工作，导致严重后果。

⑥ 窃密高手型。出于某些集团利益的需要或为了个人私利，窃取网络上的加密信息，使高度敏感信息泄密。

⑦ 业余爱好型。某些爱好者受好奇心驱使，在黑客技术上“精益求精”，丝毫未感到自己的行为对他人造成的影响，属于无意性攻击行为。

为了降低被黑客攻击的可能性，要注意以下几点：

- 提高安全意识，不要随便打开来历不明的邮件。
- 使用防火墙是抵御黑客入侵的有效手段。
- 尽量不要暴露自己的 IP 地址。
- 安装杀毒软件并及时升级病毒库。
- 做好数据的备份。

总之，应该认真制定有针对性的策略，明确安全对象，采取强有力的安全保障措施。在系统中层层设防，使每一层都成为一道关卡，让攻击者无缝可钻、无计可施。

9.1.4 信息安全技术

随着信息技术的发展与应用，信息安全的内涵也在不断延伸，从最初的信息保密性发展到信息的完整性、可用性、可控性和不可否认性，进而又发展为“攻”（攻击）、“防”（防范）、“测”（检测）、“控”（控制）、“管”（管理）、“评”（评估）等多方面的基础理论和实施技术。

总的来说，目前信息安全技术主要由密码技术、防火墙技术、虚拟专用网（VPN）技术、病毒与反病毒技术以及其他安全保密技术组成。

1. 密码技术

密码技术是信息安全与保密的核心和关键。

通过密码技术的变换或编码，可以将机密、敏感的信息变换成难以读懂的乱码，从而达到两个目的：

① 使不知道如何解密的黑客不能从其截获的乱码中，得到任何有意义的信息。

② 使黑客不可能伪造或篡改任何乱码型的信息。

研究密码技术的学科称为密码学。密码学包含两个分支，即密码编码学和密码分析学。前者旨在对信息进行编码实现信息隐蔽，后者是研究分析破译密码的学问。二者相对独立，又相互促进。

采用密码技术可隐蔽和保护需要发送的消息，使未授权者不能提取信息。发送方要发送的消息称为明文，明文被变换成看似无意义的乱码，称为密文。这种由明文到密文的变换过程称为加密。它的逆过程，由合法接收者从密文恢复出明文的过程称为解密。非法接收者试图从密文分析出明文的过程称为破译。

对明文进行加密时采用的一组规则称为加密算法；对密文解密时采用的一组规则称为解密算法。加密算法和解密算法是在一组仅有合法用户知道的秘密信息的控制下进行的，该密码信息称为密钥，加密和解密过程中使用的密钥分别称为加密密钥和解密密钥。

2. 防火墙技术

当构筑和使用木质结构房屋的时候，为防止火灾的发生和蔓延，人们将坚固的石块堆砌在房屋周围作为屏障，这种屏障被称为防火墙。在当今的电子信息世界里，人们借用了这个概念，使用防火墙来保护计算机网络免受非授权人员的骚扰与黑客的入侵，不过这些防火墙是由先进的计算机技术构建的，本章第 2 节将介绍防火墙的相关知识。

3. 虚拟专用网(VPN)技术

虚拟专用网是虚拟私有网络(VPN，Virtual Private Network)的简称，它是一种利用公共网络来构建的私有专用网络。目前能够用于构建 VPN 的公共网络包括 Internet 和 ISP 所提供的 DDN 专线(Digital Data Network Leased Line)、帧中继(Frame Relay)、ATM 等，构建在这些公共网络上的 VPN，能给企业提供集安全性、可靠性和可管理性于一身的私有专用网络。

“虚拟”的概念是相对传统私有专用网络的构建方式而言的，对于广域网链接，传统的组网方式是通过远程拨号和专线连接实现的，而 VPN 是利用 ISP 提供的公共网络来实现远程的广域连接。通过 VPN，企业可以以更低的成本连接其远地办事机构、出差人员以及业务合作伙伴。

4. 病毒与反病毒技术

计算机病毒的发展历史悠久，据统计，从 20 世纪 80 年代中后期广泛传播开来至今，世界上已存在的计算机病毒有 6000 余种，并且以每月平均几十种的速度增加。

计算机病毒是具有自我复制能力的计算机程序，它能影响计算机软件、硬件的正常运行，破坏数据的正确性与完整性，造成计算机或计算机网络瘫痪，给人们的经济和社会生活造成巨大的损失。

计算机病毒的危害不言而喻，面临这一世界性的公害，人类采取了许多行之有效的措施，如：加强教育和立法，从病毒产生的源头上杜绝病毒；加强反病毒技术的研究，从技术上阻止病毒的传播和发作。

5. 其他安全与保密技术

① 实体及硬件安全技术。实体及硬件安全是指保护计算机设备、设施(含网络)以及其他媒体免遭地震、水灾、火灾、有害气体和其他环境事故(如电磁污染等)破坏的措施和过程。实体安全是整个计算机系统安全的前提，如果实体安全得不到保障，整个系统就会失去正常工作的基本环境。在计算机系统的故障中，硬件的故障占了很大的比例，正确分析故障原因，快速排除故障，可以使系统正常运行。

② 数据库安全技术。数据库系统作为信息的聚集体，是计算机信息系统的核心部件，其安全性至关重要，关系到企业兴衰、国家安全。因此，如何有效地保证数据库系统的安全，实现数据的保密性、完整性和有效性，是业界探索研究的重要课题之一。

9.2 防火墙

防火墙是近年来发展起来的一种保护计算机网络安全的访问控制技术。它是一个用以阻止网络中的黑客访问某个机构网络的屏障，在网络边界上，通过建立起网络通信监控系统来隔离内部和外部网络，以阻挡通过外部网络的入侵。

9.2.1 防火墙的概念

防火墙是在单位内部网络和因特网之间实施安全策略的一个系统或一组系统。它决定网络内部服务中哪些可以被外界访问，外界的哪些人可以访问哪些内部服务，同时还决定内部人员可以访问哪些外部服务，所有来自和去往因特网的业务都必须接受防火墙的检查。防火墙必须只允许授权的业务流通过，并且防火墙本身也必须能够抵抗渗透攻击，因为攻击者一旦突破或绕过防火墙系统，防火墙就不能提供任何保护了。

1. 防火墙的基本功能

一个有效的防火墙应该能够确保：所有从 Internet 流出或流入的信息都将经过防火墙，所有流经防火墙的信息都应接受检查。设置防火墙的目的是在内部网络与外部网络之间设立唯一的通道，简化网络的安全管理。

从总体上看，防火墙应具有以下基本功能：过滤进出网络的数据包；管理进出网络的访问行为；封堵某些禁止访问的行为；记录通过防火墙的信息内容和活动；对网络攻击进行检测和报警。

2. 防火墙存在的缺陷

防火墙可能存在如下缺陷：不能防范不经过防火墙的攻击；不能防止感染了病毒的软件或文件的传输；不能防止数据驱动式攻击。

9.2.2 防火墙的类型

防火墙可分为三种类型：网络层防火墙、应用层防火墙和链路层防火墙。

网络层防火墙是一种屏蔽路由器或是一种特别的计算机，它通过检查数据包地址来决定是否允许数据包进入本地网。数据包中包含发送者和接受者的 IP 地址和关于数据包的其他一些信息，防火墙就是使用数据包的这些信息来管理数据包。

应用层防火墙通常是运行代理服务器软件的主机。所谓代理，指的是进行存取控制和过滤的程序，是位于客户机与服务器之间的中介。代理系统通常包括两部分：代理服务器程序和客户程序。代理服务器程序在客户程序和真正的服务器程序之间起一个中间节点的作用，客户程序与这个中间节点连接，然后中间节点再与真正的服务器连接，内外网之间不直接连接。

链路层防火墙在作为代理服务器方面与应用层防火墙类似，不同的是，链路层防火墙并不要求使用专门代理客户应用程序。另外，链路层防火墙只使用单一的代理服务器，因此比多代理服务器更容易维护。

9.2.3 防火墙的体系结构

防火墙的体系结构多种多样，当前流行的体系结构主要有三种：双宿网关、屏蔽主机、屏蔽子网。

1. 双宿网关防火墙

双宿网关防火墙又称为双重宿主主机防火墙。双宿网关是一种拥有两个连接到不同网络上的网络接口的防火墙。例如，一个网络接口连接到外部的不可信任的网络上，另一个网络接口连接到内部的可信任的网络上。这种防火墙的最大特点是IP层的通信是被阻止的，两个网络之间的通信可通过应用层数据共享或应用层代理来完成。

双重宿主主机是唯一的隔开内部网和外部因特网之间的屏障，如果入侵者得到了双重宿主主机的访问权，内部网络就会被入侵，所以为了保证内部网的安全，双重宿主主机应具有强大的身份认证系统，才可以阻挡来自外部不可信网络的非法登录。

2. 屏蔽主机防火墙

屏蔽主机防火墙强迫所有的外部主机与一个堡垒主机(一种被强化的可以防御进攻的计算机)相连接，而不让它们直接与内部主机相连。屏蔽主机防火墙由包过滤路由器和堡垒主机组成。这个防火墙系统提供的安全等级比包过滤防火墙系统要高，因为它实现了网络层安全(包过滤)和应用层安全(代理服务)，入侵者在破坏内部网络的安全性之前，必须首先渗透两种不同的安全系统。

在采用屏蔽主机防火墙的情况下，包过滤路由器是否正确配置是这种防火墙安全与否的关键。包过滤路由器的路由表应当受到严格的保护，否则如果路由表遭到破坏，则数据包就不会被路由到堡垒主机上，从而使外部访问越过堡垒主机进入内网。

因为在屏蔽主机这种体系结构中，堡垒主机与其他内部主机之间没有任何保护网络安全的设施，所以，一旦堡垒主机被攻破，内部网将完全暴露。为了改进这一缺点，可以使用屏蔽子网。

3. 屏蔽子网防火墙

屏蔽子网防火墙系统使用两个包过滤路由器和一个堡垒主机。这种防火墙系统最安全，它定义了“非军事区”网络，支持网络层和应用层安全功能。网络管理员将堡垒主机、信息服务器、Modem组以及其他公用服务器放在“非军事区”网络中。“非军事区”网络很小，处于因特网和内部网之间。

堡垒主机往往是受侵袭的对象，堡垒主机很坚固，不易被入侵者控制，万一堡垒主机被控制，如果采用了屏蔽子网体系结构，入侵者仍然不能直接侵袭内部网络，因为内部网络仍受到内部过滤路由器的保护。

如果没有“非军事区”，那么入侵者控制了堡垒主机后，就可以监听整个内部网络的对话。把堡垒主机放在“非军事区”网络上，即使入侵者控制了堡垒主机，也只能侦听到有限的周边网络的数据，而不能侦听到内部网上的数据。虽然内部网络上的数据包在内部网上是广播式的，但内部过滤路由器会阻止这些数据包流入“非军事区”网络。

9.3 计算机病毒的防治与知识产权

9.3.1 计算机病毒概述

计算机病毒是一种专门干扰计算机正常工作的程序，它是一些心术不正的计算机高手有意制造的。这种程序可以通过各种渠道将自己复制到其他程序或数据文件中(称为感染)，一旦时机成熟就会发作。这与生物病毒的特征很相似，因此称其为计算机病毒。

计算机病毒一般具有以下特点：

① 寄生性：它不是一个通常意义下的完整的计算机程序，而是一种特殊的寄生在其他可执行程序中的程序。

② 破坏性：它不仅破坏计算机系统，删除或修改数据，甚至会格式化整个磁盘，而且还占用系统资源，降低计算机的运行效率等。

③ 传染性：它能够主动地将自身的复制品或变种插入到其他未染毒的程序中。

④ 潜伏性：病毒程序因为短小且寄生在别的程序上，所以难以被发现。

⑤ 隐蔽性：当运行受感染的程序时，病毒程序能首先获得计算机系统的监控权并传染其他程序，但在不发作的时候，整个计算机系统看上去就和正常时一样。

⑥ 针对性：一种计算机病毒并不能传染所有的计算机系统或程序，如有传染.com文件的，也有传染.docx 文件的。

⑦ 抗反病毒软件性：有些病毒具有抗反病毒软件的功能，这种病毒的变种可以使检测、消除该变种源病毒的反病毒软件失去效能。

计算机病毒的分类方法很多，按其感染的方式可分为如下五类：

① 引导区型病毒：感染硬盘的主引导区，当硬盘主引导记录感染病毒后，病毒就企图感染每一个插入计算机进行读写的软盘或 U 盘的引导区。

② 文件型病毒：主要感染扩展名为.com，.exe，.drv，.bin，.sys 等可执行文件。每一次激活时，病毒就把自身复制到其他文件中，并能在存储器中保留很长时间。

③ 混合型病毒：这类病毒既可以感染磁盘的引导区，也可以感染可执行文件，兼有上述两类病毒的特点。

④ 宏病毒：它不感染程序，只感染 Word 文档文件(.docx)和模板文件(.dotx)。当对感染了宏病毒的 Word 文档进行操作时(如打开文档、保存文档、关闭文档等)，它就会进行破坏和传播。

⑤ Internet 病毒(网络病毒)：Internet 病毒大多是通过 E-mail 传播，破坏特定扩展名的文件并使邮件系统变慢，甚至导致网络系统崩溃。“蠕虫”病毒是典型的代表。

9.3.2 计算机病毒的清除和预防

1. 计算机病毒的清除

发现电脑染上病毒后，一定要及时清除，以免造成损失。清除病毒的方法主要有两类，一是手工清除，二是借助反病毒软件清除。

用手工方法消除病毒不仅烦琐，而且对技术人员的素质要求很高，只有具备较深的电脑专业知识的人员才能采用。

用反病毒软件消除病毒，一般不会破坏系统中的正常数据。但反病毒软件只能检测出已知病毒并消除它们，不能检测出新病毒或病毒的变种，因此一定要及时升级。目前常用的反病毒软件有360、瑞星、金山毒霸、NORTON等。

2. 计算机病毒的预防

计算机病毒主要通过移动存储设备(如光盘、U盘或移动硬盘)和计算机网络两大途径进行传播。因此，对计算机病毒关键要做好预防，平时养成使用计算机的好习惯。

① 使用正版软件。不使用盗版软件和来路不明的光盘、U 盘等，以防里面携带病毒。

② 利用写保护。存有重要数据和程序的U盘，一定要加上“写保护”。这样就无法向盘中写入数据，病毒当然也无法进入了。

③ 慎用从网上下载的软件。Internet是病毒传播的一大途径，对从网上下载的软件最好检测后再用，不要随便阅读陌生人发来的电子邮件。

④ 建立备份。定期备份重要的数据文件，如果病毒毁坏了我们的计算机系统，还可以重新恢复它们。

⑤ 定期检查。定期用杀病毒软件对计算机系统进行检测，发现病毒应及时清除。新购买的软件也必须先检查再使用。

计算机病毒的防治是一项系统工程，除了技术手段之外还涉及诸多因素，如法律、教育、制度等。尤其是教育，是防止计算机病毒产生与传播的重要策略。

9.3.3 保护知识产权

1. 知识产权的定义

知识产权是指对智力劳动成果所享有的占有、使用、处理和收益的权利。知识产权一词产生于18世纪的德国。知识产权是一种无形财产权，与房屋、汽车等有形资产一样，都有价值和使用价值，都受到国家法律的保护。有些专利、驰名商标或作品的价值，要远远高于房屋、汽车等有形资产。

知识产权包括著作权和工业产权两个主要部分。它属于民事权利的范畴，是同人身权、物权、债权并列的一种民事权利，它具有三个主要特性：

① 专有性：指对某一项智力成果的专有权，国家只能授予一次，排除了他人享有同样权利的可能性。

② 地域性：知识产权是一种受地域限制的权利。

③ 时间性：知识产权的保护是有一定期限的，一旦超过法律规定的有效期限，这一

权利就会自行消失，任何人就可以自由使用了。

2. 知识产权的范围

1961 年签订的《建立世界知识产权组织公约》第二条中规定，“知识产权”包括：关于文学、艺术和科学作品的权利；关于表演艺术家的演出、录音和广播的权利；关于人们努力在一切领域的发明的权利；关于科学发现的权利；关于工业品式样的权利；关于商标、服务商标、厂商名称和标记的权利；关于制止不正当竞争的权利；以及在工业、科学、文学或艺术领域里一切其他来自知识活动的权利。

因而，知识产权除了包括工业产权、著作权之外，还应包括其他来自知识活动的权利，其中工业产权又包括了专利权、商标权以及制止不正当竞争的权利。

3. 计算机软件与知识产权的关系

在世界贸易组织协定《与贸易有关的知识产权协议》的第二部分——有关知识产权的效力、范围及利用的标准中，将计算机程序作为知识产权的客体给予保护。《世界知识产权组织版权公约》也视计算机程序为一种知识产权客体，并将其归为著作权保护的对象。可以说，计算机软件就是一种特殊的知识产权客体。

4. 国内对软件的知识产权保护

当前，我国软件著作权保护的立法已达到国际水平，先后制定了多项保护计算机软件知识产权的法规，如《计算机软件保护条例》《对侵犯著作权行为行政处罚实施办法》等。根据我国《著作权法》《计算机软件保护条例》《伯尔尼公约》和《世界版权公约》的基本原则，对于计算机软件的开发者来说，只要软件一经开发完成就自动取得了著作权(即版权)，而不论其是否能发表，也不论是否办理了登记。

我国的软件法律研究已有一定基础，部分省市法院相继成立了知识产权审判庭，在软件保护的执法方面一开始就显示出较高的审判水平。可以相信，我国的软件保护无论在立法还是在司法方面，都将迎头赶上世界先进水平，为国际软件知识产权保护的发展做出我们应有的贡献。

软件和计算机作品(如动画、图像等)是开发者花费了大量的财力和人力，付出了艰苦的劳动，精心设计出来的，同其他作品一样，它们受到了知识产权的保护。但是，由于软件和计算机作品的存储介质主要是磁盘和光盘，很容易复制，因此，经常发生非法复制和使用的现象，有些人甚至大批生产并贩卖盗版软件和作品，这不仅侵犯了软件开发者的权益，也严重阻碍了我国信息产业的发展。

复制或使用盗版软件，在性质上同偷窃别人的财物是一样的，是一种极不道德的行为。只有大家都购买合法软件，软件开发者才有经费继续研制更好的软件供大家使用，才能使信息产业健康发展。

习题 9

1. 什么是信息安全？信息安全的技术特征有哪些？
2. 常见的信息安全的威胁主要有哪些。
3. 谈谈你对网络礼仪与道德的认识。
4. 什么是计算机犯罪？计算机犯罪有哪些特点？
5. 简述黑客的行为特征及防御黑客的方法。
6. 信息安全技术主要包括哪些？
7. 什么是加密？什么是解密？什么是密钥？
8. 简述防火墙的概念和功能。
9. 防火墙有哪些类型？
10. 防火墙有哪三种体系结构？
11. 简述计算机病毒的概念。
12. 计算机病毒有哪些特点？计算机病毒分为哪些种类？
13. 计算机病毒的传播途径有哪些？如何防治？
14. 说明知识产权的定义。